Die Naturgeschichte

in

der Volksschule und in den mittleren Klassen
der Real- und höheren Bürgerschulen,

zur Benutzung

für Lehrer und Schüler, so wie für Freunde der Natur.

Zusammengestellt und bearbeitet

von

G. A. Ritter.

Erster Abschnitt.

Zoologie.

Zweiter Cursus.

Die Säugethiere und Vögel der Heimath nebst den ausländischen Hausthieren in Biographien.

Berlin.
Druck und Verlag von Georg Reimer.
1858.

Vorrede.

Die günstige Aufnahme der beiden bereits erschienenen Curse, sowohl von der Pädagogik als auch von der Kritik, haben uns hinreichend gezeigt, daß unsere Auffassung über die Form, wie die Naturgeschichte innerhalb der Volksschule, aber auch in jeder anderen Unterrichts-Anstalt auf der ersten Stufe überhaupt, die richtige sei. Es ist der Zeitpunkt gekommen, wo das System und das Schematisiren seine dürren Gebeine dem Grabe zuträgt, und daß es nur durch frische lebendige Anschauung der Einzelnheiten in der Natur möglich wird, den Sinn des Kindes für dieselbe zu wecken und nach und nach zu einem tieferen Erkennen der Schöpfung zu leiten. Zu dieser Erkenntniß sind nicht nur die Lehrer der Schulen, sondern auch die Lehrer des Volkes bereits gelangt und den Beweis dafür liefert die Weise des Unterrichts in diesem Fache, aber auch ebenso die neueren literarischen Erscheinungen auf dem Gebiete der Naturgeschichte.

Auch wir haben mit unseren schwachen Kräften diesem neu erwachten Principe zu dienen gesucht, indem wir in dem ersten Cursus der Zoologie unsere Hausthiere und im ersten Cursus der Botanik unsere Culturpflanzen in biographischer Form darstellten. — Dieser vorliegende zweite Cursus der Zoologie soll den Stoff für die zweite Stufe des naturgeschichtlichen Unterrichts während des Winter-Semesters liefern. Er bringt zuerst die Säugethiere und die Vögel der Heimath, und in seinem letzten Abschnitte die ausländischen Hausthiere zur Besprechung.

Ueber die Behandlungsweise des Stoffes selbst haben wir bereits in den Vorreden zu den beiden ersten Cursen unsere Ansichten dargelegt, weshalb wir sie hier nicht wiederholen; nur so viel sei über das vorliegende Heft bemerkt, daß der darin enthaltene Stoff ein bei Weitem umfangreicherer, als in dem ersten ist. Es könnte dies zu der Meinung führen, daß dadurch das Verhältniß zum ersten Cursus gestört werde, aber darauf hin bemerken wir, daß durch die Behandlung des in jenem Gebotenen der Sinn und die Auffassung schon in solchem Maße geweckt worden ist, daß auf der zweiten Stufe viel mehr zur Vorführung gelangen kann, ohne der Gefahr ausgesetzt zu sein, daß der Stoff nicht bewältigt werde. Wir haben diesen Stoff bereits zwei Mal in einer Schule absolvirt und die Erfahrung hat gelehrt, daß die Bewältigung desselben ganz gut ausführbar ist.

Sowohl in dem ersten, als auch in diesem zweiten Cursus sind freilich nur Säugethiere und Vögel zur Besprechung gelangt, es wird daher unsere Aufgabe sein, für solche Schulen, welche noch eine dritte Unterrichtsstufe für diesen Gegenstand gewinnen können, Repräsentanten der anderen Thierklassen in Biographien zu bearbeiten und für einen neuen Cursus zusammen zu stellen.

Es könnte uns nun freilich der Vorwurf gemacht werden, daß die Schüler in Schulen, wo nur zwei Stufen für den naturgeschichtlichen Unterricht vorhanden sind, Nichts über die Fische, über die Insecten u. s. w. erführen, und daß dies als ein Mangel vorliegender Naturgeschichte zu betrachten sei. Doch dies ist nicht der Fall, sobald der in diesem

Fache unterrichtende Lehrer solcher Schulen einen Mittelweg einschlägt, indem er aus dem zweiten Cursus Biographien weniger bekannter Thiere fortläßt und dafür andere ihm wichtiger scheinende aus dem dritten Cursus einfügt. Es ist leichter, Etwas fortzulassen, als hinzuzufügen und deshalb mußte es unsere Sorge sein, für solche Schulen hinreichendes Material zu liefern, welche auf diesem Gebiete das Maximum erreichen, denn in diesem Falle ist auch für solche Schulen, welche weniger Zeit für die Naturgeschichte verwenden können, das Material vorhanden und bedarf nur der geschickten Auswahl des Lehrers.

Zum Schlusse sei noch bemerkt, daß ausschließlich für die Schüler je ein Heftchen neben dem ersten Cursus der Botanik theils zum Anhalte, theils zur Repetition von demselben Verfasser bearbeitet und in demselben Verlage erschienen ist unter dem Titel: Kleine Naturgeschichte für die Schüler der Volksschule, welches sich noch besonders durch seine Billigkeit (2½ Sgr.) zur Einführung in Schulen eignet. — Für die Folge hoffen wir, sollte das Bedürfniß durch Wünsche von verschiedenen Seiten sich herausstellen, auch neben den übrigen Cursen solche Heftchen zu bearbeiten.

Mit dem lebhaften Wunsche, daß auch durch diesen Cursus ein Beitrag zur Hebung des naturgeschichtlichen Unterrichts gegeben sei, legen wir es den Lehrern zur Beurtheilung und Benutzung vor.

Berlin, im September 1858.

G. A. R.

Inhalts-Verzeichniß.

A. Säugethiere der Heimath.

Der Hase.

Die Jagd, seit vielen Jahrhunderten das Privilegium der größeren Grundbesitzer, ist in neuerer Zeit eine Beschäftigung Vieler geworden. Vor wenigen Jahren war eine harte Zeit hereingebrochen für diejenigen Thiere, welche zur Jagd gezählt werden. Mit unbarmherziger Strenge wurde jedes „Wild" niedergeschossen, und bald waren diese Thiere so selten geworden, daß man bei solchem Treiben in ganz kurzer Zeit gewärtigen mußte, daß sie in vielen Gegenden ganz ausgerottet, und daß die Königlichen Forsten die alleinigen Zufluchtsstätten dieses geängstigten Geschlechts sein würden; doch ist es durch die seitdem auf diesem Gebiete eingetretenen Beschränkungen wieder möglich geworden, daß sich die zur Jagd gehörigen Thiere von Neuem vermehren konnten.

Das Wild, welches gejagt wird, theilt man ein in höheres und niederes Wild. Zu dem letzteren gehört der Hase.

Das Auffallendste an diesem Thiere sind die langen Ohren, welche in der Jagdsprache Löffel genannt werden. Bei dem in unseren Feldern lebenden gemeinen Hasen (Lepus timidus) sind sie sogar länger als der ganze Kopf. Er kann sie aber mit großer Leichtigkeit bewegen und bedient sich ihrer wie eines Steuers, um in seinem Laufe, der so außerordentlich schnell ist, daß nur die flinkesten Hunde ihm folgen können, sich schneller zu wenden, was namentlich bei der Flucht sehr oft geschieht.

Die Vorderbeine sind kürzer als die Hinterbeine (in der Jagdsprache nennt man sie Läufe), deshalb können die Hasen auch viel bequemer bergan, als bergab laufen, und wenn sie verfolgt werden, so wird man sehen, wie sie, wenn es irgend möglich ist, ihren Lauf nach einer Anhöhe richten. Ihr Lauf ist eine Art Galopp. Der Ballen unter der Fußsohle ist sehr elastisch und obendrein behaart, daher ist es ihnen möglich, so weite Sprünge in so kurzer

Zeit ausführen zu können. Wenn sie langsam gehen, bewegen sie sich hüpfend, dies geschieht jedoch so leise, daß das Ohr eines geübten Jägers dazu gehört, um die Ankunft des Hasen zu bemerken. Die Zahl der Zehen, welche mit stumpfen Nägeln versehen sind, ist verschieden, vorn haben sie fünf und hinten vier.

Der Schwanz ist sehr kurz und mit sammetweichen Haaren von schwarzer und weißer Farbe besetzt, während der Körper mit weniger weichen und kürzeren Haaren von röthlich brauner, in's Graue schattirender Farbe, die nach der Kehle und dem Bauche zu in's Weißliche übergeht, bedeckt ist.

Die Nase, sehr beweglich mit längeren Fühlhaaren an beiden Seiten, ähnlich wie bei der Katze, ist sehr stark gespalten. Hiermit verglichen, nennt man eine Mißbildung der Oberlippe bei manchem Menschen, wenn sie sehr kurz ist, die Zähne nicht bedeckt und ebenfalls gespalten ist, eine Hasenscharte.

Sie unterscheiden sich von allen Thieren durch ihre Zähne. Schneidezähne, die bei ihnen und ihren Verwandten Nagezähne heißen, weil sie ihre Nahrung nicht stückweise zu sich nehmen und sie dann zerkauen, sondern sofort solche Theile abnagen, wie sie verschlucken können, haben sie $\frac{4}{2}$. Die Art und Weise des Abnagens kann man an allen rübenartigen Pflanzen sehen, die sie seitlich benagen, und in die sie ordentliche Höhlungen hineingenagt haben, indem sie die Theilchen förmlich herausschaben, wie wir es mit dem Messer thun. Die oberen Schneidezähne, welche sich übrigens abnutzen, aber beständig nachwachsen, haben Furchen und das Hauptmerkmal der Hasen ist, daß sich hinter jedem Schneidezahn noch ein kleinerer befindet. Die Eckzähne fehlen ganz, die Backenzähne, oben 5 bis 6, unten 5, sind aus zwei Blättern zusammengesetzt und haben keine Wurzel. Hinter den oberen befindet sich wieder ein kleinerer, ein sogenannter Stift.

Ihre Nahrung besteht aus Gräsern, Blättern, Wurzeln, Früchten und Körnern. Namentlich lieben sie die saftreichen Pflanzen und von diesen besonders wieder solche, deren Saft milchicht ist. Während des Winters, wo die Nahrung öfters mangelt, nagen sie die Rinde der Bäume ab und scheinen bei uns nur die Linde und Eiche, wahrscheinlich wegen ihres bedeutenden Gerbstoffes, zu verschonen. Sie wagen sich, obgleich ihre Furchtsamkeit sprichwörtlich geworden ist, von Hunger getrieben, sogar in die Obstgärten neben den Wohnungen der Menschen, wo freilich mancher seinen Frevel mit dem Leben büßen muß, da ihnen hier der Jäger gern auflauert. Ein

Lieblingsfutter in dieser knappen Zeit ist ihnen der Grünkohl, den die sorgsame Hausfrau für Weihnachten aufspart, damit sie nach der in vielen Gegenden bestehenden Sitte den „Christkohl" bereiten kann.

Ihr Magen ist einfach, und nur die beständige Bewegung der Nase kann bei Einzelnen die Meinung erweckt haben, daß sie wiederkäuen. Ihr Blinddarm ist sehr groß und deshalb nehmen sie eine große Menge Nahrung zu sich.

Die Vermehrung der Hasen ist nicht unbedeutend. Sie werfen jährlich 2, 3, auch wohl 4 Mal und jedesmal 3 bis 4 Jungen. Schon zu Ausgange des Winters, wenn unsere Fluren noch tief mit Schnee bedeckt sind, haben sie Junge. Oft findet man auf dem Schnee diese kleinen Thierchen erfroren, da sie noch zu schwach sind, um der Kälte zu widerstehen, und zu klein, um in weiter Ferne die Nahrung zu finden. — Die Tragezeit der Hasen währt 30 bis 31 Tage. — Eine im Thierreich seltnere Erscheinung ist die, daß die Jungen gleich bei der Geburt offene Augen haben. Die Mutter säugt sie 20 Tage lang, worauf sie sich von ihr trennen und selbst ihre Nahrung suchen. Sie entfernen sich jedoch nicht weit von einander und von dem Orte, wo sie geboren sind. Sie leben aber für sich allein und bereiten sich jedes ein Lager, etwa in einer Entfernung von 60 bis 80 Schritten. Wenn man einen jungen Hasen findet, so kann man fast immer darauf rechnen, in geringer Entfernung noch einen oder zwei aufzustöbern. Diese Liebe für ihren Geburtsort behalten sie ihr ganzes Leben lang.

Nach einem Jahre sind sie fast vollständig ausgewachsen. — Ihre Lebensdauer erstreckt sich bis zu 7 oder 8 Jahren, aber selten erreichen sie ihr natürliches Lebensende, da sie eine zu große Anzahl von Feinden haben. Außer dem Menschen macht die Ohreule, der Habicht, der Bussard, der Geier, der Adler, der Fuchs, der Wolf u. m. a. Thiere Jagd auf sie.

Die Hasen scharren sich mit ihren Vorderpfoten eine Höhlung in den Erdboden. Gern wählen sie, um sich dieses Lager zu bereiten, einzeln stehende Gebüsche, Raine, ganz kleine Hügel, hervorspringende Steine namentlich in solchen Gegenden, wo die Umgebung und besonders der Boden ein ihrem Felle ähnliches Aussehen hat. Im Winter ist diese Höhlung der Sonne zugekehrt, also nach Süden, während sie im Sommer im Schatten, nach Norden, liegt.

Am Tage schlafen oder ruhen sie in diesem Lager und nur bei Einbruch der Dunkelheit und die Nacht hindurch verlassen sie ihre Schlupfwinkel, um entweder Nahrung zu suchen oder zur Lustwandeln; im Mondenschein sieht man sie mit einander spielen, umherspringen und einander nachlaufen. Aber die leiseste Bewegung, das Geräusch eines fallenden Blattes reicht hin, um ihnen Schrecken einzujagen; sie stäuben auseinander und jeder entflieht nach der entgegengesetzten Seite, dabei nehmen sie niemals dieselbe Richtung, die nach ihrem gewöhnlichen Aufenthaltsorte führt.

Die Hasen schlafen übrigens viel und zwar mit offenen Augen. Sie haben keine Wimpern an den Augenlidern und ihr Gesicht scheint nicht sehr scharf zu sein. Einen hinreichenden Ersatz dafür haben sie durch ihr außerordentlich feines Gehör. — Sie bringen ihr Leben in der Einsamkeit und in der Stille zu, und man hört ihre Stimme nur, wenn man sie stark anfaßt, quält und verwundet. Ihr Geschrei hat viel Aehnlichkeit mit dem Schreien eines kleinen Kindes.

Sie sind übrigens nicht so wild, wie man aus ihrer beständigen Furcht schließen könnte; sie sind vielmehr sanfter Natur und einer gewissen Erziehung fähig. Wie leicht sie sich aber auch zähmen lassen, und obwohl sie sich sogar schmeichlerisch zeigen, so fassen sie, vielleicht eine Folge ihrer unvertilgbaren Furchtsamkeit, doch nicht so viel Anhänglichkeit, um Hausthiere werden zu können. Selbst jene, die ganz jung eingefangen und im Hause aufgezogen worden sind, setzen sich, sobald sie Gelegenheit dazu finden, in Freiheit.

Eigenthümlich ist die Stellung, welche sie einnehmen, um zu horchen. Sie setzen sich auf die Hinterbeine und spitzen furchtsam ihre langen Ohren. Ihre Vorderbeine können sie dann wie Arme gebrauchen und man hat einzelne abgerichtet, um die Trommel zu schlagen, kleine Gewehre abzudrücken u. s. w., um sie dem schaulustigen Publikum zu zeigen.

Sie werden auf zwei verschiedene Arten gejagt; ein Mal durch Treibjagd, wo die Jäger mit Leuten, welche mit einer Klapper sie auftreiben müssen, die Fluren durchziehen und zuweilen einen Kessel bilden, indem sie einen Kreis schließen, immer näher zusammenrücken, und so den eingeschlossenen Thierchen, welche ängstlich hin- und herlaufen, den unvermeidlichen Tod bringen; das andere Mal auf dem Anstande. Der Jäger begiebt sich des Abends an den Saum des Waldes und lauert dort hinter einem Gebüsch, bis der Hase aus seinem Lager hervorkommt, oder bis er nach seinem Lager des Morgens zurückkehrt. Selten werden sie in Schlingen gefangen.

Durch die beständige Verfolgung hat sich bei ihnen die Schlauheit in einem ziemlichen Grade entwickelt. Man hat verschiedene Beispiele davon:

Ein Hase verließ, sobald er das Jagdhorn hörte, sein Lager, eilte nach einem Teiche, stürzte sich in's Wasser, schwamm nach Binsengebüschen in der Mitte desselben und verbarg sich dort so lange, bis die Gefahr vorüber war. — Ein anderer, verfolgt von Hunden, vertrieb einen anderen aus seinem Lager, warf sich da hinein und täuschte dadurch die Hunde, indem sie den Davonlaufenden verfolgten. — Wieder andere schwammen über 80 Schritte breite Teiche, oder stürzten sich zwischen eine Schafheerde, schwammen über einen Bach mehrmals hin und zurück, liefen eine dichte Hecke hinauf, schlüpften dann durch und kehrten auf der andern Seite zurück, während die Hunde auf der ersten Seite weiter fortstürzten und am Ende derselben ganz verdutzt stehen blieben. Man sahe, daß sie alle List anwandten, indem die vielfachen Wendungen in ihrem Laufe nicht mehr ausreichten, um ihren Verfolgern zu entgehen. —

Der Hasenbraten ist auf wohlbesetzten Tafeln eine gern gesehene Speise. — Die Haut wird zu Pelzarbeiten verwendet und das Haar wird zu sehr feinen Hüten verarbeitet. — Auffallend ist es, daß der Hase in der Freiheit nie fett wird, während er in der Gefangenschaft, wo man ihn mit Salat, Klee und Gemüse füttert, in kurzer Zeit so zunimmt, daß er in seinem eigenen Fett erstickt; aber das Fleisch ist nie so schmackhaft, wie das von denjenigen, welche in den Feldern leben.

Die Lage des Landes, ob hoch oder niedrig, hat einen bedeutenden Einfluß auf die Entwicklung dieses Thieres. Die Berghasen sind größer und dicker als die in den Ebenen; auch haben sie eine verschiedene Farbe. Besonders sind die Gebirgshasen brauner auf dem Rücken, während sie mehr weiß am Halse sind. Auf den hohen Gebirgen und im Norden werden sie während des Winters weiß und bekommen im Sommer ihre gewöhnliche Farbe wieder. Nur einige, und jedenfalls sind es die ältesten, bleiben weiß; denn ihre Farbe wird mit dem zunehmenden Alter immer matter.

Die Hasen in den wärmeren Ländern, wie in Italien, Spanien, der Berberei sind kleiner als bei uns und ebenso sollen sie in Aegypten kleiner als in Griechenland sein. Sie sind über alle Erdstriche verbreitet. Es giebt viele in Schweden, Dänemark, Polen, Rußland, Frankreich, England, Deutschland, in der Berberei, in Aegypten und auf den Inseln des Archipels, besonders auf Delos (Idilis), die von den alten Griechen wegen der Menge Hasen, die man dort fand, Lagia genannt wurde. Endlich giebt es viele in Lappland, wo sie 6 Monate des Jahres weiß sind und ihre falbe Farbe erst während der beiden heißesten Monate wieder erhalten.

Es will fast scheinen, als habe das Klima auf die Verbreitung der Hasen keinen Einfluß; indessen ist doch zu bemerken, daß es nicht so viel Hasen im Morgenlande als in Europa und wenige in Südamerika und zwar in Virginien, Kanada und bis an die Länder der Hudsonsbai giebt. Vielleicht gehören aber die südamerikanischen zu einer von unseren Hasen verschiedenen Art, denn nach den Angaben mehrerer Reisenden sind jene nicht allein weit stärker, sondern ihr Fleisch ist auch weiß und hat einen von dem der unsrigen ganz verschiedenen Geschmack. Dann fügen sie noch hinzu, daß das Haar derselben nie ausfalle und daß man ein treffliches Pelzwerk daraus bereite.

In den sehr heißen Ländern, wie am Senegal, am Gambia, in Guinea und vorzüglich in den Bezirken von Fida, Apam, Akra und einigen anderen Ländern der heißen Zone Afrika's und Amerika's, wie in Neuholland und in der Landenge von Panama findet man auch Thiere, welche die Reisenden Hasen genannt haben, die aber eher Kaninchen-Arten sind. Das Kaninchen gehört übrigens ursprünglich den wärmeren Ländern an, während der Hase um so stärker und größer nach dem Norden zu wird.

Wir wollen noch kurz die mit dem Hasen verwandten Arten hinzufügen.

1. Die Pfeifhasen (Lagomys) sind klein und haben kurze Hinterfüße, rundliche Ohren und gar keinen Schwanz. Oben haben sie meist 6 Backenzähne. Die Töne, welche sie hören lassen, sind ein Pfeifen und daher ihr Name. Sie finden sich nur in Sibirien, graben meistens Höhlen und tragen öfters sogar Wintervorrath ein. Dazu gehören:

a) der kleinste Hase (Lepus hyperboreus) ist nur 5¼ Zoll lang, rostbraun, oben aschgrau und seine runden Ohren sind weiß gesäumt. Er lebt im Lande der Tschuktschen.

b) der Bell- oder Zwerghase (Lepus pusillus, minutus) ist 6 Zoll lang, graulich braun, seine Ohren, welche einen weißen Rand haben, sind dreieckig. Diese Thiere graben in den grasreichen Ebenen am Altai und südlich am Ural unter Gesträuch Höhlen mit vielen Ausgängen und locken sich Abends gegenseitig durch Rufen zusammen, ähnlich den Wachteln. Sie sind nicht häufig und nur auf einen kleinen Bezirk beschränkt, streifen in der Nacht herum, tragen keinen Vorrath ein, schlafen mit offenen Augen und leben überhaupt wie die gemeinen Hasen. Leicht lassen sie sich zähmen, werfen auffallender Weise meistens 6 blinde und nackte Jungen, die nach etwa acht Tagen sehend werden, Haare bekommen und wie die Vögel pipen.

c) der Sandhase (Lepus davuricus) ist 7 Zoll lang, blaßgrau, mit ebenso gefärbten ovalen Ohren. Er findet sich in den Feldern jenseits des Baikals in Dawurien und in der Mongolei bis China, gräbt sich Löcher in trockenem Boden und trägt kleine Haufen trockener Kräuter als Wintervorrath zusammen. Wenn er einen Feind bemerkt, so läßt er einen pfeifenden Ton hören.

d) der Stein- oder Heuhase (Lepus alpinus) ist 8 Zoll lang, röthlich, seine runden Ohren und die Sohlen sind braun. Er wohnt auf den höchsten Felsen an den Quellen des Irtisch, im östlichen Sibirien bis nach Kamtschatka hinein, auf dem Altai, auf den Gebirgen um den Baikalsee und längs dem Jenisei. Er gräbt sich Höhlen, oder benutzt Felsenritzen und hohle Bäume zu seiner Wohnung, geht des Nachts aus und man hört ihn alsdann laut pfeifen, so fein wie Vögel. Er sammelt sich bedeutende Wintervorräthe, die er in mannshohe Haufen um den Eingang seiner Wohnung aufschichtet und die dem Jäger eine willkommene Beute als Futter für seine Pferde sind.

2. Zu den eigentlichen Hasen gehört außer dem schon genannten sibirischen und aegyptischen und dem noch nicht genannten caplschen Hasen

das Kaninchen.

Dieses Thier hat mit dem vorigen so viel Aehnlichkeit, daß ihre Hauptmerkmale dieselben sind. – Die Kaninchen oder Kuhlhasen sind jedoch kleiner und haben kürzere Ohren und Füße als die eigentlichen Hasen. Sie kommen zahm, verwildert und wild vor.

Man unterscheidet drei Arten von Kaninchen, nämlich: das gemeine, das angorische oder den Seidenhasen und das amerikanische Kaninchen.

Das gemeine Kaninchen (Lepus cuniculus) ist bedeutend kleiner und schlanker als der Hase, nur 1½ Fuß lang, von röthlich grauer Farbe; seine Ohren sind kürzer als der Kopf, fast nackt und mit schwarzen Spitzen; es hat einen sehr kurzen Schwanz, der meistens weiß, mit wenig Schwarz gefärbt ist.

Die Thiere dieser Art weichen von den Hasen auch hauptsächlich darin ab, daß sie lange Gänge in die Erde, besonders in Hügel graben, wodurch sie sogar den Dünen und Dämmen, z. B. in Holland, gefährlich werden. Dies geschieht theils durch das Miniren der Dämme selbst, theils dadurch, daß sie das Gras abfressen und so dem Winde Gewalt über den Sand geben.

Sie haben dieselbe Nahrung wie die Hasen, und gehen gleich ihnen nur des Nachts danach aus, entfernen sich aber nicht sehr weit von ihren Höhlen. Wenn sie Gefahr wittern, so schlagen sie oft mit einem der Hinterfüße sehr stark auf den Boden.

Sie leben paarweise, werfen nach 30 Tagen 4 bis 6 blinde Junge, und dies wiederholt sich 4 bis 5 Mal im Jahre. Da sich nun auch ihr Alter bis zu 8 oder 9 Jahren erstreckt, so kann es nicht befremden, daß uns von ihnen als von einer Landplage erzählt wird. — Auf den balearischen Inseln brachten sie durch Verwüstung der Ernte Hungersnoth hervor. Die Einwohner dieser Inseln erbaten sich in ihrer Noth sogar militairische Hülfe vom Kaiser Augustus gegen ihre Vermehrung. — Auf der amerikanischen Insel Fortaventura, wo man europäisches Getreide ausgesäet hatte, verheerten es die Kaninchen wieder. Das Merkwürdige hierbei ist, daß die Nachkommen von nur zwei Kaninchen, welche daselbst vor nicht gar langer Zeit ausgesetzt worden waren, diese Uebervölkerung herbeigeführt hatten. Um sie wieder zu vermindern, nahm man das Frettchen aus Afrika und Spanien mit; dasselbe, ein dem Iltis nahe verwandtes langgestrecktes Raubthier, ist ein arger Feind der Kaninchen, vertilgt viele Tausende und verhütet dadurch die übermäßige Vermehrung dieser Thiere.

Ihr eigentliches Vaterland ist die Nachbarschaft des mittelländischen Meeres: Spanien, die balearischen Inseln, Sardinien, Sicilien, Kleinasien und die Berberei.

Von Spanien aus sollen sie zuerst nach Italien gekommen sein; später haben sie sich nach Frankreich, England und Deutschland verbreitet, wo sie jetzt in Höhlen verwildert leben, besonders in den Sandhügeln an der Küste der Nordsee bis zum Thüringer Walde. Im südlichen Deutschland kommen sie nur in Oestreich verwildert vor; desgleichen auch in Südamerika. In Schweden, Rußland und dem Norden überhaupt kommen sie nicht vor. Dagegen lieben sie die übermäßige Wärme, denn man findet sie in den südlichsten Gegenden Asien's und Afrika's, z. B. am persischen

Meerbusen, an der Saldanabai, in Lybien, am Senegal und in Guinea. —

Schon die alten Griechen und Römer kannten die Kaninchen, und bereits seit den ältesten Zeiten werden fast überall zahme gehalten. Vorzüglich weiset man ihnen die Ställe größerer Thiere: der Schafe, Ziegen, Kühe, wo sie vom Abfall aus der Krippe leben, zum Aufenthalt an. Aber sie unterhöhlen den Boden der Ställe bedeutend und locken dadurch die Ratten nicht selten herbei; auch verunreinigen sie oft das Futter in der Krippe mit ihren Haaren und ihrem Unrath.

Gezähmt kommen sie in allen Farben vor; vorzüglich weiß mit rothen Augen, schwarz und weiß gefleckt und silbergrau; ganz schwarze sind selten.

Die gezähmten Kaninchen vermehren sich noch viel mehr als die wilden, oft werfen sie 7 bis 8 Junge, zuweilen noch mehr.

Man hält sie oft in geringer Anzahl zum Vergnügen der Kinder. Aber auch ihr Fleisch, und namentlich das von den Jungen, wird sehr geschätzt; es hat im Geschmack viel Aehnlichkeit mit dem Hasenfleisch, ist jedoch zarter und weicher als dieses. Die Bälge werden an die Kürschner und Hutmacher verkauft, die sie zu Unterfutter, Verbrämungen und Hüten verarbeiten.

Der Seidenhase oder das angorische Kaninchen (Lepus angorensis) ist eine merkwürdige Abart mit sehr langen, seidenartigen Haaren. Er ist erst seit einem halben Jahrhunderte aus England nach Deutschland verpflanzt worden, wohin er erst von Angora in Kleinasien gelangt war. Man kämmt diesem Thiere monatlich die 2 bis 3 Zoll langen Haare aus, und verfertigt daraus Strümpfe, Handschuhe u. dergl.

Das amerikanische Kaninchen (Lepus americanus, hudsonius, nanus, brasiliensis) ist nicht viel mehr als 1 Fuß lang. Seine Farbe ist Hasengrau mit Braun untermischt, der 2 Zoll lange Schwanz, der Nacken und die Füße sind röthlich. Die Ohren sind kürzer als der Kopf und haben keine schwarze Zeichnung. — Es ist in Nordamerika von der Hudsonsbai bis Florida und in Merico einheimisch. Seine Farbe wird während des Winters weißlich, nur am Schwanze und an den Ohren ist sie unveränderlich. Man genießt sein Fleisch und verwendet seine Haut.

Die Maus.

Ihre $\frac{2}{2}$ Schneide- oder Nagezähne sind vorn platt, zugespitzt, meist gelb, und die Backenzähne $\frac{3.3}{3.3}$ — bald mit, bald ohne Schmelzkrone — sind mit stumpfen Querhöckern versehen, haben mehrere Wurzeln und der vorderste ist größer als die andern. Der Schwanz dieses kaum 3 Zoll langen Thierchens ist ebenfalls 3 Zoll lang, schuppig geringelt, ganz dünn behaart oder ganz nackt, wie es z. B. bei der Hausmaus der Fall ist. Die Ohren sind groß. Ihre Zehen sind getrennt und mit Nägeln versehen; der Vorderdaumen ist jedoch verkümmert.

Die Mäuse wohnen meistens im Verborgenen, unter der Erde in langen Gängen, welche sie selbst ausgraben, ohne jedoch Haufen, wie es der Maulwurf thut, auszuwerfen.

Sie nähren sich von harten Pflanzen- und Thierstoffen, von Saamen, Wurzeln, getrocknetem Fleische, Brot rc., welches sie benagen. Ihr ganzer Zahnbau macht es nöthig, daß sie auf diese Weise die Nahrung zerstückeln, um die Vorderzähne abzuwetzen, denn wenn dieses nicht geschähe, so würden sie ihnen sehr bald, da sie fortwährend wachsen, in langen gekrümmten Bogen zum Maule herausstehen.

Hierdurch und besonders durch ihre Vermehrung werden sie oft sehr schädliche Gäste, welche in den Feldern das Getreide wegfressen, und dadurch sogar Hungersnoth herbeiführen. In den Häusern verzehren sie das Brot, indem sie eine Oeffnung so groß, daß sie hindurchschlüpfen können, hineinnagen, und dann die Krume gänzlich herausfressen. Wenn die Hausfrau kommt, um ein Brot zu holen, dann schlüpfen wohl noch ein Paar näschige Diebe aus ihrer Vorrathskammer heraus, um dieselbe neben dem Aerger über den Verlust des Brotes noch zu erschrecken. Aber auch alle anderen Eßwaaren sind nirgends sicher, da sie durch ihren feinen Geruch in Kenntniß gesetzt, sehr bald den Ort finden, wo dieselben aufbewahrt werden, und mit ihren scharfen Zähnen bahnen sie sich einen Weg durch Wände und Dielen. Sie zernagen Alles, was ihren Durchzug hindert und nicht selten zerfressen sie die kostbarsten Kleider der Hausbewohner, obwohl dieselben sorgsam im Kleiderschrank verwahrt wurden. Bücher, Lederzeug und viele andere theure Sachen sind schon eine Beute der Mäuse geworden. Dabei verunreinigen sie Alles durch ihren Unrath oder durch Schmutz, den sie mit sich schleppen oder von den Wänden abnagend, umherstreuen. Sie beunruhigen ferner die Schlafenden durch ihr beständiges Geräusch, indem sie sich des Nachts mit großer Dreistigkeit hervor wagen und schnell in dem Zimmer umher über Tisch und Bett huschen, obwohl sie nicht beißen und vor jedem lebendigen Wesen entfliehen. — Im Sommer begeben sie sich meistens in die Gärten und Felder, weil sie dort Nahrung genug finden und nicht so viel verfolgt werden. Im Winter sind freilich die Vorrathskammern, die Korn- und Futterböden ihre liebsten Aufenthaltsorte.

Ihre Vermehrung ist außerordentlich stark. Sie werfen nach 3 Wochen 4 bis 6 Jungen, und diese sorgen schon nach 14 Tagen für sich selbst. Dies geschieht während des Jahres mehrmals, zum Theil selbst im Winter, weil sie keinen Winterschlaf halten und nur bei der größesten Kälte sich eine Zeit lang zusammenlegen. — Aristoteles erzählt uns, daß er eine tragende Maus in ein zum Aufbewahren von Korn bestimmtes Gefäß gethan hatte, und daß sich kurze Zeit hernach 120 Mäuse darin fanden, die alle von derselben Mutter herkamen.

Wenn der Mensch sich dieses Ungeziefers auf alle Art zu entledigen sucht, so ist es wahrlich kein Wunder, da ja öfters die scharfsinnigsten Mittel nicht hinreichen, um es vollständig zu vertilgen. Die Katzen, die Käuzchen, alle Nachtvögel, die Steinmarder, die Wiesel, sogar die Ratten leisten ihm treulich Beistand. Er selbst sucht sie zu vertilgen durch Legen von Teigkugeln mit Arsenik oder sogenanntem Mäusegift, durch Fallen verschiedener Art, in denen er als Köder den von den Mäusen am meisten geliebten Speck benutzt.

Man hat Einzelne eingefangen und an diesen beobachtet, daß die Mäuse sehr selten trinken und etwa ein Alter von 6 Jahren erreichen.

Abgesehen von ihrer Schädlichkeit sind die Mäuse recht possirliche Thierchen, welche viel mit einander spielen, oft einen pfeifenden oder quiekenden Ton hören lassen, sich auf die Hinterfüße setzen, die Ohren spitzen und beständig furchtsam auf Alles Acht geben, was um sie vorgeht. Sie werden, wenn man sie nicht stört, immer dreister und hüpfen über Tisch und Stühle, was Veranlassung zu dem Sprichwort gegeben: „Wenn die Katze nicht zu Hause ist, gehen die Mäuse auf den Tisch tanzen." Sie werden zuletzt so zahm, daß sie das Brot aus den Händen holen.

Die Farbe der Mäuse ist oben grau, unten weißgrau, doch giebt es auch ganz schwarze, gescheckte und ganz weiße mit rothen

Augen. Letztere werden viel zahmer, aber sie können das Tageslicht und die Kälte nicht gut vertragen. Sie werden öfters von herumziehenden Kindern, namentlich von Savoyardenknaben gezeigt.

Es giebt eine ansehnliche Menge verschiedener Arten in allen Welttheilen, die theils größer, theils kleiner als unsere Hausmaus sind. Nach den neueren Erdtheilen sollen sie erst mit den dorthin gekommenen Schiffen verpflanzt sein; in Amerika haben sie sich, wie alle dorthin gelangten Thiere, so schnell vermehrt, daß sie den Bewohnern eine größere Plage als den Europäern geworden sind.

Die Hausmaus (Mus musculus) hat ihre eigentliche Heimath in Asien und Europa, ist aber durch die Schifffahrt in alle Welttheile verbreitet worden. Sie ist es vorzüglich, der man mit Fallen und Gift nachstellt und um derentwillen man die Katzen hält; auch wird sie vom Igel in großer Zahl vertilgt. Sie frißt nicht bloß Saamen aller Art, Hasel- und welsche Nüsse, sondern schleppt sich auch in ihren Schlupfwinkeln große Haufen zusammen.

Die Feld- oder Waldmaus (Mus silvaticus) wird gegen 4 Zoll lang, mit eben so langem Schwanz, ist im Sommer graulich braun, im Winter dunkler und unten weiß; aber auch sie kann ganz schwarze, gefleckte und ganz weiße Individuen aufweisen.

Sie findet sich in allen Ländern, wo die Hausmaus lebt, nur wohnt sie in Feldern und Wäldern und vermehrt sich noch stärker, da sie 4 bis 10 blinde Junge wirft, für die sie ein rundliches Nest von zerbissenem Gras oder Moos in einer Höhle oder unter Misthaufen im Felde bereitet. In trockenen Jahren, die ihrer Vermehrung besonders günstig sind, finden sich öfters Millionen in den Roggenfeldern, wovon sie einen großen Theil verwüsten. Sie springen am hellen Tage an den Halmen in die Höhe, reißen sie um und schleppen die gefällten Aehren in ihre Höhlen, die so zahlreich sind, daß die Felder ganz und gar durchlöchert sind. In Wäldern fressen sie Baumsaamen und Beeren aller Art. Sie sind überhaupt schwer zu vertilgen und nur ein recht nasses Frühjahr, wenn das Wasser in ihre Höhlen dringt, kann ihrer Vermehrung Einhalt thun. Der Mensch kann nicht eher gegen sie etwas unternehmen, ehe er seine Felder nicht abgeerntet hat. Dann treibt er Schweine auf die Aecker, welche sie auswühlen und verzehren.

Nach der Ernte verschwinden sie zuweilen plötzlich von den Feldern, indem sie weiter wandern und selbst über Bäche schwimmen, wo sie aber in großer Zahl von Raubvögeln und Hechten verschlungen werden. Auf diesen Wanderungen fallen sie nicht selten in die Gärten und dringen in die Häuser ein.

Bisweilen findet sich auch bei uns, wenigstens im östlichen Deutschland, die **Brandmaus** (Mus agrarius). Ihre Heimath ist eigentlich Rußland, wo sie, gleich der Feldmaus, ebenfalls zur Landplage wird. Sie ist etwas kleiner als die Hausmaus, hat kürzere Ohren, ist gelblich grau und hat einen schwarzen Rückenstreifen.

Die **Zwergmaus** (Mus minutus) kommt auch in Deutschland einzeln vor, findet sich aber in Rußland überall mit der vorigen, besonders in den sibirischen Birkenwäldern zwischen dem Ob und dem Jenisei, auch an der Wolga, so weit dort nur Ackerbau getrieben wird, unter dem Getreide in Scheunen und Feldern in großer Menge. Sie ist nur halb so groß wie die Hausmaus, rostroth, unten weißlich.

Die **Rüsselmaus** (Mus soricinus) ist ohne Schwanz nur 2¼ Zoll lang, und hat eine rüsselartige Schnauze. Sie findet sich zuweilen in Deutschland, häufiger auf der Halbinsel Jütland und am häufigsten in England. Wir erwähnen noch von den zahlreichen Mäuse-Arten die **Rennmäuse** in Asien und Afrika, die **Ohrenmäuse** in Südafrika, die **Dünnohrmäuse** in Australien und die **Baummäuse** in Südafrika.

Die Ratte.

Den Mäusen ähnlich in Gestalt und Lebensweise ist die Ratte. Doch vertilgt sie erstere, wie schon erwähnt, auf unbarmherzige Weise. — Auch sie findet sich jetzt durch die Schifffahrt verbreitet in allen Ländern. — Man unterscheidet ebenfalls mehrere Arten. —

Die **Hausratte** (Mus Rattus) ist fast spannenlang, hat einen noch längeren Schwanz und dort, wo bei der Maus der Vorderdaumen verwachsen ist, findet sich bei ihr eine Warze mit einem Nagel; sonst sind ihre Füße wie bei jener. Ihre **Farbe** ist auf dem Rücken schwarzgrau und am Bauche aschgrau.

Wenn schon die Mäuse ein lästiges Ungeziefer waren, dann sind es die Ratten noch viel mehr, da ihre Gefräßigkeit viel stärker ist, mit der sich ein gewisser Muth paart. Sie finden sich ebenfalls in den Häusern, besonders in den Speichern und Ställen, oder in alten verfallenen Gebäuden, wo sie des Nachts viel Lärm machen, und nicht selten schon die Veranlassung zu mancher Spukgeschichte geworden sind.

Zu ihrer Nahrung stehlen sie Getreide, Eßwaaren, besonders den Speck aus den Speisekammern und Schornsteinen, beißen selbst den fetten Schweinen, die sich nicht mehr rühren können, Schwanz und Ohren ab, fressen ihnen Stücke Speck aus dem Leibe, wehren sich gegen Katzen, schlagen diese nicht selten in die Flucht und springen selbst auf den Menschen los. Sie zernagen die stärksten Bretter, wenn sie ihnen im Wege sind.

Sie werfen während des Sommers zwei bis drei Mal, meist in Ställen, unter den Dielen der Wohnungen ꝛc. 4 bis 7 blinde Jungen.

Sehr oft legen sich 6 bis 8 zusammen in ein Nest und verschlingen ihre Schwänze so mit einander, als wenn diese verwachsen wären. Diese Erscheinung ist der oft erwähnte Rattenkönig.

Man vertilgt sie mit Fallen und durch Gift. — Die Alten erwähnen ihrer nicht und es ist die Ansicht, daß sie aus Asien eingewandert sein sollen, nicht unwahrscheinlich.

Die Wanderratte (Mus decumanus) wird viel größer, 10 Zoll lang, ihr Schwanz ist aber etwas kürzer. Ihre Färbung ist oben gelblichbraun und unten weißlich. Dieses Thier ist auf zwei Wegen zu uns gelangt, zu Wasser und zu Lande. — Die in den Steppen von Sibirien eingetretene Dürre vertrieb dieses Thier aus seiner Heimath, und es folgte der großen Völkerstraße gegen Westen und gelangte im Jahre 1727 an die Wolga, wiewohl es im Jahre 1770 in Rußland noch ziemlich unbekannt war. Schneller noch kam die Wanderratte durch Ostindienfahrer nach dem Westen von Europa. Im Jahre 1730 zeigte sie sich in England, 1738 und 1740 bemerkte man sie zuerst in Paris. Erst seit 20 bis 30 Jahren hat sie in der Schweiz den Rhein überschritten und sich in den Kantonen St. Gallen und Thurgau verbreitet; im Kanton Zürich und weiter westlich ist sie noch nicht bemerkt worden. In Würtemberg ist sie jetzt sehr häufig, obwohl sich an vielen Orten ältere Leute noch an ihr erstes Erscheinen erinnern können. In Süddeutschland wurde sie hauptsächlich in den französischen Revolutionskriegen durch östreichische Frachtmagazine eingeschleppt. Sie hat die Hausratte nicht selten verdrängt oder vertilgt, wobei jedoch unsere Oekonomie nichts gewonnen hat, da sie weit gefräßiger und fruchtbarer ist als jene.

In Amerika wurde sie erst 1544 bemerkt, und ist jetzt daselbst weit zahlreicher als in Europa. Büffons und Lucian Bonaparte's Ansicht, daß sie amerikanischen Ursprungs sei, ist daher sehr zweifelhaft.

Bei ihrer Verbreitung zieht sie sich vorzüglich in die Häuser am Wasser entlang, und hält sich besonders gern in Mühlen, Gerbereien und Kloaken auf.

Sie ist außerordentlich stark, frech und keck, frißt ebenfalls alle Pflanzenstoffe, zernagt Getreidesäcke und Leder und gräbt sich in die Keller, zieht jedoch die thierische Nahrung vor, daher greift sie Fische, Wasservögel, junge Hühner, Enten und Gänse an und tödtet sogar die Lämmer in den Ställen.

Sie wirft 2 bis 3 Mal im Jahre, jedesmal etwa ein Dutzend Jungen.

Die Wasserratte (Hypudaeus amphibius) hat wesentliche Unterscheidungsmerkmale von den beiden vorgenannten Arten und wird deshalb zur Gattung der Wühlmäuse gezählt. Sie hat ziemlich die Größe der Hausratte, aber ihr Schwanz ist nur halb so lang. Sie hat einen rundlichen Kopf mit einer stumpfen Schnauze und kurze Ohren. Die Farbe ihres Haares ist dunkelbraun, am Grunde grau, am Halse ist sie aschgrau, an der Brust und dem Bauche bräunlich. Auch ihre Nagezähne sind von brauner Farbe.

Sie hält sich im nördlichen Asien, in Europa und Amerika in der Nähe des Wassers auf, in das sie oft geht und auf dem Boden desselben herumläuft, wo sie Wasser-Insekten, Krebse, Roogen und Fische frißt; sonst aber frißt sie auch Pflanzen, Graswurzeln, Baumrinde, Kohl, Körner uud Baumsaamen, und wird nicht selten durch ihre Gefräßigkeit Wiesen, Feldern und Wäldern schädlich. Den Gerbern zerfrißt sie sehr oft das Leder im Wasser, und im Winter zernagt sie die Wurzeln der jungen Obstbäume in den Baumschulen. Sie wirft aus den langen Gängen, die sie am Ufer des Wassers, besonders gern von alten Baumstämmen aus, anlegt, die Erde wie der Maulwurf in großen Haufen heraus.

Mehrere Male im Sommer wirft sie 5 bis 7 blinde und dünnbehaarte Jungen, vertheidigt dieselben gegen Katzen und Hunde, schleppt sie sogar im Maule fort und schwimmt damit durch's Wasser. —

Sie hat große Feinde an den Hechten, Wieseln, Mardern und Ohreulen. Man fängt sie mit Fallen und im Wasser mit Reusen, in denen sie erstickt. —

Es giebt in fremden Ländern noch einige andere Arten, z. B. die Perchal-Ratte in Indien, besonders in Pondichery, die Pilori-Ratte auf den Antillen, die Borstenratte in Aegypten (a. die kleinere, b. die alexandrinische).

Der Hamster.

Am meisten Aehnlichkeit hat der Hamster (Cricetus vulgaris) mit der Maus, namentlich im Bau und der Anzahl seiner Zähne. Nage-, Schneide- oder Vorderzähne hat er $\frac{2}{2}$, welche sehr spitz und scharf sind, ferner $\frac{3.3}{3.3}$ Backenzähne mit stumpfen Querhöckern, und auch ihm fehlen die Eckzähne. Sein sehr kurzer, kaum 2 Zoll langer Schwanz ist kurz behaart. Das Thier selbst ist etwa eine Spanne lang, fast so dick wie die Wanderratte und wiegt etwa ein Pfund. Seine Ohren sind verhältnißmäßig groß und rundlich. Die Bildung der Zehen ist wie bei der Maus und Ratte, nur die Nägel sind viel schärfer. Seine Färbung ist merkwürdig abweichend von der anderer Thiere; diese sind nämlich auf dem Rücken dunkler und unter dem Bauch heller, bei ihm ist es aber gerade umgekehrt. Er ist oben gelblichgrau, unten schwarz, am Auge, Ohr und Steiß rothfarbig, an den Seiten hat er drei gelblich weiße Flecke, und die Pfoten sind weiß. Doch kommt er auch fuchsroth, schwarz gescheckt und weiß mit rothen Augen vor.

Zwei Besonderheiten hat jedoch der Hamster, die ihm viel Interesse verleihen, und die wir noch bei keinem der vorbesprochenen Thiere kennen lernten. Diese sind seine Backentaschen und sein Winterschlaf.

Die Backentaschen, welche nicht weniger als 3 Zoll lang, 1½ Zoll weit sind, reichen über die Schläfe hinaus bis zur Mitte des Halses. Es sind zarte häutige Säcke, einer auf jedem Backen, die wie große Schwimmblasen aussehen, ganz frei unter der Haut liegen, sich in den Mund vor den Backenzähnen öffnen und hinten durch einen Muskel an die Rückenwirbel befestigt sind, so daß sie nicht herausgestülpt werden können. Diese Taschen füllt der Hamster voll Nahrung, namentlich Getreidekörner, welche er mit Hülfe seiner Zunge hineinbringt, sie in seine Höhlen trägt und mit den Vorderpfoten wieder herausdrückt oder herausstreift. Sie fassen 3 Loth Körner.

Die Höhlen oder Baue, in welche er seine Nahrung trägt, und in denen er auch wohnt, hat er sich selbst angelegt und ihnen meistens folgende Einrichtung gegeben. Sie befinden sich 3 bis 4 Fuß unter der Erde, sind in mehrere Kammern abgetheilt, und je älter das Thier ist, desto größer ist die Anzahl derselben. Die vornehmste Abtheilung ist mit Stroh und auch wohl mit Moos ausgekleidet und dient zur Wohnung, die anderen sind zur Aufbewahrung der Vorräthe bestimmt, die er zur Zeit der Ernte in großer Menge sammelt und wobei er weder Tag noch Nacht rastet. Man hat meistens ¼ bis ½ Scheffel Körner darin gefunden. Jeder Bau hat zwei Löcher, von denen das eine in schiefer und das andere in senkrechter Richtung hinein führt. Ersteres dient zum Aus- und Eingang.

Auch die Weibchen haben ihre besonderen Baue, denn der Hamster, ein unverträglicher Bursch, lebt stets einzeln, und nur in der Paarungszeit leben Männchen und Weibchen einige Tage zusammen. In dem einen wohnen sie, und dieser ist ganz ähnlich dem schon beschriebenen; aber der, in welchem sie werfen, hat selten mehr als eine Vorrathskammer, da sie nur wenige Nahrung in diesem Bau nöthig haben. Sie halten sich in demselben nur auf, so lange sie ihre Jungen säugen, die sich übrigens nach 3 Wochen selbst überlassen sind. Außer dem schrägen Eingange hat dieser Bau noch sieben bis acht senkrechte, welche dazu dienen, daß die Jungen freien Aus- und Eingang haben und in die sie sich bei Gefahren mit aller Schnelligkeit hinunterkugeln.

Die Hamster vermehren sich ziemlich stark, denn sie werfen 2 bis 3 Mal jährlich nach 4 Wochen wenigstens 6 blinde und nackte Jungen. Diese graben, sobald sie auf sich angewiesen sind, nur 1 bis 2 Fuß tiefe Gänge, in die sie etwa 4 bis 5 Pfund Nahrung schleppen.

Ihre Nahrung besteht in Gerste, Hafer, Roggen und Weizen, auch wohl in Bohnen, Erbsen, Lein- und Mohnkapseln. Sie haben die Eigenthümlichkeit, daß sie jede Frucht in einer besonderen Kammer ihres Baues aufhäufen. Uebrigens fressen sie auch Wurzeln, Gras, Obst, Käfer u. s. w. und die Jungen ernähren sich in der ersten Zeit vorzüglich von Kräutern, Wurzeln und Obst. Doch auch Fleisch verschmähen sie nicht, und sie fressen sowohl Mäuse, junge Vögel, als auch ihresgleichen.

Sie sind sehr muthig und bissig, setzen sich zur Wehr, wetzen ihre Zähne, blasen ihre Backentaschen mächtig und mit großem Geräusch auf, knurren und beißen in einen vorgehaltenen Stock, vertheidigen sich gegen Hunde, Katzen und Menschen, und bringen ihnen nicht selten bedeutende Wunden bei. Sie gerathen vom Zorn, der ihnen eigen ist, in förmliche Wuth, und werden dadurch verleitet, Alles anzugreifen, was sich ihnen in den Weg stellt, ohne an die Ueberlegenheit ihrer Feinde zu denken. Sie fliehen nie und lassen sich eher tödten, als daß sie den Kampfplatz verließen. Die Größe des Pferdes erschreckt sie eben so wenig, wie die Gewandtheit des

Hundes. Dieser macht übrigens gern Jagd auf sie. Erblickt ihn aber der Hamster von Weitem, und ist derselbe mit Beute beladen, so hat er, statt die Flucht zu ergreifen, nichts Eiligeres zu thun, als seine Taschen zu leeren, er stellt sich dann mit aufgeblasenem Kopf auf die Hinterbeine und stürzt sich aus dieser Haltung auf seinen Feind; erhascht er ihn, so läßt er nicht eher los, als bis dieser oder er selbst todt zur Erde fällt. Der Hund kommt ihm aber meistens zuvor, indem er ihn von hinten zu packen sucht und ihn mit wenigen Bissen tödtet. Diese Kampfeslust des Hamsters muß man aber kennen, da er es ebenfalls wagt, an den Menschen in die Höhe zu springen, damit man nicht, wenn man zufällig auf eins dieser Thiere stößt, von ihm arg verwundet werde.

Begegnen sich zwei Hamster, so ermangeln sie nie, sich anzugreifen, bis der Schwächere unter den Streichen des Stärkeren erliegt und dieser ihn verzehrt. So kommt es nicht selten vor, daß sich Mann und Weib, Vater und Kind gegenseitig bekämpfen, tödten und verzehren.

Einen besonderen Feind haben die Hamster an dem Steinmarder, der eine große Menge ausrottet, in ihren Bau dringt und ihn in Besitz nimmt.

Die gebräuchlichste Art, die Hamster zu fangen, ist, daß man sie ausgräbt. Obwohl diese Arbeit wegen der Tiefe und Ausdehnung ihrer Löcher ziemlich mühsam ist, so hat dennoch der Mensch nicht geringen Nutzen davon, indem er namentlich im Herbst an den Vorräthen eine bedeutende Beute hat. Dazu gewinnt er noch ihre **Haut**, die zu Pelzwerk verarbeitet wird. Das **Fleisch** wird nicht gegessen, außer in Sibirien. Im Gothaischen, wo Fanggeld bezahlt wird, werden jährlich mehrere Tausend Hamster eingeliefert, so in einem Jahre 11,574, in einem andern 54,429 und zu einer anderen Zeit sogar 80,139. In manchen Jahren erscheinen sie in zahlloser Menge und in anderen sieht man wieder fast keine; in trockenen Jahren vermehren sie sich so stark, daß man auf eine Quadratmeile etwa 100 Familien rechnen kann. Die Verwüstung ist alsdann furchtbar und kann Veranlassung zu Theurung und Hungersnoth werden.

Sie versinken, wie schon erwähnt, in den **Winterschlaf**. Bei herannahendem Winter ziehen sie sich in ihre unterirdischen Wohnungen zurück, die sie noch tiefer, oft 10 bis 12 Fuß tief graben, und deren Eingang sie dann sorgfältig verstopfen. Dort verharren sie ruhig und leben von ihren Vorräthen, bis sie, wenn die Kälte fühlbarer geworden ist, in einen dem tiefsten Schlafe ähnlichen Zustand von Erstarrung versinken. Oeffnet man in dieser Zeit einen Bau, so sieht man den Hamster auf einem Lager von dünnem und sehr weichem Stroh sanft gebettet. Er hat den Kopf zwischen die Vorderfüße gesteckt und die Hinterfüße lehnen sich an die Schnauze. Die Augen sind fest geschlossen, und selbst wenn man die Augenlider öffnet, so schließen sie sich sofort wieder. Die Glieder sind steif, wie die eines todten Thieres und der ganze Körper ist eiskalt. Man bemerkt weder Athmung noch irgend ein Lebenszeichen, nur wenn man ihn zerlegt, was für das Thier wenig schmerzhaft zu sein scheint, denn es erwacht nicht einmal aus seiner Erstarrung, sieht man das Herz sich zusammenziehen und erweitern; aber diese Bewegung ist so langsam, daß man kaum 15 Pulsschläge in einer Minute zählen kann, während im wachen Zustande wenigstens 150 Statt finden.

Die Erstarrung scheint sich aber nur dann einzustellen, wenn er von der Luft abgeschlossen ist, denn solche, welche man in einem Käfig aufbewahrte, blieben trotz der größesten Kälte wach, und ausgegrabene erwachten nach einiger Zeit an der Luft.

Es ist eine interessante Erscheinung, einen Hamster aus der Erstarrung zum Aufwachen übergehen zu sehen. Vorerst verliert er die Steifheit der Glieder, dann holt er tief Athem, aber in langen Zwischenräumen, die Beine zucken, er öffnet den Mund, wie, um zu gähnen, und läßt röchelnde Töne hören. Zuletzt öffnet er die Augen, kann aber immer noch nicht auf die Beine kommen. Endlich gelingt es ihm; in dieser Stellung bleibt er einige Zeit ganz ruhig, gleichsam, um sich wieder zu erkennen. Erst nach etwa zwei Stunden hat er sich völlig erholt und fängt seine alte Lebensweise wieder an.

Das eigentliche Vaterland des Hamsters ist Polen, Rußland und Sibirien bis an den Ob, nördlich bis zum 60°, südlich bis zum Kaukasus, in den fetten Grasebenen und vorzüglich in Feldern. Er liebt überall, auch da, wohin er gewandert, fetten, festen Boden. — Von seiner ursprünglichen Heimath hat er sich allmälig nach dem nördlichen Deutschland gezogen und ist bis an den Thüringer Wald vorgedrungen, wo er, wie wir im Gothaischen schon bemerkten, in ungeheurer Zahl vorkommt. Seit 1790 zeigt er sich auch in manchen Jahren in der Gegend von Heilbronn und einzelne will man selbst schon bei Straßburg gesehen haben.

Uebrigens findet er sich auch in Livland, jedoch selten, wegen des Sandbodens, in welchem sein Bau sehr oft einstürzt. In Ungarn, in Nieder-Oestreich und in Böhmen ist er ebenfalls selten. In

Baiern, wo er früher auch vorkam, hat man ihn schon seit Jahren nicht mehr bemerkt.

In Schlesien nennt man ihn Krietsch, in Rußland Karbusch, in Polen Chomik.

Das Eichhörnchen.

Der freundliche Sommer hat uns hinausgelockt aus unserer Wohnung und der säuselnde Wald mit seinem grünen Blätterdache hat uns aufgenommen. Die Bäume grünen, die Blumen blühen, die Käfer schwirren, die Vögel singen. Alles ist so lieblich um uns und wir können der Neigung, uns ein freundliches Plätzchen aufzusuchen, nicht widerstehen. Dort unter jener knorrigen Eiche, welche so allein steht, denn alle anderen Bäume halten sich in ehrerbietiger Ferne, ist es so schwellend, und wedelnde Farrenkräuter fächeln fortwährend Kühlung. Wir lagern uns, um in aller Gemächlichkeit auf das Concert des Waldes zu lauschen. Unsere Blicke richten sich auf die uns gegenüberstehenden Buchen. Da sieh, ein rothes Köpfchen lugt zwischen einer der Astgabeln hervor. Es bemerkt uns und schaut uns mit seinen muntern glänzenden Augen neugierig, doch furchtsam an. Es ist ein Eichhörnchen. Jetzt nimmt's Reißaus; wie huscht es auf dem Zweige entlang. Ein kühner Sprung und Eichhörnchen sitzt schon auf einem andern Baume. Aber sieh doch, dort unten kommt noch eins hervor; es hat in jenem Haselbusch nachgeschaut, ob dort Nichts zu knacken wäre, und glücklich hat es eine Nuß gefunden. Sieh nur, wie manierlich! es setzt sich gar auf die Hinterfüße, die Vorderfüße gebraucht es als Hände, das Nüßlein wird gedreht und gewendet, fast noch schneller als auf einer Drechselbank, die Schaale fliegt in Stücken rechts und links herunter und der süße Kern verschwindet schnell hinter den kleinen scharfen Zähnen. Das andere aber oben auf dem Ast hat das Knacken der Nuß gehört, es hat das speisende Eichhörnchen mit seinen großen braunen Augen bemerkt. Flugs kommt es in drei Sätzen herabgesprungen, aber eben so schnell ist das andere, eben nur mit drei kühnen Sprüngen, oben im grünen Wipfel. Flink eilt das erstere ihm nach und nun beginnt hoch oben in den Zweigen die lustige neckische Jagd. Kopfüber, kopfunter, doch — patsch, da fällt eins von der Höhe herab. Aber der federleichte Körper fällt nicht hart; verwundert schaut das behende Thierchen sich um, und im Nu ist es wieder zum Baume hinauf. —

So lebt das Eichhörnchen, stets lustig und vergnügt in den Wäldern. Das Wasser aber scheut es noch mehr als die Erde, und man erzählt, wenn es über einen Fluß müsse, dann bediene es sich einer Rinde als Schiff und seines Schwanzes als Segel und Steuerruder. Hin und wieder läßt es sich fangen. Es muß alsdann an einer kleinen Kette gebunden, im kleinen Käfig hausen, aber auch hier gehen seine Sprünge kopfüber, kopfunter.

Das gemeine, bei uns lebende Eichhörnchen (Sciurus vulgaris) ist etwa 9 Zoll lang, sein schöner, mit langen Haaren fahnenartig geschmückter Schwanz, den es immer gehoben trägt, ist 10 Zoll lang. Außerdem hat es einen Haarpinsel an den großen Ohren. Seine Augen sind groß, lebhaft, und seine Oberlippe ist ein wenig gespalten. Zähne hat es $\frac{2}{2}$ Schneidezähne, im Oberkiefer $\frac{1.1}{0.0}$ gewöhnlich früh ausfallenden Lückenzahn und $\frac{4.4}{4.4}$ Backenzähne mit stumpfen Querhöckern. Zehen hat es hinten 5 und vorn 4 mit einem verkrümmten Daumen, an dem sowohl, wie auch an den Zehen krumme spitzige Nägel sitzen. Neben seiner Possirlichkeit ist es noch ein Freund der Kinder wegen seiner schönen, braunrothen Färbung und nur unter dem Bauch und an der Brust ist es weiß. Aber der strenge Winter, der alles trübt, trübt auch seine lebhafte Färbung, und macht sie graulich. In unseren Tannenwäldern sieht man jedoch zuweilen auch schwarze oder braune mit schwarzem Schwanz. Eine besondere Abart ist silbergrau mit rothen Füßen und Ohrbüscheln, kommt aber selten vor, und noch seltener sind die ganz weißen mit rothen Augen. Rothe und schwarze Thiere finden sich nicht selten in ein und demselben Neste.

Sie fressen alle Arten von Kernen und Nüssen: Bucheckern, Eichen-, Fichten- und Tannensaamen aus den Zapfen, die sie geschickt zu öffnen wissen; selbst Kerne aus den Aepfeln und Birnen. In der Gefangenschaft nehmen sie auch Backwerk an, doch muß man, wenn man ihnen dasselbe reicht, sehr vorsichtig sein, da sie nicht selten mit ihren scharfen Zähnen die sich ihnen entgegenstreckende Hand verwunden. Merkwürdig ist es, daß sie keinen Pflaumen-, Pfirsich- oder Aprikosenkern oder bittere Mandeln verschlucken dürfen, wenn sie nicht das Leben verlieren sollen; denn in denselben ist eines der stärksten Gifte, die Blausäure, zwar nur in geringer Menge enthalten; es ist jedoch hinreichend, diese Thierchen zu tödten. Sie nehmen nur in der schon oben erwähnten Stellung ihre Nahrung ein, indem sie sich niederducken, den Vorderkörper in die Höhe richten und die Vorderbeine als Hände gebrauchen; den Schwanz haben sie dabei auf den Rücken geschlagen. Sie schauen stets um sich und machen ab und zu, während des Fressens, einige Kapriolen.

In der Gefangenschaft erreichen sie ein Alter von 6 Jahren. Man darf sie jedoch nicht im Zimmer frei herumlaufen lassen, weil sie, um ihre Zähne abzunutzen, alles zernagen und uns dadurch nicht geringen Schaden zufügen würden.

In der Freiheit sind sie aber von den übrigen Nagern ganz abweichende Thierchen. Sie leben nicht in oder auf ebener Erde wie die andern, sondern hausen stets, wie die Vögel, in den luftigen und rauschenden Wipfeln der Bäume, wo sie sich, gleich jenen, ein Nestlein bauen. Finden sie verlassene Elster- und Rabennester, so richten sie diese zu ihrer Wohnung ein; sonst tragen sie Reiser, Laub und Moos zusammen, und bauen sich daraus in dem Gezweig der Bäume ein höchst wohnliches Sommerhäuschen, das aber doch fest genug ist, harten Stürmen Trotz zu bieten. Am liebsten bauen sie, wenn es angeht, ihre Häuschen auf Tannen und Eichen. Es hat nur eine schmale Oeffnung und oben drüber wölbt sich meistens ein kegelförmiges Dach. Will sich das Wetter ändern, ist namentlich Sturm und Ungewitter im Anzuge, so begeben sie sich alsbald hinein, verstopfen auf der Seite, wo der Wind herkommt, ihre kleine Hausthür, machen aber auf der entgegenstehenden ein Luftloch und warten nun, im weichen Lager zusammengerollt, bis Sturm und Wetter vorüber sind. Im Winter jedoch werden sie von der Kälte gezwungen, ihr luftiges Sommerhäuschen zu verlassen, und sie bauen dann in einer Höhlung eines Baumes, noch lieber in dem Tannen- und Fichtengeflecht ein Winternest, das zugleich eine Wiege für die Jungen wird, die im April blind zur Welt kommen.

Sie haben neben der eigentlichen Wohnung noch Reserve-Wohnungen in gewissen Entfernungen, zwei bis drei, und dahin tragen sie, wenn sie es für nöthig halten, ihre Jungen, namentlich wenn denselben Gefahr drohen sollte. — Nach 4 Wochen werfen sie 3 bis 7 blinde Jungen, welche etwa vier Wochen saugen und dann schon selbstständig auf Nahrung ausgehen. Gegen den Herbst hin sind sie ziemlich vollständig ausgewachsen.

Die Eichhörnchen denken aber auch in der schönen Sommerzeit an den Winter. Sie sammeln sich einen kleinen Vorrath, den sie in Erdlöchern und Spalten alter Bäume aufbewahren. Sie liegen den ganzen Winter hindurch still in ihrem warm ausgepolsterten Nest, schlafen aber nicht anhaltend, sondern gehen, wenn nicht das Erdreich festgefroren, aus, um Nahrung zu suchen, oder sich von ihrem

Vorrath zu sättigen. Bleibt aber die Erde lange mit Schnee bedeckt, so geht es ihnen manchmal sehr schlimm und sie sterben nicht selten vor Hunger und Frost, da sie trotz aller Anstrengung nichts aus dem Schnee herausscharren können.

So reinlich die Eichhörnchen übrigens erscheinen, denn sie kämmen und putzen sich mit den Vorderbeinen und Zähnen, und lecken sich fleißig mit der Zunge, so üblen Geruch hat doch ihre Wohnung, die stets von Flöhen wimmelt.

Sie werden leicht zahm, namentlich wenn man sie jung einfängt, und lassen sich dann auch zu allerlei Künsten abrichten. Die Musik lieben sie außerordentlich und lernen nach derselben in ihrem Käfig tacktmäßig tanzen. Am besten tanzen sie aber doch in ihrer Freiheit von Baum zu Baum, von Zweig zu Zweig; der frische grüne Wald, das ist ihr Element, wo ihnen wohl ist, wie den Fischen im Wasser. Sie lassen, wenn sie mit einander tanzen, einen Ton von sich hören. Ihre Stimme ist übrigens hell und durchdringend; außerdem haben sie noch ein Gemurmel, mit geschlossenem Munde, es ist ein Geknurr des Mißvergnügens und der Angst, das sie hören lassen, so oft man sie reizt oder verfolgt.

Sie sind Bewohner der nördlich gemäßigten Zone, und werden in ganz Europa, in dem gemäßigten Asien und dem nördlichen Amerika angetroffen, wo sie in Laub- und Nadelwäldern ihre Sprünge ausführen. Aber auch in den heißen Ländern giebt es Eichhörnchen, und zwar sehr große. So leben auf den Palmen Ostindiens zwei Arten, das große Eichhörnchen (Sciurus maximus), von der Größe einer Katze, das auf dem Rücken schwarz, an den Seiten rothbraun ist und sich vorzüglich von der Milch der Kokosnüsse nährt, und das Palmen-Eichhörnchen (Sciurus palmarum), das die Holländer Surykätzchen nennen, weil es sehr gierig nach dem Palmsaft, dem Sury, strebt, woraus man Palmwein macht. Es ist von der Größe unseres Eichhörnchens, hat aber drei weiße Längsstreifen über dem graurothen Rücken. — In der Berberei wird ein schönes Eichhörnchen mit sehr breitem Schweif und fünf weißen Streifen auf gelbem Grunde häufig gezähmt und das Livree-Eichhörnchen genannt. In Nord-Amerika giebt es eine erstaunliche Menge schwarzer Eichhörnchen, welche gleich der Wanderratte zu gewissen Zeiten große Wanderungen machen. Einstmals schwammen in einer Zeit von zwei Tagen über funfzigtausend dieser Thiere über den breiten Niagarastrom, wobei ihnen der Schweif zum Ruder diente. In Sibirien giebt es eine so große Menge von Eichhörnchen, daß ein fleißiger Jäger daselbst wohl tausend Stück Felle in einem Jahre verkaufen kann, welche unter dem Namen „Grauwerk“ in den Handel kommen.

Noch mehr als bei unserem gemeinen Eichhörnchen tritt die vogelartige Leichtigkeit dieser Thierart zu Tage bei dem fliegenden Eichhörnchen, das in Sibirien und Lappland, Livland und Finnland, selbst noch in Litthauen lebt, und welches dadurch höchst merkwürdig ist, daß es zwischen den Vorder- und Hinterbeinen eine Haut hat, die ihm als Fallschirm dient, so daß es oft Sprünge von zwanzig Klafter weit wagen kann. Doch kann es nicht, wie die Fledermaus, in der Luft umherflattern, auch nicht aufwärts fliegen, sondern es springt schräg abwärts, schwebt dann aber auch so leicht dahin wie ein Vogel.

Schließlich ist noch zu erwähnen, daß es auch einzelne Arten giebt, welche, mit Backentaschen versehen, in der Erde, in selbst angelegten Gängen leben. Ein solches Thier ist das Grund-Eichhörnchen (Sciurus striatus), welches sich durch ganz Sibirien findet, und durch fünf schwarze und zwei weiße Längsstreifen auf braunem Grunde kennzeichnet.

* * *

Der Hase, das Kaninchen, die Maus, die Ratte, der Hamster und das Eichhörnchen bilden mit ihren zahlreichen Verwandten die Gruppe der **Nagethiere**. Ihre gemeinsamen Merkmale sind folgende: Sie haben $\frac{2}{2}$, selten $\frac{4}{2}$ Schneidezähne, welche stets von der Wurzel aus nachwachsen. Nur vorn sind sie mit Schmelz bekleidet. Die Eckzähne fehlen bei allen. Die Backenzähne sind entweder schmelzfaltig, oder sie sind zusammengesetzt mit Querfalten oder Höckern. Der Unterkiefer ist von vorn nach hinten verschiebbar und nicht allein, wie bei den anderen Thieren, nach den Seiten beweglich. Die Oberlippe ist gewöhnlich gespalten (Hasenmaul) und mit langen Bartborsten besetzt. Viele besitzen Backentaschen. Ihre Füße sind meist 5zehig und mit Krallen versehen. Sie haben viele Zitzen am Bauche und werfen des Jahres mehrere Male blinde und fast nackte Jungen. Ihre Nahrung besteht hauptsächlich aus Pflanzen, die sie zernagen. Ihre Zunge ist stachelig. — Der Kunsttrieb ist bei ihnen mehr als bei allen anderen Säugethieren entwickelt. Es sind kleine flüchtige, über alle Zonen und Höhengürtel verbreitete Thiere.

Hierzu gehören: das Murmelthier, der Ziesel, das Flughörnchen, das Backenhörnchen, der Siebenschläfer, der Gartenschläfer, die Haselmaus, das Fingerthier, der Springer

(Springhase), die Hasenmaus mit mehreren Arten z. B. der Pampashase, die Ferkelratte, die Stachelratte, die Blindmaus, der Bläßmoll, der Sandmoll, die Zibethmaus, der Lemming, die Wühlmaus (a. Feldmaus, b. Scheermaus, c. Wassermaus), der Biber, das Stachelschwein und das Meerschwein.

Der Maulwurf.

Obwohl der Maulwurf (Talpa europaea) bei uns nicht selten ist und in manchen Gegenden sogar zahlreich vorkommt, so hat dennoch Mancher ihn nicht einmal gesehen, viel weniger ihn genauer kennen gelernt. Wie ist das aber möglich? Nun, der Maulwurf ist Schuld daran, denn er läßt sich nicht gern sehen, und wenn du darauf ausgehest, so wendet er alle ihm zu Gebote stehenden Mittel an, um dir zu entfliehen.

Wo hält sich denn aber dieses scheue, geheimnißvolle Thier auf? — Er findet sich in Feldern, ganz besonders aber auf den Wiesen und in den Gärten aller europäischen Länder, in dem nördlichen Afrika, aber nicht in Nordamerika. — Hier ist er häufig, seine Wohnungen fallen Jedem leicht in's Auge, und dennoch hat man sein Leben und Weben noch nicht vollständig erforscht. Alle Bemühungen liefen nur darauf hinaus, dieses Thier zu vertilgen, weil man allgemein glaubte — was übrigens noch häufig geschieht — daß der Maulwurf, wo er sich fände, den größesten Schaden anrichte.

Es scheint freilich auf den ersten Blick, als wäre der Maulwurf das schädlichste Thier, welches den Gewinn des Landmannes nicht unbedeutend verschmälere, aber wenn wir ihn erst kennen, dann werden wir das Gegentheil finden, daß er vielmehr dem Landmann von bedeutendem Nutzen ist.

Unser Maulwurf ist etwa 5 Zoll lang, sein kurzer, fast unbehaarter Schwanz mißt nur 1 Zoll. Sein Leib ist gleich dick, fast walzig, und mit einem feinen, weichen Pelz von ganz schwarzer Farbe bedeckt. Seine Beine sind nur kurz aber kräftig und stark. Die vorderen sind nach auswärts gerichtet, haben 5 Zehen, die so verwachsen sind, daß sie die Form einer Hand haben. Sie heißen auch Schaufelhände, da er dieselben zum Scharren und Schaufeln der Erde benutzt. Seine Schnauze ist zu einem Rüssel verlängert, der durch einen Knochen — während bei den anderen Thieren, deren Schnauze rüsselförmig gestaltet ist, nur eine Knorpelmasse ihm Festigkeit verleiht — so kräftig unterstützt ist, daß es ihm leicht wird, in die Erde zu dringen.

Sein Gebiß ist sehr kräftig, nur der Unterkiefer ist verhältnißmäßig schwach. Er hat $\frac{6}{8}$ Schneidezähne, $\frac{1.1}{1.1}$ Eckzähne, und $\frac{3.3}{3.3}$ Backenzähne. Die oberen Eckzähne sind sehr lang und haben 2 Wurzeln, die unteren sind aber sehr klein und wie die Eckzähne geformt, nur noch etwas kleiner. Dagegen ist der nächste Backenzahn sehr groß.

Die äußeren Ohren oder die Ohrmuscheln fehlen ihm, und seine Augen sind so klein und von Haaren bedeckt, daß er vom Gesichtssinn gar keinen Gebrauch machen kann. Danach verlangt ihm aber auch rein gar nicht, ja, er scheuet sogar das Licht und lebt ausschließlich unter der Erde. Er gräbt mit dem Kopf (Rüssel) und den Vordertatzen fast unaufhörlich und mit sehr großer Schnelligkeit, namentlich wenn er Gefahr wittert, wagerecht unter der Erde in geringer Tiefe lange Gänge, die in die Kreuz und Quer gerichtet sind, und von Zeit zu Zeit stößt er, im Verhältniß zu seiner Kleinheit, sehr große Erdhaufen aus. Nun kannst du dir wohl jene Haufen, welche namentlich im Frühjahr die Wiesen bedecken und deren Zahl an jedem Morgen größer geworden ist, erklären. Das sind jene Haufen, Maulwurfshaufen genannt, welche er aus seinen Gängen herauswirft. Aber auch die Gärten und tiefer gelegenen Aecker verschont er nicht, und nicht selten findest du, wenn du dein Blumenbeet sorgfältig gegraben und gerecht hast, es am andern Morgen von einem oder auch mehreren Hügeln überworfen, oder wohl gar die Blumen, welche schon kräftig emporsprossen, herausgeworfen und ihre Wurzeln zerkratzt.

Ich höre dich fragen: Hat er sie denn nicht abgefressen? Ich antworte dir: nein! Der Maulwurf hatte es gar nicht böse vor, es fiel ihm gar nicht einmal ein, dir deine Blumen zu zerstören und hätte er gewußt, daß er dir wehe thun würde, dann möchte er es wohl gelassen haben und hätte vielleicht die Erde im Steig ausgeworfen. Der Maulwurf lebt nämlich gar nicht von Pflanzenwurzeln; er war nur auf dem Wege, sich andere Nahrung zu suchen. Seine Nahrung besteht aus Regenwürmern, Kerfen und Engerlingen (aus denen die Käfer entstehen). Wo also diese zu finden sind, welche die Wurzeln der Pflanzen zu ihrer Ernährung abnagen, da findet sich auch der Maulwurf. Nur feuchtere Gegenden sucht er, weil er dort seine Nahrung findet, und nur darum gräbt er beständig Gänge, um jenen Insecten nachzugehen, wobei es denn freilich nicht so säuberlich abgeht, daß nicht auch einige Pflanzen zu

Grunde gerichtet würden. Bei Thau- und Regenwetter liegen seine Gänge flacher, weil die Regenwürmer steigen, bei trockenem Wetter gehen diese tiefer und er folgt ihnen, daher stößt er in dieser Zeit auch weniger auf.

Es fragt sich nun, ob der angefeindete Maulwurf mehr Schaden thut, oder diejenigen Thierchen, welche ihm zur Nahrung dienen, und die sich ohne ihn bis zur Unzahl vermehren würden, da sie trotz aller Verfolgung dennoch häufig genug vorkommen. So z. B. zerstören mitunter die Maikäfer unsere Obstbäume so arg, daß weder Blatt noch Blüthe daran bleibt. Aber viele kennen die Käferlarven zu wenig, noch weniger ihre Schädlichkeit, deshalb muß der Maulwurf, der obendrein noch den Boden der Wiesen so uneben macht, daß man beim Mähen sehr gehindert wird, für sie einstehen, und mit großer Bitterkeit wird er verfolgt. Gift und Falle werden angewendet, um den Nichtsnutz zu vertilgen, wo er sich zeigt. Den freilich unvermeidlichen Schaden, welchen er den Wiesen zufügt, könnte man mit Leichtigkeit dadurch vermindern, daß man im ersten Frühjahr, wo man am meisten Maulwurfshügel sieht, sie auseinander wirft.

Die Maulwürfe sind übrigens sehr bissige Thiere, die keinen anderen in der Nachbarschaft leiden und mit jedem, den sie antreffen, sich so lange herumbeißen, bis einer flieht, oder sich an seinen Wunden verblutet. Meistens gehen beide dabei zu Grunde, indem sie sich die Kiefer entzweibeißen.

Da die Maulwürfe nur selten ihre unterirdische Behausung verlassen, so haben sie, außer dem Menschen, nur wenig Feinde und entgehen leicht den Raubthieren. Ihr größter Feind ist aber das Wasser, und besonders dann, wenn die Flüsse übertreten. Bei Ueberschwemmungen sieht man sie zahlreich die Flucht ergreifen, um nach höher gelegenen Stellen zu gelangen. Aber zu unbekannt mit diesem Elemente, gelingt es ihnen selten sich zu retten, Jung und Alt finden ihren Tod. — Obwohl man der Ansicht ist, daß der Maulwurf gänzlich stumm sei, so hatten wir doch einmal Gelegenheit, Töne von ihm zu hören. Einige Knaben waren einst so glücklich, einen Maulwurf zu erwischen und da ein Teich in der Nähe war, wurde er in denselben hineingeworfen, um ihn zu ersäufen. Sobald er sich im Wasser fühlte, ließ er ein durchdringendes Gequik hören, ruderte mit erstaunlicher Schnelligkeit, drehte sich aber fortwährend in sichtlicher Angst im Kreise herum, und erst einige Stockschläge tödteten ihn.

Er wirft mehrere Male im Sommer 4 bis 5 Jungen, denn

man findet junge Maulwürfe vom Mai bis September. Die Paarungszeit beginnt schon gegen das Ende des Winters.

Die Wohnung, worin die Mutter ihre Jungen wirft, dürfte eine besondere Beschreibung verdienen, da sie mit ausnehmender Sorgfalt gebaut und eingerichtet ist. — Vor allem drücken und erheben sie die Erde, um ein ziemlich hohes Gewölbe zu bilden. In gewissen Entfernungen lassen sie Scheidewände und Pfeiler, dann vermengen sie die Erde in der Höhle mit Gräsern, und pressen und schlagen sie möglichst fest, damit das Wasser nicht eindringen soll. Dann graben sie noch tiefer, werfen in der Höhle einen Hügel auf, den sie gleichfalls formen und auf dessen Gipfel sie Gras und Laub tragen, um darauf für ihre Jungen ein Bettchen zurecht zu machen. So sind diese so viel wie möglich gegen das Wasser geschützt. Dieser Hügel ist rundherum von mehreren Löchern durchbohrt, welche tiefer in die Erde hineinführen und nach allen Seiten hin 12 bis 15 Fuß weit auslaufen. Sie sind fest ausgetreten und am Eingange verschlossen. Diese Gänge werden benutzt, um den Jungen, außer der Milch, die erste Nahrung zuzutragen. Wird die Mutter durch den Spaten des Gärtners oder Landmannes verfolgt, so sucht sie ihre Jungen stets mit sich zu nehmen, was ihr nicht selten gelingt, und der Verfolger findet alsdann das leere Nest.

Früher glaubte man auch, der Maulwurf verfalle, wie wir es beim Hamster gesehen, in einen Winterschlaf. Neuere Untersuchungen haben dies aber nicht bestätigt. Er wirft selbst im Winter unter dem Schnee auf, und nicht selten hört man den Landmann sprechen: „die Maulwürfe werfen auf, das Thauwetter ist nahe." Sie suchen jedoch gern warme Plätze auf, und die Gärtner fangen sie oft um ihre Mistbeete im December, Januar und Februar.

In Syrien lebt der blinde Maulwurf (Talpa caeca) der zwar Augen, aber keine Augenlider-Oeffnungen hat. — Büffon nennt noch mehrere in- und ausländische Maulwürfe; wir führen jedoch nur noch an: den Goldmaulwurf in Afrika, den Sternmaulwurf in Nordafrika und den Wassermaulwurf in Nordamerika.

Der Igel.

Der gemeine Igel (Erinaceus europaeus) wird nur 9 bis 10 Zoll lang. Seine Nasenkuppe ist fast ganz nackt und gekerbelt, und die an der Seite liegenden, länglichrunden Nasenlöcher sind offen.

Die beiden ziemlich großen Augen liegen weit auseinander zur Seite des Kopfes unter der gewölbten Stirn. Seine Ohren sind zwar kurz, aber breit und fast rund, innerhalb dicht behaart, aber außerhalb fast nackt. Sein sehr kurzer Hals ist kaum erkennbar, so daß es den Anschein hat, als rage der Kopf unmittelbar aus dem Rumpfe hervor, was um so auffallender erscheint, als auch die weichere Behaarung des Kopfes allmälig in immer stärkeres Haar und endlich in Stacheln übergeht, die weiß, braun und schwarz geringelt sind. Mit solchen Stacheln sind zwei Drittheile des Körpers von dem Hinterrande der Stirn bis fast zu dem Ansatze des kaum ½ Zoll langen Schwanzes bedeckt, welche an einzelnen Stellen des Hinterrückens, wo sie die bedeutendste Länge erreichen, gegen 1½ Zoll lang und überall sehr scharf zugespitzt sind, so daß sie fast wie Nadeln stechen. Die ganze Unterseite, die Gegend an den Schultern, die Halsseiten und die Beine sind mit einem graubraunen, stellenweise fast ganz grauen, nur wenig mit Wollhaar untermischten Borstenhaare bedeckt. — Sein Gebiß besteht aus $\frac{6}{6}$ Schneide-, $\frac{1.1}{1.1}$ ganz kurzen Eck- und $\frac{3.3}{3.3}$ Backenzähnen.

Der Igel hält sich am liebsten in der Nähe von stehenden Gewässern, im Gebüsch, in Laubholzwäldern, unter Hecken und Baumwurzeln, in feuchten Kartoffelfeldern u. s. w. auf, wo er sich am leichtesten schützen und in den Besitz seiner Nahrung setzen kann. Diese besteht aus Insecten, besonders Käfern und deren Larven, Regenwürmern, Mäusen, Fröschen, Kröten, Eidechsen, auch kleinen Vögeln und deren Eiern. In Ermangelung dieser thierischen Kost soll er auch, wiewohl ungern, zu abgefallenem Obst seine Zuflucht nehmen.

Im Monat Juli oder August bringt er 4 bis 8 blinde Jungen zur Welt, welche auf dem Körper glatt, röthlich weiß und 2½ Zoll lang sind. Bald aber nach der Geburt brechen die Stacheln hervor und erreichen schon am ersten Tage eine Länge von 4 Linien, sind aber noch ganz weiß. Nach Verlauf von etwa 3 bis 4 Wochen sind sie gefärbt wie die der Alten. Nach dieser Zeit fangen sie auch gewöhnlich an, andere Nahrung, als die Muttermilch zu genießen. Sie verlassen daher schon in warmen Nächten das weich gepolsterte Lager, während sie am Tage meist in demselben verborgen liegen.

Der Igel verläßt nur zur Zeit der Dämmerung und in mondhellen Nächten seinen täglichen Zufluchtsort und kehrt gegen Morgen wieder nach demselben zurück. In kälteren Gegenden hält er einen Winterschlaf.

Mit Ausnahme der kältesten Länder kommt er in ganz Europa bis zum Kaukasus vor. Bei uns ist er gar nicht selten.

Der Igel ist ein gänzlich wehrloses Thier, deshalb gab ihm der Schöpfer zu einigem Schutze gegen seine Feinde die Stacheln, deren er sich auf eigenthümliche Weise bedient. Er rollt sich nämlich, sobald ihm Gefahr droht, zu einer Stachelkugel zusammen, indem er Kopf, Beine und Schwanz unter den Leib zusammenzieht, und die Stacheln durch besondere Hautmuskeln, deren sich an 60 Streifen unter der Haut befinden, nach allen Richtungen hin ausbreitet. Auf diese Weise ist er fast gegen jeden Angriff geschützt, und es hält schwer, ihn durch Anwendung äußerer Gewaltmittel aus dieser Lage zu bringen. Nur dem Fuchs soll es gelingen, ihn zum Davonlaufen zu zwingen, indem er ihn mit seinem Urin überdeckt. Er hat ein sehr zähes Leben, denn er kann, ohne zu ersticken, einige Tage unter Wasser getaucht, darin zubringen, auch frißt er spanische Fliegen mit besonderem Vergnügen schockweise ohne allen Nachtheil, während Katzen und Hunde schon von einer heftige Schmerzen erleiden. Eben so wenig schaden ihm die Bisse der Kreuzotter, die er sammt den Giftzähnen verzehrt.

Sein Nutzen in dem großen Haushalte der Natur ist nicht unbedeutend, indem er eine große Anzahl solcher Thiere, welche dem Gedeihen der Pflanzen nachtheilig sind, vertilgt, und sicher könnte man ihn in den Wohnungen zur Vertilgung von Mäusen und Schaben mit großem Vortheil gebrauchen, wenn er reinlicher wäre und nicht einen so unangenehmen Geruch um sich verbreitete.

* * *

Außerdem sind noch einige andere Thiere mit dem Maulwurf und dem Igel verwandt. Es sind dies die Spitzmaus (a. die gemeine, b. die Wasser-, c. die Zwerg-Spitzmaus) und die Rüsselmaus.

Diese Thiere bilden die Ordnung der Kerffresser. Sie schreiten, wie die Katze, auf ihren Sohlen einher. Ihre Nahrung besteht aus Kerfen, woher ihr Name, und aus Würmern. Sie sehen und hören sehr schwach, riechen aber sehr gut und sind zum Theil durch die größeren mittleren Schneidezähne, durch die Körperform, durch die geringe Größe und durch ihre unterirdische Lebensweise den Nagethieren verwandt.

Der Fuchs.

Zu unendlich vielen Fabeln, Märchen und Anekdoten hat dieses Thier den Stoff liefern müssen. Am meisten wird darin seine List, seine Schalkheit, seine Klugheit und Verschmitztheit gerühmt. So erzählt man sich, daß er, ehe er über das Eis gehe, zuerst das Ohr daran halte, um dessen Dicke zu errathen; daß er mit dem Schwanz Fische und Krebse fange; daß er den Igel zwinge, sich aufzurollen, indem er ihm Harn auf den Kopf tröpfle; daß er sich auf den Rücken lege und todt stelle, um Vögel zu fangen; daß er, um die Flöhen los zu werden, einen Büschel Heu in das Maul nehme, rückwärts in's Wasser laufe, bis nur noch die Schnauze herausrage, und wenn nun die Flöhen sich bis nach dem Heu retirirt hätten, er denselben plötzlich in's Wasser werfe u. a. m. Die meisten dieser Erzählungen rühren schon aus der ältesten Zeit her. Wenn man jedoch den Fuchs in seinem Thun und Treiben beobachtet, dann findet man, daß das Meiste, was man von ihm erzählt, die Menschen ihm erst angedichtet haben. Zwar läßt es sich nicht leugnen, daß der Fuchs, um sich der Beute zu bemächtigen, mannigfache Kniffe und Pfiffe anwendet, aber wenn man die Reihe der Raubthiere durchgeht, so wird man finden, daß sie alle, eine natürliche Folge ihrer Lebensweise, bald mehr, bald weniger listig zu Werke gehen müssen, um ihre Nahrung zu ergreifen. Am meisten bemerkten wir dies bei der im ersten Theile besprochenen Katze. Allerdings kann man aus solchen natürlichen Eigenthümlichkeiten etwas Großes machen, namentlich wenn sonderbare Zufälligkeiten noch hinzutreten, wie es z. B. bei folgender Erzählung der Fall war. Ein Förster streifte einst ohne Gewehr, da es mitten im Sommer, also Schonzeit war, durch ein an einen Wald stoßendes Getreidefeld, und fand am Rande desselben einen Fuchs in den warmen Sonnenstrahlen fest schlafend. Er schlich sich bis auf einige Schritte nahe, und da er nichts anderes bei sich hatte, nahm er seine Mütze, und warf damit den schlafenden Fuchs. Das erschreckte Thier wachte alsbald auf, öffnete seinen Rachen, fing die Mütze auf und lief damit eilig davon. Erst durch Rufen und Pfeifen veranlaßt, ließ er in einer Entfernung von etwa 200 Schritten die Mütze wieder fallen.

Der gemeine Fuchs (Canis vulpes) wird gegen 2 Fuß lang, und seine Schwanzlänge beträgt, wie auch seine Höhe, 1 Fuß. Seine Färbung ist gelbroth mit weißer Brust, weißer Schwanzspitze und schwarzen Füßen. Er gleicht sehr dem Hunde, ganz besonders seinem inneren Baue nach; aber auch äußerlich haben sie mehrfach gemeinschaftliche Merkmale. So hat der Fuchs gleich dem Hunde vorn 5, hinten 4 Zehen mit stumpfen Krallen versehen, und gleich ihm 42 Zähne. Indessen unterscheidet er sich doch vom Hunde durch seinen Kopf, der im Verhältnisse zu seinem Rumpfe dicker ist; auch sind seine Ohren kürzer, sein Schwanz weit größer, sein Haar weit länger und dichter und seine Augenöffnungen gebogener. Ferner unterscheidet er sich hauptsächlich vom Hunde durch einen sehr starken üblen Geruch, der ihm eigenthümlich ist, obwohl auch der Hund einen eigenen Geruch hat. Desgleichen bellt und heult er wie jener.

Dem Hunde ist es Bedürfniß, mit dem Menschen zusammen zu leben, aber der Fuchs läßt sich nicht leicht und nie völlig zähmen; er zehrt in der Gefangenschaft förmlich ab und stirbt zuletzt; nur jung eingefangene Thiere erreichen ein höheres Alter.

Seine Heimath ist die ganze nördliche Erdhälfte: Europa, Asien und Nordamerika. Er lebt dort in Feldern und Wäldern, wo er sehr lange und tiefe Höhlen gräbt. Diese haben mehrere Ausgänge und im Innern befinden sich mehrere Kammern und Kessel. Zur Anlage seines Baues wählt er gern kleine mit Gebüsch bewachsene Anhöhen, wo er unter Baumwurzeln oder unter einem dichten Gebüsch seine Gänge auslaufen läßt.

Seine Nahrung besteht aus kleineren Thieren, die er theils lebendig fängt, theils todt verzehrt. Er stellt aus angeborner Raubsucht allen kleineren Thieren nach, wobei er mit vieler List zu Werke geht, besonders Feld- und Waldhühnern, nimmt gleichfalls ihre Eier, Hasen, jungen Rehen, Feldmäusen ꝛc., frißt aber auch im Nothfall Nattern, Frösche, Heuschrecken, Krebse, Schnecken und Regenwürmer. Was er nicht augenblicklich verzehren kann, schleppt er in seinen Bau oder verbirgt es in der Erde, unter Moos u. dergl. Er liebt auch den Honig und die Larven der Hummeln, Wespen und Erdbienen, und wagt es, sich ihren Stichen mit Standhaftigkeit auszusetzen. Obst und besonders Weintrauben sind ihm ein köstlicher Leckerbissen.

Eine große Vorliebe besitzt er auch für das zahme Geflügel. Hühnern, Enten und selbst Gänsen stellt er vielfach nach, und kann er sie nicht im Freien, außerhalb des Hofes in den Gärten und in den angränzenden Getreidefeldern erhaschen, dann macht ihn seine Lüsternheit selbst so muthig, daß er in die Ställe oder Höfe dringt, indem er sich unter der Schwelle ein Loch durchgräbt. Er tödtet Alles, was er nur ergreifen kann, zieht sich dann hurtig zurück, indem er ein Huhn oder eine Ente mit sich schleppt, welche er verbirgt.

Bald kehrt er wieder und holt die andere nach, verbirgt aber jede einzeln an einer besonderen Stelle, er setzt seine Diebereien mit aller Beharrlichkeit fort, bis der anbrechende Tag oder die Bewegung im Hause ihn mahnt, daß er sich zurückziehen müsse und nicht wieder kommen dürfe. Dasselbe Verfahren beobachtet er in den Dohnensteigen, wo der Jäger Drosseln 2c. in Schlingen fängt. Er geht am frühesten Morgen, ehe der Jäger an seine Dohnen denkt, die ganze Reihe der Schlingen hindurch, reißt sich die gefangenen Vögel durch einen Sprung herunter und schleppt einen nach dem andern in Sicherheit. Es kommt ihm diese Speisequelle so bequem vor, daß er wohl am Tage noch ein oder zwei Mal wiederkehrt, um nachzusehen. Seine hier und da verborgene Beute weiß er selbst nach mehreren Tagen mit Sicherheit wiederzufinden. Den jungen Hasen jagt er bisweilen im freien Felde nach, überfällt selbst erwachsene in ihrem Lager und verwundete entgehen selten seiner Spürnase. Kaninchen und Mäuse gräbt er mit Schnelligkeit aus, verzehrt die Eier der an der Erde nistenden Vögel und fängt nicht selten die brütende Mutter auf dem Neste.

Er lebt beständig paarweise. Nach 9 Wochen, meistens im Anfange des Mai, wirft das Weibchen 3 bis 9 blinde Jungen. Sie hat in dem Bau ein besonderes Lager, mit weichem Moos ausgefüttert, dazu eingerichtet. Nachdem die Jungen einen Monat alt sind, werden sie angeleitet, Fleisch-Nahrung zu fressen. Sie werden zu diesem Zwecke aus dem Bau hinausgeführt, um sich zu sonnen und mit einander, so wie mit dem Raube zu spielen. Bei Gefahr trägt sie die Mutter im Maule fort. Im dritten Monat ihres Alters kann man schon sehen, wie sie den Heuschrecken und Mäusen nachspringen. Im Herbst werden sie aber von den Eltern vertrieben, um sich entweder Höhlen zu suchen, oder selbst anzulegen. — Ihr Alter steigt bis auf 14 Jahr.

Der Fuchs bekommt leicht die Krätze und die Tollwuth wie die Hunde; auch ist er beständig von Flöhen geplagt. Er gehört mit zu dem „Wilde“ und wird häufig gejagt, zumal er sich nicht die Freundschaft der Leute durch sein Eindringen in den Hühnerhof und durch das Tödten des jungen Wildes zu verschaffen weiß, obwohl es nicht zu verkennen ist, daß er durch das Vertilgen der Feldmäuse Nutzen stiftet. Man benutzt von ihm nur den Pelz, der im Winter von besonderer Güte ist und von den Kürschnern zu Unterfutter, Aufschlägen, Verbrämungen, Muffen und Mützen verarbeitet wird; im Sommer sind nur die Haare zu gebrauchen, welche der Hutmacher benutzt.

Den Schwanz gebraucht man bei Erzeugung der Electricität, indem man den Electrophor anhaltend damit peitscht.

Man jagt ihn entweder auf der Treibjagd, oder, da er sich meist in seinen Bau flüchtet, schickt man ihm die Dachshunde nach, welche durch ihr Bellen anzeigen, wo sich der Kessel befindet, und nun gräbt man ihn heraus, wobei es jedoch meistens nicht ohne Kampf abgeht, da er in seiner Verzweiflung um sich beißt, und seine Verfolger stark verwundet.

Er findet sich häufig in ganz Rußland. Die schönsten Felle kommen aber aus den kälteren östlichen Gegenden Asiens; besonders sind es die röthlichen in Kamtschatka, welche man Feuerpelze nennt, die man theuer bezahlt; aber noch mehr sind die seltneren silbergrauen geschätzt, deren Haarspitzen weiß sind. Auch ganz weiße und schwarze, sogar gescheckte kommen vor, und besonders die beiden letzteren finden sich auf den Fuchsinseln zwischen Asien und Amerika. — Im äußersten Sibirien und in Kamtschatka wandern sie in manchen Jahren aus oder ein, je nachdem die Mäuse in größerer oder geringerer Zahl sich zeigen. Nicht minder häufig sind sie in Schweden, Norwegen und Lappland. In dem nördlichen Amerika sind sie jetzt eben so häufig wie bei uns; man meint jedoch, daß sie dorthin auf Eisschollen aus Sibirien erst eingewandert seien. Auffallend ist es, daß sie nicht weiter nördlich als bis Canada gehen. Nach mehreren Angaben von Reisenden finden sie sich auch im ganzen nördlichen Theile von Afrika.

Außer dem gemeinen Fuchs giebt es noch mehrere Arten. — Der langohrige Fuchs (Canis megalotis) mit langen Ohren, gelblich grau, unten weißlich, lebt in der Wüste Sahara, südlich vom Atlas. Der gelbe Fuchs (Canis corsac) hat seine Heimath in Mittelasien. Der Eisfuchs (Canis lagopus) von aschgrauer, und im Winter von weißer Farbe, wohnt in den nördlichsten Ländern der alten Welt, bis zum Eismeere, häufig selbst auf Island, Grönland und Spitzbergen. Hier findet sich auch der sogenannte Polarfuchs, sowie der blaue und dreifarbige Fuchs. In Nordamerika lebt ein kleinerer, der Griesfuchs, in ganz Süd-Amerika östlich von den Anden, besonders in Brasilien und Paraguay, der brasilianische Fuchs und der Graufuchs; in Nordamerika findet sich noch der Rothfuchs (Canis fulvus). Zerstreut lebt der sehr seltene schwarze oder Silberfuchs, dessen Pelz außerordentlich theuer ist, so daß man ihn vor mehr als 100 Jahren sogar mit Gold aufwog.

Der Dachs.

Selten hat man Gelegenheit, den Dachs im Freien zu sehen, und man möchte sagen, er käme gar nicht bei uns vor. Er ist aber auch nirgends häufig, und wo er vorkommt, da hält er sich gern am Rande der Wälder und Felder auf, besonders an der Südseite von Anhöhen, wo er, gleich dem Fuchs, sich sehr schnell Höhlen gräbt, die oft 20 bis 30 Fuß lang sind und in der Regel zwei Ausgänge haben. Im Innern ist ein weiter Kessel, den er mit Gras und Moos ausfüttert, um sich und seine Jungen darauf zu betten. In einem solchen Bau lebt immer ein Paar; bisweilen hat dieses mit Füchsen dieselben Eingänge, aber einen besonderen Kessel. Der Fuchs, ein Freund der Bequemlichkeit, hat sich hier eingedrängt und den Dachs durch seine große Unreinlichkeit verscheucht. Der Dachs ist dagegen sehr reinlich, denn er hat in seinem Bau für seinen Unrath sogar einen besonderen Platz, und es ist ihm daher nicht zu verdenken, wenn er dem unsauberen Fuchs die ganze Höhle überläßt, um sich in einiger Entfernung eine neue Wohnung zu graben.

Der **gemeine Dachs** (Meles taxus) ist 2½ Fuß lang, 1 Fuß hoch und hat einen nur ½ Fuß langen Schwanz. Sein Pelz ist grau, doch ist er vielfach mit weißen und schwarzen Haaren untermischt; unter dem Bauche und an den Füßen ist er ganz schwarz, am Kopf ist er weiß, und nur um die Augen und Ohren schwarz gebändert. Seine Beine sind kurz und geschweift, wie bei den Dachshunden, mit den Füßen tritt er ganz auf, d. h. die ganze Sohle berührt den Boden, und deshalb gehört er zu den „**Sohlenschreitern.**" Alle Füße sind 5zehig und mit Nägeln versehen. Er hat eine spitzige Schnauze und spitzige Ohren. Sein Gebiß ist scharf und kräftig. Er hat $\frac{6}{6}$ Schneidezähne, $\frac{0.0}{2.2}$ Lückenzähne und $\frac{4.4}{6.6}$ Backenzähne. Von letzteren ist jeder vordere in dem Oberkiefer zu einem großen und jeder vordere im Unterkiefer zu einem kleinen Höckerzahn umgebildet. Ein besonderes Merkmal des Dachses ist noch, daß er zwischen den Hinterbeinen sogenannte Stinkdrüsen hat, welche eine übelriechende Flüssigkeit ausscheiden.

Der Dachs ist kein eigentliches Raubthier. Er geht nur des Nachts aus und schleicht umher, um Würmer, Insecten, Schnecken, Frösche, Eidechsen, Vögel und deren Eier, Mäuse, junge Hasen u. dergl. zu suchen. Er frißt aber auch Wurzeln von allerlei Kräutern, Eicheln und Buchnüsse, Pilze, abgefallenes Obst, Rüben und Mören, welche er auch wohl in seine Höhle schleppt, ohne eigentlich Wintervorrath einzusammeln. Ein besonderer Leckerbissen sind für ihn Weintrauben und der Honig der Hummeln; aber zur Zeit der Noth geht er auch dem Aase nach, und daher wird es möglich, ihn in Eisen zu fangen. Sonst wird er auch wohl gejagt, in den meisten Fällen aber ausgegraben, wenn ihn die Dachshunde aufgespürt haben. Dabei entspinnt sich in der Regel ein Kampf; in der Noth beißt er heftig um sich und läßt so bald nicht wieder los, wenn er sich erst verbissen hat.

Sein Nutzen, den er uns gewährt, besteht in dem Gewinn seines Fettes und seines Felles. Am fettesten ist er im Herbst, denn in dieser Zeit liegt das Fett oft 3 Finger hoch auf dem Rücken und es wiegt alsdann 5 bis 7 Pfund. Am meisten Anwendung findet dasselbe in der Medizin. Das Fell wird zu Jagdtaschen, Kofferüberzügen, Ranzen u. dergl. verarbeitet; die Tornister der preußischen Jäger und Schützen sind sämmtlich von Dachsfellen gefertigt. Die borstenartigen Haare werden zu Pinseln benutzt. Das Fleisch wird aber selten gegessen, obwohl es keinen unangenehmen Geschmack hat.

Sobald es friert, zieht er sich in seine Höhle zurück, um zu schlafen; von Zeit zu Zeit wacht er aber auf, um zu trinken, oder Eicheln und Wurzeln zu suchen. Er liegt zusammengerollt auf dem Bauche, den Kopf zwischen den Hinterbeinen und deshalb sind noch viele der Meinung, daß er sich im Winter von seinem Fette nähre.

Die Paarungszeit des Dachses fällt in den November und nach 10 bis 12 Wochen, im Februar, wirft er 3 bis 5 blinde Jungen, welchen die Mutter allerlei Gewürm, Insecten, Eier und Wurzeln zuträgt und nach einigen Wochen mit ihnen vor der Höhle im Sonnenschein spielt. Im Herbste graben die Jungen sich ihren eigenen Bau; sie sind jedoch erst im zweiten Jahre ausgewachsen. Jung eingefangen, lassen sie sich zähmen und mit Allem füttern, was vom Tisch fällt. Wohl folgen sie dann dem Menschen, aber sie lassen sich nicht leicht anfassen, denn sie sind mißtrauisch, boshaft und dabei träge und ungesellig.

Die Stimme des Dachses ist dem Grunzen des Schweines sehr ähnlich und nur zur Paarungszeit läßt er ein heiseres Bellen hören.

Sein Gehör und sein Geruch sind sehr gut, aber das Gesicht schlecht, denn in späterem Alter — er wird bis 12 Jahre alt — stellt sich nicht selten Blindheit ein.

Seine Heimath ist die nördliche Erdhälfte bis in die gemäßigte Zone hinein. In Schweden findet er sich nur in den südlichen und mittleren Theilen der Halbinsel, in Rußland ist er häufiger als bei uns, besonders in Livland und in Sibirien, aber auch in anderen Theilen des Landes bis in die Krimm hinein.

Ein unserem Dachse sehr ähnliches Thier ist der amerikanische Dachs (Ursus labradorius), er ist nur etwas kleiner und von hellerer Färbung, findet sich häufig in ganz Nordamerika, besonders in Labrador, an der Hudsonsbay und von da bis in die Sandebenen des Rockygebirges.

Zu den Sohlenschreitern gehören noch: der Waschbär in Nordamerika, der braune Bär in Böhmen, Mähren, Polen und Rußland, der schwarze Bär in Nordamerika, der Eisbär in den Polarländern und der Fiälfraß in Nordeuropa und Nordasien.

Der Marder.

Auch dieses Thier kommt uns, wie die meisten Raubthiere, seltener zu Gesicht, da er gleichfalls nur des Nachts auf Raub ausgeht. Als Raubthier hat er natürlich ein starkes und scharfes Gebiß, denn er hat außer den $\frac{6}{6}$ Schneide- und $\frac{4.4}{6.6}$ Backenzähnen noch $\frac{3.3}{4.4}$ Lückenzähne. Es giebt bei uns zwei Arten Marder, nämlich:

1. den Edel- oder Baum-Marder (Mustela martes) und
2. den Stein-Marder (Mustela Foina).

Der Edel- oder Baum-Marder ist 1 Fuß 8 Zoll lang, hat einen 11 Zoll langen Schwanz und 1 Zoll lange Ohren. Er ist glänzend kastanienbraun gefärbt, hat eine gelbe Kehle, schwärzliche Füße und einen schwärzlichen Schwanz. Sein Aufenthalt sind die Laub- und Nadelwälder von ganz Europa bis in's nördliche Schweden hinein, im gemäßigten Rußland bis in den Ural, im Kaucasus in der Krimm und im nördlichen Persien. Er findet sich häufig in großer Menge, obwohl er bei uns und gleicherweise in England schon recht selten geworden ist, da man ihn wegen seines Pelzes und des Schadens, den er den Vögeln zufügt, wegfängt. Am Tage schläft er in hohlen Bäumen, sowie in den Nestern der Raubvögel und des Eichhörnchens, die er daraus vertreibt.

Er nährt sich von kleinen Thieren, als: Eichhörnchen, jungen Hasen, Haselmäusen, Feldmäusen, Waldhühnern und ihren Eiern; er liebt auch den Honig, und deshalb gräbt er die Hummelnester auf, frißt auch Vogelbeeren, Hanfsaamen u. s. w. Seine Paarungszeit ist im Januar und nach 9 Wochen wirft er 3 bis 4 Jungen in einem mit Moos ausgefütterten Neste. Die Jungen lassen sich leicht zähmen und sind dann sehr possirliche Thierchen.

Man schießt oder fängt den Baum-Marder in Tellereisen, um seinen kostbaren Pelz zu gewinnen, denn derselbe wird theuer bezahlt. Zu den kostbarsten Pelzarbeiten gebraucht man nur den Rücken. Man verarbeitet ihn zu Muffen, Verbrämungen und Palatinen.

Der Stein-Marder gleicht ganz dem vorigen, ist aber etwas kleiner, graulichbraun und sein Hals sowohl als seine Brust sind weiß.

Seine Heimath ist gleichfalls ganz Europa und das gemäßigte Rußland bis in den Ural, auch im Kaucasus und in der Krimm, wiewohl hier mit schlechterem Pelze. In England ist er häufiger als der andere, dagegen nur selten im südlichen Schweden. Er unterscheidet sich von ersterem, außer der Kehle, noch dadurch, daß sein Kopf länger, sein Haar kürzer und weniger fein ist, ebenso ist er nicht so wild und blutdürstig. Er hält sich nicht in Wäldern, sondern in der Nähe menschlicher Wohnungen auf, und zwar daselbst in Steinhaufen, alten Mauern, Thürmen, Holzstößen, Heuböden u. s. w. Erst nach Eintritt der Dunkelheit schleicht er hervor, um in die Hühner- und Taubenhäuser zu dringen. Das junge Geflügel schleppt er fort, rupft und verzehrt es, von dem alten frißt er nur die Köpfe und saugt das Blut aus. Die Eier weiß er geschickt zu öffnen und zu leeren. Aber schon vor Tagesanbruch zieht er sich in sein Versteck zurück. Er läßt in der Regel einigen Unrath zurück, und derselbe riecht so scharf, daß man den Hühner- oder Taubenboden erst räuchern muß, wenn sich das Geflügel wieder gewöhnen soll. Seine gewöhnliche Nahrung besteht aus Mäusen und aus Obst, wenn er zu demselben gelangen kann. Er klettert sehr gut, sogar an einer rauhen Wand hinauf, schlüpft durch die engsten Löcher und springt ohne Schaden sehr hoch herunter.

Er paart sich erst im Februar und läuft in dieser Zeit mit vielem Geschrei auf Mauern und Dächern herum. Nach 9 Wochen wirft er 3 bis 4 blinde Jungen, für die er ein weiches Nest aus Heu und Federn bereitet hat. Er erreicht ein Alter von 12 Jahren.

Sein Gang ist meistens hüpfend und daher ist seine Fährte, besonders im Schnee, sehr leicht zu erkennen. Man fängt ihn in Tellereisen; doch beißt er sich nicht selten die Pfote ab, um nur davon zu kommen. Er nützt uns durch sein Fell, das im Winter einen besonderen Werth hat, und obwohl er dem Geflügel viel Schaden verursacht, so vertilgt er doch eine bedeutende Anzahl Mäuse.

Wir rechnen hierher noch den canadischen Marder in ganz Nordamerika und den Zobel in Sibirien, dessen Fell zu einem bedeutenden Handelsartikel geworden ist.

Das Wiesel.

Das Wiesel (Mustela vulgaris) wird nur 7 Zoll lang mit einem $1\frac{1}{2}$ Zoll langen Schwanze. Im Sommer ist es röthlichbraun und unten weiß, im Winter dagegen ganz weiß. Oben hat es 2 und unten 3 Lückenzähne; die übrigen sind wie beim Marder.

Es findet sich auf der ganzen gemäßigten und ganzen kalten nördlichen Erdhälfte, in Europa, Asien und Amerika. Dort hält es sich meistens in der Nähe von Wohnungen auf unter hohlen Ufern, Baumwurzeln, in hohlen Bäumen, Maulwurfshöhlen, Steinhaufen, alten Mauern, Ställen und Kellern. Es geht nur des Nachts auf Beute aus, stellt gern den Hühnern und Tauben nach, tödtet dieselben und saugt ihr Blut mit Begierde. Auch ihre Eier trinkt es mit Wohlbehagen. Eben so wenig verschont es kleine Vögel und deren Eier, und fängt sie auf den Bäumen im Nest, oder während des Schlafes. Uebrigens vertilgt es auch eine Menge Mäuse, Ratten und Maulwürfe, in deren Gänge es eindringt und deshalb wird es öfters in Fallen gefangen; eben so wenig sicher vor ihm sind Blindschleichen, Eidechsen und Frösche.

Es klettert sehr gut und schnell, läuft auch sehr schnell und schlägt dabei mit dem Kopfe beständig hin und her. In der Angst läßt es einen heiseren, quikenden Ton hören.

Es paart sich im März und wirft nach 5 Wochen meist 5 blinde Jungen in einem aus Laub und Moos bereiteten Neste. Bei herannahender Gefahr trägt sie die Mutter unter dem Kinn fort.

Im Sommer verzieht es sich in die Felder, wo es viel Nutzen schafft, indem es Mäuse u. dergl. vertilgt, die es gar oft aus reiner Lust nur erwürgt, ohne Hunger zu haben. Man fängt es, um mit seinem Felle die Kleider auszufüttern oder daraus Pelze zusammen zu nähen. — Am häufigsten ist es in Sibirien, wo man ordentlich Jagd darauf macht.

Das große Wiesel oder der Hermelin, welcher mehr in den östlichen Ländern, von Schweden bis nach Kamtschatka und in Amerika lebt, liefert einen so kostbaren Pelz, daß die Krönungsmäntel der Fürsten daraus gefertigt werden.

Der Iltiß.

Der Iltiß (Mustela putorius) ist etwa so groß wie der Marder, hat einen 1½ Fuß langen Körper und ½ Fuß langen Schwanz. Er ist über dem ganzen Körper blaßbraun, nur die Ohren und die Schnauze sind weiß und die Füße schwarz. Sein Zahnbau ist wie bei dem Wiesel. Er hat, wie der Marder und das Wiesel, einen sehr unangenehmen Geruch, der sich bei all diesen Thieren noch bedeutend steigert, wenn sie gereizt werden.

Der Iltiß tödtet nicht aus bloßer Lust wie der Marder und das Wiesel, sondern schleppt das getödtete Geflügel fort in seine Schlupfwinkel und verzehrt es nach und nach; Eier schleppt er zu großen Haufen zusammen. Doch sind ihm Eier, Hühner, Enten und Tauben nur Leckerbissen, er muß sich für gewöhnlich mit Mäusen, Feld- und Waldhühnern, mit kleineren Vögeln und deren Eier, aber auch mit Fröschen, Schnecken und Heuschrecken begnügen. Im Winter treibt ihn der Hunger sogar zu den Gewässern, um den Fischen aufzulauern. Gern stellt er den Kaninchen nach und sucht ebenso gern in die Honigstöcke zu dringen. Er ist fast immer in Bewegung, meist hin und her springend, hört und sieht gut, durchstöbert jeden Winkel und ist sehr listig.

Sein Leben ist außerordentlich zähe, denn lange Zeit unter Wasser gehalten oder erhängt, daß man glaubt, er sei getödtet, kommt er immer wieder zu sich. In der Paarungszeit, Ende des Februar, beißen sie sich unter lautem Geschrei heftig herum, bereiten dann ein besonderes Nest von Gras und Moos und werfen darin nach 8 Wochen 4 bis 6 Jungen, welche sie muthig vertheidigen und deren Unrath sie wegschleppen, damit der Geruch nicht ihren Aufenthalt verrathe.

Man stellt ihm wegen seiner Schädlichkeit vielfach nach und fängt ihn in Tellereisen; aber auch er beißt sich öfters das Bein ab, um zu entkommen. Sein Pelz ist nur brauchbar im December und Januar, wird aber wenig gesucht, da er den unangenehmen Geruch nie ganz verliert und wird deshalb nur zu Mützen, Handschuhen und Muffen unbemittelter Leute verwendet.

Er ist über die nördlich gemäßigte Zone verbreitet und findet sich in ganz Europa, in dem nördlichen Asien bis nach Kamtschatka hin, südlich in der großen Tartarei, am caspischen und schwarzen Meere; in den nördlichsten Gegenden und in Amerika findet er sich nicht. Er wohnt in Wäldern und Feldern, in Erdlöchern, Fuchshöhlen, hohlen Bäumen, Holzhaufen, und selbst in Ställen macht er Gänge und gräbt große Haufen aus, wie es der Hamster im Freien macht.

Das Frettchen, welches zum Kaninchenfang abgerichtet wird, das Stinkthier in Asien, Afrika und Amerika sind ihm sehr ähnlich.

Der Marder, das Wiesel und der Iltiß, so wie die mit ihnen erwähnten Arten, ferner das Ichneumon in Aegypten und die Fischotter, welche hin und wieder auch in unseren Gegenden einzeln vorkommt, bilden eine eigene Abtheilung der Raubthiere. Ihr Körper ist nämlich sehr lang gestreckt, verhältnißmäßig nur niedrig und deshalb hat man sie zu einer Abtheilung vereinigt und **langgestreckte Raubthiere** genannt.

Die Fledermaus.

An lauen Sommer- oder Frühlingsabenden, wenn wir so gern im Freien uns erholen, schwirrt nicht selten dicht an unserem Ohr etwas vorüber, so schnell und so flink, daß wir es kaum mit unseren Augen verfolgen können, da es bald in der Dämmerung verschwindet; doch wieder und immer wieder kehrt es zurück, und mit der zunehmenden Dunkelheit wird Manchem gar unheimlich zu Muthe. Aber es ist gar nicht nöthig, ängstlich zu sein, denn nur eine Fledermaus durchschneidet in schnellen Windungen die Luft, weil sie ihrer Nahrung nachgeht und hier und da eine Beute erschnappt. Die Knaben auf den Dörfern machen sich besonders eine große Freude daraus, wenn sie den nach Beute schnappenden Fledermäusen ein Steinchen oder Hölzchen zuwerfen, das diese lebhaft verfolgen. Je schneller der ihnen zugeworfene Gegenstand fliegt, desto schneller schießen sie ihm nach, bis beide den Boden berühren, die Fledermaus sich aber hurtig wieder in die Lüfte schwingt.

Fledermäuse giebt es viele, viele Arten. Wir nennen nur die Arten: Fliegende Hunde, in Südasien, Neuholland und Afrika, — die Hufeisennasen, wovon die große Hufeisennase in Deutschland, viele anderen aber in den fremden Erdtheilen vorkommen. Es gehören hierher auch die zahlreichen blutsaugenden Fledermäuse oder Vampyre Südamerika's. Diese setzen sich des Nachts an Pferde, Maulthiere, Rinder, zuweilen auch an den Menschen, reiben mit den Zähnen die Haut durch und saugen dann das Blut, wodurch die Thiere sehr erschöpft werden, oft sogar zu Grunde gehen, so daß manche Fledermäuse, besonders die Blattnasen, zu einer Landplage werden.

Die Fledermäuse finden sich in allen Klimaten, im heißen wie im gemäßigten, sie fehlen jedoch im höheren Norden. Sie halten sich während des Tages verborgen in Felsen- und Baumhöhlen, in den Löchern der Thürme, alter Burgen, in dunkeln Kellern, unter den Dächern, besonders in der Nähe der Schornsteine, weil sie die Wärme lieben. In der Dämmerung aber und des Nachts fliegen sie sehr hurtig und ziemlich niedrig in flinken Wendungen die Kreuz und Quer herum.

Ihre Größe ist je nach den verschiedenen Ländern verschieden. Am meisten Aehnlichkeit haben sie mit den Mäusen, denn sie haben einen ebenso feinen Pelz von ähnlicher Farbe, wie dieselben, auch sind ihre Hinterfüße sehr ähnlich, bei den Fledermäusen nur viel größer, auch haben sie meist spitzige Ohren und der Gehörgang ist bei ihnen mit einem häutigen Deckel geschützt. Sie haben nur zwei Zitzen oder Ernährungsorgane, welche bei ihnen vorn an der Brust sitzen.

Die Zahl der Zähne ist bei den vielen Fledermausarten verschieden, denn so haben die fliegenden Hunde $\frac{4}{4}$, die Hufeisennasen $\frac{2}{4}$ und die bei uns vorkommenden $\frac{4}{6}$ Schneidezähne, von denen die oberen paarweise stehen; dagegen haben alle $\frac{1.1}{1.1}$ Eckzähne, aber theils $\frac{5.5}{5.6}$, theils $\frac{4.4}{6.6}$, theils $\frac{6.6}{6.6}$ Backenzähne.

Alle Zehen sind mit einem stumpfen Nagel versehen, nur der vordere Daumen ist kurz und hat eine krumme Klaue zum Aufhängen; gewöhnlich aber, und dies geschieht meistens im Schlaf, hängen sie sich an den Hinterzehen auf, welche alle nur kurz sind. Auch halten die Fledermäuse einen Winterschlaf.

Die meisten Fledermäuse haben ihren bestimmten Ort zum Schlafen und dort hängen sie sich an der Decke auf, auch manchmal eine an der andern, so daß man in einem Keller eine große Zahl zusammen antrifft. Der Boden unter ihnen ist hoch mit Unrath bedeckt. Derselbe besteht fast ganz aus unverdauten Leibesringeln und Flügeldecken von Insecten; denn sie nähren sich von Käfern, Fliegen, Mücken Nachtfaltern, Motten 2c., welche sie im Fluge erhaschen. Sie sind dabei außerordentlich geschickt, stürzen oft 20 Fuß hoch herunter und fangen sie sicher weg. Ist das Insect, z. B. ein Maikäfer, zu groß, so biegen sie den Kopf nach unten, gleichzeitig den Schwanz nach vorn und schieben das Insect in das Maul hinein. Sie fliegen oft weithin nach Wäldern, um Insecten zu holen; manche flattern auch an der Oberfläche von Teichen und Flüssen herum, um Schnaken u. dergl. zu fangen. Sie sind sehr gefräßig, denn man hat beobachtet, daß eine 13 Maikäfer, eine andere 70 Mücken verschluckte. Es giebt auch einige, wie schon oben erwähnt, welche Blut saugen, und andere, mit stumpfen Zähnen, welche Obst fressen; diese leben jedoch nur in den heißen Ländern.

Eine auffallende Merkwürdigkeit in ihrem Baue zeigen uns die Flughäute, durch welche es ihnen möglich ist, den schnellen Flug der Vögel nachzuahmen. Diese fast durchsichtige nackte Haut ist zwischen den Vorder- und Hinterbeinen ausgespannt und zuweilen bis zum Schwanz ausgedehnt. Die eine Vorderzehe ist so auffallend verlängert und mit der Flughaut verwachsen, daß sie dieselbe, wie der Vogel seine Flügel, ausbreiten können.

Diese Flughaut und die nackten Ohrmuscheln sind so empfindlich, daß die Fledermäuse auch im finstern Zimmer und selbst mit geblendeten Augen allen Gegenständen, selbst ausgespannten Schnüren, ausweichen. Dies kann ihnen ohne Zweifel nur dadurch fühlbar werden, daß sich der Widerstand der Luft ändert. Auf den Boden setzen sie sich nie freiwillig, und setzt man sie am Tage dahin, in der Zeit, wo sie nicht sehen können und ganz schläfrig erscheinen, so schlagen sie ihre Flughaut zusammen, kriechen mühsam fort, klettern an einen Gegenstand hinauf und suchen sich erst dann durch den Flug zu retten.

Sie bereiten sich kein Nest und selbst dann nicht, wenn sie Junge werfen. Dies geschieht im Mai. Die Zahl derselben ist in der Regel zwei, die sich an ihren Zitzen festklammern und von der Mutter selbst im Fluge mit herumgetragen werden.

Der Nutzen der Fledermäuse besteht darin, daß sie viele Schmetterlinge und Schnaken vertilgen. Sonst wird von ihnen weder ihr Fell noch ihr Fleisch benutzt; nur ausnahmsweise wird in einigen Gegenden das Fleisch der pflanzenfressenden Fledermäuse gegessen.

In dem Bau der Fledermäuse kommt ferner eine merkwürdige Abweichung vor, welche sich bei keinem anderen Thiere findet, und wodurch sich namentlich die einzelnen Arten von einander unterscheiden. Bei ihnen ist nämlich an der Nasengegend eine Grube am Schädel, die Nasenlöcher selbst sind mehr oder weniger aufgerissen und die Nasenflügel oder die Scheidewand ist in Windungen oder in Blätter ausgewachsen. Auch im Bau und in der Größe der Ohrmuscheln unterscheiden sich die Fledermäuse vielfach. Bei einzelnen sind sie nicht bloß nackt und sehr groß, sondern es sind auch zuweilen beide über der Stirn mit einander verwachsen. Das Ohr-Eck oder der Bock ist bei den meisten sehr verlängert und bildet jenen häutigen Deckel, der das Ohr verschließt. — Die bei uns vorkommenden Arten sind:

Die gemeine Fledermaus (Vespertilio murinus), die größeste und allgemein bekannte einheimische Fledermaus, ist gegen 3 Zoll lang, mit 1½ Zoll langem Schwanze und einer Flugweite von 15 Zoll. Ihre Ohren sind länglich, mit 9 Querfalten, so lang wie der Kopf, der Deckel halb so lang und sehr schmal. Sie hat 38 Zähne, $\frac{4}{6}$ Schneidezähne, $\frac{1.1}{1.1}$ Eckzähne und $\frac{6.6}{6.6}$ Backenzähne. Ihre Färbung ist röthlichbraun und an den Zitzen weißlich; die Farbe der Jungen ist aber aschgrau.

Sie ist sehr zornig und bissig, so daß man sie kaum anfassen darf, denn sie beißt auf Alles ein, was man ihr vorhält und was ihr in den Weg kommt, und in der Gefangenschaft greift sie selbst ihres Gleichen an. Ihr Biß ist so scharf, daß sie einander oft die Arm- und Fußknochen zerbeißen. Sie halten sich in ihren Schlupfwinkeln, nämlich in Thürmen und alten Gebäuden, aber nie in Bäumen, in großen Gesellschaften zusammen und dulden keine andere Art in ihrer Nähe.

Die späte oder blasse Fledermaus (Vespertilio serotinus) ist 2⅔ Zoll lang, ihr Schwanz, der übrigens hervorragt, 2 Zoll und ihre Flugweite 13 Zoll. Das Fell des Männchens ist dunkel kastanienbraun, des Weibchens hellbraun und unten gelblichgrau, auf dem Rücken mit längeren und glänzenderen Haaren, und ihre Flughaut ist schwarz. Ihre Ohren sind oval, kürzer als der Kopf und ihr Deckel ist klein und rundlich. Sie hat 32 Zähne, und zwar nur Backenzähne $\frac{4.4}{6.6}$. Ihre Stimme ist stark und pfeifend. — Sie fliegt vorzüglich während der Dämmerung, aber nicht die ganze Nacht hindurch, und zwar nur einzeln in der Nähe des Wassers, hält längeren Winterschlaf als die anderen Arten und erscheint daher erst spät im Frühjahr. Ende Mai bringt sie nur ein Junges zur Welt. Am Tage wohnt sie in Holzhaufen, in Häusern und hohlen Bäumen.

Die Speckmaus (Vespertilio noctula) ist 3 Zoll lang, der Schwanz fast 2 Zoll, die Flügelweite 14 Zoll. Ihre Haare sind kurz und einfarbig, fuchsroth, die Flughaut ist schwärzlich und auf der Unterseite, längs des Armes, stark behaart. Die Ohren haben eine nierenförmige Gestalt, sind kürzer als der Kopf und der Deckel ist klein, mondförmig und löffelförmig gebogen. Auch sie hat 32 Zähne. —

An den Mundwinkeln hat sie viele Talgdrüsen und verbreitet dadurch einen widerlicheren Geruch als die anderen. — Sie wirft ebenfalls nur ein Junges. Man findet sie durch ganz Europa in Städten und Dörfern häufig. Am Tage hält sie sich auf in Kirchen, unter den Dächern und selbst in den hohlen Bäumen der Wälder; man findet meistens während des Sommers 10 bis 20 beisammen, im Winter vereinigen sie sich aber in dichtgedrängte Haufen bis zu Tausend, um den langen Winterschlaf zu halten. Auch sie leiden keine Fremden unter sich. — Schon ziemlich früh verläßt sie ihren Schlupfwinkel, denn man sieht sie schon in Sommertagen um 5 Uhr Nachmittags über dem Wasser umherflattern. So lange es hell ist, fliegt sie oft sehr hoch, aber mit zunehmender Dunkelheit bewegt sie sich dicht über dem Wasser hin, wobei sie ein durchdringendes Geschrei hören läßt.

Die Zwerg-Fledermaus (Vespertilio pipistrellus) ist die kleinste in Europa, denn sie wird nicht ganz 2 Zoll lang, ihr Schwanz ist 1 Zoll lang und ihre Flügelweite beträgt nur 8 Zoll. Ihr Haar ist oben und unten dunkelbraun, die Ohren sind dreieckig und kürzer als der Kopf, und der Deckel hat wie bei der vorigen eine mondförmige Gestalt. Zähne hat sie aber 36, nämlich $\frac{5.5}{6.6}$ Backenzähne. Ihr Aufenthaltsort sind Bäume, Häuser und Kirchen, wo sie zu Hunderten zusammenleben und auch Fremdlinge unter sich dulden. Ihr Winterschlaf wird vielfach unterbrochen, denn sie wachen häufig bei feuchtem Wetter auf und fliegen umher. So wie bei uns ist sie auch in England, Seeland und Schweden nicht selten und kommt selbst bis nach Aegypten hin vor.

Die Fledermäuse allein bilden die Ordnung der **Flatterthiere**.

Der Hirsch.

Dies ist eines jener harmlosen, sanften und ruhigen Thiere, die nur geschaffen zu sein scheinen, um die Oede der Wälder zu beleben, zu verschönern und fern von den Menschen die friedlichen Zufluchtsstätten dieser Gärten der Natur einzunehmen. Eine wundersame Wirkung übt auf uns die Erscheinung dieses Thieres aus, wenn wir im tiefen Waldesdunkel, über uns den grünen Blätterhimmel, zu unseren Füßen üppig sproßendes Heidelbeergesträuch, mit ihm unerwartet zusammentreffen und es uns mit seinen schönen Augen anblickt.

Seine Gestalt ist leicht und schlank, er hat einen kühnen und wohlgeformten Wuchs, biegsame und nervige Glieder. Was ihn aber besonders auszeichnet, ist sein prächtiges Geweih. Es ist dieses Geweih, was bei vielen anderen Thieren die Hörner sind. Zwei üppig auswachsende Verlängerungen der Stirnbeine, anfangs mit einer behaarten Haut (Bast) bedeckt, welche aber abstirbt und in Fetzen abfällt oder an den Zweigen der Waldbäume abgerieben wird, ragen hoch über den Kopf des Thieres in die Zweige der Bäume hinein, die gleich ihnen vielspitzig, sich jährlich um neue Spitzen vermehren. Sie werden alljährlich abgeworfen, erzeugen sich wieder und im ersten Jahre einfach, bekommen sie von Jahr zu Jahr einen Zweig, die, Enden genannt, nach den Seiten sich ausbreiten; die Zahl derselben giebt somit das Alter des Hirsches an. Sie sitzen auf einer Verlängerung des Stirnbeines, die Rosenstock genannt wird und bestehen aus echter dichter Knochenmasse ohne Zellen. Unten, über dem Stirnbein bilden sie einen Wulst mit Knoten oder Perlen besetzt, welcher Rose heißt. Hier fällt das Geweih ab und gleich darunter erhebt sich schon das neue Geweih für das folgende Jahr. Den Weibchen fehlt dieser Kopfschmuck.

Auf der Nasenspitze hat der Hirsch einen kahlen, lederartigen, meist schwarzen Fleck, den man Muffel nennt, und der sich bei vielen seiner Verwandten vorfindet. Desgleichen hat er Thränengruben, d. h. Vertiefungen in den Augenwinkeln, welche eine schmierige Flüssigkeit absondern. Sein Fuß ist in zwei schmale und spitze Klauen getheilt, die mit einem Hufe überkleidet sind; auch hat er ziemlich große Afterklauen. Sein Schwanz ist nur sehr kurz. Die Weibchen haben ein Euter mit 4 Zitzen.

Auf kein Thier wirken die Jahreszeiten so stark, wie auf die Hirsche. Außer dem Wechsel des Geweihes wechseln sie auch die Haare und mit diesen die Farbe, sehen daher im Winter anders aus wie im Sommer, sind auch in der Jugend weiß gefleckt. Die Hirsche sind von Natur sanft, friedlich, furchtsam und flüchtig, aber zur Paarungszeit zeigen sie einen Muth und eine Beharrlichkeit, die erstaunlich ist. Oft kämpfen sie in dieser Zeit mit einander bis auf den Tod und gehen auch selbst auf Menschen und Hunde los. —

Sie vermehren sich nur sehr langsam, denn sie werfen jährlich nur 1 Junges, welches im zweiten oder dritten Jahre erst ausgewachsen ist.

Die Bildung des Geweihes und der Zähne ist verschieden und danach unterscheidet man die zu den Hirschen gehörigen Arten.

Das **Elenn** (Cervus Alces) hat $\frac{0}{8}$ fast gleich große Schneide- und $\frac{6.6}{6.6}$ Backenzähne; die Eckzähne fehlen. Das Geweih ist am Grunde flach, breit und vom Vorderrand an mit mehreren Zacken versehen. Seine Haare sind lang und brüchig. Im Sommer ist es oben schwarzbraun, unten graulich und im Winter graubraun. Beim Auftreten klappert es fortwährend mit den Klauen. Er ist der größeste Hirsch, 6 Fuß hoch und lebt im Norden der alten und neuen Welt. In den Thälern des San Joaquin und Sacramento in Californien sollen Elennheerden von 2000 Stück vorkommen. — Das **Rennthier**, welches bei den ausländischen Hausthieren näher besprochen werden wird, ist gleichfalls eine Hirschart. In unseren Wäldern leben der **Edelhirsch** (Cervus Elaphus), der **Damhirsch** (Cervus Dama) und das **Reh** (Cervus Capreolus).

a. Der Edelhirsch.

Er wird auch **Rothhirsch** genannt. Die Zahl seiner Schneidezähne ist $\frac{0}{8}$, wovon die beiden mittleren **breiter** sind als die anderen, die Eckzähne fehlen ihm mitunter und Backenzähne hat er ebenfalls $\frac{6.6}{6.6}$. Das Geweih hat runde Enden. Es wird jährlich bei den alten Hirschen Ende Februar, bei den jüngeren erst von März bis Mai abgeworfen. Die Zahl der Enden vermehrt sich jährlich um eins, doch von dem achten Jahre ab sind es mehr und manchmal durch irgend welche Veranlassung wieder weniger; 30 bis 32 Enden ist die höchste Anzahl, welche ein Hirschgeweih hat. — Wenn das Geweih abgeworfen worden ist, so entsteht schon nach 5 Tagen auf dem kurzen Rosenstock ein weicher, mit der Haut bedeckter Knorpel, der nach 14 Tagen eine harte Stange bildet, welche 6 Zoll lang ist, unten mit dem ersten wagerechten und nach vorn gerichteten Ende, dem Augensprossen; nach einem Monat ist das Geweih einen Fuß lang, bekommt die von den Jahren abhängige Zahl von Enden und ist nach 12 bis 14 Wochen ausgewachsen, aber noch mit der Haut bedeckt, welche sehr empfindlich ist, so daß der Hirsch, der sonst das Haupt stolz und kühn emporrichtet, in dieser Zeit immer mit hängendem Kopfe geht, um sich nicht an den Aesten der Bäume zu stoßen. Auch zieht er sich in dieser Zeit in das einsame Waldesdunkel zurück. Solch ein Geweih heißt in dieser Zeit **Kolben** und das Thier **Kolbenhirsch**. Im Juli oder August sind die Enden hart, die Haut stirbt ab, vertrocknet und dann streift sie der Hirsch an Gesträuch und Bäumen herunter. Anfangs sind die Hörner weiß, dann gelb, und nach vierzehn Tagen braun. Die Länge dieses Geweihes beträgt nicht selten zwei bis drei Fuß und wiegt zwanzig bis dreißig Pfund.

Die gewöhnlichste Farbe dieses Hirsches ist falb, man findet jedoch eine nicht geringe Anzahl, deren Farbe braun ist. Ihr Rücken ist einfarbig und ohne Mittelstreif. Der Bürzel und Schwanz sind fahl. In sehr seltenen Fällen giebt es auch weiße Hirsche.

Die Edelhirsche leben in Gesellschaft oder „Rudeln“, die sich nach dem Alter absondern. Das Weibchen oder die Hindin (Biche) lebt mit den Jungen bis in's dritte Jahr zusammen; dann finden sich die drei- und vierjährigen zusammen und endlich die alten Hirsche. Im Winter drängen sie sich dicht zusammen, um sich mit ihrem Athem zu erwärmen.

Des Abends gehen sie trabend oder trollend auf die Weide, im Frühjahr begeben sie sich gern auf die junge Saat, oft mehrere Stunden weit und kehren des Morgens langsam nach ihrem Stand, in dem sie sich beständig aufhalten, zurück. Ihre Nahrung richtet sich natürlich nach den verschiedenen Jahreszeiten. Sie fressen Gras und Blumen, im Herbste suchen sie besonders die noch knospenden Stauden, die Haideblumen und Brombeerblätter. Im Winter nehmen sie die Sprossen der Bäume, auch zurückgebliebene Beeren, Eicheln und wildes Obst; wenn aber der Schnee den Boden bedeckt, dann schälen sie nicht selten die jungen Stämme ab und sind auch mit den die Rinde der Bäume bedeckenden Flechten zufrieden. Im Anfange des Frühlings suchen sie die Kätzchen der Espen, der Weiden und Haselsträucher, die Blumen und Knospen der Kornelkirsche ꝛc. Im Sommer haben sie freilich reichliche Auswahl, ziehen jedoch allen anderen Kornfrüchten den Roggen vor.

Bei dem Ausgehen nach ihrer Nahrung stoßen sie nicht selten auf Flüsse, die sie aber mit Leichtigkeit durchschwimmen.

Im Winter trinken sie fast gar nicht, und im Frühling noch weniger, da ihnen das saftreiche und bethaute Gras vollkommen genügt; aber in der Hitze und Dürre des Sommers suchen sie oft mit großem Verlangen und Geschrei die Bäche, Sümpfe und Quellen auf.

Nachdem sie sich an Speise und Trank erquickt haben, legen sie sich gern in das hohe Gras nieder, wobei sie stets, die Füße an sich gezogen, nie auf der Seite, sondern immer auf dem Bauche liegen. Wenn sie sich wieder aufrichten, so setzen sie die Hinterbeine zuerst auf, rücken dann auf's Knie und richten sich endlich in die Höhe. — Liegend vollbringen sie ein sehr wichtiges Geschäft, nämlich das der Verdauung. Die Einrichtung ihres Magens, sowie die des Damhirsches und des Rehes, ist wie beim Rinde, Schaf, und der Ziege, und ehe sie vollständig verdauen, müssen sie erst wiederkäuen, was mit einem lauten Rucksen geschieht, da es ihnen nicht leicht wird, die Speiseballen durch den langen Hals nach dem Maule zurückzubringen.

In der Brunstzeit fressen sie sehr wenig, und nehmen selbst mit Pilzen fürlieb. Diese beginnt bei den Alten im September, bei den jüngeren im October, und dauert 6 Wochen. Sie werden dann, wie schon erwähnt, von Wuth und Raserei befallen, die Männchen stürmen umher, schreien Morgens und Abends so laut, daß man es wohl eine Stunde weit hört, ähnlich dem Geschrei der Kuh. Dies verursacht ihnen aber große Anstrengung und nicht selten bekommen sie dadurch den Kropf. Die Hindinnen haben nur einen bellenden Laut, welchen man Schmälen oder Melden nennt. Ein Hirsch sucht sich stets mehrere Hindinnen auf, wobei die bereits besprochenen Kämpfe entstehen. Nach der Brunstzeit vereinigen sie sich wieder zu Rudeln.

Nach 40 Wochen wirft die Hindin nur ein Kalb, welches nach einigen Tagen der Mutter folgt und ein Jahr lang saugt. Bis zum dritten Monat ist es weiß gefleckt. Im August zeigen sich schon die Hörner, welche im September noch weich und mit der Haut bedeckt sind. Das weibliche oder Wildkalb heißt bis gegen das dritte Jahr Schmalthier, das männliche oder Hirschkalb, nachdem es Hörner bekommen, Spießer, im zweiten Jahre Gabler.

Die Hirsche erreichen ein Alter von 40 Jahren. Ihre Größe ist nicht unbedeutend; sie werden gegen 7 Fuß lang und 4 Fuß hoch. Ihr Schwanz ist nur 10 Zoll lang.

Eine große Plage für sie sind die Dasen und die Schlupfwespen, welche ihre Eier ihnen unter die Haut und in die Nase legen, und deren Engerlinge ihr Wachsthum hier erreichen, bis das vollkommene Insect ausschlüpft.

Die Edelhirsche, Damhirsche und Rehe gehören zu dem höheren Wild und bilden einen Lieblingsgegenstand der Jagd. Die Jagd auf diese Thiere heißt Pirschjagd. Sie werden auch nicht selten mit Hunden gehetzt; in der größesten Noth, nachdem alle List bei der Flucht vergeblich war, wenden sie sich um, greifen die Verfolger, die Hunde, mit ihrem Geweih an und theilen, ehe sie unterliegen, noch manche gefährliche Wunde aus.

Die diesen so verfolgten Thieren nöthigen Sinne, als Gesicht, Geruch und Gehör scheinen eine bedeutende Ausbildung erhalten zu haben. Wenn sie horchen wollen, so erheben sie den Kopf, richten die Ohren empor und hören alsdann in großer Entfernung; kommen sie in ein kleines Gehölz oder an eine halb offene Stelle des Waldes, so bleiben sie stehen, blicken vorsichtig um sich und suchen sich unter den Wind zu stellen, um zu riechen, ob ihnen keine Gefahr nahe ist.

Sie sind übrigens auch neugierig und schlau. Pfeift oder ruft man ihnen von Weitem zu, so bleiben sie neugierig stehen und betrachten den Rufer voller Verwunderung. Sie wissen aber den Jäger sehr wohl zu unterscheiden, denn bei dessen Anblick fliehen sie sehr bald, während sie vor anderen Leuten nur dann fliehen, wenn diese gerade auf sie zukommen.

Auch scheinen sie die Musik gern zu haben, denn sie nähern sich gar oft dem auf seiner Schalmei musicirenden Schäfer und dies benutzend, suchen in manchen Gegenden die Jäger sie an sich zu locken.

Wenn Hirsche und Rehe ihres Gleichen leiden sehen, so zeigen sie oft ein lebhaftes Mitgefühl. Einst traf die tödtliche Kugel eines Jägers einen Hirsch, der jedoch noch so viel Kraft hatte, daß er in ein Dickicht entfliehen konnte. Er kam dem Jäger bald aus dem Gesicht, der jedoch seiner mit Blut (die Jäger nennen es bei allem Wilde Schweiß) gezeichneten Spur folgte. Bald hörte er aus dem Dickicht ein dumpfes Gestöhn. Er näherte sich und fand den verwundeten Hirsch auf der Erde ausgestreckt liegen. Schon wollte er einen zweiten Schuß nach ihm thun, als zwei andere Hirsche herbeieilten und traurig vor ihrem leidenden Mitbruder stehen blieben. Der Jäger legte sein Rohr ab, um zu sehen, was weiter vorgehe. Kaum hatte der verwundete Hirsch seine theilnehmenden Freunde erblickt, so ächzte er lauter und nachdrücklicher. Die beiden Hirsche antworteten ihm mitleidig, schwiegen endlich und leckten ihm theilnehmend seine Wunden. Dieses schien ihn die Schmerzen vergessen zu machen; denn er gab keinen Klageton mehr von sich. Nachdem der Jäger einige Zeit dieser Scene zugeschaut hatte, endigte er die Leiden des Verwundeten durch einen zweiten Schuß. Die beiden anderen Hirsche flohen erschreckt davon.

Das Fleisch des Hirsches wird sehr geschätzt. Das Nützlichste aber, was dieses Thier bietet, ist sein Geweih und seine Haut. Die Haut wird entweder zu Fußdecken benutzt oder zu einem geschmeidigen und sehr dauerhaften Leder verarbeitet, das man zu Beinkleidern (besonders Reithosen), zu Handschuhen, Degenkoppeln, Hosenträgern u. s. w. verarbeitet. Aus dem Geweihe verfertigt man

Hefte zu Messern und Hirschfängern, bereitet daraus Gallerten, Hirschhornschwärze und Hirschhorngeist, der in der Medizin seine Verwendung findet. Die weichen Hornkolben sollen einen wohlschmeckenden Salat geben. Auch das Haar benutzt man zum Polstern der Stühle und Sättel.

Dieser Hirsch findet sich in ganz Europa und im mittleren Asien, nördlich bis Schonen und in Norwegen bis Drontheim und Bergen. Er findet sich ferner von Griechenland bis zum 64° N. Br., und in Asien bis zur Lena, gewöhnlich in hohen und dichten Wäldern. Im eigentlichen Rußland findet er sich nicht, wohl aber am Terek und am ganzen Kaukasus, bis an den Fluß Cuma; ferner am Baikalsee, am Altai und von da durch ganz Sibirien.

Ein Beispiel, daß sich dieser Hirsch auch zähmen lasse, giebt uns Büffon: „Auf der Insel Isle de France gab es sonst keine Hirsche; die Portugiesen haben dieses Eiland damit bevölkert. Sie sind klein und haben ein graueres Haar, als die europäischen, von denen sie jedoch ihren Ursprung herleiten. Als die Franzosen sich auf der Insel niederließen, fanden sie eine sehr große Menge dieser Hirsche: einen Theil haben sie ausgerottet und die übrigen haben sich in die unbesuchtesten Gegenden dieses Eilandes geflüchtet. Es ist gelungen sie zu zähmen und einige Einwohner haben Heerden von ihnen."

Die Römer hatten schon Thiergärten angelegt, wo sie auch den Hirsch hielten. — Durch die Pfeile unserer Vorfahren mußte mancher Hirsch und manches Reh sein Leben verbluten, und Karl der Große erließ schon ein Jagdgesetz, nach welchem die Hirsche zu dem höheren Wilde gerechnet wurden.

b. Der Damhirsch.

Der Damhirsch unterscheidet sich von dem Edelhirsch durch sein Geweih, durch seine Färbung und durch seine Größe. Das Geweih ist ebenfalls rund, endet aber nicht mit Zinken, sondern die Zweige und namentlich die oberen sind breit, schaufelförmig und handförmig getheilt. Die Färbung ist im Sommer rothbraun mit weißen Flecken, im Winter dunkelbraun, ohne Flecke. Auf dem Rücken befindet sich ein schwarzer Mittelstreif; der Unterleib und Bürzel sind immer weiß, der letztere schwarz gesäumt. Der Schwanz, länger als die Ohren, ist oben schwarz und unten weiß.

Er ist kleiner als der Edelhirsch, die Länge beträgt nur 4 Fuß, die Höhe 3 Fuß, das Gewicht 2 bis 2½ Ctr., während der vorige 3 bis 4 Ctr. wiegt.

Dieser zierliche Hirsch lebt wild in der Berberei, ist aber seit mehreren Jahrhunderten nach dem gemäßigten Europa verpflanzt; er findet sich in Spanien, Frankreich, Italien, besonders in England, auch hin und wieder im südlichen Deutschland, theils frei in den Wäldern, theils in Thiergärten und kleineren Parkanlagen, wo er außerordentlich zahm ist, sich anlocken läßt, um das Brot aus den Händen zu nehmen. Dabei läßt er sich aber nicht anfassen und in den Wäldern ist er sogar außerordentlich scheu und flüchtig. In Rußland und Schweden findet er sich nicht. — Erst vor noch nicht zweihundert Jahren wurde er in unsere Wälder versetzt, wo er übrigens gut gedeiht. Diejenigen Thiere dieser Art, welche man nördlicher hat, wie z. B. in Livland, müssen während des Winters in einem Stall gehalten werden.

Die Hindin bringt gewöhnlich auch nur ein Kalb, zuweilen jedoch zwei und in ganz seltenen Fällen drei. Die Tragezeit dauert bei ihr nur 8 Monate. — Ihr Fleisch ist zarter und ihr Fell giebt feinere Handschuhe ꝛc. In dem Uebrigen gleichen sie völlig dem Rothhirsch.

Beide Hirsche haben noch zahlreiche Verwandte außer Europa. Der Sumpfhirsch (Cervus paludosus), der virginische Hirsch oder amerikanische Damhirsch (Cervus virginianus), der canadische Hirsch (Cervus canadensis), der Wipiti (Cervus mexicanus), der brasilianische Hirsch (Cervus rufus) leben in Amerika und der Cervus Axis in Ostindien.

c. Das Reh.

Der Hirsch, als der edelste Bewohner der Waldungen, nimmt in den Forsten die von den höchsten Bäumen bedeckten Orte ein; das Reh begnügt sich, unter tieferem Dach zu wohnen und es hält sich gewöhnlich in dem dichten Laubwerk der jüngsten Gehölze. Hat es aber auch nicht so viel Adel, nicht so viel Kraft und bei Weitem nicht die Höhe, so hat es doch mehr Anmuth, mehr Lebhaftigkeit und selbst mehr Herzhaftigkeit als der Hirsch. Es ist munterer, zierlicher, aufgeweckter; seine Form ist gerundeter, prächtiger und seine Gestalt angenehmer. Seine Augen zumal sind schöner, glänzender und scheinen von einem lebhafteren Feuer beseelt; seine Glieder sind geschmeidiger, seine Bewegungen rascher, und es hüpft ohne Anstrengung mit eben so viel Kraft als Leichtigkeit. Seine Bekleidung ist immer rein, sein Haar sauber und glänzend; nie wälzt es sich, wie der Hirsch es zuweilen thut, im Koth; es gefällt ihm am besten in den trockensten Gegenden, wo die Luft am reinsten ist.

Das Reh hat $\frac{0}{8}$ Schneidezähne, $\frac{6.6}{6.6}$ Backenzähne, aber keine Eckzähne. Auch die bei den Hirscharten sich zeigenden Thränengruben sind beim Reh ganz undeutlich. Das Geweih, zwar eben so gebaut wie beim Hirsch, ist bei Weitem nicht so prachtvoll. Es bricht im siebenten Monat als zwei kurze Spieße hervor, und das Thier heißt deshalb zur dieser Zeit Spießer. Beim jährlichen Wechsel werden diese Spieße bloß länger, im zweiten Jahre bekommen sie zwei Enden, welche nach und nach sich bis auf 6, höchstens 8 vermehren. Die älteren Rehböcke — die Weibchen haben kein Geweih — sind nur daran zu erkennen, daß der Stamm des Gehörns viel stärker, die Rose viel breiter, und die Perlen viel dicker sind. Das Abwerfen des Geweihes geschieht nicht, wie beim Hirsche im Sommer, sondern nach der Brunstzeit, die nur 14 Tage währt, von Ende October bis Anfang November, also im Anfange des Winters. Dann sproßt sofort das neue hervor, welches im Februar seine vollkommene Ausbildung erhalten hat. Im März wird von demselben die Haut abgerieben. So lange das Geweih noch weich ist, ist das Reh an diesem Theile sehr empfindlich. Einmal riß die Kugel eines Jägers die eine Seite des neu hervorsprießenden Geweihes ab, was für das Thier so schmerzhaft war, daß es betäubt niederstürzte und unbeweglich da lag. Als der Jäger herankam, erholte es sich jedoch wieder; derselbe packte es an's Bein und das Reh zeigte eine solche Kraft, daß es ihn wohl 30 Schritte fortzog. Ein Messerstich endete sein Leben.

Dieses Thier hat keinen äußerlich sichtbaren Schwanz, derselbe ist nur 1 Zoll lang und markirt sich allein dadurch, daß seine Umgebung ganz weiß gefärbt ist, während die übrige Farbe des Rehes im Sommer rothbraun und im Winter graugelb ist; es giebt bisweilen auch ganz weiße, gescheckte und schwarze. Die schwarzen Rehe sind aber keine zufällige Erscheinung. Es ist eine besondere Abart, die im Lüneburg'schen vorkommt und deren Färbung sich fortwährend auf die Nachkommen überträgt. Das Schwarze spielt auf dem Rücken sogar in's Bläuliche, während es unter dem Bauche in's Röthliche übergeht. Sie sind größer und stärker als das gewöhnliche Reh.

Die Länge des Rehes beträgt gewöhnlich 4, die Höhe $2\frac{1}{2}$ Fuß. Sein Alter erstreckt sich auf 12 bis 15 Jahre, obwohl es in der Gefangenschaft nie so alt wird.

Die Tragezeit dauert fünf und einen halben Monat. Wenn das Weibchen, das Rieke oder Ricke heißt, werfen will, so trennt es sich vom Bock und verbirgt sich im tiefsten Waldes-Dickicht, um seinen Feinden und vorzüglich denen seiner Jungen zu entgehen. Hier wirft es in der Regel zwei Junge, ein Männchen und ein Weibchen, die es, wenn sie 10 bis 12 Tage alt sind, stets mit sich führt, mit aller Liebe beschützt, wenn Gefahr droht, sie verbirgt und sie mit seinem Leben vertheidigt.

Die Rehe führen ein vollkommenes Familienleben und halten sich nicht in Rudeln, wie die Hirsche. Der Vater, die Mutter und die Jungen gehen mit einander und nie sieht man sie mit fremden Rehen sich vereinigen. So leben sie friedlich und freudig bei einander, und nur in der kurzen Zeit der Brunst müssen die Kälbchen allein leben; der Vater vertreibt sie und etwa nach 14 Tagen kehren sie wieder zurück, leben noch einige Zeit mit ihren Eltern, trennen sich dann aber für immer von ihnen, um ihren jüngeren Geschwistern den Platz einzuräumen. Sie suchen sich in der Nähe ihrer Eltern ein Lieblingsplätzchen, wo sie vereint bis zum Tode bleiben.

Von dem Waldleben des zierlichen, leichten Rehes giebt uns der Dichter Max Waldau eine anmuthige Schilderung, die wir hier zur weiteren Charakteristik folgen lassen: „Es giebt nicht leicht ein reizenderes Schauspiel, als im Buschwerk verborgen, dem Azen einer Rehfamilie zuzusehen. Eine Waldwiese mit ihren gelben Ranunkeln und blaßrothen Lychnis-Arten, eingeklemmt zwischen breitästigen Buchen, Ahorn, Faulkirschen und Haselstauden, tiefer, flüsternder Schatten auf der einen Seite, so daß der Kuckuk hier das „„Ave““ zu läuten scheint, das den Tag zur Ruhe singt, — gegenüber aber ein grüner, saftiger Sonnenblick, der jede Feder des Vogelharlekins Stieglitz auf einer silberbärtigen Distel oder zwischen Tannennadeln erkennen läßt, — darüber endlich blauer, tiefer Himmel, von leichtgehauchten Wolken durchzittert: das ist die Dekoration. Man liegt still im Haag, am Rande auf einer Matte von Quendel; man träumt, denn zum Denken ist die Zeit zu süß: — da ertönt, statt der schrillen Schelle aus dem Souffleurkasten, ein eigenthümliches Pfeifen, ein Naturlaut des Waldes. Kleines Gezweig knistert, die Blätter rauschen und zwischen den Gebüschen streckt sich ein gekröntes Haupt empor, das mit glänzenden, rollenden Augen die Wiesen und die Hecken auf der Gegenseite durchspäht. Man hält den Athem zurück und lauscht. Nun setzt der Bock mit einem weiten Bogensprunge, das Geweih an den Nacken zurückgelegt, über den Graben. Das kleine gesprenkelte Kitzchen zagt vor dem Satze, es versucht in den Graben hinunterzuklimmen und mißt ängstlich die Tiefe. Aber der

Vater wendet den Kopf zurück, das kleine Ding faßt Muth, springt, schwebt langgestreckt in der Luft und — gleitet auf den Knieen in die Blumen. Es klagt; die Mutter fliegt über das Hinderniß und ist im Nu an der Seite des Kleinen. Sie wechseln einen Blick, das Kitzchen springt auf und umkreist schäkernd und neugierig die Alten. Es schnüffelt an den Halmen herum, versucht auch wohl ein Blatt Sauerampfer zu kosten, aber die Speise behagt ihm noch wenig. Es ist ein reizendes Spiel, wenn es eine Hagerose abrupft und die Blüthenblätter einzeln von seiner Schnauze wehen läßt. Indeß kommt ihm der Appetit, da es die Eltern azen sieht. Nun wirft sich's unter die Mutter auf die Kniee und saugt. Sie wendet den Kopf zurück und leckt dem Kleinen das Fell glatt. Der Bock steht zu. — Man kann eine Bewegung der Freude nicht unterdrücken und richtet sich auf, um die halb von Gras verborgene Gruppe ganz zu sehen. Aber das Geräusch ist dem Walde fremd, die Thiere spitzen die Ohren, der Bock stampft zornig den Boden, das Pfeifen ertönt, die friedliche Gruppe lös't sich auf, die Rieke tritt eiligst den Rückzug in's Gebüsch an, das Kitzchen trippelt hinter ihr her, und der Bock, der sich vor dem blitzschnellen Verschwinden noch einmal schnaufend umwendet, deckt die Flucht. Dies Alles wird in so leichter, graziöser Weise aufgeführt, daß man sich ungern davon abwendet."

Sie suchen ihre Nahrung, welche in Kräutern und Gräsern, in Laub der Pappeln, Weiden, Brombeerstauden, des Ginsters rc. besteht, des Morgens und Abends auf, wobei, wie wir oben bemerkten, der Bock immer vorangeht. Im Sommer schaden sie den Saat-Feldern, und im Winter den jungen Obstbäumen durch Abnagen der Rinde, und deshalb halten sie sich, um eher in's Freie zu gelangen, meist am Rande größerer Waldungen auf.

Bei ihrer Verfolgung entwickeln sie mehr List und Schlauheit als der Hirsch. Werden sie stutzig, so lassen sie erst ein dumpfes Bellen hören, welches man Schmälen nennt, und dann laufen sie stumm und eilig davon. Es wartet aber nicht erst, sich durch List seinen Verfolgern zu entziehen, bis die Kraft ihn verläßt; sobald es im Gegentheil merkt, daß die ersten Anstrengungen einer reißenden Flucht ohne Erfolg gewesen sind, so kehrt es mehrere Male zurück, um seine Spur zu durchkreuzen, dann aber wirft es sich durch einen mächtigen Sprung seitwärts in ein Versteck, legt sich mit dem Bauche auf die Erde und läßt, ohne zu zucken, die ganze Schaar seiner Verfolger an sich vorüberziehen, um dann in weiten Sätzen nach der entgegengesetzten Richtung zu entfliehen.

Der Nutzen des Rehes besteht in seinem Fleisch, das eine wohlschmeckende Speise giebt, in seiner Haut, die zu Fußdecken, Satteldecken 2c. verwendet wird, und in seinem Geweih, das der Drechsler zu Pfeifen, zu Griffen an Spazierstöcken 2c. verarbeitet.

Das Reh ist bei uns viel häufiger als der Hirsch. Es verbreitet sich durch ganz Europa, bis in's südliche Schweden und Schottland hinauf, soll sich aber nicht mehr in Norwegen finden. Man trifft es ferner in Polen, in der Ukräne, in der Krimm, im Caucasus, im Ural, im Altai und im jenseitigen Sibirien bis an die Lena, bis in die große Tartarei und selbst bis nach Armenien und Persien hinein. Viel häufiger finden sich Reharten in ganz Amerika von Norden bis Süden; sie sind dem unsrigen sehr ähnlich und unterscheiden sich meistens nur dadurch, daß sie theils größer, theils kleiner sind. Man hat hier und in Asien verschiedene Arten unterschieden, z. B. das Catinga-Reh, das rothe Reh, das weiße Reh, alle drei in Südamerika; das indische Reh, häufig auf den Molukken und auf Ceylon, das Ganges-Reh u. s. w.

Die Römer hielten es mit dem Hirsch in ihren Thiergärten und die Germanen jagten es vielfach in den dichten deutschen Wäldern. Karl der Große rechnete es zur höheren Jagd, wozu es auch jetzt noch gehört.

Die zum Hirsch gehörigen Thiere kauen alle ihre Nahrung zweimal und gehören darum zu der Gruppe der **Wiederkäuer**.

B. Vögel der Heimath.

Der Thurmfalk.

Unsere Thürme werden öfters von einer ganzen Schaar dunkelgefärbter Vögel in schnellem kreisendem Fluge umschwirrt, wobei sie schrill und laut kreischen. Diese Vögel sind die Thurmfalken, welche ihre Wohnung dort oben in den unerreichbaren Maueröffnungen aufgeschlagen haben. In den höchsten Thürmen, in hochgelegenen Ruinen und in Löchern der steilsten Felsen legen sie ihr Nest an, welches mit wenigem Genist ausgestattet ist. Darein legen sie 4 bis 6 rundliche, weiße oder rostgelbliche, braunroth gefleckte Eier. Nur zuweilen findet man einzelne Nester auf Bäumen, besonders in verlassenen Krähennestern. Wenn die Jungen ausgeschlüpft sind, so werden sie anfangs mit Insecten, später mit Mäusen und anderen kleinen Thieren gefüttert.

Der Thurmfalk (Falco Tinnunculus), den man auch Wannenweher und Rüttelgeier nennt, lebt in ganz Europa und der übrigen alten Welt, mit Ausschluß des höchsten Nordens. In Deutschland ist er sehr häufig, wandert aber im Winter fort. Dennoch kennen wir ihn nicht so genau, und namentlich haben wir nur selten Gelegenheit, sein Kleid zu betrachten, da er sich an jenen meist unzugänglichen Orten aufhält und dazu noch außerordentlich schnell fliegt. Er erscheint uns im Fluge schwarz; gelingt es uns jedoch, ihn zu fangen, so sehen wir, daß sein Oberleib rostfarbig und schwarz gefleckt, sein Unterleib dagegen gelblich-weiß und braun gefleckt ist. Das Männchen unterscheidet sich von dem Weibchen noch dadurch, daß sein Kopf und Schwanz aschgrau gefärbt sind und der letztere eine breite schwarze Binde vor der weißen Spitze hat, während bei dem Weibchen, sowie bei den Jungen, der Kopf roströthlich, schwarzbraun gefleckt, der Schwanz rostfarbig und schwarz gebändert ist. Das Männchen ist etwas kleiner als das Weibchen; ersteres ist 13½ Zoll, letzteres aber 14¾ Zoll lang. Die Flügel reichen nicht bis zum Schwanzende. Wir sehen auch, daß die Wachshaut, welche den Schnabel überdeckt, sowie der Augenkreis und die Füße gelb sind. Die Nägel, welche bei diesem Vogel und seinen Verwandten Krallen heißen, sind schwarz.

Der Thurmfalk gehört zu den **Raubvögeln**, die sich von anderen Thieren nähren. Er raubt kleinere Vögel und selbst das junge Hofgeflügel, holt Sperlinge unter den Dächern hervor und tödtet sogar die Singvögel in dem Käfig, wenn er dazu gelangen kann. Er schwebt gewöhnlich in der Luft oder bleibt gern auf einem Flecke in der Luft flatternd stehen, was man rütteln nennt, um auf seinen Raub zu zielen, ehe er darauf losschießt, da er denselben nicht im Fluge erhaschen kann. Selten stößt er auf Tauben, da diese ihm jedenfalls zu schnell fliegen; dagegen schadet er besonders der Lerchenjagd.

Wenn ihm die bessere Nahrung fehlt, frißt er auch Käfer, Heuschrecken, Frösche und Eidechsen. Man schießt ihn leicht bei der Krähenhütte, einem Orte, an welchem man Fleisch auslegt um die Krähen anzulocken und zu schießen. Fängt man ihn jung ein, so läßt er sich zähmen und ist dann recht niedlich.

Der Habicht

Auch den Habicht (Falco palumbarius) bekommt man, wie alle Raubvögel wegen ihrer scheuen Natur, seltener in der Nähe zu sehen. Er führt noch die Namen Hühnergeier und Stockfalk. Im Alter ist dieser Vogel oben dunkel-aschgrau und unten weiß mit braunschwarzen Querwellen; in der Jugend ist er dagegen braun und unten röthlich-weiß mit dunkelbraunen Längsflecken. Der Schwanz des Habichts ist in jedem Alter mit 5, seltener mit 4 oder 6 dunklen Querbinden geschmückt und mit weißer Spitze verziert, welche bedeutend abgerundet ist. Die Zehen sind im Verhältniß zur Größe des Vogels bedeutend lang. Die Oberseite derselben ist, wo sie vom Mittelfuße ausgehen, bis ziemlich weit nach vorn mit lauter kleinen Schüppchen besetzt und erst weiterhin folgen Hornplatten, deren jede die Oberseite einer Zehe der ganzen Breite nach bedeckt. Die den Schnabel bedeckende Wachshaut ist grünlichgelb, der Augenstern gelb und die Füße schwefelgelb. Ueber den Augen befindet sich ein weißer Strich. Das Männchen ist wieder bedeutend kleiner als das Weibchen; ihre Länge beträgt 21 bis 26 Zoll.

Er bewohnt Europa und Sibirien, die Berberei und Persien, auch Nordamerika, wo er jedoch nicht so häufig vorkommt. In Deutschland ist er dagegen sehr häufig, bewohnt daselbst größere Wälder und bleibt auch während des Winters. Er ist unser schädlichster Raubvogel. Oefters zeigt er sich zwar sehr verwegen, ist dabei aber wieder außerordentlich vorsichtig und listig. Auch ist er stark, gewandt, schnell und sehr mordsüchtig. Er zeigt sich stets als furchtbarer Feind der Tauben, verzehrt viele Rebhühner, Wachteln, Birkhühner u. s. w., stürzt sich auf die Fasanen, stößt nach den Haushühnern und Enten, besonders nach dem jüngeren Geflügel der Höfe, frißt auch Staare, Finken und selbst kleinere Raubvögel. Ebenso hat man bemerkt, daß er Raben, Krähen, junge Hasen, Kaninchen und Mäuse sich zur Beute erwählt. Im Winter verschmäht er auch das Aas nicht.

Auf fliegende Vögel stößt er nicht, wie der Edelfalk, von oben her, sondern stets von der Seite, und nur zuweilen von unten. Oft ergreift er die Vögel auch, wenn sie auf der Erde sitzen. Tauben und Hühner verfolgt er sogar bis in die Häuser und zuweilen stürzt er sich mit der fliehenden Taubenschaar hinein in den Taubenschlag, wo man ihn fangen kann, wenn man denselben sofort schließt.

In der Gefangenschaft ist er äußerst bösartig, und tödtet dort, wenn man ihn nicht allein einsperrt, nicht bloß Edelfalken, Milane u. s. w., sondern das Weibchen tödtet sogar sein Männchen. Gierig stürzt er sich über das ihm vorgeworfene, noch von Blut triefende Fleisch, während er hartnäckig das gekochte verschmäht, und erst durch lange anhaltendes Fasten dazu gezwungen werden kann, sich damit zu ernähren. Den ihm dargebotenen Vögeln rupft er erst die Federn aus und zerstückt sie dann, ehe er sie verzehrt, während er die Mäuse ganz verschlingt und nach einiger Zeit die Häute derselben, zusammengerollt, durch den Schnabel wieder ausspeit.

Sein Nest, das man bei den größeren Raubvögeln Horst nennt, baut er auf hohen Bäumen der größeren Waldungen, besonders gern auf hohen, astlosen Eichen und Buchen. Er legt 3 bis 4 grünlichweiße Eier, welche mit mehreren großen schwarzbraunen Flecken und Strichen bedeckt sind. Für diese zeigt er eine außerordentliche Liebe, denn er verläßt sie sogar dann nicht, wenn er darauf angeschossen wird.

Da er dem Geflügel des Landmannes und den Hasen außerordentlich großen Schaden zufügt, so wird er vom Landmanne und Jäger auf das Eifrigste verfolgt. Meistens erlegt man ihn bei seinem Horste oder auch in demselben dadurch, daß man, während er brütet, eine Kugel von unten mitten durch das Nest schießt. Zuweilen beschleicht man ihn auch, wenn er sich satt gekröpft (gefressen) hat und sich nicht so leicht erheben kann. Nur in seltenen Fällen trifft man ihn bei den Krähenhütten, häufiger wird er dagegen in Netzen gefangen, in die man ihn durch gefesselte Tauben lockt.

Zur Beize ist er, vorzüglich das bedeutend größere Weibchen, sehr tauglich, da er selbst Reiher, Kraniche und Hasen angreift. Der sogenannte Jagdfalk des Orients ist vermuthlich nur unser Habicht, denn die Falken scheinen dort selten zu sein, und nicht in solcher Menge vorzukommen, als man sie daselbst zur Jagd braucht. Der Kaiser von China soll eine große Menge derselben haben, und für jeden einen besonderen Falkenier, welche alle mit auf die Jagd müssen.

Der Sperber.

Der Sperber oder Finkenhabicht (Falco Nisus) ist dem Hühnerhabicht sehr ähnlich. Er ist kleiner als jener, das Männchen 13 Zoll, das Weibchen aber 15 bis 16 Zoll lang, hat längere Füße und die Zehen, vorzüglich die Mittelzehe, sind oben gänzlich mit breiten Hornplatten besetzt. Sein Gefieder ist braungrau, unten weiß, an der Brust mit brauen Längsflecken und an dem Bauche mit braunen Querlinien, welche denselben wellenförmig bedecken, geziert. Der Schwanz erscheint abgestutzt und ist mit fünf schwärzlichen Querbinden bedeckt. Die Wachshaut, die Augen und die Füße sind gelb.

Der Sperber ist meist sehr mager und wiegt oft nur 12 Loth. Er gleicht in seinem Körperumfange der Elster. Gewöhnlich fliegt er nur niedrig, fast ohne Flügelschlag, wie ein Pfeil durch die dichtesten Bäume hindurch und ist dabei äußerst vorsichtig; aber zuweilen ist seine Raubgier so stark, daß er seine Vorsicht vergißt, und den fliehenden Vögeln bis in die Höfe, Ställe und Stubenfenster folgt. Auch stößt er hin und wieder auf die Vögel in Käfigen, wobei er schon mehrfach gefangen worden ist.

Seine Nahrung besteht aus kleinen Vögeln: Ammern, Staaren Drosseln, Finken, Sperlingen u. s. w., welche er im Sitzen fängt, oder im Fluge entweder von der Seite oder von unten nach ihnen stößt. Mäuse und Kerbthiere verschmäht er gleichfalls nicht, wenn ihm bessere Nahrung mangelt. Das stärkere Weibchen fängt auch Tauben, Rebhühner, junge und selbst alte Haushühner. Es schießt zuweilen plötzlich auf die Hühnerschaar und verschwindet eben so schnell wieder.

Sein Nest findet man in der Regel auf hohen Nadelbäumen im dichtesten Walde, das er meistens selbst anlegt, zuweilen aber auch alte Krähennester benutzt. Er legt 3 bis 6 grünlichweiße, braun gefleckte Eier, welche er drei Wochen lang bebrütet.

Die Sperberart, zwar bei uns seltener, ist im Ganzen sehr zahlreich. Man trifft diesen Vogel in Europa, Asien und Afrika, er fehlt aber im höheren Norden. Bei uns ist er häufig Stand- oder Strichvogel, und hält sich gern an Waldrändern in der Nähe von Feldern auf, wo er die dort sich aufhaltenden kleineren Vögel und Mäuse blitzschnell ergreift, ohne lange über ihnen zu schweben, dieselben in den Krallen auf einen Baum trägt und verzehrt.

Er ist sehr leicht zu zähmen und in der Regel pflegt man ihn zum Fange kleinerer Vögel, als Rebhühner, Wachteln, Lerchen u. s. w. abzurichten. In Persien fängt man sogar großes Wild damit, indem er demselben die Augen ausstößt. Man richtet ihn dazu auf besondere Weise ab. Er muß aus den Augenhöhlen von dergleichen ausgestopften Thieren fressen, später stellt man dieselben auf Wagen und läßt sie mit aller Schnelligkeit fortziehen, bald fliegt er denselben nach und so lernt er auf die Augen stoßen.

In älteren Zeiten war er ein Lieblingsvogel der Burgfrauen und Edelfräuleins. Dieselben ritten nicht aus, ohne ihren Sperber auf der Hand mit aller Grazie zu tragen, und öfters kam es zwischen zwei Damen, eines solchen Vogels wegen, zu so heftigen Streitigkeiten, daß sich ihre Ritter deshalb den Hals brechen mußten.

Man erlegt und fängt diesen äußerst schädlichen Vogel wie den Habicht; da aber das Männchen nicht leicht auf eine in der Falle sitzende Taube stößt, so lockt man ihn meistens mit Sperlingen. Auch durch einen Vogel, der in einem mit Leimruthen besteckten Bauer sitzt, läßt er sich anlocken und fangen.

Zu der Verwandtschaft unseres Sperbers gehört der Singsperber (Falco musicus). Er lebt im südlichen Afrika und ist der einzige bekannte Raubvogel, welcher angenehm singt. Er ist so groß wie der Hühnerhabicht, oben perlgrau, unten weiß mit bläulichgrauen Querstricheln gefärbt, die Schwungfedern aber sind schwarz. Das Männchen singt während der Brütezeit hoch oben auf einem Baume sitzend stundenlang des Morgens und Abends und oft sogar während der Nacht.

Die Gabelweihe.

Wie gern hören wir bei der Wiederkehr der warmen Jahreszeit das Concert der Singvögel, deren tausendstimmige Melodieen sich zur schönsten Harmonie vereinigen. Doch plötzlich wird es, wie auf den Wink eines unsichtbaren Concertmeisters unterbrochen, ängstlich flatternd schwirren die Musiker auseinander, und jeder sucht mit Hast einen Zufluchtsort zu erreichen. Bald entdeckt das kundige Auge den Urheber der plötzlichen Störung; — hoch oben in der Luft schwebt ein dunkler Punkt, der in weiten Kreisen ohne jede bemerkbare Bewegung die Luft zu durchschwimmen scheint. Er nähert sich immer mehr der Erde, bald erscheint er unseren Augen deutlicher und wir erkennen in ihm einen Vogel. Jetzt lenkt er seine Windungen nach einer anderen Richtung hin, bedächtig nähert er sich einem Walde von hohen schlanken Eichen, und endlich bemerken wir, wie er sich langsam und schwerfällig auf eine dieser Eichen niederläßt. Dieser Vogel muß ein höchst gefährliches Thier sein; denn warum entfliehen bereits die Singvögel, ehe er dem menschlichen Auge sichtbar wird? — Es ist aber auch ein arger Raubvogel, bekannt unter dem

Namen: der rothe Milan (Falco Milvus), auch Gabel- oder Königsweihe.

Die kleineren Vögel haben alle Ursache, ihn zu fürchten, da auch seine Größe sie weit überragt, denn das Männchen ist 25 und das Weibchen 28 Zoll lang. Was ihn besonders groß erscheinen läßt, ist sein langer breiter Schwanz, dessen äußere Federn, die über 2½ Zoll länger als die mittelsten sind, eine Länge von 6 Zoll haben. Der Schwanz, dessen Federn dunkelbraunroth sind, ist daher sehr stark gegabelt, nur die Mittelfedern, über die sehr vermischte Querbinden hinweggehen, sind rostroth. Die Unterseite des Schwanzes, die Federn am Bauche und an den Füßen sind hell-rostroth, an der Basis weiß und über die ganze Fahne dunkelbraun gestrichelt. Die Federn des Rückens und der Flügel sind ebenfalls rostroth, und überall mit schwarzbraunen Schaftstrichen und Schaftflecken bedeckt; die Schwungfedern dagegen haben schwarze Spitzen. Die Federn des Kopfes und Halses sind weißlich, mit braunen Schaftstreifen.

Er hat einen kleinen Kopf, aber einen starken schwarzen Schnabel, mit runden Nasenlöchern, der am Grunde mehr gerade, aber dann plötzlich in einen großen Haken gekrümmt ist. Die Augen liegen hoch und sehr seitlich. Die Iris, sowie die Wachshaut und die Füße sind im Alter gelb. Seine Füße sind übrigens sehr kurz, in der Mitte hinten nackt, vorn aber fast bis zur Hälfte befiedert und die Oberseite der nicht sehr starken Krallen fast von der Wurzel an beschildet.

In Europa ist dieser Vogel sehr zahlreich, lebt aber auch noch im nördlichen Asien und Afrika; ausnehmend zahlreich trifft man ihn im südlichen Deutschland an. Seinen Aufenthalt wählt er am liebsten in hohen Wäldern, die nicht allzuweit von Feldern und Dörfern entfernt sind, damit er daselbst seine Nahrung aufsuchen kann. Er kann nämlich einen fliegenden Vogel nicht erhaschen, sondern muß auf seine Beute stoßen, wenn dieselbe sich in Ruhe befindet. Man sieht daher über Feldern und Dörfern mehrere solcher Vögel hoch in den Wolken scheinbar auf einem Punkte schweben (rütteln). Alsdann haben sie mit ihrem scharfen Auge eine Beute entdeckt und stoßen bald mit unglaublicher Schnelligkeit hernieder, ergreifen ihre Beute mit dem Schnabel und nur wenn dieselbe zu schwer ist, nehmen sie die Krallen zu Hülfe, um sie in ihr Nest zu schleppen.

Die gewöhnliche Nahrung des rothen Milans sind Mäuse, Amphibien, nackte Schnecken und Würmer; er stößt aber auch gern auf Lerchen, Rebhühner, junge Enten, Gänse, und holt nicht selten die Küchlein von den Höfen fort. Wenn ihm solche Nahrung fehlt, frißt er auch Aas, das er, gleich dem Geier, schon von Weitem wittert und verschmäht selbst nicht einmal todte und faulende Fische.

Sein gewöhnlich großes Nest (Horst) baut er auf hohen Waldbäumen, besonders auf schlanken, astlosen Eichen, mit mehr Sorgfalt als die meisten Raubvögel. Er legt 2 bis 3, seltener 4 weißliche, mit großen röthlichen Flecken bestreute Eier. Schon im Monat Mai bebrütet er dieselben 3 Wochen lang. Seine Jungen sind sehr gefräßig, aber er ist um so unermüdlicher, Nahrung herbeizuschleppen. Auf dem breiten Rande des Horstes findet man daher Thierreste aller Art, welche, bereits verwesend, einen unangenehmen Geruch verbreiten.

Da er dem Hausgeflügel sehr viel Schaden zufügt, so sucht man auf alle Weise seine Zahl zu verringern. Man lauert ihm beim Neste auf, um ihn zu schießen, oder man sendet auch einige Ladungen Schrot durch das Nest, um die Jungen zu tödten. Außerdem wird er häufig bei den Krähenhütten erlegt, oder in Fallen und Tellereisen, in die ein Maulwurf oder ein todtes Huhn als Köder gelegt ist, gefangen. Oefters wird er als Siegestrophäe an die Scheunenthore genagelt.

Ungeachtet seiner Größe ist er doch sehr feig, so daß er sich nicht bloß mit Falken, sondern selbst mit Sperbern fangen läßt. Diese treiben sich mit ihm in einem steten Wirbel bis in die Wolken, greifen ihn unaufhörlich mit Schnabel, Klauen und Flügeln an, bis er ermattet auf die Erde herabstürzt. In früherer Zeit diente diese Jagd oft zu besonderen Belustigungen fürstlicher Personen.

In unseren Gegenden ist der rothe Milan nur Zugvogel, indem er während des Winters weiter nach Süden streicht, und sich dann zu größeren Schaaren von 30 bis 40 Individuen versammelt. — Eine andere Art, der schwarzbraune Milan (Falco ater) verirrt sich nur selten und dann immer nur einzeln in unsere Gegenden; hin und wieder haben ihn Jäger erlegt, er findet sich aber überhaupt weiter nach Süden in größerer Zahl.

* * *

Das Geschlecht der Falken, von dem der Thurmfalk, der Habicht, der Sperber und die Gabelweihe Mitglieder bilden, ist schon seit Jahrhunderten sehr berühmt, da sie sich zur Jagd abrichten lassen und deshalb im Mittelalter außerordentlich geschätzt waren. Der Kopf und Hals der Falken ist dicht mit Flächenfahnfedern bedeckt. Ueber den Augen tritt der Knochen hervor, weswegen die Augen tief zu liegen scheinen. Ihr Gesicht erhält dadurch einen ganz anderen Ausdruck, wie es bei ihren nahen Verwandten, den Geiern, der

Fall ist. Sie leben meist von lebender Beute, aber ihr Muth ist sehr verschieden. Wenn diese Beute nicht ganz klein ist, so ergreifen sie dieselbe mit den Krallen, tragen sie auch ihren Jungen, welche sogleich mit einem weichen Flaum bedeckt sind, in den Krallen zu, zerstückeln sie und legen sie ihnen zum Verschlingen vor. Unverdauliche Dinge speien die Falken in Ballen (Gewölle) wieder aus.

Die Jungen werden sehr lange von den Alten im Neste und auch später noch eine Zeit lang nach dem Ausfluge gefüttert. Diese lassen sich sehr leicht aufziehen. Man muß ihnen, wenn sie nicht sterben sollen, das Fleisch noch mit den Federn und Haaren bedeckt vorwerfen, weil dadurch erst eine gute Verdauung bewerkstelligt wird. Alle Falken mausern jährlich nur ein Mal. Die Weibchen sind bei allen Arten bedeutend größer als die Männchen.

In früheren Zeiten wurden mehrere Falken, vorzüglich der Taubenfalk, der Jagdfalk, der Würgfalk, der Habicht und der Sperber in Europa zur Jagd (Beize) abgerichtet. Die höchste Ausbildung dieser Jagd zeigte sich im Mittelalter, jetzt findet sie sich nur noch an wenigen Orten. Auch in der Berberei und in Persien ist die Falkenjagd noch jetzt eine Lieblingsbeschäftigung der Vornehmen.

Die Falken werden eingetheilt in:

a. Edelfalken. Dazu gehören außer dem Thurmfalk: der Taubenfalk, der Jagdfalk, der Würgfalk, der Lerchenfalk, der Merlin, der Röthelfalk, der Rothfuchsfalk und der Sperlingsfalk. Alle kommen bei uns nicht vor, nur zuweilen verfliegen sie sich aus dem kälteren Norden im Winter bis zu uns, und es sind in dieser Jahreszeit schon öfters Einzelne gefangen worden.

b. Adler. Dazu gehören: der Steinadler (Goldadler), der Königsadler (Goldadler) und der Schreiadler.

c. Seeadler. Dazu gehört der weißköpfige Seeadler.

d. Harpyie.

e. Fischaare.

f. Schlangenadler.

g. Habichte. Dazu gehören die beiden schon bekannten Vögel: der Habicht und der Sperber, und dann noch der in Afrika lebende Singsperber.

h. Milane: der rothe und der schwarzbraune Milan.

i. Wespenfalken.

k. Busaare mit den Arten: der Rauchfuß-Busaar und der gemeine Busaar (Bussard, Mauser, Mäusefalk). Beide Arten kommen bei uns in größeren Wäldern einzeln vor.

1. Weihen mit den Arten: die Kornweihe, die Wiesenweihe (Bleifalk) die blasse Weihe und die Sumpfweihe (Rohrweihe, Rostweihe).

Zu den Falken gehört noch der am Cap der guten Hoffnung in Afrika lebende Sekretair, der auffallend lange Beine hat und außerordentlich schnell läuft.

Die Falken sind Tag-Raubvögel, indem sie nur am Tage ihrer Nahrung nachgehen. Es gehören zu diesen Vögeln noch kräftige Gestalten, furchtbare Thiere, furchtbar durch ihre Stärke und durch ihre Krallen, nämlich die Geier (Vultur). Folgende Arten bilden das Geiergeschlecht: der braune Geier, der schwarzbraune Geier, der Geierkönig, der Kondor, der Aura, der aegyptische Aasgeier und der Lämmergeier.

Die Eule.

Die Raubvögel, welche nur bei Nacht auf ihren Raub ausgehen, werden mit dem allgemeinen Namen Eulen bezeichnet, von denen es gar mancherlei durch Größe und Gestalt sich von einander unterscheidende Arten giebt. Alle haben einen so eigenthümlich geformten Kopf, daß er dem einer Katze sehr ähnlich sieht. Sie sehen auch, wie die Katzen, am besten in der Dämmerung, aber in stockfinsterer Nacht können sie so wenig sehen wie jedes andere Thier. Eben so falsch ist die Meinung, daß sie am Tage blind seien; sie können nur das helle Tageslicht nicht ertragen. Ihr Augenstern erweitert sich mit der eintretenden Dämmerung immer mehr, und dadurch wird es möglich, daß die Lichtstrahlen reichlicher hineinfallen, als dies bei anderen Thieren der Fall ist, denen eine solche Erweiterung der Pupille abgeht. Außerdem haben die Eulen ein äußerst feines Gehör, sie sind daher in der Nacht doppelt geschickt, alle Thiere, auf welche sie Jagd machen wollen, zu fangen. Hierzu kommt noch ihr sehr weiches Gefieder. Namentlich sind die Federn ihrer Schwingen außerordentlich biegsam, wodurch sie einen sehr leisen Flug haben, und so entgeht ihnen nicht leicht ihre Beute. Der Hase, das Kaninchen, die Fledermaus, der einsam auf dem Zweige sitzende Vogel wird gar oft für sie eine leckere Mahlzeit. Am meisten aber stellen sie allen Mäusearten nach und vergüten dadurch allen Schaden, welchen sie dem Wildstande zufügen, mit doppeltem und dreifachem Nutzen.

Die Zahl der verschiedenen Eulenarten ist außerordentlich groß. Man zählt deren wohl mehr als funfzig, welche sich jedoch auf zwei Hauptgruppen zurückführen lassen. Diese sind die **Ohreulen** und die **glattköpfigen Eulen** oder **Käuzchen**.

Die ersteren haben ihren Namen von einem Federbüschel, welcher auf beiden Seiten des Kopfes ein löffelförmiges Ohr zu bilden scheint. Von ihnen kommen bei uns folgende Arten vor:

a. die große Ohreule (Strix Bubo);

b. die mittlere Ohreule (Strix Otus);

c. die kurzöhrige Eule (Strix brachyotus).

Von den glattköpfigen Eulen finden sich bei uns:

a. die Baumeule (Strix Aluco);

b. die Schleiereule (Strix flammea);

c. der gemeine Kauz (Strix Noctua).

Da die Eulen sich am liebsten in alten Thürmen, in dem verfallenen Mauerwerke alter Burgen, auf alten Bäumen im tiefsten Forste aufhalten und ihre großen Augen in der Nacht glänzen, da ferner viele Arten ein durchdringendes Geschrei laut werden lassen, und da sie endlich auch zum Theil in Gesellschaft herumjagen, so hat der Aberglaube bei ihnen ein reiches Feld gefunden und sie zum Gegenstande der unwahrscheinlichsten Mährchen gemacht.

Die große Ohreule, auch Uhu, Schuhu oder Schubut genannt, ist unstreitig eine der größesten Eulenarten, die vielleicht nur von einer einzigen ausländischen Art an Größe übertroffen wird. Sie ist etwa so groß wie eine Gans, denn ihre ganze Länge beträgt gegen 2 Fuß und mit ausgespannten Flügeln mißt sie sogar über 5 Fuß. Sie hat einen verhältnißmäßig großen Kopf, einen schwarzen, kräftigen, fast 2 Zoll langen Schnabel, große Augen mit rothgelber, fast feuerfarbiger Iris. Ihr Schleier ist sehr undeutlich; nur weißlichgraue, nach außen braungelb und schwarz gemischte Augenkreise sind erkennbar. Eine weiße Kehle, lange aufrichtbare, etwas nach außen stehende, nur an der innern Fahne gelbbraungerandete, sonst ganz schwarze Ohrbüschel, die man Federohren nennt, vollenden den Kopfputz. Der ganze übrige Körper ist von rostgelber Farbe und nur weiße und dunkle, fast schwarze Querwellen ziehen sich über das Gefieder hin. Die Flügelfedern haben eine bedeutende Länge, denn sie reichen fast bis zur Spitze des Schwanzes, und sind wie dieser, welcher bedeutend abgerundet ist, mit breiten dunklen Binden geziert. Auch die Füße und die Zehen sind bei diesem Vogel, wie bei den Eulen überhaupt, dicht mit schmutzigrostgelben, braungewellten Federn überdeckt, und nur die Zehensohlen, besonders am Nagelgliede sind nackt. Eine verschiedenartige Färbung zwischen dem Männchen und Weibchen ist weniger hervorstechend, wohl aber findet sich oft eine große Verschiedenheit unter den einzelnen Vögeln dieser Art überhaupt.

Der Uhu ist ein Standvogel, der sich vorzüglich in gebirgigen Waldungen, doch nicht selten auch in Felsspalten fast immer nur einsam oder paarweise aufhält. Er ist wegen seiner Größe und seiner Kühnheit einer unserer schädlichsten Raubvögel. Am Tage fliegt er natürlich nicht aus, sondern sitzt schlafend auf dichten, hohen Bäumen, wo ihn so leicht das menschliche Auge nicht entdeckt, und nur andere Vögel, namentlich Krähen, verrathen durch anhaltendes Geschrei seine Anwesenheit. Er macht nicht selten Jagd auf Reh- und Hirschkälber, auf Hasen, Birk- und Rebhühner. Außerdem aber vertilgt er viele Mäuse und Ratten. Im Freien entspinnt sich zuweilen zwischen ihm und den größesten Adlern ein Kampf, den er nicht selten siegreich besteht. Sein Nest legt er in Felsenklüften, in alten Burgen, seltener auf dicht beisammenstehenden Bäumen an und bereitet dasselbe aus starken Aesten, Blättern und Moos. Er legt 2 bis 3, seltener 4 weiße, rundliche Eier, welche den Umfang eines großen Hühnereies haben.

Diese Eulenart scheint durch ganz Europa und einen Theil von Asien verbreitet zu sein, findet sich aber nirgends sehr zahlreich, wird in den bewohnteren Gegenden immer seltener, und da man ihm wegen des Schadens, den er dem Wilde zufügt, sehr nachstellt, so ist er in manchen Gegenden schon gänzlich verschwunden. Am meisten stellt man den Jungen nach, welche lange Zeit im Neste bleiben müssen und wegen ihres dicken Flaumgefieders sehr ungestaltet erscheinen, um sie zu zähmen und zur Vogeljagd abzurichten. Auch die Alten schießt man am leichtesten in der Zeit, wo sie Jungen im Neste haben, oder man fängt sie lebendig in Fallen, um sie für die Krähenhütte zu benutzen. Hier stellt man den gefesselten Uhu auf und schießt die aus Neugierde oder aus Feindschaft herbeigekommenen Vögel aus der Hütte. Wird er am Tage aufgescheucht, so fliegt er nur sehr niedrig am Boden fort, dagegen des Nachts fliegt er sehr hoch, zuweilen in kleineren Gesellschaften, unter beständigem Geschrei und Lärmen, so daß furchtsame und abergläubische Leute die wilde Jagd zu hören glauben.

Die mittlere Ohreule (Waldohreule, kleiner Uhu, Horneule Ohrkauz) ist kaum halb so groß wie der Uhu, denn ihre ganze Länge beträgt nur 14 bis 15 Zoll. Der Kopf und die Augenkreise dieses Vogels sind verhältnißmäßig sehr groß, auch die Ohröffnung ist sehr groß und um dieselbe sieht man den großen, fast kreisförmigen, etwas glänzenden Schleier von zart weißer Farbe mit dunkelbraunen Flecken. Beim Weibchen ist er heller als beim Männchen. Die dunkel schwarzbraunen Federohren trägt sie gewöhnlich aufgerichtet. Auf dem Rücken ist sie rostgelb, am Bauche und an der Brust heller und überall mit schwarzen oder weißen Bändern und Strichelchen bedeckt, wodurch sie ein sehr buntes Gefieder erhält. Die Flügelspitzen reichen noch über den abgerundeten Schwanz hinaus. Die Füße sind ebenfalls bis zu den Krallen mit sehr feinen weißlichen oder rostgelben Federn dicht bedeckt, und die Krallen sind, wie der Schnabel, von schwärzlicher Farbe.

Diese Art findet sich fast durch die ganze nördliche Hemisphäre überall häufig. Ihren Aufenthalt hat sie in den Wäldern, und nur im strengen Winter nähert sie sich den menschlichen Wohnungen. Selten nur bereitet sie sich selbst ein Nest in hohlen Bäumen, sondern benutzt viel lieber verlassene Nester von Krähen, Raben, Eichhörnchen, wilden Tauben u. s. w., um ihre 3 bis 4 weißen Eier hineinzulegen, welche sie nicht selten schon im April bebrütet.

Die kurzohrige Eule hat ihre eigentliche Heimath im hohen Norden Europa's, Asien's und Amerika's, von wo sie sich im Herbste in nicht unbedeutender Anzahl in südlichere Länder begiebt und dann auch in unsere Gegenden kommt. Sie hält sich gewöhnlich nur im Schilfe oder in Getreidefeldern auf, nistet auf ebner Erde und unterscheidet sich überhaupt bedeutend in ihrer Lebensweise von den anderen Eulenarten.

Die drei angeführten Arten der glattköpfigen Eulen sind bei uns nicht selten und kommen uns deshalb öfters zu Gesicht.

Die Baumeule (gemeiner Kauz, Baum- oder Wald-Kauz, Brandeule) erreicht gewöhnlich eine Länge von 15 bis 16 Zoll. Ihr Kopf erscheint auffallend groß und ist von schwarzgrauen oder rostgelben, am Schnabel weißlichen, um die Augen stark dunkelbraun gemischten Augenkreisen besetzt, die von dem gelben Schnabel bis auf den Scheitel hin durch einen dunkeln, an der Kehle aber gelbbraunen, weiß und dunkelbraun gefleckten, vollständigen Schleier eingefaßt sind. Die Grundfarbe dieses Vogels ist bräunlich oder röthlichgrau mit braunen Wellenlinien und helleren Flecken. Auf Brust und Bauch ist die Färbung gewöhnlich heller, mehr oder weniger in's Weißliche übergehend, und mit vielen braunen, in Zickzacklinien verlaufenden

Strichen. Die Schwingen und der Schwanz, welcher von den Flügelspitzen um einen Zoll überragt wird, haben mehr oder weniger dunkelbraune Binden. Ihre Füße sind grauweiß mit feinen, dunklen Querflecken. Die Färbung des ganzen Gefieders ändert jedoch nach Alter und Geschlecht mannigfaltig ab und deshalb trennte man diese Art früher in mehrere Arten. — Sie ist in allen Ländern Europa's anzutreffen und bei uns in Eichen- und Buchenwäldern sehr häufig. Im Sommer hält sie sich mehr im Dickicht der Wälder auf und nistet daselbst in hohlen Bäumen, wo sie sich ihr kunstloses Nest meistentheils selbst bereitet, in das sie 3 bis 5 schmutzig-weiße Eier legt. In der wärmeren Jahreszeit nährt sie sich außer von Mäusen nicht allein von Maulwürfen, Fröschen, kleinen Vögeln und deren Eiern, sondern greift auch wohl Rebhühner, junge Hasen und Kaninchen an. Gegen den Winter hin begiebt sie sich familienweise in die Nähe der Dörfer und Städte, wählt daselbst gern ihren Aufenthalt in den Baumgärten, seltener in alten Gemäuern und Scheunen, vertilgt eine große Anzahl Mäuse und wird dadurch den Landleuten sehr nützlich. — Sie ist übrigens ein träger, lichtscheuer Vogel, den nur sehr starker Hunger veranlassen kann, zuweilen am Tage auszufliegen. Sie besitzt aber nicht geringen Muth, denn sie vertheidigt sich selbst gegen größere Raubvögel. Im Zorn sträubt sie die Federn des Kopfes und erscheint alsdann noch unförmlicher, als sie ohnehin schon ist. Sie läßt sich leicht zähmen und wird in der Gefangenschaft mit rohem Fleische, der Lunge und Leber anderer Thiere gefüttert.

Die Schleiereule (Perleule, Schleierkauz, Thurm- oder Kircheule) ist eine der schönsten europäischen Eulenarten. Sie wird 15 bis 18 Zoll lang. Ihr längliches, fast herzförmiges Gesicht ist von einem aus schönen gelbbraunen, glänzenden, am Grunde dunkelbraunen, nach der Spitze zu weißlichen Federn gebildeten Schleier eingehüllt. Die Augenkreise und die tiefbraunen, etwas hochstehenden Augen sind am Rande weißlich. Der gelbliche Schnabel ist am Grunde fast gerade, ziemlich lang und an der Spitze stark übergebogen. Den ganzen Körper bedeckt ein sehr weiches, seidenartiges Gefieder, das auf dem Rücken und den Flügeln aschgrau, schwarzbraun gestrichelt und weiß getropft, am Bauche gelblich und braun gefleckt ist. Die Schwungfedern überragen den Schwanz mindestens um 2 Zoll, und sind wie die des Schwanzes oberhalb sehr breit rostfarbig gebändert, während man auf der Unterseite nur schmälere, schwärzliche Binden, die mehr oder weniger erloschen erscheinen, bemerkt. Die verhältnißmäßig hohen Beine sind von den Knöcheln an allmälig immer sparsamer befiedert, so daß auf den Zehen nur noch einzelne, borstenartige Federn zu bemerken sind. Die braunschwarzen Krallen sind stark gekrümmt. — Man findet diese Art im südlichen und gemäßigten Europa und in einem Theile von Asien, und auch bei uns ist sie ein sehr gemeiner Vogel. — Sie bewohnt gewöhnlich Thürme, Kirchen, Ruinen, alte Schlösser, Scheunen u. dgl. Ihre Nahrung ist dieselbe wie die der Baumeule. Sie fliegt am liebsten des Abends niedrig und schwankend und erscheint dem Aberglauben nicht selten als Todtenvogel am Fenster, wenn sie dem durch dasselbe hindurchscheinenden Lichte nachgeht. Ein eingentliches Nest verfertigt sie nicht, sondern benutzt als Brüteplatz irgend einen verborgenen, einsamen Winkel auf Kirchböden, unter Dachsparren, in Mauerlöchern u. s. w., um ihre 3 bis 4 weißen Eier hineinzulegen. Sie hat eine klagende Stimme, welche, wenn das Thier zornig ist, ein Schnauben und Schnarchen wird, wobei sie mit dem Schnabel knackt. Dadurch hat sie sich dem Menschen verhaßt gemacht und wird von den meisten Landleuten als der Todesbote betrachtet. Sie ist bei uns ein Standvogel und verläßt selbst im Winter ihre Geburtsgegend nicht. Um sich nach ihren Ausflügen in der kalten Jahreszeit besser erwärmen zu können, haben sich mehrere ein gemeinschaftliches Lager aus Heu und Stroh bereitet, wo sie sich dicht an einander drängen. Sie wird allgemein verfolgt, und doch nützt sie uns durch Vertilgung einer sehr bedeutenden Menge von Feldungeziefer, dagegen ist der Schaden, welchen sie uns zufügt, sehr gering, denn nur selten holt sie sich eine Taube oder anderes junge Geflügel zur Nahrung.

Der gemeine Kauz (Käuzchen, Stein- oder Sperlingskauz, Todtenvogel oder Leichenhuhn) ist 8 bis 9 Zoll lang und erreicht etwa die Größe einer Wachtel. Der Kopf ist nur klein und mit weißen Flecken, welche Tropfen gleichen, besetzt. Der Schleier ist undeutlich, nur an den Ohren tritt er mehr hervor und auch die Augenkreise sind klein. Der Schleier und die Augenkreise sind weißgrau und rothbraun gefleckt und der Schnabel hat eine gelbe Farbe. Die Flügel und auch der Schwanz sind kurz. Der Rücken ist graubraun und mit weißen tropfenartigen Flecken überstreut. Die Flügel sind dunkelbraun und mit 5 bis 6 Reihen weißer Querflecken geziert. Die Brust hat einen weißen Grund und darauf erblickt man Schaftstriche, in welche überall seitlich auf jeder Fahne weiße Flecken eingreifen. Die Farbe des Bauches und Schwanzes ist bräunlichweiß, ersterer hat noch braune Flecke, letzterer 1 bis 5 rostweißliche, zum Theil nur aus Querflecken bestehende, durchgehende Querbinden. Die Fußwurzeln sind weißlich befiedert, dagegen die Zehen fast nackt und nur auf der Oberseite mit weichen Federborsten besetzt. — Man findet den gemeinen Kauz fast durch ganz Europa, besonders häufig im südlichen, und in einem großen Theile Asiens verbreitet und auch bei uns ist er nicht selten. Obwohl er eigentlich erst in der Dämmerung und im Mondenscheine seiner Nahrung nachgeht, so sieht man ihn nicht selten auch bei Tage umherflattern. Er nährt sich von Mäusen, kleinen Vögeln, Grillen, Käfern, Schmetterlingen &c. Zu seinem Aufenthalt wählt er gern alte verlassene Gebäude, Thürme, oder in Gebirgsgegenden alte Steinbrüche und Felsklüfte. Zuweilen findet man ihn auch in Wäldern, wo an offenen Stellen sich hohle Bäume befinden. Wo er wohnt, legt er auch sein Nest an, und brütet schon im März oder April seine 4 bis 5, seltener 6 bis 7 weiße Eier aus. — Schon die Schleiereule hatte die Gewohnheit nach dem Lichte zu fliegen, der gemeine Kauz thut dies noch viel mehr, ja er soll sogar durch die Ausdünstungen eines schwer Erkrankten herbeigezogen werden und klammert sich dann an das Fenster an. Dadurch wird er abergläubischen Leuten höchst furchtbar, denn er wird in solchem Falle stets als ein Vorbote des Todes angesehen und daher hat man ihm den Namen Todtenvogel oder Leichenhuhn beigelegt. Seine Stimme klingt ebenfalls unangenehm und durchdringend. — Junge Käuzchen lassen sich leicht zähmen und sind dann durch ihre Possirlichkeit Freunde der Kinder; auch bedient man sich ihrer zum Herbeilocken kleinerer Vögel, um diese mit Leimruthen zu fangen.

Die Eulen, von denen noch verschiedene Arten in fremden Erdtheilen vorkommen, gehören zu den **Raubvögeln** und bilden von diesen eine eigene Familie, die man wegen ihrer Lebensweise, wie schon oben bemerkt, **Nacht-Raubvögel** genannt hat.

Der Würger.

Unter dem Namen Würger sind mehrere Vogelarten bekannt, von denen es bei uns 4 Arten giebt. Der Schnabel dieser Vögel ist stark, von den Seiten zusammengedrückt, hoch und gegen die Spitze hin hakenförmig gebogen. An den Seiten der Spitze hat der obere Theil des Schnabels einen scharfen Einschnitt, der einem Raubvogelzahne gleicht und deshalb hat man die Würger mit ihren Verwandten zu der Familie der **Zahnschnäbler** vereinigt. Auch die Unterkieferspitze ist aufwärts gebogen. Die Nasenlöcher liegen bei diesen Vögeln nahe an der Stirn und sind mehr oder weniger durch steife Borstenhaare bedeckt. Ihre Flügel sind nur mäßig lang, dasselbe gilt auch von dem 12federigen abgerundeten Schwanze. Die Füße haben keine bedeutende Stärke, sind auch nicht sehr lang, die Läufe sind vorn mit Schuppen tafelartig bedeckt und die Zehen mit starken, gebogenen Nägeln versehen. Sie leben von kleineren Thieren, namentlich Insecten, verzehren aber auch gelegentlich kleine Vögel, wenn sie dieselben erwischen können, oder rauben denselben ihre Eier. Die bei uns vorkommenden Arten zeichnen sich durch Zanksucht aus. Ihr Instinkt, nach welchem sie mehr tödten, als verzehren, ist allgemein bekannt; er hat ihnen die Namen: Neuntödter, Henkersvögel, hochpeinliche Ankläger 2c. verschafft. Eine ganz besondere Eigenthümlichkeit zeigen sie darin, daß sie ihre Beute, wenn sie dieselbe nicht ganz verschlucken können, auf einen Dorn, namentlich vom Schlehendorn 2c. spießen, um sie stückweise abzureißen und zu verzehren, oder sich für eine spätere Mahlzeit aufzubewahren. Der Name Neuntödter schreibt sich von einem Aberglauben her, nach welchem sie erst neun Insecten aufspießen, ehe sie ihre Mahlzeit beginnen, aber man weiß, daß die meisten von ihnen fortwährend aufspießen, so lange sie noch Insecten und leere Dornen haben. Die unverdaulichen Stücke scheiden sie in Ballen wieder aus. — Sie haben eine große Fähigkeit, den Gesang anderer Vögel nachzuahmen, und ihre Melodien sind überhaupt nur aus denen anderer Vögel zusammengesetzt. Man hat sie daher zu der **Ordnung der Singvögel** gerechnet, obwohl sie durch ihre Lebensweise auch den Raubvögeln sehr nahe stehen. Sie bilden demnach einen natürlichen Uebergang zwischen beiden Ordnungen. Obwohl diese Thiere in unserer Gegend zweimal des Jahres mausern, so ändern sie doch nur wenig in der Farbe ihres Gefieders. Von ihnen leben bei uns die 4 folgenden Arten:

1. Der große Würger (Lanius Excubitor);
2. der kleine Würger (Lanius minor);
3. der rothköpfige Würger (Lanius rufus);
4. der rothrückige Würger (Lanius Collurio).

Der große Würger (graue Würger, Wächter, Würgengel, Berg- oder Kriek-Elster und Buschfalk) ist oben hell aschgrau, unten schmutzigweiß. Auch die Stirn ist weißlich und nur über den Augen befindet sich ein schmaler schwarzer Streif. Ebenso sind die Flügel schwarz und weiß gefleckt; die Farbe des Schwanzes ist ebenfalls schwarz mit weißer Einfassung. Bei den Weibchen und Jungen sieht man an der Unterseite mehrere graue Wellenlinien. Er wird gegen 10 bis 12 Zoll lang. Seine Heimath ist ganz Europa bis Lappland hinauf, aber bei uns ist er nicht sehr häufig. Er lebt bei uns einzeln in hügeligen Waldgegenden, nährt sich von Insecten, kleinen Vögeln und auch von Mäusen. Sein Nest legt er meistens auf einzeln stehenden Bäumen aus Halmen und Moos an, füttert es mit Haaren aus, und legt 4 bis 7 Eier, welche nicht allein in der Färbung, sondern auch in der Form sehr von einander abweichen. Sie sind entweder schmutzig-weiß oder olivengrünlich und bräunlichgrau gefleckt. — Er hat einen langsamen, stoßenden Flug; wird er von kleineren Raubvögeln angegriffen, so vertheidigt er sich tapfer gegen dieselben. Zur Brütezeit ist er besonders wachsam und zeigt durch seinen Warnungsruf anderen Vögeln die Annäherung eines Raubvogels an. Er läßt sich zwar zähmen, bleibt aber immer wild und räuberisch; doch kann man ihn beim Falkenfang benutzen.

Der **kleine Würger** (schwarzstirnige, italienische, graue, auch rosenbrüstige Würger, Sommer-Kriek-Elster und Drillelster) ist bedeutend kleiner als die vorige Art, etwa nur 8½ Zoll lang, sonst aber derselben sehr ähnlich gefärbt, nur findet sich auf der Stirn ein breites schwarzes Band, welches mit dem Augenstreifen zusammenfließt. Die sonst schwarzen Flügel sind mit einem weißen Fleck gezeichnet. Die Kehle, der Theil unter dem Schwanze, die beiden äußern Schwanzfedern auf jeder Seite sind ganz, die beiden folgenden zum Theil rein weiß, die übrigen ganz schwarz, oder nur selten mit einem kleinen weißen Spitzenfleck versehen. Die Brust hat einen rosenrothen Ueberflug. — Man trifft diesen Vogel gleichfalls in Europa mit Ausschluß der nördlicheren Gegenden fast überall an, und in unseren Gegenden ist er durchaus nicht selten. Er hält sich gern in freieren Gegenden, in Gärten und auf Viehtriften, welche mit einzelnen Bäumen besetzt sind, auf. Seine Nahrung besteht hauptsächlich aus Insecten und namentlich Käfern. Sein Nest bereitet er gern auf hohen Bäumen aus Halmen und füttert es gleichfalls mit Haaren aus. Seine gewöhnlich 5 bis 7 Eier sind blaßgrün und braungrau gefleckt. Er nistet meistens zweimal im Jahre. Sein Gesang ist es besonders, der eine Menge Bruchstücke aus den Liedern aller Vögel enthält. Im Winter zieht er nach Süden.

Der **rothköpfige Würger** (mittlere Neuntödter, Rothkopf, Dornelster, Finkenbeißer) wird nur 7 Zoll lang. Sein Gefieder ist oben schwarz, unten weiß; der Hinterkopf und Nacken sind aber rostbraun. Die Federn neben den Nasenlöchern sind weißlich, die Stirn, der Augenstreifen und die Gegend um die Ohren herum sind schwarz. — Er bewohnt die ebenen Gegenden Deutschlands und kommt, immer seltener werdend, auch noch in Südeuropa vor. Seinen Aufenthalt wählt er am liebsten in etwas feuchten Gegenden, wo viele einzelne Gebüsche besonders von Laubsträuchern auf Viehtriften sich finden. Er nistet gewöhnlich auch zweimal in Dornhecken, seltener auf Bäumen. Die Zahl seiner Eier beträgt 5 bis 6, welche röthlichweiß, gelblich oder grünlich sind; am stumpfen Ende haben sie einen Kranz von rothbraunen und blaßgrünen, mehr oder weniger verwischten Punkten. — Er ist ein sehr gefräßiger Vogel; da er aber bedeutende Mengen Heuschrecken, Käfer, Maulwurfsgrillen, welche ihm besonders angenehm schmecken, vertilgt, so macht er sich dem Landmanne ungemein nützlich, und dieser sollte ihn daher viel mehr schonen, als es bisjetzt geschieht.

Der rothrückige Würger (Dorndreher, Neuntödter, kleinste, rothschwänzige Würger) wird nur 6½ Zoll lang und ist die kleinste der einheimischen Arten. Sein Scheitel, Nacken und Bürzel sind blaugrau, der Rücken (Mantel) und der Saum der großen Flügeldeckfedern sind schön rostroth. Ueber den Augen bemerkt man einen schwarzen Streifen, der in der Jugend und bei den Weibchen stets braun ist. Die Schwanzfedern sind ebenfalls schwarz und nur einzelne haben eine weiße Basis und einen weißen Spitzenrand. Die Flügel sind graubraun, und meistentheils fehlt darauf der weiße Fleck. Die Unterseite des Vogels ist weiß und die Brust hat sogar einen rosenrothen Anflug, der nach der Seite hin dunkler schattirt. Bei den Weibchen und Jungen findet sich an dieser Stelle ein bräunlicher Saum, welcher sich zu Wellenlinien auflöst. — Er bewohnt Afrika, Mittelasien und Europa; bei uns bleibt er aber nur vom Anfang Mai bis Ende August. — Er hält sich am liebsten auf Bäumen an Landstraßen, an den Rändern niedriger Gehölze, in Dorngebüschen und Zäunen auf. In seiner Nahrung ist er nicht sehr wählerisch, denn er frißt Spinnen, Insecten, junge Frösche und junge Mäuse, spießt aber Alles zuvor auf Dornen. Sein Nest legt er nur immer niedrig an, formt es aus feinen Halmen zusammen und füttert es meistentheils nicht mit feineren Stoffen aus. Auch er brütet jährlich zweimal und legt 4 bis 7 grünliche, bräunliche, oder gelblich-weiße mit grauen Flecken und Punkten besetzte Eier, welche am stumpfen Ende einen dichten Kranz bilden. — Er ändert in der Färbung seines

Gefieders sehr ab, und scheint unter allen Würgern am meisten an der Gewohnheit, seine Nahrung aufzuspießen, festzuhalten. Bei Annäherung eines Menschen oder Thieres erhebt er, wenn er Nahrung aufgespießt, oder sein Nest in der Nähe hat, ein lautes Geschrei und verfolgt die Vögel bis hoch in die Luft, während er sich sonst gewöhnlich nur mehr in der Nähe der Erde hält. Er ahmt den Gesang anderer Vögel ebenfalls mit großer Geschicklichkeit nach.

Von den ausländischen Würgern haben einzelne Arten ganz besondere Eigenthümlichkeiten. So z. B. findet man im Nest des Lanius musicus in Nordamerika gewöhnlich Fetzen von Zeitungsblättern eingewebt, daher nennt man ihn dort „Politikus." Auch Australien hat Verwandte in den Krähenwürgern. Andere in der heißen Zone lebende Arten haben wieder ein prächtig gefärbtes Gefieder. Der neuholländische Artamus sordidus schwärmt wie Bienen an einem dürren Zweige an und hängt sich in Klumpen, so groß wie ein Scheffel, übereinander an. Von Artamus minor, ebenfalls in Neuholland, berichtet Gould, daß er zur heißen Tageszeit hoch in den Lüften in Kurven und Kreisen schwimme, ohne die geringste Bewegung der Flügel sehen zu lassen. Auf den Sandwichinseln lebt eine Art Drepanis vesteria, welche ein prächtiges, scharlachrothes Gefieder hat, und dort zu Kriegsmänteln, Federhelmen rc. verwendet wird. Der Töpfervogel in Südamerika macht auf Bäumen ein backofenförmiges, bedecktes Nest aus Erde.

Der Fliegenschnäpper.

Dadurch, daß die zu der Gattung Fliegenschnäpper gehörigen Arten eine Menge Fliegen vertilgen, indem sie dieselben aus bloßer Neigung, ohne vom Hunger veranlaßt zu sein, tödten, werden sie uns höchst nützlich. Sie haben sich ihren Namen mit Recht erworben; aber ihr Schnabel ist auch ganz für ihre Beschäftigung eingerichtet. Derselbe ist niedergedrückt, dreieckig, breiter als hoch, an der Spitze sogar seitlich zusammengedrückt, fast hakenförmig übergebogen und mit einem scharfen Ausschnitte versehen. An seinem Grunde ist er mit einer Menge Borsten besetzt, welche zum Theil auch die seitlich liegenden Nasenlöcher bedecken. Die Flügel und der Schwanz sind von mittelmäßiger Länge. Letzterer ist schwach ausgeschnitten, in ersteren ist die dritte Schwungfeder die längste. Ihre Füße sind nur kurz, und die Läufe auf der Vorderseite durch eine hornartige

Haut geschützt. Da ihr Schnabel am Grunde sehr breit ist, so können sie den Rachen weit öffnen, und die bis zur Hälfte desselben reichenden Barthaare befördern ebenfalls das Festhalten der ergriffenen Nahrung, welche bei den europäischen Arten meistens aus fliegenden Kerbthieren besteht, die sie aus der Luft wegschnappen. Sie leben daher gewöhnlich am Rande der Wälder, in Kiefern-Schonungen, in Gärten oder an baumreichen Flußufern. Bei uns sind sie alle Zugvögel, die erst spät ankommen und schon früh wieder fortziehen. Sie nisten entweder in Mauerlöchern, häufiger aber zwischen dichten Baumästen. — Die 3 bei uns vorkommenden Arten sind:

1. Der gefleckte Fliegenschnäpper (Muscicapa grisola);
2. der weißhalsige Fliegenschnäpper (Muscicapa albicollis);
3. der schwarzgraue Fliegenschnäpper (Muscicapa atricapilla).

Der gefleckte Fliegenschnäpper (graue, große, gemeine Fliegenfänger, Nesselfink, Hüting, Schureck) wird etwa 5½ Zoll lang und ist der größeste der deutschen Fliegenschnäpper. Die Oberseite ist braun- oder aschgrau mit dunklen Schaftstrichen an den Federn des Scheitels; die Unterseite ist weißlich mit graubraunen Längsflecken auf der Brust. Der Schwanz ist grauschwärzlich, und die oberen Flügeldeckfedern sind mehr oder weniger rostbraun gerandet, die unteren dagegen sind grau mit weißgelben Rändern. Der Schnabel und die Beine sind schwarz. — Er findet sich durch Europa und durch das nördliche Afrika verbreitet. Bei uns ist er sehr häufig, zieht aber im September südwärts. — Am liebsten hält er sich einzeln in Baumgärten und Nadelholzwaldungen auf, nistet gern auf Bäumen, seltener unter Hausdächern, und legt zweimal während des Sommers 4 bis 5 hellblau-grüne, zuweilen rothbraun-marmorirte Eier. — Er hat keine besondere Gesangesgabe, denn er läßt nur einzelne wenig melodische Töne hören. Er sitzt häufig auf den Spitzen der Baumäste und lauert auf seine Beute, auf die er sodann mit schnellem Fluge losstößt. Außer den Insecten frißt er auch Weinbeeren, die ihn sehr fett machen sollen. Zuweilen fängt er sich in Sprenken und wird dann, gleich den anderen Arten, in den Zimmern freigelassen, die er bald von Fliegen reinigt.

Der weißhalsige Fliegenschnäpper (Halsband-Fliegenschnäpper) ist kaum 5 Zoll lang. Er wechselt gar sehr seine Farbe und nur im Frühlinge kann man ihn am besten unterscheiden. Sein Scheitel, Rücken, Schwanz und seine Flügel sind schön schwarz, nur an den Wurzeln der großen Schwungfedern und auf dem hinteren Theile der Flügel befindet sich je ein weißer Fleck. Ebenso sind der

Vorderkopf, der Hinterhals, sowie die äußeren Schwanzfedern rein weiß. Das Weibchen ist auf dem Rücken mehr braungrau, und auch das Männchen wird im Herbste oben fast einfarbig schwärzlich-grau. Man findet ihn bei uns nicht häufig, aber schon im südlichen Deutschland ist er zahlreicher, und ebenso in Südeuropa und Arabien. Er hält sich besonders zurückgezogen in Buchen- und Eichenwäldern, nistet in hohlen Bäumen, legt 4 bis 6 blaßblaue, sehr wenig röthlich gefleckte Eier, mausert jährlich zweimal und verläßt uns gegen den Herbst hin. Sein Gesang ist nicht unangenehm.

Der schwarzgraue Fliegenschnäpper (Trauer-, schwarzköpfige, schwarzrückige, scheckige Fliegenschnäpper, Mohrenköpfchen, Feigenfresser, Baumschwalbe) ist dem vorigen sehr ähnlich. Am ganzen Oberkörper ist er rein dunkelschwarz, mit Ausnahme des weißen Flügelfleckens, des aschgrauen Unterrückens, zweier weißen Fleckchen auf der Stirn und des weißen Streifens an der äußersten Schwanzfeder. Der ganze Unterkörper ist weiß. Vom hohen Norden abwärts trifft man ihn fast in ganz Europa und ist bei uns nicht selten. Er wählt zu seinem Aufenthalte Baumgärten und Laubholzwaldungen, wo er gleich bei seiner Ankunft im April einen hohlen Baum aufsucht, um darin zu nisten. Er duldet kein anderes Pärchen in seiner Nähe und kämpft hartnäckig um den Besitz des erkorenen Platzes. Er legt 5 bis 6 hell-blaugrüne Eier. – Sein Gesang ist zwar kurz, aber hübsch, und während der Brütezeit, die bei allen kleineren Vögeln und besonders bei allen Sängern etwa 14 Tage dauert, sitzt das Männchen stets singend vor dem Neste. Er läßt sich leicht zähmen und wird deshalb vielfach gefangen. — Außer Insecten frißt er gleichfalls gern Weinbeeren. In südlicheren Gegenden wird er davon außerordentlich fett, und da er sehr wohlschmeckend ist, so gilt er dort als Leckerbissen und wird vielfach eingefangen und verzehrt.

Der kleine Fliegenschnäpper (Muscicapa parva) kommt auch in Europa vor und findet sich z. B. einzeln in Thüringen. — Einige wenige Arten gehören den südlichen Ländern an, welche sich durch die Pracht ihres Gefieders auszeichnen. Zu diesen gehören besonders der himmelblaue Fliegenschnäpper (Muscicapa azurea) am Kap, der Hyazinth-Fliegenschnäpper (Muscicapa hyacinthina) in Timor und der feuerrothe Fliegenschnäpper (Muscicapa flammea) in Java. Der Tyrann (Muscicapa Tyrannus) in Amerika, von der Größe einer Drossel, ist bewunderungswürdig durch seinen Muth. Er verscheucht alle Vögel und weiß sich selbst größeren Raubvögeln furchtbar zu machen. Wehe dem Vogel, welcher seinem Gehege zu nahe kommt. Die kleinen Kameraden verjagt er zuerst von Zweig zu Zweig, von Baum zu Baum, bis sie endlich den unermüdlichen Feind vermeiden. Sie fürchten schon sein heftiges Geschrei, wodurch er sie in Angst und Schrecken setzt. Selbst Falken, Raben und Adler wissen sich des unaufhörlich neckenden und ihnen zu beweglichen Feindes kaum zu erwehren. Er setzt sich ihnen auf den Rücken und beißt und quält sie, daß sie am Ende so lange ganz still halten, bis er seine Kräfte erschöpft hat und dann abzieht. —

Die Drossel.

Mit dem Namen Drossel (Turdus) bezeichnen wir eine ganze Reihe von Vögeln, denn es giebt gegen 130 Arten, die auch zum Theil unter dem Namen Krammetsvögel bekannt sind. Sie haben einen geraden, runden, etwas zusammengedrückten Schnabel, dessen Spitze etwas umgebogen, und an der Seite etwas ausgeschnitten ist. Die ovalen Nasenlöcher sind mit einer dünnen Haut bedeckt. Die Zunge ist ausgeschnitten und zertheilt. Das erste Gelenk der Mittelzehe ist mit der äußeren verwachsen und ihr Lauf ist vorn und an den Seiten geschient. Das Gefieder ist fast bei allen graulichbraun und nur an der Brust heller und mehr oder weniger gefleckt; die dritte Schwungfeder der Flügel ist gewöhnlich am längsten. Ihr Flug ist ziemlich schnell und ihr Gang hüpfend. Ihre Nahrung besteht aus Würmern, Insecten und Beeren. Sie sind meistens Zugvögel und gehören zu der großen Abtheilung der Singvögel; sie singen allesammt, und einige von ihnen gehören sogar zu den besten Sängern unter den Vögeln.

Sie leben in allen Ländern der Erde. Bei uns kommen nur einige Arten vor, welche auch meist nur im Frühjahr und im Herbst sich einige Wochen hier aufhalten und in der ersten Zeit nördlich, in der zweiten südlich ziehen.

Die größeste dieser Art ist der Zeimer, die Schnarre oder Misteldrossel (Turdus viscivorus). Sie ist die größeste Drossel in Europa, 11 Zoll lang. Oben ist sie olivenbraun, unten weißlichgelb mit schwärzlichen Flecken. Die Spitzen der Deckfedern und der drei äußeren Schwanzfedern, sowie die Unterseite der Flügel sind weiß. Ihr Schnabel ist braun, und nur an der Wurzel gelb.

Bei uns lebt dieser Vogel häufig in Nadelwäldern, in deren Nähe Wiesen und Bäche sind. Schon im März findet man sein

Nest in den Gabeln der Aeste aus Reisern, Flechten, Moos und Halmen zusammengefügt. Daher nistet er jährlich zweimal, und legt jedesmal gewöhnlich 5 grünlichweiße, braungetüpfelte Eier, welche vom Männchen und Weibchen abwechselnd 14 Tage lang bebrütet werden.

Er ist sehr scheu, in seinem Flug beschreibt er eine bogenförmige Linie, und da er ziemlich schwerfällig ist, so spreizt er seine Flügel weit aus, daß man deutlich die weiße Unterseite erkennen kann. Seinen lauten Gesang, der aus bestimmten, fünf bis sechs Gängen besteht, läßt er etwa zwei Monate lang hören, wobei er auf den Spitzen der höchsten Bäume sitzt.

Außer der gewöhnlichen Nahrung von Insecten, Würmern und Beeren liebt er vorzugsweise die Beeren der Mistel, einer auf Bäumen schmarotzenden Pflanze. Da der Kern öfters in seinem Koth auf den Baumzweigen hängen bleibt, und noch nicht zerstört ist, so keimt er und bildet sich zur Pflanze aus; nur auf diese Weise wird die Pflanze von einem Baum auf den andern verpflanzt. Man bereitet aus ihrem Saamen den Vogelleim.

Einzelne im Käfig gehaltene Vögel dieser Art, die man mit Gerstenschrot oder Weizenkleie in Milch nährte, erreichten ein Alter von 12 Jahren.

Der Krammetsvogel oder die Wachholderdrossel (Turdus pilaris) ist etwas kleiner, etwa nur 10 Zoll lang. Er ist in seiner Färbung der Misteldrossel sehr ähnlich; nur am Kopf und Hals ist er aschgrau. In ganz Europa und im westlichen Asien findet sich dieser Vogel, brütet jedoch nur im Norden, durchstreift unsere Fluren als Zugvogel und geht bis Italien, Sardinien und Syrien, wo er, zu großen Schaaren vereinigt, den Winter über sich aufhält. — Bei ihrem Durchzuge durch unsere Heimath sehen wir diese Vögel auch in großen Schaaren sich in unsere Wälder niederlassen, von wo sie schon früh Morgens in's Freie gehen, dort Nahrung suchen, dann bis zum Abend weiter wandern, und ehe sie ihr Nachtquartier aufsuchen, erst noch ihr Abendfutter einnehmen.

Gerade dieser Vogel, häufig auch die Misteldrossel, seltener die Singdrossel und die Weindrossel, werden wegen ihres wohlschmecken den Fleisches gefangen und gern gegessen. Tausende kommen auf unsere Märkte, um als Leckerbissen auf unsere Tafeln zu gelangen. Im Frühjahr werden sie geschossen, aber im Herbste viel zahlreicher auf den Vogelheerden und in den Dohnenstrichen gefangen. Die Dohnen sind Schlingen aus Pferdehaaren in Bügeln befestigt, zu denen sie durch die rothen Beeren der Eberesche gelockt werden. Schon die Römer kannten ihren vorzüglichen Geschmack, und deshalb hegten und mästeten sie diese Vögel in großen Vogelhäusern, in denen mehrere Tausende nebst vielen Ortolanen, Wachteln und Amseln Platz hatten. Die Sabiner trieben das Mästen dieser Vögel so stark, daß man mit ihrem Mist die Felder düngte und die Schweine damit mästete.

Die Zahl der gefangenen Drosseln ist eine sehr bedeutende, was schon daraus abzunehmen ist, daß z. B. bloß in Danzig jährlich an 60,000 Stück verzollt werden.

Der Krammetsvogel nistet, wie schon erwähnt, im Norden, am liebsten in Birkenwäldern. Sein Nest baut er sich aus Halmen und Moos, von denen man oft 4 bis 5 auf einem Baume erblicken kann, legt etwa 6 blaßgrüne Eier mit braunen Tüpfeln, und schon Mitte Mai sind seine Jungen flügge.

Die Singdrossel oder auch Zippdrossel (Turdus musicus) ist nur 8½ Zoll lang. Ihre Farbe ist wie bei der Misteldrossel olivengrau, die Spitzen der Deckfedern sind aber rostgelb; unten ist sie weiß, an der Brust gelbroth, mit herzförmigen dunkeln Flecken. Die Unterseite der Flügel ist gelb. Sie findet sich in ganz Europa und tief in Rußland hinein, ist sehr zahlreich in großen Gebirgswaldungen, in der Nähe von Wiesen und Bächen, wo sie den ganzen Sommer des Morgens und Abends von den Bäumen herunter ihren angenehmen Gesang erschallen läßt. Auch bei uns findet sie sich öfters in der Nähe von Flußufern und am Rande der Seen, wo man in niedrigem Gebüsch ihr halbkugelförmiges Nest aus Moos, Lehm, Kuhmist und feuchtem Holz finden kann. Ihre meistens 6 bläulichgrüne Eier mit schwarzen Tüpfeln werden abwechselnd ausgebrütet, und da die Jungen schon zu Ende des April flügge sind, so nisten sie im Mai noch einmal.

Man hält sie nicht selten in den Zimmern, da sie sehr angenehm singen, und jung aufgezogen, sogar Lieder pfeifen lernen. Schon im Februar fängt eine zahme Singdrossel fast noch um Mitternacht zu singen an; sie wird etwa 12 Jahre alt. Ihr Futter besteht gleichfalls aus Gerstenschrot und Weizenkleie in Milch.

Die Wein- oder Rothdrossel (Turdus iliacus) ist nur 8 Zoll lang, von gleicher Farbe wie die vorige, nur die Seiten und die Unterseite der Flügel sind braunroth, und an den Seiten des Halses hat sie einen dunkelgelben Flecken. Sie bewohnt vorzüglich den Norden von Europa, selbst die Insel Island, kommt in ihre eigentliche Heimath, namentlich in Schweden, schon im April an und zieht weit nach Norden, um daselbst in Gebüschen im Juni zu brüten. Sie legt 6 grünliche Eier mit braunen Tüpfeln und füttert ihre Jungen mit Insecten und Larven.

Zu uns kommt sie nur auf ihrem Zuge, und zwar im October in ungeheuren Schaaren, um zu Tausenden in den Schlingen ihren Tod zu finden, in die sie sich so unbedachtsam stürzt, da sie auf ihrer Wanderung sehr hungrig wird, daß sich nicht selten zwei in einer Dohne fangen.

Hierher gehören auch die Amseln, von denen z. B. die bei uns lebende Amsel oder Schwarzdrossel (Turdus merula) ein sehr guter Singvogel ist. Diese unterscheidet sich dadurch von den übrigen, daß sie ein Standvogel ist, also uns nicht verläßt. Das Männchen ist ganz schwarz, mit goldgelbem Schnabel, das Weibchen dagegen ist dunkelbraun, mit gefleckter Brust und dunkelbraunem Schnabel. Schon oft hat sie zu Ende des März Jungen.

Eine sehr sonderbare Art der Drosseln ist die Spottdrossel (Turdus polyglottus), welche in Nordamerika lebt. Sie wird dort häufig in den Häusern gehalten, wo sie viel Vergnügen und Spaß bereitet, da sie mit ungemeiner Leichtigkeit Töne und Worte nachahmt. So pfeift sie dem Hunde, wie sie es von dessen Herrn gehört hat, ahmt das Angstgeschrei der jungen Küchlein nach, bellt wie ein Hund, miaut wie eine Katze, läßt das Knarren eines Wagens hören, kurz, es giebt keinen Ton, den sie nicht täuschend wiedergeben könnte. Selbst öfters gehörte Zurufe an Diener giebt sie wieder, und ruft diese herbei, welche dem Rufe folgten, weil sie glaubten, von ihrem Herrn gerufen worden zu sein. Die Mexikaner nennen sie darum auch den Vogel mit vierhundert Zungen.

Der Pirol.

Der gemeine Pirol, auch Kirschvogel, Pfingstvogel, Goldamsel, Wiedewal, Bierhold, Biervogel, Schulz von Bülow genannt, (Oriolus Galbula) hat keinen einzigen näheren Verwandten, gehört aber zu der großen Ordnung der Singvögel. — Er hat etwa die Größe der Weindrossel, ist also 9 bis 9½ Zoll lang. Sein Schnabel ist etwas stärker als der der Drosseln, aber an der Spitze etwas schmal, nach hinten niedrig und breiter werdend; dabei ist er jedoch länger als der Kopf, fast kegelförmig, auf dem Rücken sanft gebogen und an der Spitze etwas gekrümmt, und hier mit einem Ausschnitt oder Zahn versehen. Die Borsten, wie sie bei den vorhergenannten Vögeln vorhanden waren, fehlen hier, daher sind die Nasenlöcher ganz frei; dieselben sind verkehrt eiförmig, liegen nahe an der Stirn und sind nach oben zu mit einer starken Haut versehen. Die ziemlich langen Flügel sind spitz und reichen bis über die Hälfte des Schwanzes hinaus; die dritte Schwungfeder ist die längste. Die Füße sind nur kurz und haben ziemlich lange, gut bewaffnete Zehen, von denen die äußere Zehe mit der mittleren fast ihrer ganzen Länge nach verwachsen ist. Der Schwanz wird aus 12 Federn gebildet, ist nicht sehr lang und fast abgestutzt. Die unteren Flügel, die Deckfedern und die Schwanzspitze sind schön gelb. Das Männchen unterscheidet sich merklich vom Weibchen, wechselt aber ebenfalls seine Färbung noch, bis es drei Jahre alt ist. Es bekommt dann eine schöne hochgelbe Farbe, während sie vorher nur sehr mattgelb erscheint. Die schwarzen Flügel sind mit einem gelben Flecken geziert und der ebenfalls schwarze Schwanz endet mit gelbem Rande. Außerdem sind noch mehrere Flügelfedern weiß oder gelb gerändert. Durch die Augen, welche einen dunkelrothen Stern haben, geht ein schwarzer Strich hindurch, der Schnabel und der Augenring sind rothbraun oder roth, die Füße sind bleifarbig und die Krallen schwarz. Einjährige Männchen und die Weibchen sind oben grüngelb, unten weißlich und an der ganzen Brust und dem Bauche mit schwärzlichen Längsflecken bedeckt.

Er bewohnt die gemäßigten und warmen Länder Europa's, kommt aber auch in Asien und Afrika vor. Bei uns findet er sich nicht selten, ist aber ein Zugvogel, der um Pfingsten ankommt und im Anfange des Septembers wieder fortzieht. Er hält sich nur einzeln in Laubwäldern und Gärten, frißt vorzüglich Raupen, Insecten und deren Eier, welche er von den Bäumen abliest und nicht, wie die Drosseln, auf der Erde hüpfend verfolgt. Im Herbst frißt er auch Beeren, Himbeeren, Erd- und Vogelbeeren, besonders aber süße Kirschen, wovon ein einziges Paar einen ganzen Baum ableeren kann. Er reißt nur das Fleisch stückweise von den Kernen, und verdirbt dadurch noch mehr, als er frißt. In Italien, der Levante und Aegypten frißt er auch Maulbeeren und Feigen, und fügt namentlich letzteren bedeutenden Schaden zu.

Er nistet meistentheils jährlich nur einmal und verfertigt ein sehr künstliches Nest, das er zwischen einer dünnen, schwankenden, schwer zu erreichenden Astgabel aufhängt. Männchen und Weibchen bauen gemeinschaftlich. Das eine nimmt anfangs einen langen Faden, einen Halm oder eine dünne Ranke und hält sie an den Ast, während das andere dessen Spitze ergreift und einige Mal um den Zweig herumfliegt, wodurch sich der Faden darum wickelt; dann nimmt es das andere Ende und befestigt es an der anderen Seite auf dieselbe Weise. Zuletzt bildet das Nest einen tiefen, aus Fäden, Halmen, Wolle u. dergl. zusammengesetzten, hängenden Beutel. Er legt 4 bis 5 ganz blaß fleischfarbene oder weiße, meist am stumpfen Ende sparsam und ungleich schwarzbraun gefleckte Eier, die er 15 Tage lang bebrütet.

Da dieser Vogel sehr scheu ist, so verbirgt er sich gern im dichten Laube und läßt seinen kurzen Gesang ertönen, zu dem das Volk folgenden Reim gemacht hat: „Pfingsten, Bier holen, aussaufen, mehr holen!“ Außerdem hat er aber noch einen unangenehmen quäkenden Lockton. Gegen seines Gleichen und gegen andere Vögel ist er durchaus nicht feig, sondern sogar zänkisch und überhaupt sehr unruhig. Seine Jungen vertheidigt er mit vielem Muthe. Wenn man ihn jung einfängt, gewöhnt er sich zwar allmälig an Nachtigallenfutter, aber lange erträgt er die Gefangenschaft nicht.

Der Steinschmätzer.

Von dem Steinschmätzer kommen bei uns drei Arten vor:

1. Der große Steinschmätzer (Motacilla Oenanthe).
2. Das Braunkehlchen (Motacilla Rubetra).
3. Das Schwarzkehlchen (Motacilla rubicola).

Der Schnabel dieser Vögel ist an den Nasenlöchern breiter als hoch, dreikantig, vorn zusammengedrückt, mit etwas herabgebogener Spitze des Oberschnabels, und an seinen Winkeln mit starken breiten Borsten versehen, welche über die Nasenlöcher hinwegragen. Die Nasenlöcher liegen an der Wurzel des Schnabels, etwas zur Seite, sind eiförmig und halb durch eine Haut bedeckt. Ihre Flügel sind nur mittelmäßig lang, und von den Schwungfedern sind die dritte und vierte die längsten. Ihr Schwanz ist etwas kurz, aber breit und gerade abgestutzt. Am Grunde ist er weiß und nach der Seite hin dunkler. Sie schlagen ihn oft nach unten, wenn sie laufen oder sitzen, und sehen dadurch recht possirlich aus. Ihre Beine sind lang und sehr dünn. — Alle drei Arten sind gewandte und muntere, aber scheue Thiere, die sich von fliegenden Insecten ernähren. Sie sitzen im freien Felde auf erhöheten Gegenständen, und erheben sich etwas, wenn sie ihre Nahrung fangen, wodurch sie an den Fliegenschnäpper erinnern. Ihre Gesangesgabe ist nur sehr gering, nicht selten lassen sie aber einen schmatzenden Ton hören, wovon sie ihren Namen erhalten haben. Sie nisten gewöhnlich zweimal auf ebner Erde, an Felswänden und Erdlöchern, am liebsten auf der Sonnenseite. Im Herbst verlassen sie unsere Gegenden und ziehen nach dem südlichen Europa.

Der große Steinschmätzer (graue, weißschwänzige Steinschmätzer, Steinklitsche, Steinsänger, Weißkehlchen) wird 7 bis 8 Zoll lang. Er ändert in der Farbe mehrfach ab; gewöhnlich ist aber das Männchen auf dem Rücken, am Nacken und am Oberkopf hell aschgrau, das Weibchen dagegen röthlich-aschgrau. Die Kehle ist weißlich und die unteren Flügeldeckfedern sind schwarz und weiß geschuppt. Ebenso ist der Schwanz schwarz und weiß gefärbt. Ueber dem Auge ist eine schwarze Binde. Der Schnabel und die Füße sind gleichfalls schwarz. Beim Weibchen sind aber alle Farben matter.

Dieser Vogel bewohnt Europa, Sibirien, Kleinasien und Nordafrika. Während des Sommers ist er auch in Island und Grönland häufig und geht bis über den dreiundsiebzigsten Grad nördlich. Im September zieht er nach Europa und von da nach Afrika, kommt im Mai wieder im Norden an, und diejenigen, welche nach Grönland ziehen, fliegen zum Theil nicht über Island, sondern geradeswegs über das atlantische Meer.

Man findet ihn besonders an trockenen, unfruchtbaren, steinigen Orten, er legt daselbst kein Nest an, sondern benutzt dazu natürliche Höhlungen. Gewöhnlich legt er 4 bis 6 blaßgrüne, nur selten braun punktirte Eier. — Er ist übrigens ein munterer, aber vorsichtiger Vogel, der mit seinem ausgebreiteten Schwanze beständig wippt, ganz ähnlich den Bachstelzen, und dabei läßt er beständig seine pfeifende oder schmatzende Stimme hören. — In England und Italien wird er im Herbste zu Tausenden gefangen, wie Ortolane in Fäßchen eingemacht und versendet.

Das Braunkehlchen (Kohl- oder Krautvögelchen, braunkehliger Wiesenschmätzer) ist nur 6 Zoll lang. Auf der oberen Seite ist er mit schwarzbraunen, rostbraun oder gelbgrau gerandeten Federn bedeckt, über den Augen hat er einen breiten weißen, und vom Kinn unter den Wangen hin bis an die Halsseiten einen dunklen Streif. Die Vorderbrust ist schön braungelb, dagegen die Kehle und ein Längsstreif auf jeder Seite des Halses sind weiß. Der Schwanz nebst seiner Umgebung sind rostbraun mit schwarzbraunen Flecken. Die seitlichen Schwanzfedern sind am Grunde weiß, sonst aber wie die beiden mittelsten braun-schwarz gefärbt. Ein weißer Fleck, mehr oder weniger sichtbar, findet sich hinten auf den Flügeln. — Die Farbe ändert nach den Jahreszeiten ebenfalls sehr ab. Die Jungen sind, wie die Weibchen, gewöhnlich matter gefärbt und an der Brust grau-schwarz getüpfelt.

Man trifft diesen Vogel in Europa und Afrika, und er ist vom April bis September nicht selten auf unseren Wiesen, in Gärten und Gebüschen, die in der Nähe von Bergabhängen sich befinden. Sein Nest legt er aus Halmen auf der Erde an, verbirgt es aber auf das Sorgfältigste zwischen dem Grase oder unter niedrigem Gebüsch. Gewöhnlich legt er 4 bis 6 blaugrüne, selten röthlich punktirte Eier. Sein Gesang ist angenehmer als der des vorigen, da er anderen Vögeln besser nachahmen kann, aber das Schmatzen läßt er ebenfalls oft hören. Man fängt diesen Vogel häufig für die Tafel.

Das Schwarzkehlchen (Wiesenschmätzer, schwarzkehliger Steinschmätzer) wird kaum 5½ Zoll lang. Seine Farbe ist im Allgemeinen schwarz; die Brust ist dunkel rostbraun, und die Halsseiten und Schultern, sowie ein großer Fleck auf den Flügeln rein weiß. Auch der Hintertheil ist weiß, aber mit schwarzen Längsflecken durchzogen. Die Schwanzfedern sind bis zur Wurzel schwärzlich und die ebenfalls schwarzen Flügel sind abgerundet. Das Weibchen unterscheidet sich auffallend vom Männchen, denn dieses ist dunkelbraun mit lichtgelbbraunen Federkanten. Die Wangen und Halsseiten sind hellbräunlich, dunkler gemischt, die Kehle bräunlichweiß und über dem Auge ist ein schmutzig-weißer Streifen.

Dieses Vögelchen bewohnt in Europa und Sibirien die mit Gebüsch bestandenen Bergabhänge, nistet daselbst in ähnlicher Weise wie die vorige Art und legt 5 bis 7 grünliche Eier, die zuweilen wenig rothbraun gefleckt oder punktirt sind. — Es ist sehr scheu und lebhaft und läßt seinen angenehmen Gesang im Ganzen selten hören.

Der Rothschwanz.

Wenn uns das unzählige Heer der Insecten unaufhörlich belästigt, wenn auf den Dörfern das Gesumm der Fliegen, welche durch die zahlreichen Viehheerden herbeigezogen werden, auch in den abgelegensten Schlafzimmern ertönt, wenn diese näschige Schaar uns selbst das Essen beim Mittagstisch streitig zu machen sucht, dann sehen wir uns um nach einem Mittel, durch welches wir jene ungebetenen Gäste entfernen können.

Die beste Hülfe leisten alsdann die Schildbrüstchen, wozu der Rothschwanz, das Blaukehlchen und das Rothkehlchen gehören. Leider sind sie in dem Genuß der überflüssigen Nahrung unersättlich, denn von Früh bis Abend verzehren sie die Fliegen, und in Folge des unmäßigen Genusses sterben sie daher nach sehr kurzer Zeit. Sobald die Johannisbeeren und gar erst der schwarze Flieder reif sind, verfertigen die Knaben Instrumente, welche sie Sprenkel nennen, um jene Vögel, welche sich in dieser Zeit gern in dichten Kiefernschonungen aufhalten, damit zu fangen. Die Johannisbeeren und der schwarze Flieder werden als Lockspeise vor eine Falle gehängt, über welcher eine Schleife ruht, die durch die Elasticität des Sprenkels zugezogen wird, sobald sich das Vögelchen auf das Fangholz setzt, es herunterstößt und sich dann mit einem oder gar beiden Beinchen fängt.

Die Schildbrüstchen haben eine breite, mit einer besonderen Farbe ausgezeichnete Brust und einen an der Wurzel etwas breiten Schnabel. Sie leben paarweise in der Nähe der Wohnungen und singen oft recht weiche, leise und liebliche Liedchen.

Bei dem Rothschwänzchen sind die zwei mittelsten Federn des rostrothen Schwanzes dunkelbraun. Sie haben die Eigenthümlichkeit, daß sie ihren Schwanz oft anhaltend schütteln.

Es giebt zwei Arten des Rothschwänzchens. Diese sind:

1. Der Haus-Rothschwanz (Motacilla Erithacus oder Silvia Tithys). Er ist $5\frac{1}{4}$ Zoll lang. Die dunkelbraunen Flügelfedern haben aschgraue oder weißliche Säume. Die zweite Schwungfeder ist $\frac{1}{2}$ Zoll kürzer als die dritte und so lang als die siebente. Das Männchen ist oben aschgrau, unten bis an die Beine schwarz. Das Weibchen ist oben schmutzig aschgrau und unten etwas heller als das Männchen. Die Jungen sind mehr dem Weibchen ähnlich, haben aber schwärzliche Wellenlinien.

Er findet sich in ganz Europa, mit Ausnahme des Nordens, ferner in der Levante und in Nordafrika. Sein Aufenthalt ist immer in der Nähe menschlicher Wohnungen in Städten und Dörfern. Er liebt vorzugsweise die hohen Gebäude, Schlösser und Thürme, da er sehr furchtsam und scheu ist. Sein Gesang ist traurig und besteht aus drei nicht sehr wohlklingenden Strophen, die er, meist auf Giebeln und Wetterfahnen sitzend, den ganzen Tag hören läßt. Er nistet in und an Häusern, alten Gemäuern und Felsen bis in die Höhe der Alpen. Man schlägt ihm unter dem Dachsims offene oder ge-

schlossene Kästchen, die letzteren mit engem Eingange, an, welche er sehr gern benutzt. Er nistet auch gern im Innern der Häuser und Kirchen, wo er freilich vielfach eine Beute der Katzen wird. Sein dichtes Nest besteht aus trockenem Grase und ist meistens mit Haaren ausgefüttert. Er legt 4 bis 6 ganz weiße Eier und brütet jährlich zwei Mal.

Er ist ein Zugvogel, der im October nach Süden zieht und schon im März wieder zurückkehrt.

Er nützt besonders noch dadurch, daß er viele Kornwürmer vertilgt und somit das Getreide auf den Kornböden gegen den Angriff dieses lästigen Gewürms schützt.

2. Der Garten-Rothschwanz (Motacilla Phoenicurus) ist eben so groß wie der Haus-Rothschwanz. Die dunkelbraunen Flügelfedern sind gelblich gesäumt und die unteren Flügeldeckfedern sind rostroth. Die zweite Schwungfeder ist ¼ Zoll kürzer, als die dritte, und von gleicher Länge mit der sechsten. Im Frühjahr ist das Männchen sehr schön; seine Stirn, Kehle und Kopfseiten sind schwarz und über der schwarzen Färbung befindet sich ein weißer Strich. Der Oberkörper ist aschgrau, das Ende des Rückens und die Brust rostroth, der Bauch aber weißlich. Im Herbste bemerkt man das Schwarz und die rostrothe Brust wegen der weißlichen Federränder wenig. Das Weibchen ist oben grau und unten graulich weiß. Die beiden mittleren Federn des Schwanzes sind dunkelbraun, der Schnabel und die Füße sind schwarz. Die Jungen sind oben grau, rostgelb getüpfelt, unten gelblich weiß und grau getüpfelt.

Er bewohnt in Europa, fast in ganz Asien und in Aegypten die mit dichterem Gebüsch bewachsenen Gegenden und findet sich daher auch öfters in Obstgärten und an Gewässern, die mit dichtem Weidengebüsch bewachsen sind. Im October zieht er, wie der Haus-Rothschwanz, südlich und kehrt im April zurück.

Seine Nahrung besteht aus allerlei Insecten und Würmern; im Herbste frißt er auch verschiedene Beeren, namentlich den schwarzen Flieder und Ebreschen und deshalb fängt er sich leicht in jenen Sprenkeln und in den Dohnen, welche man für die Drosseln aufstellt. Er stellt auch öfters den Bienen nach.

Sein Nest ist lange nicht so kunstvoll angelegt, wie das des Haus-Rothschwanzes. Es besteht aus trockenen Grashalmen, Federn und Haaren, und wird in hohlen Bäumen, in Erdhöhlen und Mauerritzen eingerichtet. Er legt 5 bis 8 rein blaugrüne Eier und brütet jährlich zwei Mal.

Das Rothkehlchen.

Noch lieber als das Rothschwänzchen nimmt man das Rothkehlchen (Motacilla Rubecula) auf in die Zimmer. Vorzüglich ist es ein willkommener Gast beim Landmann, in dessen Wohnung es eine unzählige Menge Fliegen verspeist. Es gewöhnt sich sehr bald an das Zimmer, und man läßt es deshalb gewöhnlich frei umherfliegen. Ein Zweig oben an der Decke dient ihm zur nächtlichen Ruhestätte.

Dieses liebliche Vögelchen ist etwa 6 Zoll lang. Sein Schwanz und seine Flügel sind von außen olivenbraun. Die letzte Reihe der Flügeldeckfedern haben rostgelbe Spitzenfleckchen. Wenn es über ein Jahr alt ist, so ist es oben von matt grünlichbrauner Farbe. Seine Stirn, seine Augenkreise, sein Vorderhals und der obere Theil der Brust ist gelblich roth, und von letzterer hat dieser Vogel seinen Namen erhalten. Eine Sage erzählt, daß es das Feuer vom Himmel heruntergeholt, sich aber dabei die Brust verbrannt habe. Zum Andenken an jene That habe es noch das rothe Feuerzeichen an der Brust. Unter dem Bauch ist es weißlich.

Bei den jungen Vögeln ist die Kehle schmutzig-gelblich und mit schwärzlichen Wellen überdeckt. Ihr Oberleib ist grünlichbraun, mit vielen weißen Tüpfeln überdeckt und schwärzlich gewölkt.

Das Rothkehlchen bewohnt ganz Europa, Kleinasien und Nordafrika. Bei uns findet es sich allerwärts, wo Nadel- oder Laubwälder sind. Besonders sucht es den dichten Schatten und feuchte Gegenden. Doch lebt es nie in Gesellschaft, sondern es findet sich nur immer mit seinem Weibchen allein. Es genügt ihnen aber ein kleines Revier und in einem nicht sehr großen Gebüsch halten sich immer mehrere Paare.

In unseren Gegenden ist das Rothkehlchen Zugvogel. Wie es den Sommer über allein lebte, so wandert es auch im Herbste allein. Am Tage fliegt es von Gebüsch zu Gebüsch, aber über Nacht wandert es hoch durch die Luft nach Süden. Da die Rothkehlchen nicht in Gesellschaft wandern, so ereignet es sich alljährlich, daß einzelne zurückbleiben. Es sind theils junge, theils solche, für welche die kleinen Hülfsquellen, die sie mitten in unseren Wäldern zu finden gewußt haben, hinreichen. Diejenigen, welche im Walde zurückbleiben, werden zum Genossen des Holzhauers. Sie nähern sich ihm, um sich an seinem Feuer zu erwärmen, sie picken von seinem Brote und flattern den ganzen Tag um ihn her, wobei sie von Zeit zu Zeit leise Töne hören lassen. Nimmt jedoch die Kälte zu und bedeckt dicker Schnee die Erde, dann nähern sie sich unseren Wohnungen und klopfen mit dem Schnabel an unsere Fensterscheiben, als ob sie eine Freistätte suchen wollten. Oeffnet man das Fenster, so kommen sie schnell herein, machen sich bei uns heimisch, nähren sich von den Brotabfällen und setzen sich wohl gar auf den Rand der Schüssel, um von unserem Mittagessen zu kosten, wobei sie uns mit ihren unschuldigen Augen klug und bittend anblicken. Sie bleiben ruhig bei uns, bis der wiederkehrende Frühling, ihnen neue Bedürfnisse und Freuden verkündend, sie bewegt und antreibt, die Freiheit zu suchen. Gerathen sie den Sommer über nicht in Gefangenschaft, so kehren sie sicher bei Beginn des nächsten Winters zurück.

Ein Beispiel ganz besonderer Anhänglichkeit erzählt uns der Pastor Götze in Quedlinburg, ein eifriger Naturbeobachter. Er fand spät im Herbste 1774, eines Morgens beim Aufstehen ein Rothkehlchen in seinem Saale, welches wahrscheinlich schon anderwärts an die Gefangenschaft gewöhnt war. Es war durch das offene Fenster hereingekommen. Sogleich folgte es ihm in ein warmes Zimmer und fraß begierig das Futter, welches er ihm vorsetzte. Kaum war es satt, so wollte es sich in den Tassen auf dem Theetische baden. Er gab ihm daher Wasser, worin es sich sogleich badete. Es war den ganzen Winter über munter und hüpfte, gleich allen Gefangenen seiner Art, lustig umher. Als der Frühling eintrat, wollte er es in Freiheit setzen. Er ließ es in den Saal, wo alle Fenster offen standen, aber es hatte keine Lust wegzufliegen. Endlich jagte er es hinaus und es hüpfte eine Zeit lang auf dem Hofe herum. Götze ging hierauf zu Tische, und als er in den Saal zurückkam, fand er zu seiner Verwunderung das Vögelchen wieder darin. Er jagte es weg, worauf es sich wiederum im Hofe aufhielt, aber sehr bald wieder in's Haus kam. Nun wurde es zum dritten Male weggejagt und es flog endlich über den Garten hin fort. Zu Anfange des Herbstes kam plötzlich am Abend ein Vogel gegen das Fenster geflogen und als man etwas aus dem Keller holen wollte, folgte er dem Lichte und ließ sich dort freiwillig fangen. Es war ein Rothkehlchen und da es in die Stube gebracht wurde, zeigte es sich sogleich an allen seinen Handlungen, daß es das alte Rothkehlchen war, welches seinen alten Wirth dankbar wieder aufgesucht hatte. Es war auch noch so zahm wie sonst und fraß sogleich aus der Hand. Beim Eintritt des Frühlings wurde es wieder gegen seinen Willen zum Fenster hinausgejagt. Länger als einen halben Tag hielt es sich in der Nähe des Hauses auf, sahe nach den Fenstern, hüpfte um die Bewohner des Hauses, welche sich im Garten beschäftigen, herum, folgte ihnen von einem Zweig zum andern und flatterte endlich, da es nicht bleiben durfte, traurig über den Garten weg. Ich kann, sagt Götze, nicht beschreiben, mit welchen Empfindungen über die Treue dieses Thierchens ich den Garten verließ. Da der Herbst anbrach, sah Götze der Ankunft des kleinen Wanderers wieder entgegen und fand ihn eines Abends wieder im Hause. Es folgte sogleich dem Lichte nach in's Zimmer und überzeugte durch die Wiederholungen aller seiner vorigen Handlungen ihn und alle seine Freunde, daß es eben derselbe Vogel war.

Im Herbst wird das Rothkehlchen leicht auf dieselbe Weise gefangen wie das Rothschwänzchen. Es gewöhnt sich sehr bald an die Stube, ist jedoch gegen seines Gleichen höchst zänkisch, und nur dann vertragen sie sich besser, wenn mehrere zu gleicher Zeit in's Zimmer gebracht wurden. Nach einiger Zeit fangen sie an zu singen, zwar nur leise, aber gar lieblich.

In Frankreich wird das Rothkehlchen in manchen Gegenden bei seiner Wanderung weit häufiger als bei uns gefangen, und zwar deshalb, um es zu verspeisen. Sein Fleisch soll außerordentlich zart und wohlschmeckend sein.

Im Frühjahr kehrt es zu uns Ende März oder im April zurück. Sein Nest baut es nahe am Boden auf den Wurzeln junger Bäume, in alten Stämmen oder auf Gras, das stark genug ist, es zu tragen. Es verfertigt dasselbe aus Moos, vermengt mit Haaren und trockenen Blättern, und legt es mit einem Federbett aus. Immer ist dasselbe unter dichtem Gebüsch sehr versteckt und schwer zu entdecken.

Gewöhnlich findet man im Neste des Rothkehlchens 5 bis 7 weißliche Eier mit unregelmäßigen braunen Flecken. Es brütet auf denselben 14 Tage lang. Wenn die Jungen ausgeschlüpft sind, pflegt es sie mit großer Sorgfalt und besonderer Liebe. Merveaux erzählt uns hierzu ein merkwürdiges Beispiel: „Ein Theil meines Gartens," sagt er, „wurde unter Wasser gesetzt, welches schnell stieg und einen Zaun an der niedrigsten Stelle des Gartens zu überfluthen drohte. Ein Rothkehlchenpaar hatte sein Nest in dieser Hecke gebaut, und da ich vermuthete, daß das Wasser sich bis an das letztere erheben würde, so beobachtete ich die Vögel im Laufe des Tages mehrere Male. Ich konnte mich auf eine Entfernung von sechs Schritten nähern. Anfangs waren vier Eier vorhanden; eines Morgens fand ich nur noch zwei; das Wasser war jetzt nur noch einen Zoll vom

Neste entfernt. Ich glaubte, die beiden fehlenden Eier seien in's Wasser gefallen. Da ich aber kurz darauf nur noch ein einziges bemerkte, so verdoppelte ich meine Aufmerksamkeit, und wie groß war mein Erstaunen, als auch das letzte verschwunden war, nachdem beide Eltern vom Neste fortgeflattert waren! Die Vögel waren nach dem höchsten Theile des Gartens geflogen, und als ich die Stelle untersuchte, wo sie sich niedergelassen hatten, fand ich ein Nestchen mit den vier Eiern, zu welchen später noch ein fünftes gelegt wurde, und die Brut gedieh vollkommen." — Jedes Paar bringt in der Regel jährlich zwei Mal Jungen aus.

Das Rothkehlchen ernährt sich im Frühjahr von Würmern und Kerbthieren, auf die es mit Geschicklichkeit und Leichtigkeit Jagd macht. Im Herbste frißt es auch Beeren aller Art und verschont selbst die Weintrauben nicht.

Das Blaukehlchen (Motacilla suecica) ist eine Seltenheit in Deutschland. Es lebt vielmehr im Norden von Europa, besonders in Rußland und liebt vorzüglich die Gebirgsgegenden.

Die Nachtigall.

Viele Vögel erfreuen und entzücken uns durch ihren herrlichen Gesang, doch von allen weiß am besten die Nachtigall (Motacilla Luscinia) zu singen, und sie ist deshalb von Allen, besonders aber von den Dichtern, zur Königin des Gesanges erhoben worden. Doch hört man sie nur kurze Zeit, wenn der Lenz beginnt und die Natur ihr neues Frühlingskleid anzieht. Rüstet sich diese Chorführerin des Lenzes, um dem Schöpfer des Weltalls das Loblied der Natur zu singen, so beginnt sie mit einem schüchternen Vorspiel, mit schwachen, fast unentschiedenen Tönen, als wollte sie erst ihr Werkzeug versuchen und diejenigen, die sie hören, in Spannung versetzen. Dann aber wird sie sicherer, und bald entwickelt sie in ihrer Gesangesfülle alle Hülfsmittel ihres unvergleichlichen Organs: schallende Kehlenschläge, lebhafte und leichte Wirbel, dumpfes Gemurmel, eilige glänzende und rasche Läufe mit Kraft vorgetragen, weiche Klagetöne, kunstlos ausgesponnen, vereinigen sich zu seelenvollen, bezaubernden und ergreifenden Melodien, zu wahren Seufzern der ewigen Liebe, die aus dem Herzen quellen und alle Herzen erfüllen und berühren. Doch jeder Mensch kennt jenen herrlichen Reiz, der im Gesange oder Schlage der Nachtigall liegt, und wird beim Nennen dieses Namens lebhaft an eine jener schönen Frühlingsnächte erinnert, in welcher er bei heiterem Himmel, bei stiller Luft, in dem Schweigen der sich verjüngenden Natur mit Entzücken auf den Gesang dieses Sängers der Haine gelauscht hat.

Erstaunlich ist die große Stärke, welche dieser kleine, nur etwa ein Loth schwere Vogel in seinen Stimmwerkzeugen besitzt, so daß in ruhigen Nächten sein Gesang in einer fast eine Stunde weiten Entfernung noch zu vernehmen ist. Die herrliche Gesangesgabe besitzt aber nur das Männchen und nur selten macht ein einzelnes Weibchen eine Ausnahme. Es beginnt seinen Gesang bei seiner Ankunft in unserer Gegend im April und hört im Juni gegen die Sonnenwende völlig auf, doch in seiner vollen Reinheit hört man ihn nur in den ersten vierzehn Tagen, nachher wird er schwächer und weniger rein. — Ein sehr sinniges Gedicht des berühmten Gellert dürfen wir hier nicht fehlen lassen:

„Die Nachtigall sang einst mit vieler Kunst;
Ihr Lied erwarb der ganzen Gegend Gunst.
Die Blätter in den Gipfeln schwiegen,
Und fühlten ein geheim Vergnügen;
Der Vögel Chor vergaß der Ruh
Und hörte Philomelen zu.
Aurora selbst verzog am Horizonte,
Daß sie die Sängerin bewundern konnte,
Denn auch die Götter rührt der Schall
Der angenehmen Nachtigall.
Und ihr, der Göttin, ihr zu Ehren
Ließ Philomele sich noch zweimal hören.
Sie schweigt darauf. Die Lerche naht sich ihr,
Und spricht: „„Du singst viel reizender als wir,
Dir wird mit Recht der Vorzug zugesprochen,
Doch eins gefällt uns nicht von dir!
Du singst das ganze Jahr nicht mehr als wenig Wochen.““
Doch Philomele lacht und spricht:
„„Dein bittrer Vorwurf kränkt mich nicht,
Und wird mir ewig Ehre bringen.
Ich singe kurze Zeit. Warum? Um schön zu singen.
Ich folg' im Singen der Natur.
So lange sie gebeut, so lange sing' ich nur;
Sobald sie nicht gebeut, so hör' ich auf zu singen,
Denn die Natur läßt sich nicht zwingen!““

Viele Leute halten daher die Nachtigall wegen ihres unvergleichlichen Gesanges in den Zimmern. Von denen, welche in der Gefangenschaft leben, fangen wenige schon im October, einige im November, die meisten im December, Januar oder noch später an zu schlagen und hören gewöhnlich im Mai, selten erst im Juni wieder auf. Man kann jedoch die Zeit des Schlagens dadurch etwas verlängern, daß man ihnen allmälig stärkere Beleuchtung giebt, wenn man sie eine Zeit lang fast gänzlich verhüllte.

Es giebt Nachtigallen, welche in der Stube des Nachts fleißig schlagen, und solche nennt man Nachtvögel; andere lassen des Nachts nur kurze Strophen erschallen und diese heißen Repetirvögel; solche aber, die Tag und Nacht fleißig schlagen, sind selten. Auch singen sie nicht alle gleich gut und davon hängen die verschiedenen Preise ab, welche man für gezähmte Nachtigallen zahlt.

Nach der Zeit der Sonnenwende hat die Nachtigall sich ausgesungen, und sie läßt nur noch selten ein heiseres Geschrei, eine Art Gekrächz hören, in welchem man die melodische Philomele nicht mehr erkennt.

Die Nachtigallen, welche man in den Zimmern hält, werden entweder gefangen oder aufgezogen. Man fängt sie meistens in Schlagfallen, in die man einen Mehlwurm oder dergleichen aufgespießt oder gekochtes Eiweiß und Ameiseneier hineingestreut hat. Uebrigens kann man sich der leichtesten Fangmittel bedienen, denn sie sind wenig mißtrauisch, obwohl ziemlich furchtsam. Der Gesang ihrer Genossen, der Klang von Instrumenten, selbst unangenehmes Geschrei von Thieren lockt sie an. In London zeigte sich sogar einmal ein Mensch, „der durch seinen Gesang die Nachtigallen anzulocken verstand, so daß sie sich auf ihn setzten und mit der Hand von ihm greifen ließen.“ Sie sind neugierig und selbst Gaffer. Wenn Jemand in ihrer Nähe Erde aufscharrt, so nähern sie sich schon und so wie er den Ort verläßt, fliegen sie an jene Stelle, wo man die Falle aufgestellt hat.

Man darf jedoch die Nachtigall nicht zur Brütezeit fangen, denn eine solche singt nie und dauert auch nicht lange. Ueberhaupt gedeiht keine besonders lange in den Zimmern, wenn sie schon über ein Jahr alt ist; man muß deshalb Junge nehmen. Diese sind daran zu erkennen, daß sie in der ersten Zeit rostgelbe Fleckchen haben, darauf mausern sie und behalten nur an 3 Deckfedern jedes Flügels die Fleckchen. Hat man also im Herbst oder Frühjahr eine Nachtigall gefangen, so dehnt man ihre Flügel aus und sucht nach jenen Pünktchen. Findet man sie nicht mehr, so kann man sie wieder ruhig fliegen lassen, denn sie hat dann schon öfter als ein Mal gemausert und ist schon zu alt.

Eine frisch gefangene Nachtigall steckt man sogleich in einen Käfig, nachdem man ihr die Spitze jedes Flügels gebunden hat, giebt ihr halbtodt gedrückte, sich noch regende Mehlwürmer nebst Ameisenpuppen und Wasser, und verhängt den Käfig mit einem Tuche. Auch halbtodt gedrückte Fliegen und Käferchen, sowie zerschnittene Regenwürmer, sind brauchbar. Die genannten Dinge wirft man immer auf das Futter, woran sie sich später gewöhnen soll, und vermengt sie zum Theil mit demselben. Will und kann man frische Ameisenpuppen von vorn herein allein füttern, so wird sie sich um so eher an die Gefangenschaft gewöhnen, und deshalb sind die Ameiseneier sogar zu einem Handelsartikel erhoben worden, die von einzelnen Leuten mühsam gesammelt werden.

Der Nachtigallenkäfig muß wenigstens 1½ Fuß lang sein, eine weiche Decke und Sprungstäbchen haben, die etwa fingersdick und von weichem Holz sind. Unten muß sich ein Schubkasten befinden, der oft mit frischem Löschpapier oder etwas Sand belegt wird, denn Reinlichkeit ist für ihr Gedeihen und zur Erhaltung ihres Gesanges sehr wichtig. Wenige Nachtigallen vertragen es, an's Fenster gehängt zu werden, denn sie toben dort bei Tag, oder, zumal in der Zugzeit, bei Nacht zu sehr. Manche wollen sogar in einer recht dunklen Ecke hängen. Dennoch stoßen sich die meisten, indem sie während der Zugzeit des Nachts flattern, den Schwanz ganz ab und werden dadurch sehr entstellt. Wer mehrere in einer Stube halten will, muß sie jedoch so hängen, daß sie sich einander nicht sehen können, denn mehrere dulden sich selbst im Freien nicht neben einander. Fliegt ja eine einmal aus dem Bauer und erblickt ihr Bild in einem Spiegel, so stürzt sie mit wahrem Zorn auf denselben los und zerstößt sich nicht selten dabei den Kopf.

Die Nachtigall badet sich gern, und man thut deshalb am besten, an die Thür des Käfigs ein eigenes Badehäuschen zu hängen, worin ein Napf steht, in dem sie sich recht über und über waschen kann. Außer dem Badenapfe muß noch ein Trinknäpfchen angebracht sein, denn aus dem Wasser, worin sie gebadet hat, trinkt sie nur ungern.

Die Fütterung der Nachtigallen kann verschieden sein, doch ist es gut, wenn sie täglich einige Mehlwürmer, deren Kopf man erst eindrückt, als Beikost erhalten, und wenn sie zur Zeit, wo sie im Sommer zu schlagen aufhören, viel frische Ameisenpuppen erhalten können, weil diese die Mauser sehr erleichtern. In der Regel giebt man den Nachtigallen als Futter eine gleiche Mischung von frischem Käse, aufgeweichter Semmel und fein geriebenen Mohrrüben mit etwas feiner Waizenkleie vermischt, doch ist es immer wünschenswerth, daß einige Ameiseneier oder Mehlwürmer nie fehlen. — Haben sie etwas Unverdauliches verschluckt, so geben sie es als Pillen oder kleine Knäuel wieder von sich, ebenso wie die Raubvögel. Uebrigens ist ihre Vorsicht zu bewundern, da sie kein Würmchen verschlucken, das sie nicht vorher tödteten. Frische oder getrocknete und in Wasser aufgeweichte Holunderbeeren, oder zerschnittene große und kleine Rosinen, Feigen, Birnen und süße Aepfel sind sehr gesund. Ist der Vogel krank, so gebe man ihm einige Spinnen ein; auch in Mandelöl oder Baumöl getauchte Mehlwürmer thun öfters gute Dienste. Oft vereitert die Fettdrüse auf dem Bürzel, wahrscheinlich, weil sie im trockenen Zimmer die Federn nicht so oft einschmieren und daher die Drüse nicht entleeren; es scheint aber auch unpassende Nahrung Schuld daran zu sein. Schreitet die Eiterung fort, so sterben sie in wenigen Tagen. Man öffnet mit einer Nadel die Drüse und drückt sie aus; biegt der Vogel den Schwanz nach unten, so rupft man ihm die Schwanzfedern aus, weil dann die Säfte zur Bildung der Schwanzfedern verbraucht werden.

Bei guter Wartung kann sich eine Nachtigall 10 bis 15 Jahre halten, obwohl sich verschiedene Zeichen des Alters einstellen. Sie wird in späterem Alter ganz grau und bekommt zuletzt ganz weiße Federn in den Flügeln und dem Schwanze. Ihre Beine, oder vielmehr ihre Fußwurzeln werden durch das außerordentliche Anwachsen der Blätter, womit diese Theile bei den Nachtigallen bedeckt sind, sehr dick und endlich bilden sich an den Zehen eine Art Knoten, wie sie sich bei den Gichtkranken zeigen. Die Nägel wachsen auch sehr lang in der Gefangenschaft, doch nutzen sich, je älter sie werden, diese immer mehr ab. Auch die obere Schnabelspitze verdickt sich merklich, und man muß ihr dieselbe von Zeit zu Zeit abschneiden. Dabei behält sie jedoch ihre unvergleichliche Gesangesgabe, bis sie singend ihr Leben beschließt.

Junge Nachtigallen, welche man aufziehen will, erfordern ungemeine Sorgfalt, da sie sehr zart sind und leicht sterben. Hat man sie so weit, daß sie anfangen zu singen, so muß man ihnen eine Lehrmeisterin geben, wonach sie ihren Gesang bilden können. Am besten eignen sich ältere Nachtigallen dazu, in manchen Gegenden bedient man sich auch eines kleinen Orgelchens oder einer kleinen Flöte, auf denen man ihnen täglich Stücke vorspielt, bis sie dieselben nachahmen. Da aber nur die Männchen singen, so läßt man die Weibchen, sobald man sie erkannt, fliegen. Folgende unterscheidende Merkmale hat man aufgestellt, woran man das Männchen erkennen kann: Ihr Auge ist größer, der Kopf runder, der Schnabel länger und an seiner Wurzel breiter. Das Gefieder hat eine lebhaftere Farbe, der Bauch ist nicht so weiß und der Schwanz ist dichter und breiter, wenn sie ihn entfalten. Die Männchen bleiben lange an derselben Stelle auf einem Fuße stehen, während die Weibchen im Käfig hin und her laufen. Einige Beobachter meinen noch, daß das Männchen an jedem Flügel zwei bis drei Federn habe, deren äußere und sichtbare Seite schwarz wäre, und daß ihre Beine, wenn man das Licht durchscheinen lasse, eine röthliche, die Beine der Weibchen dagegen eine weißliche Farbe hätten.

Die bei uns lebenden Nachtigallen bleiben nicht das ganze Jahr hindurch in unseren Gegenden. Sie sind Zugvögel, die im Frühjahr anlangen und im Herbst wieder wegfliegen. Sie kommen in der letzten Hälfte des April einzeln, und zwar reisen sie nur des Nachts. Man sieht sie zuweilen früh Morgens plötzlich aus der Luft in ein Gebüsch stürzen, wo sie den Tag über verweilen und Nahrung suchen. Die Männchen kommen immer einige Tage vor den Weibchen an und singen dann die ganze Nacht hindurch, um die vorbeistreichenden Weibchen anzulocken. Sie streichen schon im August von einem Gebüsch zum andern und gehen so allmälig nach Süden. In dieser Zeit kann man sie auch leicht mit Johannis- oder Holunderbeeren in Sprenkeln fangen.

Die Nachtigall ist von der Größe eines Sperlings, etwa 6¾ Zoll lang. Ihre zweite Schwungfeder ist kürzer als die vierte und kaum länger als die fünfte; die erste dagegen ist stumpf und reicht eben nicht weiter als die Flügeldeckfedern.

Das Gefieder ist oben einfarbig graubraun und unten graulich-weiß. Der Schwanz ist einfarbig, matt rothbraun, aber die unteren Schwanzdeckfedern trübe und rost-gelblichweiß. Der Schnabel ist hornfarbig dunkelbraun, oben etwas dunkler als unten. Der Augenstern hat eine braune Farbe. Die Füße sind hell hornfarbig, fast fleischroth.

Die Jungen unterscheiden sich dadurch von den Alten, daß sie oben rostgelbe Fleckchen und unten graue Federränder haben, wodurch eine fast wellenförmige Zeichnung entsteht.

Die Nachtigall bewohnt ganz Europa, mit Ausnahme des höheren Nordens, ferner die Levante und Arabien. Sonderbar ist es, daß sie sich in manchen Gegenden nicht findet, wo man sie doch, den Umständen nach, vermuthen sollte. So sind sie in Schwaben und in der Schweiz selten, während sie doch am Rhein und an der Donau, und selbst im nördlichsten Deutschland und in Schweden häufig vorkommen. Es scheint dies in der gebirgigen Natur jener Gegenden zu liegen; denn die Gebirge meidet die Nachtigall und findet sich nur ausnahmsweise an einzelnen Stellen der Alpen, wo die Berge mit dichtem und niederem Laubgebüsch bewachsen sind.

Der bezaubernden Wirkung seines lieblichen Gesanges sich wohl bewußt und durch die Zahl der Zuhörer nicht erschreckt, sondern vielmehr erfreut, siedelt sie sich gerade an solchen Plätzen vorzüglich gern an, wo täglich recht viele Menschen lustwandeln. In Lustgärten, die viel Laubgebüsch und reines Wasser enthalten, ist sie an vielen Orten zahlreich anzutreffen. Ueberhaupt hält sie sich nur an solchen Orten auf, wo sie Laubgebüsch und nahes Wasser trifft; Nadelwälder bewohnt sie niemals.

Will man einem Nachtigallenpärchen den Aufenthalt in der Nähe unserer Wohnungen recht angenehm machen, so muß man den Rand eines Gartens recht dicht mit Stachelbeergebüschen bepflanzen, in denen es gern nistet; auch Johannisbeerbüsche, deren Früchte sie lieben, sowie Traubenkirschen, und recht dichte Weißdornbüsche ziehen sie gleichfalls an. Sie kehren jährlich nach derselben Stelle zurück.

Ihre **Nahrung** sucht die Nachtigall nur im Gebüsch und an der Erde aus dem dort zerstreut liegenden Laube. Sie besteht aus kleinen Kerbthieren, deren Eiern, Puppen und Larven, ferner im Herbste aus rothen und schwarzen Johannisbeeren, schwarzen Holunder- und Faulbaumbeeren. Wo die Erde in ihrer Nähe aufgekratzt wird, sucht sie sogleich, wenn man sich entfernt, nach dem bloßgelegten Futter.

Ihr **Nest** legt sie stets sehr niedrig an, in Hecken, in dichtem Gebüsch oder sogar am Boden, in seltenen Fällen findet man es in Mannes-Höhe über der Erde. Dadurch wird es den Raubthieren leicht, die Eier und die junge Brut zu rauben. Es besteht aus dürren Blättern und Grashalmen und ist innen mit Haaren ausgefüttert. Das Weibchen legt 4 bis 6 Eier, welche gleichfarbig, gelblich grau, etwas in's Grünliche spielend, sind. Die **Brütezeit** dauert etwa 14 Tage. Sie nistet, wenn die Brut nicht zerstört wird, jährlich nur ein Mal. Männchen und Weibchen füttern die Jungen mit Kerbthieren und Würmern so lange, bis sie selbst gelernt haben, die Nahrung zu suchen.

Sie zeigen große Liebe für ihre Nachkommenschaft. **Merveaux** beobachtete im Jahre 1835 zwei Nachtigallen, welche ihr Nest in seinem Gartenzaun hatten, und bei einer Ueberschwemmung ihre vier

Eier 150 Schritte weit wegtrugen, dort in einem frisch gebauten Neste unterbrachten und glücklich ausbrüteten.

Die Nachtigallen schmecken sehr angenehm, wenn sie fett sind, und machen den Ortolanen den Preis streitig. In der Gascogne mästet man sie für die Tafel.

Zur Zeit der alten Römer wurde schon mancher Aufwand um der Nachtigallen willen gemacht. Nach Plinius wurde eine Nachtigall, welche der Kaiserin Agrippina, der Gemahlin des Kaisers Claudius, geschenkt werden sollte, mit 6000 Sestertien (etwa 318 Thaler) bezahlt. Sie war weiß, was eine große Seltenheit ist; Büffon macht aus den weißen sogar eine besondere Abart. Der Schauspieler Clodius Aesopus trieb den Luxus, Nachtigallen zu essen, oft bis in's Gränzenlose. Er ließ einmal eine Schüssel auftragen, die 100,000 Sestertien (5300 Thaler) kostete, und nur aus Vögeln bestand, welche sich durch Gesang oder durch Sprechen menschlicher Worte auszeichneten, wovon ein jeder 6000 Sestertien (318 Thaler) gekostet hat.

Die große Nachtigall oder der Sprosser (Motacilla Philomela) wird öfters mit der Nachtigall verwechselt und statt dieser in den Zimmern gehalten. Bei ihr ist die zweite Schwungfeder länger als die vierte und die erste schmal und spitz. Die Brust ist hellgrau mit dunkelgrauen Flecken, die Kehle weiß mit schwarzgrauer Einfassung, die unteren Schwanzdeckfedern sind trübweißlich, auf der Außenfahne graubräunlich und in die Quere gebändert. Der Schwanz ist im Uebrigen rostbraun. Außerdem sieht der Sprosser der Nachtigall täuschend ähnlich. Was von der Nahrung, Fortpflanzung, von der Abwartung der Nachtigall gesagt ist, gilt auch vom Sprosser. Er unterscheidet sich jedoch von derselben hauptsächlich in zweierlei Dingen: erstens bewohnt er fast nur das Weidengebüsch, seltener anderes Gesträuch, an den Ufern der Flüsse, und zweitens hat er einen anderen Schlag.

Er findet sich nur im östlichen Europa, ist schon ziemlich häufig in Ungarn, Polen und Oestreich, geht auch bis Böhmen, Schlesien, Pommern, Sachsen und Franken, außerdem verbreitet er sich noch über den Kaukasus, Persien und Aegypten. Die ungarischen Sprosser, meist von der Donau, sind die besten Schläger, sie werden in Wien feil geboten und kommen von dort nach Leipzig, wo sie deshalb „Wiener Nachtigallen" heißen. Man bezahlt sie mit 5 bis 10 Thaler. Die polnischen kommen von der Weichsel und stehen den ungarischen nach. Sie finden sich meistens auf den Märkten Berlins.

Sein Gesang ist so schmetternd, daß man den Käfig meist vor

das Fenster hängen muß. Er schlägt langsamer und abgebrochener als die Nachtigall. Sprosser, welche viel vom Nachtigallenschlage ihrem Liede bemischen, nennt man Zweischaller. Es giebt auch unter ihnen solche, die des Nachts schlagen.

Vor der Kälte muß man den Sprosser etwas sorgfältiger hüten, auch kommt er im Frühjahr später, erst im Mai, von seinem Zuge zurück.

Die Grasmücke.

Sie gehört zu dem Geschlechte der Fliegenschnäpper, welches wohl hundert verschiedene Arten zählt. Warum dies ganze Geschlecht den Namen Fliegenschnäpper führt, ist wohl leicht zu errathen. Millionen Insecten werden von ihnen verzehrt, und damit sie solche Beute leicht erhaschen können, sind sie mit einem dünnen, langen Schnabel ausgerüstet, der auf beiden Seiten eingeschnitten und an der Spitze gekrümmt ist. Je heißer die Länder sind, je mehr Insecten man findet, desto mehr Arten solcher Fliegenschnäpper giebt es. — Klein und ohne Ansehen sind diese Vögelchen, aber wie schlimm wäre der Mensch daran, wenn sie und die tausend Arten anderer Vögel nicht wären, welche ihn gegen die noch zahlreicheren Arten von lästigen Insecten schirmten.

Das ganze Streben dieser Vögel ist ein immerwährendes Jagen, Verfolgen, Verschlingen und Vernichten der Insecten. Und doch ist die Thätigkeit der bei uns einheimischen Arten nichts gegen die der südlichen Länder.

Das Gefieder der Grasmücke ist unansehnlich, braungrau und an manchen Stellen, namentlich unten am Bauche und unter den Flügeln ins Weißliche schimmernd. Sie lebt meistens auf Bäumen, wo sie Würmer, Raupen und weiche Insecten ablieſt. Sie ist einer der besten Singvögel und wird von vielen gleich hinter die Nachtigall gestellt. Ebenso gehört sie zu den Zugvögeln.

Bei uns leben 4 Arten:

a) Die kleine, graue oder Garten-Grasmücke (Sylvia hortensis). Sie ist 5 Zoll lang, röthlichgrau, und unter dem Bauch weißgrau; ihre Füße sind bleifarben. Sie ist die häufigste Art in den gemäßigten Ländern Europa's und hält sich auf in Gärten und den daranstoßenden Gebüschen. Sie durchkriecht alles Gesträuch, um die Raupen zu vertilgen, frißt jedoch auch Kirschen, Johannisbeeren und

Flieder. Sie macht ein dünnes Nest aus trockenen Grashalmen, welches sie in dichtem Gebüsch, z. B. Fliedergebüsch, verbirgt, legt 5 bläulichweiße Eier, welche braun und aschgrau getüpfelt sind. Meistens legt sie mehrere Nester an, weil sie an den Wegen oft gestört wird. Sie brütet abwechselnd 14 Tage lang; die Jungen sind so scheu, daß sie schon, wenn man sie nur ansieht, aus dem Nest hüpfen, obwohl sie noch nicht fliegen können. Als Zugvogel verlebt sie nur den Sommer bei uns. Sie kommt im April, kurz vor der Nachtigall, bei uns an, und bleibt bis in den September. Ihren angenehmen Gesang läßt sie bis Johannis hören. Sie läßt sich sehr leicht zähmen, dauert aber nicht lange in den Zimmern.

b) Die gemeine oder fahle Grasmücke (Sylvia cinerea). Sie ist 6 Zoll lang, oben von rostgrauer, unten von weißer Farbe; die äußeren Schwanzfedern sind zum Theil weiß, und die Schwungfedern rothbraun gesäumt. Man findet sie in ganz Europa bis tief in Rußland hinein, wo sie sich nicht nur in Gärten, sondern auch in Feldern und Gehölzen aufhält. Sie kriecht fast immer im Gebüsch und Gras umher, um Insecten und deren Larven zu suchen, frißt aber auch Johannisbeeren und Flieder. Sie ist ein sehr lebhafter und stets fröhlicher Vogel, und nur wenn man sich ihrem Neste nähert, hüpft sie traurig und langsam in den Hecken umher. Beim Singen setzt sie sich hoch oben auf einen Zweig und singt bis in den späten Abend, anfangs leise, nach und nach stärker, bis der Gesang kreischend wird, wobei sie sich sogar in die Luft erhebt. Ihr aus Grashalmen und Moos bereitetes Nest steht nahe an der Erde in Dorngebüschen, auch im Grase in der Nähe von Bächen. Sie legt 4 grünliche Eier, welche mit dunklen grünlichen Tüpfeln so bedeckt sind, daß sie ein marmorirtes Ansehen erhalten. Sie brütet zweimal im Jahre. Diese Art ist es, welche nicht selten ein Kukuksei mit ausbrüten muß. Auch sie kommt im April und geht spät im September; läßt sich gleichfalls auch zähmen und füttern wie die Nachtigall.

c) Die geschwätzige Grasmücke, das Müllerchen oder Weißkehlchen (Sylvia curruca). Ihre Länge beträgt 5 Zoll. Oben ist sie röthlich-grau, unten weiß gefärbt, während der Kopf aschgrau und die äußere Schwanzfeder zum Theil weiß ist. Sie ist sehr häufig in ganz Europa, findet sich fast in allen Gärten, wo sie die Hecken durchkriecht und Raupen sucht, doch auch gern die Stachelbeer- und Johannisbeersträucher plündert, und selbst den Flieder nicht verschmäht. Sie singt sehr viel aber nur sehr leise. Im April kommt sie bei uns an und geht im September wieder fort. Ihr einfaches Nest baut sie aus Grashalmen und steifen Haaren in Stachelbeerhecken und jungen Kiefern, legt sechs weiße, am breiten Ende bräunlich- und bläulich-gefleckte Eier, die sie gleich verläßt, sobald man ihr sich nähert und flattert dann ängstlich auf der Erde fort; auch ihre Jungen verlassen bei Annäherung eines Menschen sehr bald das Nest.

d) Die Mönchsgrasmücke oder das Schwarzplättchen (Sylvia atricapilla) ist 6 Zoll lang, oben dunkel- und unten hellgrau; der Scheitel des Männchens ist schwarz, der des Weibchens aber braun. Sie hält sich in Laubwäldern und Gärten auf, findet sich durch ganz Europa, kommt ziemlich häufig vor und ernährt sich von Insecten, Beeren und Kirschen. Sie legt sechs gelblichweiße Eier mit braunen Tüpfeln, zu denen öfters der Kuckuck noch eins hinzufügt. Sie brütet abwechselnd mit dem Männchen. Das Nest, aus Gras, Reisig und Haaren fest zusammengefügt, findet man sehr oft in Weißdornbüschen. Sie ist ein vortrefflicher Sänger, singt bis spät in den Abend hinein, und in Zimmern, wo sie sich leicht und ausdauernd hält, singt sie fast den ganzen Tag und das ganze Jahr hindurch. Ihr Gesang ist sanft, flötenartig und sehr mannigfaltig; das Männchen ahmt sogar der Nachtigall und dem Kanarienvogel nach. Selbst das Weibchen ist etwas musikalisch.

Der Zaunkönig.

Außer dem Namen Zaunkönig (Troglodytes parvulus) hat dieser Vogel noch den Namen Zaunschlüpfer. Er ist ein überaus niedlicher Vogel, der sich aber nicht oft sehen läßt, sondern beständig in Verstecken, z. B. in hohlen Bäumen, in Erdspalten, in Zäunen, und selbst in Scheunen und Ställen umherkriecht, um dort seine Nahrung zu suchen, welche aus Insecten, deren Larven und Eiern besteht; im Herbst frißt er auch Beeren z. B. vom Holunder.

Er ist nicht einmal 4 Zoll lang, hat einen sehr dünnen, runden Schnabel, der an den Seiten etwas zusammengedrückt ist. Sein Gefieder ist von schmutzig rostbrauner Farbe, sein Schwanz ist nur kurz, mit schwarzen Bändern geziert; er trägt ihn beständig hoch, und macht, wenn er einmal an das Tageslicht kommt, beständig Bücklinge, wobei er ein heiseres schrillendes Geschrei hören läßt. Er unterbricht seinen Flug sehr oft, und läßt sich in kurzen Entfernungen nieder, erhebt sich auch nie weit vom Boden.

Sein sehr künstliches Nest hat eine kugelförmige Gestalt, ist dicht aus Moos gewoben, mit Haaren, Wolle und Federn weich ausgefüttert und von vielem Genist aus Blättern und Grashalmen umgeben. Die Oeffnung befindet sich entweder oben, oder an der Seite.

Er brütet abwechselnd zweimal im Jahre, und obwohl er sehr klein ist, so legt er doch etwa 8, öfters noch mehr weiße mit einigen rothen Tüpfeln besprenkelte Eier; die Brütezeit dauert 13 Tage.

Man kann diesen Vogel überall in gebirgigen Waldungen und in Gärten, jedoch nicht zu häufig, antreffen. Im Herbst sucht er mehr die Nähe menschlicher Wohnungen, wo er auch den Winter über bleibt, da ihn sein warmes Gefieder gegen die Kälte schützt. Es wird ihm hier leichter, seine spärliche Nahrung zu suchen, da er, wie die Mäuse, in jede Oeffnung schlüpft.

Ein anderer ihm ganz nahe verwandter Vogel, der auch oft Zaunkönig genannt wird, ist das **Goldhähnchen** (Troglodytes regulus), welcher aber noch kleiner ist. Diese beiden Vögel sind die kleinsten unter den europäischen Singvögeln.

Das Goldhähnchen wiegt kaum ein Quentchen. Seine Farbe fällt in's Gelbgrünliche, und das Männchen hat ein goldgelbes Federbüschelchen auf dem Kopfe, das es, gleich dem Wiedehopfe, aufrichten und niederlegen kann.

Sein liebster Aufenthalt ist in den Schwarzwäldern des höheren Nordens. Im Herbste besucht es jedoch häufig die Gärten, um nach Insecteneiern zu suchen, wodurch es manches Raupennest zerstört.

Es liest jedoch schwebend, wie der Kolibri, die untere Seite der Aeste ab. Seine eigentliche Heimath ist der hohe Norden, und wir erblicken ihn nur im Frühjahr und Herbst als **Zugvogel**. In dieser Zeit, etwa 14 Tage lang, wimmeln unsere Hecken von großen Schaaren dieses Vogels, die, sehr lebhaft umherhüpfend und springend, ein beständiges Gezwitscher hören lassen. Sie flattern dann von einem Baume zum andern, hängen sich selbst verkehrt an die Spitzen der Zweige und sind so dreist, daß man sie mit einem Stocke erreichen kann.

Auch dieser Vogel, obwohl nicht bloß der kleinste Sänger, sondern der kleinste Vogel Europa's überhaupt, hat eine reiche Nachkommenschaft, denn er legt bis 9 fleischfarbene Eier. Sein künstliches Nest, hübsch gerundet, aus Moos und Federn zusammengefügt, hat eine kleine Oeffnung nach oben oder nach der Seite, und ist gewöhnlich an den Enden der Tannenzweige angebracht.

Die Bachstelze.

Der Schnabel dieses Vogels ist dünn, gerade, gestreckt, vorn etwas zusammengedrückt, und daher hat er ein pfriemenförmiges Ansehen. An der Spitze hat er nur einen sehr kleinen, mit dem bloßen Auge nicht bemerkbaren Einschnitt. Die seitlich am Grunde desselben liegenden Nasenlöcher sind nur zur Hälfte offen, die an der Wurzel des Schnabels stehenden Borsten ragen aber nicht über dieselben hinaus. Die Beine sind lang und schlank, er vermag mit ihnen sehr schnell zu laufen, hüpft aber niemals. Der Nagel an der Hinterzehe ist merklich länger als die übrigen und scharf zugespitzt. Die Flügel erscheinen abgerundet, der Schwanz ist auffallend lang und stets in wackelnder Bewegung. Die zwei mittelsten Schwanzfedern sind etwas länger als die übrigen, alle sind in ihrer Mitte am breitesten und haben eine abgerundete Spitze. Auch die Schulterfedern sind sehr lang. Sie hält sich am liebsten an niedrigen, feuchten, aber freien Orten auf Wiesen und Feldern, an Flüssen und Bächen auf, geht selbst in's Wasser, um ihre Nahrung, die aus Insecten besteht, zu suchen. Ihren Schwanz hält sie stets in Bewegung, weshalb sie von den Leuten gewöhnlich „Wippstert" genannt wird. Ihr Nest legt sie in Mauerlöchern, in Holzhaufen und auf ebner Erde im Grase an. Sie ist wenig scheu, dabei aber sehr lebhaft und munter.

Es kommen bei uns drei Arten vor:

1. die **gemeine Bachstelze** (Motacilla alba);
2. die **gelbe Bachstelze** (Motacilla flava);
3. die **graue Bachstelze** (Motacilla sulphurea).

Die **gemeine Bachstelze** (schwarzrückige, weiße, Trauer-Bachstelze, Wippstert, Ackermännchen) ist etwa 7 Zoll lang, wovon der Schwanz die Hälfte beträgt. Auf dem Rücken ist sie dunkel aschgrau, an den Schwung- und mittleren Schwanzfedern schwarzbraun, nur erstere sind noch weißgrau gerändert. Die Stirn, die Wangen, ein seitlicher Halsfleck, fast die ganze Kehle, die Unterbrust, der Bauch bis zum Schwanze, sowie die beiden äußersten Schwanzfedern sind rein weiß. Der Hinterkopf, der übrige Theil der Kehle und die Vorderbrust sind ganz schwarz. Bei den Weibchen und Jungen sind die Farben viel matter und glanzloser.

Dieses sehr nützliche Vögelchen ist durch Europa und Sibirien bis zum hohen Norden hinauf verbreitet und bei uns durchaus nicht selten. Gern hält es sich in der Nähe von menschlichen Wohnungen, in der Nähe der Gewässer und in großen Niederlagen von Klafterholz auf, verläßt uns im October in großen Schaaren und kehrt im Frühjahr so zeitig zurück, daß es nicht selten noch Schnee und Frost antrifft und dadurch in große Noth geräth. Es nistet jährlich zweimal in Gebäuden, in unterhöhlten Ufern, unter Brücken, in Mauerlöchern, in Steinhaufen, in Baumlöchern, zwischen Holzhaufen u. dgl. und bereitet ein großes, sehr dichtes, weiches Nest, das es aus Halmen, Wolle, Federn und Haaren zusammensetzt. Seine 4 bis 8 Eier sind bläulich-weiß mit vielen Punkten von grauer oder brauner Farbe, die namentlich am stumpfen Ende viel dichter sind. Nicht selten legt der Kukuk sein Ei in das Nest dieses Vogels, das er mit vieler Sorgfalt ausbrütet, und mit großer Liebe das gefräßige Junge aufzieht. Es zeigt sich gegen Menschen besonders zutraulich und kann daher leicht gezähmt werden.

Die gelbe Bachstelze (Ackermännchen, Kuhstelze, großköpfige Viehstelze) wird etwa 6½ Zoll lang, ist oben grünlich-grau oder olivengrün, dagegen unten schön gelb. Am Kopf und Nacken ist sie meist graubräunlich, ihre Flügel und die Mittelfeder des Schwanzes sind schwarzbraun, etwas grünlich gesäumt, und die beiden äußeren Schwanzfedern sind fast ganz weiß. Ueber den Augen befindet sich noch ein weißer oder gelblicher Strich, der jedoch bei Einzelnen fehlt. Sie lebt in ganz Europa bis nach Norwegen hinauf, ist auch bei uns sehr häufig, liebt aber mehr die ebneren Gegenden, und man findet sie am häufigsten auf Weiden, unter den Viehherden, wo sie fast immer umherläuft, um dort die Insecten zu fangen, besonders solche, welche Kühe und Schafe plagen, und sie wird dadurch ungemein nützlich. Sie nistet meist nur auf dem Erdboden, unter dichten Pflanzen, und es hält meistentheils schwer, ihr aus trockenen Halmen bereitetes, und mit Federn und Haaren ausgefüttertes Nest zu finden. Sie legt 4 bis 6 blaßgrünliche, mit fleischfarbenen verwaschenen Flecken bedeckte Eier und brütet gewöhnlich nur einmal. Sie ist ein unruhiger, scheuer Vogel, der sich nur ausnahmsweise in der Nähe menschlicher Wohnungen aufhält, und der im Winter südwärts wandert.

Die graue Bachstelze ist bei uns nur selten, und kommt mehr im mittleren und südlichen Europa vor, wo sie die Gebirgsgegenden bewohnt und von dort in gelinderen Wintern nicht einmal fortzieht.

Die Bachstelze gehört zu den Singvögeln, obgleich ihr Gesang nur unbedeutend ist.

Der Pieper.

Obwohl dieser Vogel nicht selten ist, so wird er doch nur wenig gekannt, da er sich vom Menschen ziemlich fern hält. Er hat einen gestreckten, pfriemenförmigen, vorn zusammengedrückten, an der Schneide etwas eingezogenen Schnabel, an dem der Oberkiefer kurz vor der Spitze etwas ausgeschnitten ist. Die Nasenlöcher, welche nahe an der Wurzel desselben liegen, sind zur Hälfte durch eine gewölbte Haut geschlossen, aber nicht von den an der Wurzel des Schnabels stehenden Borsten bedeckt. Die Flügel sind von mäßiger Länge und wenig zugespitzt, dagegen sind die Schulterfedern lang. Die Schwanzfedern verbreitern sich allmälig, sind aber wieder kurz vor dem Ende schräg zugespitzt, und die beiden mittelsten sind die kürzesten. Die Füße sind ziemlich lang, und die Hinterzehe trägt einen langen, gekrümmten Sporn, mit dünner Spitze, wodurch er ebenso, wie in der Farbe, der Lerche ähnlich ist. Früher rechnete man ihn sogar zu den Lerchen, aber er unterscheidet sich doch wesentlich durch die angegebenen Merkmale; dazu hat er einen schlankeren Körper und einen längeren Schwanz, den er, wie die Bachstelzen, häufig bewegt. Er nistet gewöhnlich jährlich nur einmal an niedrigen, feuchten Orten, auf Wiesen rc., nährt sich nur von Insecten und hat einen sehr guten Gesang. Er ist ein Zugvogel, der sich im Herbst in Gesellschaften aus unseren Gegenden entfernt. Dieser Vogel zeigt sich bei uns in drei Arten; diese sind:

1. der Wiesenpieper (Anthus pratensis);
2. der Baumpieper (Anthus trivialis);
3. der Feldpieper (Anthus campestris).

Der Wiesenpieper (Sumpfpieper, Wiesenlerche, Schneelerche, Hüster) ist der kleinste der drei Arten, nur 5 Zoll lang. Auf der Oberseite ist er olivenbraun, mit mehr oder weniger dunkelschwarzbraunen Flecken, auf der Unterseite weißlich oder rostgelblich, auf der Brust und an den Seiten aber dicht mit braunen schwarzen Flecken bedeckt. Die äußeren Federränder des Schwanzes und der Flügel sind hellolivenfarbig und die beiden äußeren Schwanzfedern sind fast ganz weiß. Der Nagel der Hinterzehe ist länger als die Zehe selbst und nur sehr wenig gebogen. — Er ist in ganz Europa, mit Ausnahme des östlichen Theiles, zu Hause, kommt selbst noch auf Island vor und ist bei uns nicht selten. Am liebsten bewohnt er Wiesen und Moräste, besucht nur auf seinem Zuge die Felder und vermeidet überhaupt Waldungen und Gebirge. Zuweilen setzt er sich auf Bäume und Gebüsch, hüpft aber nicht darauf herum, sondern hat den Kopf in die Brust gezogen. Er singt sehr angenehm, fast wie der Kanarienvogel, wobei er auf der Erde sitzt, oder auch, wie die Lerchen, etwas in die Höhe steigt. Sein ziemlich kunstloses Nest aus Halmen und Haaren steht in einem Rasenbusch oder auch in den Fußtapfen des Rindviehes. Seine Eier, deren er 5 bis 6 legt, sind röthlich und stark purpurroth gefleckt. — Bevor er unsere Gegend verläßt, versammelt er sich zu Tausenden und hält sich dann meistens unter Schafheerden auf, denen er die Bremsen und Zecken abliest, weshalb man ihm auch den Namen Schaflerche gegeben hat. Er ist in dieser Zeit sehr fett und sein Fleisch außerordentlich wohlschmeckend, daher fängt man ihn auch in großer Anzahl in Lerchennetzen. — In Frankreich verzehren diese Vögel eine Menge Trauben, wobei man sie gleichfalls fängt und unter dem Namen Bec-figue et Vinette auf die Tafeln bringt. Auch in Italien werden sie zahlreich gefangen.

Der Baumpieper (Haide- oder Spießlerche) ist etwas größer als der vorige, 5½ Zoll lang. Auf dem Rücken ist er grünlich braungrau und schwarzbraun gefleckt. Die weiße Kehle ist mit einem braunen Striche eingefaßt, die Brust aber ist von rostgelber Farbe und mit braunen Flecken geziert, welche nach dem weißen Bauche hin sich verlieren. Die dunklen Flügel durchziehen zwei gelbe Querbinden, der Schwanz ist schwarzbraun und nur die beiden äußeren Federn sind zur Hälfte weiß. Der Nagel der Hinterzehe ist wieder länger als die Zehe und halbmondförmig gekrümmt. Die Füße und Nägel haben eine Fleischfarbe. — Er findet sich durch ganz Europa verbreitet und ist auch bei uns häufig. Als Zugvogel kommt er im April an und zieht im October oder November wieder fort, streicht aber vorher, doch nur in kleinen Gesellschaften, noch in den Feldern und Gärten umher. Beim Laufen schlägt er den Schwanz ab und zu nach unten. — Er bewohnt besonders bergige und waldige Gegenden, in deren Nähe feuchte Plätze sich finden. Auf das Feld wagt er sich nicht weit hinaus, er liebt überhaupt die Einsamkeit, wo er sehr gern auf einer Baumspitze sitzt. Von da steigt er oft eine kleine Strecke in die Luft und läßt im Herabsteigen seinen Gesang hören, der sogar einige Aehnlichkeit mit dem der Nachtigall hat. Sein wenig kunstvolles, aus Halmen und Haaren zusammengesetztes Nest baut er auf der Erde unter hohen Kräutern, niedrigen Gebüschen, alten Baumwurzeln und Rasenstücken theils auf offenen Waldplätzen, theils auf Bergwiesen und in wenig besuchten Gärten. Die 4 bis

5 Eier haben einen röthlichgrauen Grund und sind verschieden gefleckt und mermorirt. Wenn man sich dem Neste nähert, so flattern die Alten auf den nächsten Baumspitzen herum, und lassen so lange, bis man sich wieder entfernt hat, ein ängstliches Piepen hören.

Der Feldpieper ist der größeste der drei Arten, ist aber bei uns sehr selten und findet sich eigentlich nur im Herbste in kleinen Gesellschaften auf unseren Brachäckern. — Eine vierte Art, der Wasserpieper (Anthus Spinoletta) lebt an den Gewässern der Gebirge des mittleren und südlichen Europa's.

Der Pieper gehört zu den Singvögeln.

Die Schwalbe.

Kein Vogel hat sich so dem menschlichen Schutze anvertraut, wie die Schwalbe, denn sie lebt stets in seiner nächsten Nähe, nistet an und in seinem Hause, und wird von Jedem mit aller Sorgfalt gehegt und geschützt. Erwachsene und Kinder halten sie für eine liebe Freundin, und unter den Landkindern herrscht allgemein der Glaube, daß es eine große Sünde sei, Schwalben und ihre Jungen zu tödten. Ist aber nicht auch die Schwalbe eines solchen Schutzes werth? — Gewiß; bedenke man nur, welchen unendlichen Nutzen sie gewährt, und welche Fülle von Erinnerungen sich an ihr Erscheinen knüpfen! Oder sollte man das Gastrecht verletzen, das sie so vertrauensvoll in unserer Nähe sucht? — Die Schwalbe ist ein Zugvogel, der immer und immer wieder unsere Aufmerksamkeit in Anspruch nimmt. Im Frühjahr, wenn das Eis und der Schnee weggeschmolzen sind, warme, erquickende Lüfte nach langer Winterkälte wehen, die Mücken tanzen und die Fliegen summen, dann kommen die Schwalben zu uns. Sie waren weit fort von uns, in einem ganz anderen Erdtheile, in Afrika, und nun kommen sie weit über ein großes Meer, über Berge und Thäler und weite Landstrecken, um uns die ersten Frühlingsboten zu sein. Wer hat ihnen aber gesagt, daß wieder Fliegen und Mücken in der Luft umherschwirren und zu ihrer Speise bereit sind? Wer zeigt ihnen den Weg durch die Luft, wo keine Straße abgesteckt, kein Wegweiser hingestellt ist? — Es verliert keine den Weg, jede kommt wieder am rechten Orte an und zu rechter Zeit. Dieselbe Schwalbe, die vergangenes Jahr in unserem Hausflur ihr Nest baute, kommt auch dieses Jahr wieder zu dem ihr wohlbekannten Hause, und auch ihre Kinder bauen sich in der Nähe ihr Nest, das sie das künftige Jahr wieder aufsuchen.

Welche Kunstfertigkeit und Einsicht verrathen sie aber bei Anlegung ihres Nestes! Sie bauen dasselbe gerade so groß, wie es für die Eier nöthig ist, die sie legen werden, nämlich so groß, daß sechs bis acht Junge darin Platz haben. Das Weibchen macht zuerst an dem Orte, wo das Nest angebracht werden soll, mit dem Männchen gemeinschaftlich eine Unterlage. Alsdann setzt es sich auf diese nieder, dreht den Kopf und die Füße nach allen Seiten hin und her, mißt den Raum für sich und seine künftige Familie, drückt und knetet die feuchte Erdmasse, welche das Männchen herbeischafft, fest zusammen, und giebt mit dem Schnabel und den Füßen, sowie durch öfteres Herumdrehen des Körpers dem Neste diejenige Gestalt und Größe, die seinen Bedürfnissen auf das Genaueste entsprechen. Sonst verstehen es meist nur die Weibchen, das Nest zu bauen und einzurichten; bei den Schwalben verstehen es aber auch die Männchen, und helfen getreulich mitformen, wenn Material genug da ist. Sie handeln hierbei mit großer Weisheit und Ueberlegung! Da wird jeder Baustein sorgfältig geformt, mit einem Stückchen Halm untermischt und sorgsam auf- und aneinander gefügt. Aber wenn der Bau Festigkeit erlangen soll, so darf er nicht eilfertig gebaut werden. Gleichwie der Baumeister einen großen Bau eine Zeit lang unterbricht, um ihn gehörig austrocknen zu lassen, damit er nicht später zusammensinke, so thun auch die Schwalben. Ihr kunstvoller Bau wird meist nur des Vormittags weiter geführt, des Nachmittags muß er austrocknen und fest werden. Aber für all diese Weisheit und diese Kunstfertigkeit hat ihnen der allweise Weltregierer den Trieb schon bei der Geburt verliehen, der auch sonst so väterlich für seine Geschöpfe sorgt. Darum fliegen sie getrost bei Tag und Nacht, ohne Angst und Sorge, ob sie auch Nahrung finden werden. Ueberall, wohin sie kommen, ist schon der Tisch für sie gedeckt. Und ist es mit den übrigen Vögeln und mit den übrigen Geschöpfen anders? Auch für sie waltet dieselbe Vorsehung und darum müssen wir immer wieder und wieder zu der Natur zurückkehren, um dieses wunderbare Walten der Vorsehung jenes allmächtigen Wesens immer tiefer erkennen zu lernen. Doch leitet uns die Beobachtung eines Geschöpfes mehr als des anderen zu jener Einsicht an.

Weil aber nun den Schwalben eine höhere unsichtbare Hand bauen hilft, darum wird das Nest auch so gut und fest, daß die Jungen vor Wind und Regen trefflich geschützt sind, und daß die Alten viele Jahre lang ihr altes Haus stets wohlerhalten finden, und immer von Neuem ihre Eier hineinlegen können.

Wie treu die Schwalben übrigens an ihr Nest und an ihre Nachkommenschaft hängen, sehen wir an folgenden Erzählungen. Ein Naturfreund band einem Schwalbenpaar, die in seinem Hause nisteten, einen Seidenfaden an die Beine, um sie wieder zu erkennen; und siehe, sie kehrten achtzehn Jahre lang in dieselben Nester zurück, die so gut angelegt waren, daß selten eine Ausbesserung vorgenommen wurde. — Die andere Erzählung ist folgende: Man nahm eine Rauchschwalbe zur Zeit, als sie brütete, verschloß sie in einen Käfig, und reiste mit ihr viele Meilen weit fort; dann gab man ihr wieder die Freiheit. Der Vogel erhob sich erst hoch in die Luft, als wollte er sich umschauen und zurecht finden. Nachdem er sich so umgeschaut, richtete er alsbald seinen Flug genau nach der Stelle hin, wo er die junge Familie verlassen hatte.

Weil nun aber die Schwalbe sich so gut in der Luft zurecht zu finden weiß, so hat man sie seit den ältesten Zeiten als Boten benutzt. Fabius Pictor erzählt, daß, als eine römische Besatzung von den Ligustinern belagert wurde, man ihm eine von den Jungen genommene Schwalbe zuschickte, damit er ein Fädchen an ihre Füße binden und durch Knoten die Zahl der Tage angeben möchte, nach deren Verlauf er zum Entsatz herbeikommen könnte, wo dann die Besatzung einen Ausfall machen würde. Als die Schwalbe wieder in Freiheit gesetzt wurde, kehrte sie unverzüglich zu ihren Jungen zurück und der Versuch gelang vollkommen.

Nur wenige Vögel wissen so schnell und geschickt zu fliegen, wie es die Schwalbe vermag. Sie bewegt sich daher auch fortwährend in der Luft, und nur selten läßt sie sich auf den Zweig eines alleinstehenden Baumes nieder. Da sie sogar ihre Nahrung im Fluge erhascht, so hat sie lange, an festen Muskeln befindliche Flügel bekommen, mit denen sie sehr leicht die Luft zu durchschneiden und schnell zu segeln vermag. Zu schnellen Wendungen, die sie beim Fang der Insecten machen muß, ist der getheilte gabelförmige Schwanz besonders geschickt. Wenn man bedenkt, wie viel tausend Mal dieses kleine Vögelchen seine Flügel den Tag hindurch schwingen muß, und doch bis zum späten Abend frische Kraft behält, so muß man die Weisheit des Schöpfers bewundern, daß er gerade in die kleinen Muskeln der Flügel so viel Kraft und Ausdauer legte. Es ist überhaupt erstaunlich, wie schnell die Vögel die Luft durchschneiden. Fast jeder große Vogel vermag in einem Tage 125 Meilen zurückzulegen, die

Schwalbe aber fliegt in einer Stunde 10 Meilen, also in einem Tage 240 Meilen. Wie außerordentlich schnell muß sie demnach das Ziel ihrer Reise erreichen, wenn sie im Herbst über Land und Meer aus unseren Gegenden fortzieht und mit dem ersten Frühlinge als eine Botin desselben zurückkehrt. Vermuthlich aber ruht sie auf ihren Reisen in der Nähe großer Teiche und Seen aus, um sich zu erholen. Aber eine tüchtige Strecke Weges mag sie wohl mit einem Male zurücklegen.

Da bei der Schwalbe die Flügel entschieden die Hauptsache sind, und da sie so außerordentlich wenig zum Sitzen und noch weniger zum Gehen kommt, so sind auch ihre Füße nur schwach und klein gebildet, um den Flug so wenig als möglich zu behindern. Dasselbe gilt auch vom Schnabel, welcher nur leichte und wenig umfangreiche Nahrung aufzunehmen hat. Er ist sehr klein und dünn, dabei umgebogen und pfriemenförmig, um desto besser die Luft zu durchschneiden. Sie vermag ihn aber sehr tief aufzusperren, denn er ist sehr tief geschnitten, damit sie möglichst leicht die Insecten fangen kann.

Im Herbst versammeln sich die Schwalben in großen Schaaren, üben sich einige Wochen vorher, als wollten sie sich auf die große Reise vorbereiten und verschwinden dann plötzlich über Nacht. Aber Niemand hat es bemerkt, auch ebenso wenig, wenn sie im Frühjahr zurückkehren. Sie sind da, sie sind hinweg, und man weiß nicht woher sie kommen, wohin sie gehen. Deshalb verbreiteten sich die wunderlichsten Ansichten über die Schwalbe. Da meinte man, daß sie in hohlen Bäumen, in Felsen, in ödem Gemäuer, ja sogar in Morästen von Seen und Teichen überwinterten, und daß sie einen förmlichen Winterschlaf hielten. Jetzt wissen wir aber, daß sie gleich den andern Zugvögeln nach Süden ziehen und dort den Winter über in wärmeren Ländern ihre gewohnte Lebensweise fortsetzen, denn bei uns finden sie während des Winters keine Insecten, die in der Luft umherschwirren.

Gewöhnlich geschieht ihre Abreise im September, und ist die Witterung mild, erst im October. Zuweilen werden einige, wenn sie der Insecten wegen an Sümpfen und Flüssen zu lange verweilen, von der Kälte übereilt, erstarren dann und versinken in den Schlamm. Diese sterben und können im Frühjahr weder durch die Sonnenwärme, noch durch künstliches Erwärmen in's Leben zurückgebracht werden. Allein eben so, wie im Herbste Einige sich verspäten, kommen auch Andere im nächsten Jahre zu früh an, werden von den Spätfrösten in Erstarrung versetzt, und liegen in einer Art von Scheintod da.

Diese sind es, welche durch die belebende Kraft der Sonne oder durch künstliche Wärme wieder erweckt werden können, weil sie nur kurze Zeit in ihrem todähnlichen Zustande verbleiben. Da aber dergleichen Erscheinungen nicht selten sind, und selbst aus dem Wasser gefischte Schwalben wieder aufthaueten, so glaubten viele Leute an den Winterschlaf dieser Vögel. — Vor mehreren Jahren setzte die Regierung zu Königsberg eine Belohnung von zwei Dukaten für jede im Winter gefundene und in der Stube wieder belebte Schwalbe aus, aber es ist nicht bekannt geworden, daß Jemand die Dukaten verlangt hat. Hielten die Schwalben in der That einen Winterschlaf, so müßte man Viele derselben nicht nur fast überall finden, und sie namentlich nicht erst in der Mitte des Aprils, sondern auch schon im Januar, Februar und März sehen, wenn wir einen äußerst gelinden Winter haben, wie es z. B. 1843 der Fall war. So gut wie da Insecten und Käfer herauskamen, welche sonst erst im Mai erscheinen, ebenso würden auch die Schwalben sich gezeigt haben; aber von ihnen war keine Spur.

Eine Art von Zutraulichkeit der Schwalben wird durch die Gewohnheit dieser Thierchen begründet, sich dicht an den Wohnungen der Menschen anzubauen. Wissen wir doch, daß sie selbst in die Zimmer kommen, und, wenn ihnen der Zugang offen gelassen wird, sogar darin nisten. Selbst die Bibel erzählt uns ein Beispiel, denn Tobias erblindete davon, daß eine Schwalbe ihm den frischen Koth in die Augen fallen ließ. — Eine Geschichte von der Zutraulichkeit der Schwalben erzählt uns auch Otto von Kotzebue in seiner „neuen Reise um die Welt,“ die uns gleichzeitig noch einen Beleg für die Zärtlichkeit zu ihren Jungen liefert. „Als wir,“ sagt er, „bei Kamtschatka im Peter-Paulshafen vor Anker lagen, baute ein Schwalbenpaar ruhig sein Nest nahe bei meiner Kajüte. Ungestört von dem Lärm der Arbeiten auf dem Schiffe, brütete das liebende Paar seine Jungen glücklich aus, fütterte sie mit der zärtlichsten Sorgfalt und zwitscherte ihnen liebliche Lieder vor. Da entfernte sich plötzlich ihre friedliche Hütte vom Lande. Sie schienen darüber in Erstaunen zu gerathen und umkreisten ängstlich das immer weiter eilende Schiff, holten aber doch noch vom Lande Nahrung für ihre Jungen, bis die Entfernung zu groß wurde. Da ging der Kampf zwischen Selbsterhaltung und Elternliebe an. Lange noch umflogen sie das Schiff, verschwanden dann auf einige Zeit, kehrten plötzlich wieder, setzten sich zu ihren hungrigen Jungen, die ihnen die offenen Schnäbel entgegenstreckten, und schienen sich zu beklagen, daß sie keine Nahrung für sie finden konnten. Dieses Verschwinden und Wiedererscheinen dauerte noch einige Zeit. Endlich blieben sie aus und nun nahmen sich die Matrosen der Verwaiseten an."

Eine andere Erzählung desselben Reisenden zeigt uns sogar, daß die Schwalben so zahm und zutraulich wie viele andere Vögel werden können. Als er 1823 in der Nähe des Aequators segelte, kam eine Schwalbe auf sein Schiff, die, da das Land mehrere hundert Meilen entfernt war, sehr müde sein mochte. Sie verließ das Schiff nicht wieder und wurde bald so zahm, daß sie sich auf die Hand setzte und die dargebotenen Fliegen verzehrte. Auf einem Schiffe ist ein solcher Gast immer willkommen. Jeder meinte es gut mit der Schwalbe, und darum erhielt sie, bei weniger Bewegung, bald so viel Fliegen, daß sie sich den Magen verdarb und dadurch umkam.

Das ganze Schwalbengeschlecht zählt wohl an 38 Gattungen, doch sind von denselben, als bei uns einheimische, nur folgende Arten bekannt:

1. die Hausschwalbe (Hirundo urbica);
2. die Rauchschwalbe (Hirundo rustica);
3. die Uferschwalbe (Hirundo riparia);
4. die Mauerschwalbe (Hirundo apus).

Die Hausschwalbe (Fenster-, Stadt- oder Mehlschwalbe) erreicht eine Länge von 5 bis 6 Zoll, hat einen bläulich-schwarzen Rücken, eben so gefärbte Schwingen und einen weißen Bauch. Die Füße sind bis an die Nägel mit weißlichen Federn bedeckt. Der breite Schwanz ist tief gegabelt und mit Ausnahme der weißen Unterseite einiger Federschafte ganz schwarz.

Sie läßt sich erst im Mai sehen und verläßt uns auch früher als die anderen Arten. Man trifft sie bei uns immer nur in der Nähe menschlicher Wohnungen, in Dörfern und Städten, an welche sie ihr Nest anklebt, wo möglich so, daß es von oben durch irgend ein Brett oder durch eine Mauerkante, wie bei den Kirchenfenstern, geschützt ist. Das Nest ist wie ein Backofen zugerundet, aus Erdklümpchen bereitet, welche im Schnabel zusammengetragen und mit dem Speichel zusammengeleimt werden. Inwendig ist das Nest mit Federn ausgelegt und wird immer sehr reinlich gehalten. Der Eingang ist sehr klein, damit nicht unberufene Gäste eindringen. Dennoch verdrängt sie nicht selten der Sperling, welcher ohne Umstände den Eingang vergrößert und mit großer Unverschämtheit seine Wohnung darin aufschlägt. Wie er überhaupt daran gewöhnt ist, sein Nest mit großer Liederlichkeit herzurichten, so zeigt sich dies auch hier, denn lange Strohhalme und Fäden aller Art hängen meist aus der geraubten Wohnung heraus.

Es ist merkwürdig, mit welcher Kunst und Fertigkeit sowohl die Haus-, als auch die Rauchschwalbe ihr Nest verfertigen, das sie in 10 bis 12 Tagen vollenden und stets nur die Morgenstunden zu dieser Arbeit benutzen. Mit der Erde und dem Lehm verbinden sie gern kleine Hälmchen von Stroh oder auch kurzen Mist, um dem Bau größere Festigkeit zu verleihen. Bei genauer Besichtigung findet man die einzelnen Theile sehr regelmäßig über einander geschichtet, und das Ganze scheint aus lauter viereckigen Stücken zusammengesetzt. Es ist so fest zusammengefügt, daß man Gewalt gebrauchen muß, um ein solches Nest loszureißen oder zu zerbrechen. — Sie legt während des Sommers mindestens zwei Mal 4 bis 6 weiße, braun punktirte Eier, welche von beiden Geschlechtern gemeinschaftlich ausgebrütet werden. — Diese Art ist durch ganz Europa bis hoch in den Norden verbreitet, kommt aber auch in Asien (z. B. in Sibirien) und Nordafrika vor.

Die Rauchschwalbe (Küchen-, Stachel-, Feuer- oder Spießschwalbe) ist größer als die Hausschwalbe und wird etwa 6 bis 7 Zoll lang. Ihre Oberseite ist blauschwarz mit violettem Glanze, an der Stirn und an der Kehle ist sie schmutzigroth, auch die Brust ist noch schwarz und nur die Unterseite weißlich. Die Schwanzfedern haben auf der Unterseite einen schrägen, weißen Fleck, wodurch der Schwanz, wenn er ausgebreitet ist, mit einem weißen Bande durchzogen zu sein scheint. Die Rauchschwalbe hat vorzugsweise wegen ihres langen Gabelschwanzes zu der Benennung „Schwalbenschwanz" Veranlassung gegeben. Die beiden äußersten Federn sind so bedeutend verlängert, daß sie über die sehr langen zusammengelegten Flügelspitzen hinausragen, was bei der Hausschwalbe nicht der Fall ist. Ihre Füße sind dagegen nackt.

Auch sie hält sich am liebsten in der Nähe menschlicher Wohnungen auf, und ist ebenso zahlreich in Städten wie auf Dörfern. Sie hält sich aber mehr in den Vorstädten, in der Nähe von Gärten und Scheunen, überhaupt immer da auf, wo die Hausschwalben seltener sind. Ihr offenes Nest baut sie an die Dachgiebel, innerhalb der Häuser, der Ställe, in Scheunen, Rauchfängen, Ziehbrunnen und Kohlenschachten. Während die Hausschwalbe stets das alte Nest benutzt und höchstens etwas ausbessert, baut die Rauchschwalbe stets ein neues Nest, das sie auf dem alten errichtet. Ihre 5 bis 6 Eier sind weiß, violett und dunkelbraun getüpfelt. Sie ist am ungeduldigsten, in ihre europäische Heimath zurückzukehren, und kommt früher, als ihre Verwandten an. Von der letzten, der zweiten Brut, bleiben oftmals einige so schwach, daß sie den Alten im Herbste nicht folgen können, wenn diese fortziehen. Diese Armen müssen dann umkommen, und man findet sie hin und wieder auf freiem Felde todt. Der Elternschmerz ist jedenfalls nicht gering, wenn sie ihre Kinder so hülflos zurücklassen müssen, denn die Rauchschwalben ätzen die Jungen sehr fleißig, später auf trockenen Zweigen und selbst flatternd und schwebend in der Luft, was wohl kein anderer Vogel thut.

Die Uferschwalbe (Erd-, Wasser-, Rhein- oder braune Schwalbe) ist nur 5½ Zoll lang, also die kleinste, unter den einheimischen Arten. Sie ist auf dem Rücken und an der Brust grauschwarz mit einem bräunlichen Schimmer, an der Kehle und unterhalb am Bauche weiß. Der Schwanz ist ziemlich stark gegabelt. Ihre Füße sind nur sehr wenig befiedert.

Sie hat ihren Aufenthalt gewöhnlich an festen Ufern stehender und fließender Gewässer, oder auch in Lehm und Sandgruben, in deren steile Wände sie oben am Rande tiefe, 6 bis 7 Fuß lange Röhren vermittelst ihres Schnabels und ihrer Krallen eingräbt und am äußersten Ende dieselben erweitert, um daselbst sich ein weiches Nest zu bereiten, das aus Halmen und Federn besteht. Zuweilen benutzt sie auch die unter Baumwurzeln angelegten Gänge der Wasserratten, wenn dieselben sich daraus entfernt haben. Sie legt gewöhnlich zwei Mal des Jahres 3 bis 5 meist ganz weiße Eier.

Sie schwebt am liebsten über den Wasserspiegel hin, wo sie die hier umherschwirrenden Wasser-Insecten wegfängt. Es halten sich immer mehrere Pärchen zusammen, und nicht selten durchfliegen sie die Luft gemeinschaftlich mit ziemlich starkem Geschrei.

Die Mauerschwalbe (Kirch-, Stein-, Thurmschwalbe oder Mauersegler) hat einen sehr kurzen, fast dreieckigen Schnabel, welcher am Grunde platt gedrückt und an der Spitze stark nach unten gekrümmt ist. Er besteht eigentlich nur aus einem schmalen Hornrande und ist tief gespalten, wodurch der nicht mit Federborsten besetzte Rachen sehr groß wird. Ihre Flügel sind außerordentlich lang, denn sie überragen den stark-gabelförmigen Schwanz, wenn sie zusammengeschlagen sind, sehr bedeutend. Dagegen sind ihre Füße außerordentlich kurz und alle 4 Zehen nach vorn gerichtet, also eigentliche Klammerfüße, während bei den anderen Arten drei nach vorn und eine nach hinten gerichtet sind. Auch die Zehen sind sehr klein, aber mit starken, scharfen Nägeln versehen, weshalb sie sich an Mauern und Wänden sehr gut anklammern kann. Sie ist größer als die anderen Schwalben, wird 7 bis 8 Zoll lang und hat vollständig befiederte Füße gleich der Hausschwalbe. Mit Ausschluß der weißgraulichen Kehle und der Stirn, ist sie am ganzen Körper rußschwarz, nur schillert das Gefieder in einem eigenthümlich grünlichen Schimmer. —

Man trifft diese Art in ganz Europa, den hohen Norden ausgenommen, an; sie findet sich aber auch noch im westlichen Asien. Bei uns ist sie im Sommer sehr gemein, und hält sich am häufigsten auf Thürmen, Kirchen, alten Schlössern, überhaupt in alten hohen Gemäuern auf, wo sie unter Dächern oder in Mauerlöchern ihren Zufluchtsort nimmt. Uebrigens ruht sie auch hier am Tage, und nur des Morgens und Abends fliegt sie auf Nahrung aus. Sie liebt die Höhe und kommt daher nie zu den menschlichen Wohnungen oder gar auf die Erde herab. Ihr Nest bereitet sie ebenfalls auf jenen Höhen mit wenig Kunst, indem sie verschiedenartige Stoffe mit ihrem Speichel überzieht, der einem gummiartigen Leime gleicht, oder sie vertreibt selbst die Sperlinge aus ihrem Neste und ändert dasselbe nach eigenen Bedürfnissen um. Sie legt 3 bis 4 gelblich-weiße, grau besprengte Eier, die abwechselnd vom Weibchen und Männchen ausgebrütet werden. Gewöhnlich brütet sie nur ein Mal, denn sie kommt erst spät im Frühling bei uns an und zieht schon im August wieder südwärts. Oft fliegen sie zu ganzen Schaaren, namentlich kurz vor ihrem Abzuge, um die Thürme herum und lassen dabei ein durchdringendes Gekreisch hören. —

Die Schwalben gehören zu den allernützlichsten Vögeln, obwohl wir sie weder essen, noch sonst Etwas von ihnen benutzen. Sie vertilgen nämlich eine unübersehbare Menge schädlicher Insecten, und wenn sie hin und wieder eine Biene wegschnappen, so ist dieser Schaden im Verhältniß zu ihrem Nutzen nur ein sehr geringer. Der Landmann erkennt dankbar den Nutzen der Schwalben an, indem er sie hegt und pflegt, und es sogar gern sieht, wenn sie an seinem Hause, in seinen Ställen oder in seiner Scheune nisten; sie sind ihm geheiligte Vögel. In Italien und Spanien ist es freilich anders, denn dort werden sie vielfach gefangen und selbst auf den Märkten als eßbare Vögel feilgeboten. Es ist dies freilich ein Gebrauch, der durchaus nicht zu loben ist, da es an besseren Nahrungsmitteln nicht fehlt, und diese Thiere lebendig weit nutzbarer sind. Aber es geht den Schwalben nicht anders in diesen Ländern, wie jedem anderen Vogel, denn hier herrscht überhaupt die Sitte, jeden Vogel, namentlich die Singvögel, wegzufangen und zu verspeisen.

Eine ganz besondere Schwalbenart ist die Salangane oder eßbare Schwalbe (Hirundo esculenta), die noch kleiner als der Zaunkönig ist. Sie bewohnt die ostindischen Inseln und ist sehr berühmt durch die eßbaren Nester, welche sie an Felsen in fast unzugänglichen Klippen baut. Aber der Mensch weiß jene gefährlichen Stellen zu erklimmen mit Hülfe von Leitern und Stricken, und setzt selbst sein Leben auf's Spiel, um die kostbaren Nester, wovon das Pfund oft mit 5 Friedrichsd'or bezahlt wird, zu gewinnen. Die Materie, woraus diese Nester bestehen, gleicht einer eingetrockneten, thierischen Gallerte, ist gelblichweiß und durchscheinend. Ob Schleimthiere des Meeres oder auch Meergewächse den Stoff liefern, ist noch nicht völlig ermittelt. Ohne Gewürz ist der Geschmack fade, und überdies sind diese Nester sehr schwer zu verdauen. Sie bilden einen Napf, etwa von der Größe eines Suppenlöffels und haben auch ungefähr die Dicke desselben. An der Seite, mit welcher sie am Felsen angeheftet waren, sind sie breiter. Sie sehen etwa aus, als wären sie aus frischem Brotteig geknetet. Wenn man sie genießen will, so müssen sie erst 24 Stunden lang in warmem Wasser eingeweicht werden, alsdann werden sie in Längsfasern zerzupft, wobei die kleinen eingeklebten Federchen abgesondert werden, und nun werden diese Fasern in Fleischbrühe gekocht. — Die Chinesen sind sehr begierig nach dieser Speise, weil sie dieselbe für äußerst stärkend halten. Nach des Engländers Crawfurd's Angabe von 1821 werden aus Java jährlich 270 Centner nach China gebracht, von den Suluk-Inseln 715 Centner, aus Makassar 40, im Ganzen jährlich von allen Inseln zusammen etwa 2,224 Centner im Werth von 284,290 Pfund Sterling. —

Die Schwalben gehören zu den **Singvögeln**. Im Fluge zwitschern sie nur; erblicken sie aber einen Raubvogel, eine Katze u. dergl., so erheben sie ein durchdringendes, abgebrochenes Geschrei, worauf alle aus der Nachbarschaft herbeieilen und den Feind muthig verfolgen. Wenn sie dagegen sitzend auf einer Dachlatte sich ausruhen, so lassen sie manchmal einen sanften, ganz eigenthümlichen Gesang hören, als dächten sie schon an das warme Land, das keinen Schnee und keine Kälte kennt, und wiederum auch, als wollten sie ihrer kälteren Heimath ein zärtliches Abschiedslied singen. Es liegt in den unscheinbaren Tönen des Schwalbengesanges eine gewisse Wehmuth, etwas für ein empfängliches Gemüth sehr Ergreifendes und Bedeutungsvolles. Die Landleute haben diesem Gesang, der in kurzen Zwischenräumen wiederkehrt, folgenden Text untergelegt: „Da ich fortzog, da ich fortzog, waren alle Kisten und Kasten voll; da ich wieder kam, da ich wieder kam, war Alles wüst und leer."

Die Nachtschwalbe.

Die europäische Nachtschwalbe (Caprimulgus europaeus), auch Geismelker, Ziegenmelker, Tagschläfer und Nachtschatten genannt, hat die Größe der Singdrossel, denn sie ist 10 bis 11 Zoll lang. Ihr Kopf, der durch einen sehr kurzen Hals mit dem Rumpfe verbunden ist, hat zu ihrem ganzen Körper eine unverhältnißmäßige Größe, die noch mehr hervortritt durch den ungemein kurzen Schnabel, der an seiner Basis sehr breit und niedergedrückt ist. An der Spitze dagegen ist er sehr schmal, schwach und biegsam. Dabei ist er sehr tief, sogar bis hinter die großen Augen gespalten, und bildet, wenn sie ihn aufsperrt, eine sehr weite Oeffnung.

Durch dieses Mißverhältniß, welches durch den großen Kopf, die großen Augen und den kurzen, aber sehr weiten Schnabel so auffallend hervorsticht, daß der Vogel einen unangenehmen Eindruck macht, hat aber der Schöpfer eine für die Lebensweise des Thieres höchst zweckmäßige Einrichtung getroffen, indem es erst dadurch recht geschickt wird, seine Nahrung zu fangen. Ja, am Grunde ist der Schnabel sogar noch mit starken elastischen Bartborsten besetzt, die ein vortreffliches Hülfsmittel zum Erschnappen großer Insecten abgeben.

Die Nasenlöcher sind rund, mit einer weichen, zusammenziehbaren Haut umgeben und zu fernerem Schutze von den Stirnfedern überschattet. Die Ohröffnungen sind, gleich den Augen, groß, und gleich jenen ganz zum Gebrauche während der Nacht eingerichtet.

Ihre Flügel sind, da sie viel gebraucht werden, lang und von starken Muskeln unterstützt. Die Federn derselben, so wie das Gefieder überhaupt, sind sehr weich, wodurch ihr Flug so leise wird, daß man ihn bei der größesten Ruhe in der Natur nicht hört. Die Füße dagegen sind kurz und fast bis zu den Zehen befiedert. Auch die Zehen sind nur kurz und am Grunde durch Häute verbunden, also eigentliche Sitzfüße. Nur die Mittelzehe macht eine Ausnahme, denn diese ist bedeutend länger, am Innenrande sogar verbreitert und kammförmig gezähnt. Die Hinterzehe ist beweglich und kann mit Leichtigkeit nach vorn gewendet werden. Ihr Schwanz ist zwar auch lang, wie bei den Schwalben, aber nicht gegabelt, sondern abgerundet, daher die äußeren Federn kürzer als die mittleren sind.

Das Gefieder ist, wie bei allen Nachtvögeln, dunkel. Oben ist es hell aschgrau, und mit unzähligen dunkelbraunen Pünktchen, unregelmäßigen Linien und einzelnen schwarzen Strichen bedeckt; unten ist es rostfarbig und mit schwarzen Wellenlinien überstreut. Das Männchen hat an der Spitze des Schwanzes einen weißen Fleck, der bei dem Weibchen nur klein, von rostgelber Farbe und schwarz punktirt ist.

Es ist dieser Vogel so recht eine Schwalbe der Nacht, denn am Tage kann er sich so wenig behelfen, daß man ihn schon mit der Hand gefangen hat. Dagegen bei Einbruch der Dämmerung ist er ein sehr schneller Vogel, der, gleich den Tagschwalben, die Luft pfeilschnell durchschneidet und die ganze Nacht zu fliegen scheint, denn man kann ihn auch noch in der Morgendämmerung beobachten. Er fängt seine Nahrung nur im Fluge, und daher ist ihm sein großer Rachen, der sich bei keinem Vogel in solcher Größe wiederfindet, ein nothwendiges Bedürfniß. Dazu kommt noch, daß ihm Fliegen und Mücken weniger genügen, er bedarf zu seiner Sättigung größerer Thiere, als Nacht- und Dämmerungsfalter, Schnaken, Käfer u. s. w., welche er bis in die Nähe menschlicher Wohnungen, ja selbst bis in die Häuser und Ställe verfolgt.

Gleich allen Nachtvögeln hat er für die meisten Menschen etwas Unheimliches, und selbst dem Aberglauben hat er schon seit lange dienen müssen. Verstärkt wird die Furcht vor ihm noch durch den knarrenden Ton, welchen er ununterbrochen hören läßt. Es glauben daher noch bis heut viele Leute, daß er, wenn er in die Ställe komme, Schaden anrichte. Am meisten verbreitet ist die Ansicht, daß Schafe, Ziegen und Rindvieh bei seiner Erscheinung vor Schreck die Milch verlieren, oder daß er selbst die Milch aussauge, woher sich auch sein Name „Ziegenmelker" schreibt. Dieser Aberglaube ist schon so alt, daß Aristoteles in seinen Büchern darüber berichtet.

Durch die Vertilgung einer großen Menge schädlicher Insecten wird er uns außerordentlich nützlich und ist sonst auch ein völlig unschädlicher Vogel. Sein Nahrungsbedürfniß ist bedeutend, denn man hat schon 12 bis 16 Maikäfer in dem Magen eines solchen Thieres gefunden.

Man findet die Nachtschwalbe mit Ausschluß der kälteren Gegenden in Europa und dem nördlichen Asien ziemlich allgemein verbreitet, doch wird sie niemals in einer solchen Geselligkeit angetroffen wie die übrigen Schwalben. Sie lebt immer einzeln oder paarweise, und obwohl sie bei uns nicht selten ist, so erblickt man sie doch nicht oft, da sie den Tag über schlafend, meist auf ebener Erde oder an nur wenig erhabenen Orten, zubringt, und selbst, wenn sie erwacht ist, fliegt sie nicht gleich fort. Daher kommt es, daß wir an mancher ruhig vorübergehen, ohne sie zu bemerken.

Da sie besonders die Wärme liebt, so hält sie sich gewöhnlich auf der Sonnenseite der Waldungen, oder an freien, nur mit Haidekraut oder niedrigem Gestrüpp bewachsenen, den Sonnenstrahlen sehr ausgesetzten Plätzen auf. Ihr Nest ist höchst unvollkommen, oft nur aus einer Vertiefung an einer warmen Stelle zwischen dem Haidekraute bestehend. Nur selten legt sie eins, gewöhnlich zwei Eier von schmutzig weißer Farbe und mit unregelmäßigen braunen Streifen bedeckt, die sie gemeinschaftlich 14 Tage lang bebrütet.

Sie ist bei uns ein Zugvogel, kommt Anfangs Mai an, verläßt uns wieder im September, und überwintert wahrscheinlich in Afrika. Auch auf ihren Zügen hält sie sich mehr einzeln als in kleinen Gesellschaften.

Auch Südamerika hat seine Nachtschwalben, von denen die eine Art sogar die Größe vom Uhu erreicht. Ein höchst merkwürdiger, mit den Nachtschwalben verwandter Vogel, ist der Guacharo (Steatornis caripensis), welchen A. von Humboldt in der südamerikanischen Provinz Cumana entdeckt hat. Er wird 21 Zoll lang und hat am Oberkiefer des sehr starken Schnabels zwei starke Zähne. Dieser nächtliche Vogel scheint nirgends, als in einigen großen, tiefen Höhlen bei Caripe und in einigen Höhlen auf der Insel Trinidad vorzukommen. Er lebt von harten Früchten, die er zerknackt. Jährlich um Johannis ziehen die Indianer in die Höhlen, stoßen die Nester von der Decke herunter und gewinnen aus den jungen Vögeln, welche wahre Fettklumpen sind, durch Ausbraten eine große Menge guten, sehr brauchbaren Oels.

Die Lerche.

So willkommen bei uns die Schwalbe als Frühlingsbote ist, so willkommen ist auch als solcher die Lerche. — Wie freut sich der Landmann, wie entzückt ist der Freund der Natur, wenn er nach langem Winter ihren frohlockenden Gesang zum ersten Male wieder hört.

Ihr Lied dringt aus den heitern Lüften
In's grüne Thal, belebt die Triften.

Statt aber, wie es die meisten Singvögel zu thun pflegen, von den Bäumen herab, sitzend, ihre heiteren Weisen hören zu lassen, belebt sie die offenen Felder, ununterbrochen sich bei ihrem Gesange in die Höhe schwingend, und nur selten sitzt sie dabei auf einem Hügel oder Steine. Sie

— besteiget die Luft, sieht unter sich blühende Thäler,
Bleibt schweben und jubilirt. Der Klang des wirbelnden Liedes
Ergötzt den ackernden Landmann. Er horcht gen Himmel. —

Daß sie so früh zu singen beginnt, wird durch ihr frühes Brüten bedingt, welches sie mindestens zwei Mal im Jahre wiederholt. Ihr Nest ist kunstloser als das der meisten Singvögel, in einer kleinen Vertiefung des Ackerlandes angebracht.

Die Lerche hat einen kurzen, fast geraden, schwach kegelförmigen Schnabel, in dem die Nasenlöcher so gestellt sind, daß sie größtentheils von abwärts gekrümmten Federchen und Borstenspitzen bedeckt werden. Ihre Flügel sind lang und groß, ganz zum längeren Aufenthalte in der Luft, wie ihn die Lerche beim Gesange liebt, eingerichtet. Die mittleren Flügelfedern sind kürzer als die andern und daher erscheint der ausgespannte Flügel als wäre er stark ausgeschnitten; auch die Eckfeder ist viel kürzer. Der Schwanz ist bei allen Arten lang, aber bei der einen ausgerandet und bei der andern abgerundet. Auch ihre Füße sind lang und die Zehen sind weit ausgebreitet. An der Hinterzehe befindet sich ein sehr langer, nur wenig gekrümmter Nagel, den man Lerchensporn nennt.

Die Lerche bewegt sich, wenn sie nicht singend die Lüfte durchflattert, nur auf der Erde, und nur ganz ausnahmsweise hat man sie auf einen dürren Zweig sich niederlassen sehen. Sie läuft gewöhnlich schrittweise, aber sehr schnell, bewohnt offene Gegenden, Saatfelder, Wiesen und Haiden.

Ihre Nahrung nimmt sie vorzüglich aus dem Pflanzenreiche, obwohl sie in der Jugend auch Insecten und Würmer nicht verschmäht.

Alle Lerchenarten haben ein graubraunes, weiß und schwarz getüpfeltes Gefieder, das man gewöhnlich als „lerchengrau" bezeichnet. Nur bei einzelnen Vögeln wird es im Alter einfarbig oder gar schwarz.

Sie sind meistentheils Strichvögel, die zwar von Norden nach Süden gehen, aber dies nur in dem Maße thun, als die Kälte bedeutend ist. Ihr Erscheinen richtet sich nach der längeren oder kürzeren Dauer des Winters. Bei ihrer Abreise werden sie ebenfalls durch zeitige Kälte und rauhen Wind bestimmt. Wenn im Herbste anhaltende Nord- und Ostwinde wehen, giebt es in unseren Ebenen wenig und nur magere Lerchen, weil sie dann schnell fortziehen und nur wenig Nahrung zu sich nehmen. Bei gelinden Südwinden verweilen sie dagegen lange auf den Saatfeldern und werden durch den Genuß der in großem Ueberflusse vorhandenen Nahrung ungemein fett.

Auf ihren Zügen halten sie sich stets in größeren Gesellschaften beisammen, und da ihr Fleisch sehr wohlschmeckend ist und deshalb sehr geschätzt wird, so werden sie im Herbst in großer Menge gefangen. Es wirft dies — das Lerchenstreichen — in manchen Gegenden einen ansehnlichen Gewinn ab, indem die Lerchen daselbst einen besonderen Gegenstand des Handels ausmachen. Man weiß, daß der bloße Zoll für die aus Sachsen ausgeführten Lerchen über 6000 Thaler in einem Jahre betragen hat, welches noch nicht einmal zu den günstigsten gehörte.

Ein für den Lerchenfang höchst wichtiger Platz ist die Ebene von Leipzig. Die daselbst gefangenen Lerchen sind als „Leipziger Lerchen" bei den Feinschmeckern sehr geschätzt und werden deshalb bis an die Küsten der Nord- und Ostsee, ja noch darüber hinaus, versendet. Auch bei Halle und Nordhausen findet ein reicher Lerchenfang Statt, wenn die Witterung mild und besonders etwas nebelig ist, da sie in diesem Falle nicht hoch fliegen und schnell in die unten bereit stehenden Netze herabzugehen pflegen. Oft fangen sie sich gleich zu Hunderten, ja zu Tausenden darin, und unbarmherzig drückt man ihnen dann den Kopf ein.

Von den Landleuten werden die Lerchen sehr geschont und man sollte auch meinen, daß es doch höchst grausam wäre, einen so lieblichen Sänger zu tödten. Aber ihre große Menge — und trotz des zahlreichen Wegfangens giebt es dennoch sehr viele Lerchen — weist gleichsam darauf hin, ihr wohlschmeckendes Fleisch zu genießen. Wie viele arme Leute fristen ja auch wieder ihr Leben, indem sie sich mit dem Einfangen und Verkaufen derselben beschäftigen. Den Lerchen wird in diesem Betrachte kein schlimmeres Geschick, als so vielen anderen Geschöpfen, die uns während ihres Lebens gleichfalls viel Freude machen, aber doch nachher von uns zu unserem Nutzen getödtet werden. Wie sollte der Mensch auch fertig werden, wenn er der Vermehrung der Thiere nicht durch ihren Verbrauch Gränzen setzte? In Ländern, wo es wenig oder keine Menschen giebt, hat die Natur dafür gesorgt. Sie beauftragt die Raubthiere und Raubvögel damit.

Wo aber der Mensch sich zahlreicher ansiedelt, werden diese immer mehr ausgerottet und er muß schließlich an ihre Stelle treten, um die Harmonie in der Natur wieder herzustellen.

Von den Lerchen giebt es mehrere Arten. Bei uns finden sich deren drei:

1. die Feld-Lerche (Alauda arvensis);
2. die Hauben-Lerche (Alauda cristata);
3. die Baum-Lerche (Alauda arborea).

Die Feld-Lerche (gemeine oder Himmels-Lerche) ist 7 Zoll lang, wovon fast 3 Zoll auf den Schwanz kommen. Auf dem Rücken, den Flügeln und dem Schwanze ist sie dunkelbraun, einzelne schwarzbraun, mit röthlich-braunen, grauen und weißlichen Federrändern; am Bauche blaßweiß, an der Brust und den Seiten graubraun gefleckt. In den Zimmern wird sie mitunter zuletzt ganz schwarz. Am Kopfe sind Scheitel und Stirn bräunlichgelb mit schwarzbraunen Schaftflecken, der Hinterkopf und Nacken weißgrau und schwarzbraun gestrichelt. Der Oberschnabel ist schwarz, der Unterschnabel weißgrau. Die äußersten Schwanzfedern sind bis auf einen schwärzlichen Streifen an der Innenfahne und die zweiten an der Außenfahne weiß, dabei länger als die mittelsten, wodurch der Schwanz gabelförmig wird. Von den Schwungfedern sind die zweite und dritte am längsten und auf der Außenfahne deutlich verschmälert, die vierte ist nur wenig, die fünfte aber bedeutend kürzer als die erste; die an der Spitze ausgerandeten Mittelfedern haben breite, weiße Endkanten. An den etwa einen Zoll hohen, graubraunen, im Frühlinge gelbbraunen Füßen sind die Zehen fast völlig getrennt, so daß kaum eine kleine Verwachsung zwischen der äußeren und mittleren Zehe wahrzunehmen ist.

Diese Lerchenart bewohnt überall in Europa, Sibirien, Persien, Kleinasien und selbst Afrika die Saatfelder der Ebenen und Gebirge, hält sich immer auf der Erde auf, hat einen schreitenden Gang und erhebt sich, wenn sie ihren schönen trillernden Gesang anstimmt, fast senkrecht in die Höhe, bis man sie kaum mehr sehen kann, schwebt hier einige Zeit und läßt sich dann wieder zur Erde nieder. Sie nistet gewöhnlich auf ebener Erde und bereitet ihr Nest aus Grashalmen in kleinen, meistentheils selbst gescharrten Erdgruben auf Getreidefeldern und Grasrainen mit wenig Sorgfalt. Ihre 3 bis 6 Eier sind weißgrau, braun punktirt und gefleckt. Sie brütet zwei Mal im Jahre.

Nicht bloß bei uns ist sie sehr häufig, sondern überall, wo sie vorkommt. Von Mitte September sammelt sie sich zu großen Schaaren und zieht bis zum October langsam nach Süden, wobei sie, wie schon erwähnt, häufig gefangen wird. Viele überwintern bereits im südlichen Frankreich und in Italien, die meisten ziehen jedoch weiter bis auf die Inseln des Mittelmeeres und bis Afrika, Aegypten und Syrien; aus Rußland ziehen sie nach Persien. — Zur Zeit der Herbstnachtgleiche kommen sie in ungeheurer Menge nach Sicilien, gewöhnlich mit gelindem Nord=, Nordost= oder Nordwestwind. Auf dem Zuge fliegen sie nicht hoch über dem Meeresspiegel. Die meisten landen bei Palermo, woselbst man zehn Tage lang täglich etwa auf eine Million rechnen kann. Den ganzen Tag lang stehen zu dieser Zeit Jäger am Gestade oder fahren ihnen auch in Kähnen entgegen und das unaufhörliche Schießen klingt gleichsam, als würde eine Schlacht geliefert. Dennoch erreichen noch sehr viele das Gestade von Afrika. In der Mitte des Februar kehren sie zu uns zurück. In gelinden Wintern bleiben auch wohl einzelne Schaaren bei uns, die ihr Leben an Misthaufen, auf den Wegen u. s. w. zu fristen suchen.

Die Nahrung der Feldlerche besteht aus den zarten Spitzen des Grases, der Saat und einiger anderer Pflanzen, sowie aus Kerbthieren und Sämereien sehr verschiedener Art.

Man hält sie wegen ihres schönen Gesanges in großen Käfigen, die eine Zeugdecke haben, da sie sich sonst leicht den Kopf zerstoßen, giebt ihnen eine Sandlage, in welchem sie sich gern baden, und füttert sie mit Gerstenschrot, Mohn, Hanf, Hirse, Kanariensaamen, hin und wieder mit etwas Grünem, als Kohl, Salat, Brunnenkresse, Vogelmiere.

Die Lerche hat außer dem Menschen noch unzählige andere Feinde. Schon ihren Eiern und Jungen wird, da ihr Nest auf der Erde steht, von Mäusen, Hamstern, Wieseln, Igeln, Raubvögeln u. s. w. nachgestellt. Die Alten werden in der Luft vom Sperber und vorzüglich vom Lerchenfalken verfolgt, der sehr viele tödtet. Sie haben vor ihm eine außerordentliche Furcht und suchen sich bei seiner Annäherung eiligst auf der Erde zu verbergen, oder steigen so hoch als möglich in die Luft. Zuweilen wissen sie ihm, wenn er sie in der Luft überrascht, dennoch durch Geschicklichkeit zu entgehen, da er nur von oben herab auf sie stößt. Sie weichen ihm geschickt aus und suchen stets über ihn zu kommen. Dabei ermüden manche ihren Verfolger so sehr, daß er von der Verfolgung abläßt und wegfliegt. Die so der Gefahr entronnene Lerche stimmt sogleich, obwohl noch ganz außer Athem, ein weithin schallendes Triumphlied an. Merkwürdig ist es übrigens, daß sie selbst während des Kampfes immerfort zu singen versucht, aber immer wieder abbrechen muß.

Die Hauben-Lerche (Kamm-, Schopf-, Hollen-, Koth- oder Weg-Lerche) ist wenig größer, als die Feld-Lerche, etwa 7¼ Zoll lang, sonst aber dicker und voller. Ihre Färbung ist ähnlich wie bei der vorigen, nur auf der Oberseite etwas heller. Der Kopf ist röthlichgrau und trägt einen aus 8 bis 10 spitzen, schwarzgrauen Federn gebildeten Schopf, den sie nach Belieben in die Höhe richten und wieder niederlegen kann. Ihr Schwanz ist kürzer als bei der vorigen, auch viel undeutlicher gabelig, ja fast abgerundet.

Sie bewohnt Europa bis zur Nord- und Ostsee, das südliche Sibirien und Aegypten, vermeidet das Gebirge und wohnt in den Ebenen fast immer bei menschlichen Wohnungen, läuft auf den Wegen herum und setzt sich auch auf Pfähle, Mauern, Dächer und selbst auf trockene Zweige. Im Winter zieht sie nicht fort, streicht jedoch im Herbste herum. Wenn die Erde mit Schnee überdeckt ist, kommt sie gar häufig in Gemeinschaft anderer Vögel in die Städte und Dörfer, oder findet sich häufig auf Chausseen und befahrenen Wegen, wo sie aus dem Kothe ihr Futter heraussucht. Im Uebrigen nährt sie sich wie die Feld-Lerche. Ihr Nest ist gleichfalls demselben ähnlich und nur in seltenen Fällen legt sie es auf Strohdächern und Lehmwänden an. Sie nistet sehr früh, denn oft hat sie schon im Februar Jungen, und sucht daher die erste Brut gegen die Kälte zu schützen, indem sie ihr Nest an geschützten Stellen anlegt, und man hat es sogar schon in herumliegenden Thierschädeln gefunden. Sie legt jährlich zwei Mal 4 bis 5 weißgraue, rostgrau gewölkte und dunkelbraun gefleckte Eier.

Ihr Gesang ist viel weniger schön als der der vorigen Art und sie läßt ihn gern im Sitzen hören, doch singt sie viel fleißiger und länger und sogar an recht sonnigen Wintertagen, oder auch des Nachts vorzüglich in Zimmern. Man kann sie leicht zähmen und dann nimmt sie, besonders jung eingefangen, gar leicht die Gesangsweisen anderer Vögel an. Ihr Fleisch wird zwar auch gegessen, doch ist es weniger schmackhaft als das der anderen Lerchenarten.

Die Baum-Lerche (Wald-, Holz-, Haide-, Schleier-Lerche oder Schneevogel) ist die kleinste der drei Lerchenarten, nur 6 Zoll lang. Auf dem röthlichbraunen Scheitel mit vier schwarzbraunen Streifen hat sie lange, gerade, stumpfgerundete Federn, die zu einer Holle verlängert und im Zorne zu einem Federbusche aufgerichtet werden können, welcher von einem weißen Streifen begränzt ist, der vom Schnabel aus über dem Auge weg, um den ganzen Hinterkopf in Gestalt eines Ringes läuft. Der Oberkörper ist grau, die Flügel sind dunkelbraun, auf den Ecken und an der Spitze der Deckfedern weiß gefleckt und bedecken den Schwanz fast ganz, wenn sie geschlossen sind. Die vier äußersten Schwanzfedern jeder Seite haben eine weiße Spitze. Die Kehle und die Brust sind weißlich und schwarzbraun gefleckt, der Bauch ist aber gelblichweiß.

So bescheiden das Gewand der Baum-Lerche ist, so gehört sie doch zu den besten Sängern. Sie läßt nie einen unangenehmen Ton hören. Schon ihr Lockton ist ein liebliches Flöten, dem sie oft noch leise flötende Triller beifügt. Ihr eigentlicher Gesang aber ist eine herrliche Zusammensetzung von flötenden und trillernden Strophen. Sie läßt ihn theils von einer Baumspitze herab ertönen, theils aber auch immer höher den Wolken zuschwebend. Und wenn er so aus der Höhe des Himmels herab gleich an den ersten Frühlingstagen erschallt, dann hat er einen unbeschreiblichen Zauber, wie ihn kaum die Nachtigall hervorzurufen vermag. Selbst zu jeder Stunde der Nacht läßt sie ihre herrlichen Melodien hören und verdoppelt so den Genuß des gefühlvollen Naturfreundes. Im Frühjahr singt sie bei gutem Wetter schon vom Ende Februar an bis in den Juli hinein, und kaum ist im September die Mauser vollendet, so hört man sie schon wieder bis in den October, wo sie allmälig verschwindet, um während der rauhesten Winterzeit in südlicheren Ländern zu verweilen.

Man findet diese Lerche in Europa bis zum 60 Grad nördlicher Breite, sie kommt aber auch in Asien vor, und ist bei uns nicht selten. Sie scheint dazu bestimmt zu sein, öden Stellen einen eigenthümlichen Reiz zu verleihen, denn sie bewohnt nicht die von unzähligen Singvögeln wimmelnden Wälder, nicht die Gärten und nicht die üppigen Saatfelder, sondern trockene, mit wenigem Gebüsch bewachsene Stellen, am liebsten im Gebirge und in der Nähe des Hochwaldes. Gern sitzt sie auf einer Baumspitze, hüpft jedoch nicht von Ast zu Ast.

Im Herbste besucht sie auch die angränzenden Felder, um sich in den Besitz ihrer Nahrung zu setzen, die im Sommer aus Insecten und Würmern, im Herbste aus Sämereien, als Hirse, Mohn, Leinsaamen und Hafer besteht, während sie sich im Frühjahre in Ermangelung der Thiere und Saamenkörner mit den zarten Spitzen von Gras und Kräutern behilft.

Ihr kunstloses Nest legt sie stets auf ebener Erde in Haidekraut oder unter Wachholderbeersträuchern, auch wohl in Ackerfurchen oder auf Grasrainen an und brütet in demselben 4 bis 5 weißgraue, blaugrau-getüpfelte Eier. Sie nistet jährlich zwei Mal.

Sie läßt sich zwar leicht als Stubenvogel zähmen und verlangt dann dieselbe Behandlung, wie andere Lerchen, lebt aber selten lange und singt auch selten in vollen Strophen, wie man es von ihr in der Freiheit hört.

Es giebt noch einige andere Lerchenarten, welche jedoch nicht bei uns vorkommen, sondern die Bewohner anderer Länder durch ihren Gesang erfreuen. Sie gehören, wie die oben genannten, alle der alten Welt an und nur die Schnee- oder Berg-Lerche (Alauda nivalis) findet sich auch in Amerika. Die Ring- oder Calander-Lerche (Alauda Calandra) lebt um das Mittelmeer herum und zeichnet sich dadurch aus, daß sie alle nur möglichen Thierstimmen nachahmen kann.

Die Meise.

Die zu der Gattung Meise gehörigen Vögel machen durch ihre außerordentliche Beweglichkeit einen gar possirlichen Eindruck und erinnern in ihrer Lebensweise besonders an die Fliegenschnäpper. Sie haben einen kurzen, geraden, wenig zusammengedrückten, kegelförmigen Schnabel, der bei einigen Arten kaum aus dem kugeligen Kopfe hervorragt. Seine beiden Kiefer sind fast gleich lang, stumpf, sehr hart und haben scharfe Ränder, während die Firste bedeutend gerundet ist. Der an der Spitze des Schnabels bei den bisher genannten Singvögeln vorhandene Zahn fehlt den Meisen. Die Nasenlöcher sind durch vorwärtsstehende Federn verdeckt, deren Schaft in eine Borste ausläuft. Ihre Flügel sind nur kurz, denn sie reichen nicht weit an den Schwanz hinan; dagegen ist dieser bei den meisten sehr lang und nur bei wenigen kurz und stämmig. Ihr Gefieder tragen sie meist locker, wodurch sie gewöhnlich ein dickes, fast plumpes Ansehen haben, obgleich sie sehr lebhafte und unruhige Thierchen sind, die mit großer Geschicklichkeit an Bäumen, dünnen Zweigen und Halmen umherklettern oder sich daran hängen. Dies wird ihnen sehr leicht, da sie an den Zehen ihrer ohnehin starken Füße kräftige, etwas gebogene Krallen haben.

Zu ihrer Nahrung wählen sie verschiedene Sämereien und Insecten. Von letzteren vertilgen sie namentlich solche, welche den Forsten und Baumpflanzungen schädlich sind. Sie werden uns dadurch besonders nützlich und helfen überhaupt viel dazu, daß die Harmonie in der Natur stets erhalten bleibe. Ihre Jungen werden ausschließlich von Insecten und deren Eier gefüttert. In Ermangelung anderer Nahrung nehmen sie auch wohl ihre Zuflucht zum Aase. — Einige Arten haben in einem nicht geringen Grade die Gewohnheit, Vorräthe von Körnern anzusammeln.

Ihr Nest legen sie entweder in alten Bäumen oder im Schilfe an. Sie legen eine große Anzahl Eier, 10 bis 12, ja man hat in einzelnen Nestern sogar schon bis 18 gefunden, von denen aber selten mehr als die Hälfte geeignet sind, Jungen ausschlüpfen zu lassen.

Sie streichen und wandern in Familien oder in noch größeren Gesellschaften. — Sie sind fast ausschließlich europäische Vögel, die alle der gemäßigten Zone angehören und in ihren meisten Arten auch in unserer Heimath vorkommen.

Sie zerfallen in mehrere Abtheilungen:

a. Waldmeisen.

b. Schwanzmeisen.

c. Rohrmeisen.

Die Waldmeisen haben einen mittelmäßig langen, breiten, geraden, nur selten abgerundeten Schwanz, hellblaue Füße und eine breite, mit Borsten besetzte Zungenspitze. Sie sind am Tage äußerst unruhig, schlafen aber dafür des Nachts sehr fest. Ihre Nahrung besteht aus Insecten und Sämereien, sie naschen jedoch auch von mancherlei Beeren und Früchten, und nehmen ihre Nahrung, wenn sie zu groß oder zu hart ist, um sie sogleich verschlucken zu können, zwischen die Füße und zerstückeln sie erst mit dem Schnabel. Ihr Nest richten sie in Baumhöhlen ein und legen viele weiße, roth getüpfelte Eier.

Zu ihnen gehören:

1. die Kohlmeise (Parus major);
2. die Blaumeise (Parus coeruleus);
3. die Haubenmeise (Parus cristatus);
4. die Sumpfmeise (Parus palustris);
5. die Tannenmeise (Parus ater).

Die Kohlmeise (Fink=, Brand=, große Meise) ist die größeste von allen und wird gegen 6 Zoll lang. Auf dem Scheitel und an der Kehle, von der noch ein ebenso gefärbter Strich die Brust abwärts geht, ist sie schwarz. An den Seiten des Kopfes aber und unter dem Schwanze ist sie weiß. Auf dem Rücken ist sie olivengrün, die Flügel, der Theil vor dem Schwanze und der Schwanz selbst sind graublau, und der Bauch ist gelb. Auf den Flügeln befindet sich eine schmutzigweiße Spitzenbinde und außerdem sind noch einzelne Schwungfedern bläulich, weiß, olivengrün oder gelbgrün gerandet. Auch an den beiden äußeren Schwanzfedern sind weiße Flecke vorhanden.

Dieser schöne, jedoch unruhige und zänkische Vogel bewohnt in Europa, Sibirien und Kleinasien Laubwälder, Baumpflanzungen und aus Laub- und Nadelbäumen gemischte Wälder, liebt aber die reinen Nadelwälder nicht. Im Herbste zieht er durch manche Gegenden jährlich in großen Schaaren von Wald zu Wald, von Busch zu Busch südwärts, in anderen Jahren sieht man ihn dagegen nie ziehen. Einzelne bleiben überall, wo diese Art vorkommt, beständig in derselben Gegend, streichen dann im Winter in Gärten, Hecken und auf Gebüschen umher, meistens in Gesellschaften anderer Vögel, um dort ihre Nahrung zu suchen. Er ist im Aufsuchen seiner Nahrung sehr emsig, hängt sich bald an die schwächsten Aestchen, bald an den Stamm, bald an eine niedrige Staude, oder setzt sich auch wohl auf den Boden, um dort nachzusehen.

Man kann diese Art, wenn man sie schützt oder durch Brutkästchen anlockt, an die Gärten gewöhnen, und man hat von ihr, außer dem Vergnügen, welches sie gewährt, auch den Vortheil, daß sie von den Obstbäumen die Feinde derselben entfernt, indem sie diese oft schon im Ei vertilgt. Nur den Bienen thut sie manchen Schaden, wenn man diese nicht möglichst vor ihr zu schützen sucht. Sie geht nämlich im Winter an die Fluglöcher, pocht mit dem Schnabel an, bald entsteht im Innern des Bienenstockes ein Summen und nun kommen Einzelne heraus, um den Störer mit Stichen zu vertreiben. Doch darauf lauerte nur die Meise, sie packt alsbald die erste mit dem Schnabel, fliegt mit ihr auf einen Baum, nimmt sie zwischen die Füße, hackt ihr den Leib auf, frißt mit großer Lüsternheit ihr Fleisch, läßt die Haut fallen, und macht sich sodann wieder auf, um eine andere zu holen, die sie ganz auf dieselbe Weise hervorlockt.

Die Kohlmeise macht jährlich zwei Bruten, und legt 8 bis 12, auch wohl 14 weiße, meist rothpunktirte Eier. Das weiche, warme, aus Moos, Haaren und Federn zusammengefügte Nest bereitet sie in Baumlöchern u. s. w., oder benutzt auch gern Kästchen mit engem Eingange, die man für sie hinhängt.

In der Stube gewöhnt sie sich leicht, stirbt aber meistentheils sehr bald oder kommt auf irgend eine Weise um's Leben. Es ist oft, als wenn sie den Tod suchte; so z. B. kriecht sie in alle Löcher und Spalten, wobei sie nicht selten stecken bleibt, ja sie ersäuft sich sogar in dem am Käfig hängenden Trinknäpfchen.

Ihr Gesang hat, zumal im Frühjahr, viele einzelne recht schöne Töne, sie bringt aber keine eigentlichen Lieder hervor.

Man behauptet von ihr, daß ihr Schnabel, der ohnehin schon hart ist, gegen den Winter noch härter werde, so daß sie im Stande sei, Eis aufzupicken. Bekannt ist aber, daß sie, wenn sie frei im Zimmer umherfliegt, anderen kleineren Vögeln den Schädel einhackt und das Gehirn herausfrißt. Sie vertheidigt sich, wenn sie angegriffen wird, wie fast alle ihre Verwandten, mit vielem Muthe, selbst gegen bedeutend größere Vögel.

Vom September bis zum December wird sie in manchen Gegenden zu vielen Tausenden in den Meisenhütten gefangen, indem man sie mit einer Lockmeise oder mit einer Pfeife herbeilockt. Sie wird dann getödtet und auf dem Markte zum Essen feil geboten.

Die **Blaumeise** (Himmel-, Pimpel-, Schleier-, kleine Meise, Blaumüller) ist 5 Zoll lang. Ihre Stirn, sowie die Wangen und ein Kreis um den Scheitel sind weiß, der Scheitel selbst, die Flügel und der Schwanz sind hellblau, die Kehle, ein Halsband, ein schmaler Augenstreif und ein unterbrochener Längsstreif auf der Brust sind blauschwarz, der Nacken grauweiß, der Rücken olivengrün und der Bauch citronengelb. Auch auf den Flügeln findet sich eine weiße Spitzenbinde und die Flügelfedern nebst dem Schwanze sind ebenso in der übrigen Färbung ähnlich denen der Kohlmeise.

Sie bewohnt in Europa und Asien Laubwälder und Baumgärten und ist bei uns nicht selten. In den Laubwäldern sucht sie vorzugsweise Birken und Erlen, deren Saamen sie frißt; hauptsächlich aber nährt sie sich im Freien von Insecten, deren Eiern, Larven und Puppen und nur zur Zeit des Mangels, im Winter, nimmt sie auch zu Pflanzenstoffen ihre Zuflucht. Wie die Kohlmeise bleibt sie theils bei uns, theils wandert sie südlicher. Im Herbst kommt sie übrigens in zahlreicher Gesellschaft aus dem höheren Norden nach Deutschland und anderen südlichen Ländern, wo man sie häufig fängt.

Man kann sie auch in Zimmern halten, doch ist sie sehr zart und weichlich und dauert in denselben nur höchstens zwei Jahre aus. Wenn sie hier mit andern Vögeln in Gesellschaft gehalten wird, so hängt sie sich diesen sehr gern an den Schwanz. Ihr Gesang ist übrigens unbedeutend.

Ihr Nest legt sie in Baumlöchern an und legt zwei Mal 6 bis 12 weiße, röthlich- oder braun-punktirte Eier.

Die Haubenmeise (Kuppen-, Hollen-, Schopf-Meise) ist etwa 4½ Zoll lang. Auf dem Kopfe hat sie schwarze, mit weißen Rändern und Spitzen verzierte Federn, welche einen etwa 8 Zoll langen, am Hinterkopfe aufgerichteten Federbusch bilden, den sie nach Belieben heben und senken kann und der ihr ein keckes, muthiges Ansehen giebt. Auf dem Rücken ist sie röthlich-braungrau, am Bauche weißgrau gefärbt, und an den Seiten, sowie unter dem Schwanze, ist sie mit einem roströthlichen Anfluge versehen. Die Federn, welche die Nasenlöcher bedecken, sind weiß, die Kehle, ein Augenstreif und die Backenkreise sind schwarz, und die Wangen, an die sich ein ebenso gefärbter Nackenfleck anschließt, sind grauweiß.

Sie findet sich in Europa mit Ausschluß des höchsten Nordens und hat ihren Aufenthalt vorzüglich in Nadelwäldern, zumal in Gebirgen, wo sie besonders wieder die Wachholdergebüsche liebt. Im Winter vereinigt sie sich mit den Goldhähnchen, den Tannenmeisen und anderen Vögeln, ist aber sehr vorsichtig, macht gleichsam den Anführer und läßt ihren trillernden Lockton häufig hören; doch hat sie keinen angenehmen Gesang.

Dadurch, daß sie zu ihrer Nahrung Insecten, Würmer und Kiefernsaamen wählt, wird sie den Waldungen sehr nützlich. Ihr Nest findet man meistentheils in hohlen Bäumen, Felsenspalten und Steinhaufen, zuweilen aber auch in verlassenen Nestern anderer Vögel und der Eichhörnchen. Nur zuweilen hat sie zwei Bruten und legt 6 bis 10 weiße, roth-punktirte Eier.

Auch diese Art läßt sich leicht zähmen, zumal, wenn man sie im Anfange mit Ameisenpuppen und Holunderbeeren füttert.

Die Sumpfmeise (Schwarzplatte, Mönch, Nonnen-, schwarzköpfige Meise) ist ebenso groß wie die vorige. Sie hat einen schwarzen Scheitel und Nacken, welche sehr scharf von dem weißen Hinterkopf und den weißen Kopfseiten hervortreten. Ihre Kehle ist schwarz, der Rücken röthlichgrau, die Flügel- und Schwanzfedern schwarzgrau, und entweder röthlichgrau oder weißlich eingefaßt, die Unterseite ist gelblich.

Sie bewohnt Europa und Sibirien, hält sich am liebsten in feuchten Laubwäldern und Gärten auf und verweilt gern in der Nähe von Sümpfen und Gewässern. Bei uns findet sie sich in manchen Jahren und an einigen Orten häufiger und ist theils Stand-, theils Wandervogel. Ihr Nest legt sie in morschen Bäumen an, in denen sie sich selbst mit ihrem winzigen Schnäbelchen ein Loch zurecht hämmert und es weich ausfüttert. Zwei Mal jährlich legt sie 10 bis 12 rothweiße, gelbröthlich oder scharlachroth gefleckte Eier.

Außer von Insecten und Würmern nährt sie sich noch von den Saamen der Sonnenblume, von Hafer, Hanfkörnern, Spinat, Nußkernen und vorzüglich von den Beeren des schwarzen Holunders. Sie ist ein sehr scheuer Vogel, der im Winter nicht selten in Familien umherfliegt und einen stoßweisen Flug hat. Ihr Gesang ist recht hübsch.

Die Tannenmeise (kleine Kohlmeise, Schwarzmeise) ist kaum 4 Zoll lang. Auf dem Scheitel, am Nacken, an der Kehle und an dem oberen Theile der Brust ist sie schwarz, die Wangen, ein Seitenfleck am Halse und ein langer Nackenstreif sind rein weiß, seltener etwas gelblich, der Rücken ist blaugrau, die Brust und die Unterseite bis zum Schwanze hin ist graulich weiß, an den Seiten mit röthlichem Anfluge. Die Flügel- und Schwanzfedern sind schwarzblau, erstere weiß gerandet und mit zwei weißen Spitzenbinden verziert.

Diese Art bewohnt Europa und Asien. Bei uns ist sie häufig. Am häufigsten lebt sie in den Schwarzwäldern. Zur Winterzeit vereinigt sie sich zu Schaaren, um benachbarte Gärten und Felder zu besuchen. Sie ist also ein Standvogel, und lebt in Gemeinschaft mit Goldhähnchen und Haubenmeisen. Sie ist zuweilen ebenso zahm wie die Goldhähnchen, so daß man sie mit einer Ruthe erreichen kann.

Zu ihrer Nahrung dienen Insecten, deren Eier und Larven, sowie allerhand Würmer. Auch Kiefern- und Tannensaamen frißt sie gern. Sie sammelt gern von diesem Saamen kleine Vorräthe, welche sie geschickt unter der aufgesprungenen Rinde der unteren Stämme zu verbergen weiß, zu denen sie bei schlechtem Wetter ihre Zuflucht nimmt. Selbst wenn sie in Zimmern gehalten wird, folgt sie nicht selten diesem Triebe, und sucht das überflüssige Futter zu verstecken.

Ihr warmes Nest legt sie öfter in Erdlöchern oder in verlassenen Mäusenestern als in hohlen Bäumen an. Sie legt 6 bis 11 weiße Eier mit gelblich-braunen Punkten und brütet jährlich zwei Mal. —

Die Schwanzmeisen zeichnen sich dadurch aus, daß ihr Schwanz viel länger als ihr Körper ist. Sie leben bloß von Insecten, die sie nicht erst zerstückeln oder zerhämmern, und bauen auf Bäumen sehr künstliche, beutelförmige Nester. Zu ihnen gehört:

die Schwanzmeise (Parus caudatus).

Die Schwanzmeise (Schnee-, Schleier-, Elster-Meise, Pfannenstiel) mißt in ihrer ganzen Länge nur 6 Zoll, wovon fast 4 Zoll dem Schwanze angehören. Der Scheitel, der Hals und die Vorderbrust sind rein weiß, der Rücken und die Flügel schwärzlich, der Theil unter dem Schwanze und die Mittelfedern des Schwanzes selbst sind schwarz, die äußeren, ebenfalls schwarz, haben noch eine weiße Außenfahne. Die Schultern und der Bauch sind röthlich, die großen Flügeldeckfedern braungrau mit breitem, weißlichem Saume. Der schwarz gefärbte Schnabel ist so kurz, daß er kaum aus dem kugelrunden Kopfe hervorragt.

Sie lebt in Europa und Asien, und ist bei uns nicht sehr häufig. Während des Sommers bewohnt sie die Laubwälder, einzelne Feldbüsche und kleine Gehölze, und nährt sich hier von Würmern, Insecten, namentlich Raupen und Eiern, Spinnen und Baumwanzen; auch frißt sie Sämereien.

Ihr Nest legt sie so an, daß es gewöhnlich an einem Baumstamme lehnt und unten von einem Ast gestützt wird. Es ist eiförmig, hat einen gebogenen Hals und in diesem von der Seite her einen ganz kleinen Eingang. Auswendig ist es so von Spinngeweben, Moos, Flechten u. dergl. gewoben, daß es dem Baumstamme ganz ähnlich sieht; inwendig dagegen ist es mit Federn warm ausgefüttert. Sie legt 12 bis 18 weiße, an dem dicken Ende roth-punktirte Eier und brütet meistentheils jährlich zwei Mal.

Oft sieht man die Schwanzmeisen in strengen oder schneereichen Wintern in Familien umherziehen, wobei sie sich in Baumanlagen und Gärten niederlassen, und, indem sie an den Baumzweigen auf und niederlaufen, daselbst versteckte Würmer, Insecten und Eier aufsuchen. Sie sind wenig scheu, lassen sich leicht fangen, halten aber wenig in Zimmern aus und haben auch nur einen unbedeutenden Gesang.

Die **Rohrmeisen** halten sich im Rohr an den Teichen auf, klettern geschickt an den Stengeln umher, fressen Insecten und Saamen, besonders Rohrsaamen, zerhämmern ihre Nahrung nicht und bauen zwischen den Rohrstengeln hängende, beutelförmige Nester. Zu ihnen gehören:

1. die **Bartmeise** (Parus biarmicus);
2. die **Beutelmeise** (Parus pendulinus).

Beide Arten gehören unseren Gegenden nicht an und erscheinen nur hin und wieder auf ihrem Zuge bei uns; sie lieben vielmehr wärmere Gegenden. Erstere bewohnt die großen Rohrstrecken des südlichen Europa's und des westlichen Hollands, letztere die Rohrstrecken Italiens, des südlichen Deutschlands, Südrußlands und Sibiriens.

Die Ammer.

Je mehr Schnee fällt, je härter die Erde gefroren ist, in desto größeren Schaaren erscheint auf unseren Straßen und Höfen ein Vogel, der durch sein hübsches, goldgelbes Gefieder einen gar lieblichen Eindruck macht. Er weiß sich aber unsere Freundschaft noch mehr zu erwerben, indem er, zwar große Schüchternheit zeigend, sich dennoch mit einer gewissen bittenden Zutraulichkeit nähert, und uns mit einem Tone, der „Gieb! gieb!" klingt, um Nahrung in der harten Winterzeit bittet. Es ist die Goldammer. Sie ist nicht die einzige Art, welche bei uns vorkommt, sondern sie hat noch drei Verwandte aufzuweisen, welche ihrer Schönheit aber nicht gleich kommen.

Die Ammern haben einen kurzen, kegelförmigen Schnabel, welcher an der Wurzel besonders dick und von den Seiten gegen die Spitze hin zusammengedrückt ist. Der Unterkiefer ist breiter als der Oberkiefer, so daß die Ränder des ersteren hervorragen. An dem Gaumen befindet sich ein harter Höcker, der Ammerzahn, welcher zum Ausspelzen harter Körner dient. Die Nasenlöcher sind klein, hinten von einer häutigen Schwiele umgeben und theilweise von Borsten bedeckt. — Sie haben nur kurze Flügel und die drei ersten Schwungfedern sind fast gleich lang. Der Schwanz wird aus breiten Federn gebildet. Die Füße sind lang und stark, und von den Zehen ist die mittlere bedeutend verlängert.

Ihre Nahrung besteht hauptsächlich aus mehlhaltigen Körnern und verschiedenen Insecten; nur die Jungen werden ausschließlich mit Insecten gefüttert. Sie leben gewöhnlich einzeln; nur auf dem Zuge vereinigen sie sich zu kleineren Gesellschaften. Ihren Aufenthalt nehmen sie meistentheils auf ebener Erde am Rande der Wälder, in Gärten oder niedrigem Gebüsch. Daselbst legen sie auch ihre Nester an, indem sie in der Erde ein Loch scharren, ein Genist aus Halmen zusammentragen und mit Haaren ausfüttern. Sämmtliche Arten finden sich nur auf der nördlichen Halbkugel; auf der südlichen leben freilich auch Vogelarten, welche den Ammern sehr ähnlich sind und die sich durch prächtiges, glänzendes Gefieder auszeichnen.

In unseren Gegenden leben folgende Ammerarten:

1. die Goldammer (Emberiza Citrinella);
2. die Grauammer (Emberiza Miliaria);
3. die Rohrammer (Emberiza Schoeniculus);
4. die Schneeammer (Emberiza nivalis).

Die Goldammer (gemeine Ammer, Gelbbrüstchen, Grünling,

Gelb-Gänschen) ist 7 Zoll lang, wovon der etwas gabelförmige Schwanz 3 Zoll mißt. Ihr Kopf, ihr Hals und ihre ganze Unterseite sind gelb, nur die beiden ersteren sind hin und wieder mit olivengrünen Strichen vermischt, dagegen bemerkt man an der Brust rostfarbige und an den Seiten schwarzbraune Schaftflecke. Der Rücken ist rostbraun und mit dunkel-schwarzbraunen Schaftstrichen bedeckt. Unter dem Schwanze ist sie rostfarbig. Die Flügel und der Schwanz sind bräunlich schwarz, die einzelnen Federn mit gelblichen oder rostrothen Rändern, und die beiden äußersten Schwanzfedern mit einem großen weißen Fleck. Die Weibchen und jungen Vögel weichen mehrfach in ihrer Färbung von einander ab.

Ihre Heimath ist Europa mit Ausschluß des höchsten Nordens, aber auch zum Theil Asien. In Deutschland ist sie häufig und allgemein verbreitet. Sie hält sich in Laub- und Nadelwäldern, in Gärten, Dörfern und an Landstraßen auf, nistet auf ebener Erde unter Gebüsch und Hecken, brütet mindestens zwei Mal im Jahre und legt 4 bis 6 braunrothe mit unregelmäßigen Kritzeln und Flecken bedeckte Eier, die sie abwechselnd (Männchen und Weibchen) in 13 Tagen ausbrütet. Im Winter nähert sie sich, wie schon erwähnt, den menschlichen Wohnungen in Gesellschaft von Haubenlerchen und Sperlingen, um sich auf den Straßen und namentlich vor den Scheunen und Ställen Nahrung zu suchen.

Sie läßt sich auch im Zimmer halten, ist aber sehr unbeholfen und unreinlich und bekommt allerlei Krankheiten. Jung eingefangen, erlernen die Hähne nicht selten den Finkenschlag und die Sangweisen anderer Vögel, und nur aus diesem Grunde werden sie dann auch als Stubenvögel geschätzt. Ihr eigener Gesang, den sie gern von freistehenden Bäumen oder Sträuchern herab hören lassen, hat nie etwas Ansprechendes, sondern besteht in einem sehr eintönigen Pfeifen.

Im Herbste werden die Goldammern gewöhnlich sehr fett und liefern dann ein wohlschmeckendes Fleisch. Sie werden daher in ziemlicher Menge gefangen und von Vielen für schmackhafter als die Lerchen gehalten.

Die **Grauammer** (große, Gersten-, Lerchen-Ammer, Gerstling, Strumpfwirker, Ortolan) wird fast 8 Zoll lang. Sie hat ein den Lerchen sehr ähnliches Gefieder, denn sie ist oben röthlichgrau mit dunklen Schaftflecken, unten weißgelblich, und überall, namentlich aber auf der Brust mit schwarzbraunen Längsflecken besetzt. Die Seitenfedern des schwärzlichbraunen Schwanzes, der etwas schräg zugespitzt ist, haben keinen großen weißen Flecken, sind aber, wie die Flügel, lichtgrau gesäumt und gebändert.

Man findet sie in den Ebenen Europa's, Syriens und Arabiens, wo sie sich zahlreich auf flachen Ackerfeldern, Wiesen, an Wegen und auf niedrigen Bäumen aufhält. Sie sitzt oft stundenlang auf einer erhöheten Stelle, und läßt sogar während der Mittagshitze ihren kurzen, wenig angenehmen Gesang hören. Des Nachts gesellen sich immer mehrere zu einander, um in einem Gebüsch, im Getreide oder hohen Grase zu schlafen. Im Winter nähert sie sich auch den menschlichen Wohnungen und kommt vor die Scheunen und auf die Höfe. Sie baut ihr Nest auf Feldern unter Gras, Getreide oder Buschwerk, doch nicht dicht auf der Erde, wie es die Goldammer thut, legt 4 bis 6 graue, rothbraungefleckte, schwarz gestrichelte Eier und brütet jährlich zwei Mal.

Zu ihrer Nahrung wählt sie, außer Sämereien und Körnern, Würmer und Insecten, namentlich Raupen, mit denen sie auch die Jungen auffüttert. Diese verlassen schon das Nest und laufen umher, ehe sie fliegen können.

Merkwürdig ist es, daß sie während des Winters im nördlichen und mittleren Europa bleibt, dagegen aus dem südlichen nach Afrika zieht. Oft nehmen jedoch auch Schaaren, welche nördlicher nisteten, ihren Platz ein.

Man stellt den Grauammern im Herbste überall sehr nach, da ihr Fleisch sehr schmackhaft ist. — Oft wird die Grauammer mit dem eigentlichen Ortolan oder der Gartenammer (Emberiza hortulana) verwechselt. Diese ist aber hauptsächlich im südlichen Europa zu Hause, wird oft bis zum Ersticken fett und deshalb stellt man ihr als einer gesuchten Delikatesse vorzugsweise nach. Sie wird in großen Mengen versandt. Von der Insel Cypern versandte man sie in früherer Zeit gleichfalls in großer Menge, und, damit sie sich gut hielt, wurde sie mit Salz und Essig eingemacht. Nach dem südlichen und mittleren Deutschland kommt sie nur einzeln, und verfliegt sich dann auch wohl in seltenen Fällen bis zu uns.

Die Rohrammer (Sperlings-Ammer, Rohrsperling, Rohrspatz) wird 6 Zoll lang und zeigt eine auffallende Verschiedenheit in der Färbung nach Alter und Geschlecht. Bei dem alten Männchen läuft vom Schnabelwinkel ein weißer oder gelblichweißer Streifen neben der Kehle herab, der sich mit dem Nackenringe vereinigt. Der ganze Kopf ist schwarz mit einzelnen kleinen, kaum bemerkbaren röthlichen Flecken. Der Hals ist hinten grau, vorn schwarz und weißgesprenkelt. Der Rücken ist schwärzlich, nach dem Schwanze zu aschgrau, und überall weißlich und röthlich gefleckt. Die Flügel und der Schwanz sind schwarzbraun, heller gesäumt und gefleckt. Die ganze Unterseite ist schmutzigweiß, und an den Seiten dunkler gestreift und gefleckt. Beim Weibchen und den Jungen sind die Farben bedeutend matter, und die Stellen, welche beim Männchen schwarz gezeichnet sind, erscheinen bei diesen rothbraun; auch ist bei ihnen die Unterseite mehr gefleckt.

Sie bewohnt fast in ganz Europa und Sibirien wasserreiche Orte, welche mit Rohr und Schilf bewachsen sind. Daselbst läßt sie besonders des Abends, ein lebhaftes Geschrei hören, wodurch sie sogar zu einem Sprichworte Veranlassung gab, denn man sagt von einem Menschen, der ohne Ueberlegung über Alles aburtheilt: „Er schwatzt wie ein Rohrsperling!“ — Bei uns ist diese Art nicht häufig, in Schweden geht sie bis zum Polarkreis, zieht meistens im Winter nach Süden, bleibt aber schon in Italien.

Ihr künstliches Nest baut sie im Rohre, in der Nähe des Wassers, meistentheils auf der Erde. Sie legt 4 bis 6 schmutzigweißgraue, dunkelblau- und gelblichgefleckte Eier, und brütet zwei Mal.

Ihre Nahrung besteht aus Kerbthieren aller Art, sowie aus dem Saamen des Rohres und verschiedener Gräser. Sie wird ebenfalls sehr fett, hat recht schmackhaftes Fleisch und wird daher gleich den anderen Arten gefangen und gegessen.

Ihren unbedeutenden Gesang läßt sie sehr häufig hören. Sie ist überhaupt ein sehr unruhiger Vogel, der am Tage beständig in Bewegung ist. Wenn man sie jedoch jung aus dem Neste nimmt, wird sie sehr zahm, hört gern Musik und giebt ihre Freude darüber durch Ausspreizen des Schwanzes und der Flügel zu erkennen.

Die Schneeammer zeigt in den Hauptmerkmalen einige Verschiedenheit von den anderen Arten. Der Ammerzahn ist bei ihr kaum bemerklich, und der Nagel der Hinterzehe ist länger als diese selbst, weshalb sie auch Spornammer heißt. Ihren eigentlichen Aufenthalt hat sie in den höchsten arctischen Ländern und kommt zu uns nur sehr selten in strengeren Wintern.

Noch einige andere Ammerarten leben theils in Südeuropa, theils in Sibirien.

Der Fink.

Die Verwandtschaft des Finken ist eine sehr große, denn sie zählt weit über hundert Arten, und es gehören zu ihr Vögel, die als die schönsten Sänger betrachtet werden, anderentheils wieder Vögel, die durch ihre Plumpheit, Unsauberkeit und Unverschämtheit uns unangenehm sind und nur dadurch sich nützlich machen, daß sie eine Menge schädlicher Insecten vertilgen, welche in unseren Gärten, Wäldern und Feldern den Ertrag unserer Arbeit schmälern. Zu der Gattung der Finken gehört eine Reihe von Vögeln, die jedem Kinde bekannt sind, da man sie auf allen Wegen und Stegen sieht. Der gewöhnliche Fink, der Sperling, der Stieglitz, der Hänfling, der Kanarienvogel kommen z. B. sehr häufig bei uns vor, andere leben dagegen wieder in fremden Ländern. Alle haben gemeinschaftliche Merkmale, und ehe wir die einzelnen Vögel selbst kennen lernen, wollen wir uns zunächst ihre Aehnlichkeiten vorführen.

Alle Finken — dies ist nämlich der gemeinschaftliche Name der ganzen Verwandtschaft — haben einen kurzen, starken, kegelförmigen, mehr oder weniger zugespitzten, oben etwas gewölbten oder geraden Schnabel, dessen Oberkiefer zuweilen etwas breiter als der Unterkiefer ist. Ein Zahn am Gaumen, wie bei den Ammern, findet sich nie, obgleich der Oberkiefer bei einigen an der Spitze einen kleinen Haken zeigt. Die Ränder beider Kiefer sind scharf, meistens nach innen gebogen; die Gaumenfläche ist hohl und der Länge nach gestreift. Die Nasenlöcher sind rund, sehr klein, liegen sehr hoch am Schnabel und sind mehr oder weniger von kleinen, borstenartigen, nach vorwärts-gerichteten Federn bedeckt. Die Flügel und die Füße sind stark und von mittelmäßiger Länge. Die vier ersten Schwungfedern sind fast gleich lang. Der Körper ist bei allen kurz, aber stark und gedrungen. Der Schwanz ist zuweilen ausgeschnitten.

Die Finken sind fast über die ganze Erde verbreitet. Es sind meistentheils nur kleinere Vögel, die sich von Sämereien, aber auch von Insecten ernähren; namentlich werden die Jungen nur mit thierischer Nahrung gefüttert. Sie nisten auf Bäumen und Sträuchern, oder in Löchern und bauen zum Theil ein sehr kunstreiches Nest. Die größeste Kunstfertigkeit im Nesterbau zeigt jedoch eine ausländische Finkenart, nämlich der Webervogel, welcher nördlich vom Kap der guten Hoffnung lebt. Es vereinigt sich eine ganze Schaar dieser Vögel, oft 800 bis 1000, die zwischen den größesten Zweigen der Mimosen ein allgemeines Nest aus Gras zusammenflechten. Es hat eine allgemeine Decke von der Form eines Pavillondaches, und besteht aus sehr vielen Fächern die von unten her verschiedene Eingänge haben. Sie brüten in freundschaftlichem Vereine in dieser Wohnung ihre Jungen aus.

Theilweise haben die Finken eine recht angenehme Stimme, während die kleineren unter ihnen sich oft durch ein recht schönfarbiges Gefieder auszeichnen. — Bei der großen Unruhe und Munterkeit, die diesen Vögeln eigen sind, zeigen sie im Ganzen wenig Scheu, und obgleich sie oft sehr listig sind, lassen sie sich doch leicht abrichten und zähmen.

Von den eigentlichen Finken, deren Schnabel länger als hoch ist, kommen bei uns folgende Arten vor:

1. der Buchfink (Fringilla Coelebs.)
2. der Bergfink (Fringilla Montifringilla);
3. der Grünfink (Fringilla Chloris);
4. der Kernbeißer (Fringilla Coccothraustes).

Der Buchfink (Garten- oder Edelfink) wird etwa 6½ Zoll lang. Seine Stirn ist mit schwarzen Federn bedeckt, welche im Herbst und Winter braune Federränder haben die sich aber allmälig abnutzen. Der Scheitel, der Nacken und der Bürzel sind blaugrau, letzterer noch olivengrün schillernd. Die Seiten des Kopfes sind rostbraun, am Bauche ist er röthlichgrau und unter dem Schwanze weiß. Die Flügel und der Schwanz sind schwarz oder schwarzbraun, erstere haben zwei weiße Binden, bei letzterem sind die beiden äußersten Federn auf jeder Seite mit einem weißen Flecke versehen. Der Schnabel ist beim Männchen vom März bis zur Mauser im August dunkelblau und an der Spitze schwarz, sonst aber ist er röthlichweiß. Die Füße sind braun. Das Männchen zeichnet sich bei allen Finkenarten durch lebhafte Färbung aus, während die Farben des Weibchens stets matt sind. Das Weibchen des Buchfinken ist oberhalb bräunlichgrau, unterhalb grauweißlich.

Bei uns ist der Buchfink sehr häufig und verbreitet sich durch die ganze nördliche Hemisphäre über Europa und Sibirien, kommt aber auch in Syrien, Nord-Afrika und auf Madeira vor. Er lebt in Wäldern, Büschen und Gärten, und verbreitet daselbst überall Leben, indem er entweder seinen Schlag oder seinen Lockton hören läßt. Der Gesang dieses Vogels ist sehr mannigfaltig und man glaubt, daß er fast für jede Gegend eigenthümliche Weisen habe. In Mitteldeutschland will man gegen zwanzig verschiedene Sangweisen unterschieden haben, die man sogar mit eigenen Namen als Rollschlag, Reiterzug, Würzgebier u. s. w. bezeichnet hat. Man schätzt ihn auch als Stubenvogel und je vollkommener sein Schlag ist, desto theurer wird er bezahlt. Ein guter Fink muß namentlich die letzten Töne seines Schlages gut ausprägen; wenn dieses nicht der Fall ist, so nennt man ihn Stümper und er hat keinen besonderen Werth. Nur die wenigsten erlernen in der Gefangenschaft einen guten Schlag.

Er baut ein hübsches, halbkugelförmiges Nest, welches aus Moos, Flechten und feinen Halmen so sorgfältig geformt ist, daß es von außen ganz die Farbe des Stammes hat. Es steht theils am Stamme selbst, theils aber auch in den Gabeln der Zweige. Inwendig ist es sorgfältig mit Federn und Haaren ausgefüttert. Er legt 3 bis 5 hellbläuliche, dunkelbraun gefleckte und gestrichelte Eier, die 14 Tage lang bebrütet werden, wobei das Männchen täglich das Weibchen einige Stunden ablöst. Jährlich werden zwei Bruten gemacht, und die Jungen der ersten sind gewöhnlich meist Männchen, die der zweiten meist Weibchen. Sie werden mit Kerbthieren aufgefüttert.

Im Freien gehört der Fink zu den allernützlichsten Vögeln und es sollte streng darauf gehalten werden, daß er nicht, wie es leider in manchen Gegenden geschieht, zum Verspeisen weggefangen würde. Den größesten Nutzen gewährt er den Bäumen, namentlich den Obstbäumen; denn er lebt im Frühling und Sommer vorzüglich von Raupen, welche die Blüthen und Knospen zerstören. Sonst frißt er noch Sämereien verschiedener Art, welche er vom Boden aufliest. Da er auch Buchecken frißt, so hat man ihn Buchfink genannt.

Den Namen Coelebs d. h. Wittwer hat er erhalten, weil das Weibchen sich in kälteren Wintern von dem Männchen trennt und südlichere Gegenden sucht. Es gehen indeß auch viele Männchen im Herbste nach Süden und kehren im März wieder zurück, kommen aber regelmäßig 14 Tage früher als die Weibchen an. Die im Winter zurückbleibenden Vögel erscheinen oft vor unseren Thüren, auf den Straßen und Höfen.

Der **Bergfink** (Tannen=, Wald=, Mistfink) ist etwa 6 Zoll lang. Am hinteren Theile des Rückens ist er weiß, an den Seiten schwarz und die unteren Flügeldeckfedern schwefelgelb gefärbt. Beim alten Männchen ist im Frühjahr der Oberkörper glänzend schwarz und auf den Flügeln hat es zwei weiße Binden. Die Schultern, der Vorderhals und der obere Theil der Brust sind orange=rostfarbig, der Bauch dagegen rein weiß.

Sein eigentliches Vaterland sind vorzüglich die nördlichen Gebirgsgegenden in Lappland, Schweden, Rußland und Sibirien, wo er die dichtesten Wälder, besonders Nadelwälder bewohnt, in denen er auch nistet. Bei uns zeigt er sich nur im Herbste einzeln in Gesellschaft des Buchfinken, später sieht man ihn in ganzen Schaaren die Buchenwälder wegen der Buchecken aufsuchen, aber stets in Nadelwäldern übernachten, und in schneereichen Wintern zieht er selbst noch weiter nach Süden. Einzeln bleibt er auch wohl in Thüringen und auf dem Harze während des Sommers.

Der Grünfink (Grünhänfling, Grünling, Stockfink, großer Grünfink) ist wenig über 6 Zoll lang. Auf der Oberseite ist er grünlich, auf der Unterseite gelblichgrün. Die Achseln, ein Fleck an der Außenfahne der ersten Schwungfedern und die Wurzeln der fünf äußern Schwanzfedern auf jeder Seite sind hochgelb, beim Weibchen jedoch überall matter; der Bürzel ist gelblichgrün, die Mitte des Bauches grüngelb, die Seiten grau und die unteren Deckfedern des gegabelten Schwanzes gelblichweiß. Im Uebrigen sind die Flügel- und Schwanzfedern schwärzlich und gelb gesäumt.

Er ist bei uns sehr häufig, lebt in dem gemäßigten Europa, Kleinasien und Kamtschatka, und findet sich daselbst im Sommer paarweise in Gärten, Gebüschen und an Waldrändern. Sein Nest legt er gewöhnlich auf einem dicken Aste in der Nähe des Stammes an und brütet zwei Mal jährlich 3 bis 5 silberweiße, braun- oder braunröthlich-gefleckte Eier. Gegen den Winter zieht er in großen Schaaren auf Feldern, in Gärten, Baumpflanzungen und Wäldern umher, und sucht sich daselbst seine Nahrung auf. Er nährt sich von verschiedenem Grassaamen und den Sämereien vieler Cruciferen, der Wolfsmilch, von Buchecken und Wachholderbeeren.

Sein Gesang ist nicht besonders schön. Er läßt ihn fast das ganze Jahr hindurch hören, wenn er im Zimmer gehalten wird, und lernt auch anderen Vögeln nachahmen, wenn er jung aus dem Neste genommen wird. Er zeigt überhaupt eine gewisse Lernfähigkeit und gewöhnt sich daran, sein Trinkgefäß in die Höhe zu ziehen. Untergelegte Eier anderer Stubenvögel, besonders der Kanarienvögel, brütet er mit vieler Sorgfalt aus.

Der Kernbeißer (Kirschfink, Kirschvogel, Dickschnabel) ist 7 bis 7½ Zoll lang. Er hat einen ausnehmend starken, 10 Linien langen, 8½ Linien hohen und 8 Linien breiten Schnabel, der gerade, kreiselförmig und spitzig ist; im Sommer ist derselbe gelblichblau, im Winter dunkler gefärbt. Seine Stirn ist gelblichbraun, der Scheitel und die Wangen sind hellkastanienbraun, der Nacken ist aschgrau, der Rücken und die hintersten Flügelfedern dunkel-rostbraun, der Bürzel und die oberen Deckfedern des Schwanzes aber hell-rostbraun. Die Flügelfedern, die Wurzel der Schwanzfedern, die Kehle, sowie ein schmaler Ring um die Wurzel des Schnabels, der sich auf jeder

Seite bis zum Auge etwas verbreitert, sind tief sammetschwarz. Die oberen Deckfedern auf den Flügeln bilden einen weißen Spiegel, die Flügelfedern selbst haben auf der Innenfahne einen weißen Fleck und die Schwanzfedern eine weiße Spitze. Die Halsseiten, die Brust und die Seiten des Bauches sind weinröthlich, der Bauch aber und der Theil unter dem Schwanze weiß. Die Füße haben eine blaßrothe Färbung.

Dieser schöne Vogel erscheint uns nur einzeln, bewohnt in Europa und Sibirien mehr die Laubwälder, als die Baumgärten und einzelnen Gebüsche, und wandert nur zum Theil im Winter fort; doch begiebt er sich meistentheils in die Ebenen, wo er mehr gegen die Kälte geschützt ist.

Seine Hauptnahrung besteht aus Sämereien verschiedener Art, besonders aus den öligen Saamen verschiedener Cruciferen und Compositen. Eben so gern frißt er die Früchte der Weißbuchen, Rothbuchen, Ebereschen, Rosen, des Ahorns, der Kiefern, des Wachholderstrauches, der Vogelkirsche, des Kreuz=, Weiß= und Schlehendorns. Am liebsten nimmt er aber Kirschen, von denen er jedoch das Fleisch wegwirft, und nur das Mark des Kernes frißt, den er mit Leichtigkeit spaltet, indem er ihn so dreht, daß er jedesmal mit den Schneiden seines Schnabels die Naht trifft. Im Sommer frißt er ferner Insecten und füttert auch damit seine Jungen.

Sein Nest bereitet er in den Astwinkeln hoher Laubbäume, legt 3 bis 5 aschgraue, braun=gefleckte und schwarzblau=gestreifte Eier und brütet jährlich zwei Mal.

Er ist sehr zänkisch und tödtet in den Zimmern oft seine kleineren Stubengenossen. Er wird auch nur selten in Zimmern gehalten, da er wenig singt, vielmehr eine fast widerliche, schnarrende Stimme hat.

Der Stieglitz.

Von den Vögeln, welche man gern in Zimmern hält, zeichnet sich der Stieglitz, oder Distelfink (Fringilla Carduelis) nicht nur durch sein hübsches Gefieder, sondern auch durch einen schönen Gesang, den er mit Ausnahme der Mauserzeit das ganze Jahr hindurch hören läßt, aus. Er ist ebenso eine der schönsten unter den einheimischen Finkenarten, und wird etwas über 5 Zoll lang. Das Männchen übertrifft auch hier, wie bei den Singvögeln überhaupt, das Weibchen an Schönheit und Lebhaftigkeit der Färbung. Die Stirn und die Kehle sind schön karmoisinroth, welches noch besonders dadurch hervorgehoben wird, daß der Scheitel, von dem sich auf jeder Seite eine Binde nach dem Halse hinunterzieht, und die Seiten des Kopfes schwarz gefärbt sind. Die Flügel- und Schwanzfedern sind ebenfalls schwarz gefärbt. Ueber erstere zieht sich eine schöne, breite, hochgelbe Binde; von den letzteren haben die beiden äußeren auf jeder Seite einen länglichrunden, weißen Fleck auf der Innenfahne, während die übrigen weiße Spitzen haben. Die Wangen, ein Fleck im Nacken, der unterste Theil des Halses und der Bauch sind weißlich, dagegen der Rücken und die Schultern gelblichbraun, der Bürzel und die Seiten des Bauches weißlichgrau. Nicht nur das Weibchen und die Jungen — letzteren fehlt sogar vor der Mauser die Carmoisinfarbe — sind sehr von dem Männchen verschieden, auch diese weichen oft sehr unter einander ab.

Als besondere Kennzeichen, wodurch der Stieglitz sich von den anderen Finkenarten unterscheidet, sind folgende zu nennen: Sein Schnabel ist schwächer, genau kegelförmig, etwas verlängert und scharf zugespitzt. Die Flügel sind spitzig und der Schwanz ausgeschnitten.

Im Frühjahr und Sommer bewohnt er in Europa, dem westlichen Sibirien und Klein-Asien die Obstgärten, Pappel- und Linden-Alleen, die Ränder der Laubwälder und ähnliche Stellen, aber niemals den düsteren Nadelwald, der zu seinem fröhlichen und munteren Treiben wenig zu passen scheint. Er findet sich überall einzeln, nur im Winter streicht er in kleinen Schaaren umher, und zieht dann Orte vor, wo sich viel Disteln, Erlen und Birken finden, deren Saamen er in dieser Zeit zu seiner Nahrung erwählt. Er nährt sich überhaupt von verschiedenen Sämereien, zieht aber besonders die ölhaltigen Saamen der Disteln, der Weberkarden, der Salatpflanzen, des breitblättrigen Wegerichs u. s. w. vor. Die Jungen dagegen werden mit Insecten groß gefüttert, welche die Eltern von den Obstbäumen ablesen und dadurch nicht geringen Nutzen stiften.

Der Stieglitz läßt sich leicht zähmen, und er wird entweder schon aus dem Neste genommen oder weggefangen, wenn er sich an die Distelköpfe hängt, um die Saamen herauszupicken, wobei er nicht besonders vorsichtig und auf seinen Schutz bedacht ist. Im Anfang muß man ihm solche Sämereien vorlegen, die er auch in der Freiheit genießt, später gewöhnt er sich bald an das gewöhnliche Futter der kleineren Stubenvögel, und betrachtet es als einen besonderen

Leckerbissen, wenn er nebenbei Vogelmiere, Salat, ein Stückchen Apfel oder Birne erhält. Wird er im Alter blind, wie es zuweilen geschieht, so darf man nur an seinem Käfig Nichts verändern, dann findet er doch den Futter- oder Trinknapf. —

Es ist nicht schwer, ihm mancherlei Kunststücke beizubringen. Am gewöhnlichsten ist es, daß er sein Futter und Trinkwasser herbeiziehen muß. Man bringt nämlich neben seinem Käfig einen kleinen Wagen an, der sich auf einem schiefliegenden Brettchen befindet und mit einem Fädchen oder mit einer kleinen Kette an der Oeffnung des Käfigs befestigt ist, durch welche der Vogel mit dem Schnabel sein Futter zu holen pflegt. In dem Wagen befindet sich nun das Futter. Anfänglich setzt man ihn ganz nahe, dann täglich ein Stückchen weiter von der Oeffnung zurück, bis der Stieglitz ihn jedesmal herbeizieht, wenn er fressen will. Er packt dann das Fädchen mit seinem Schnabel, legt es unter seine Füße, um es festzuhalten, bis es ihm gelungen ist, den Wagen herbeizuziehen; doch sobald er seinen Fuß hebt, rollt er wieder auf der schiefen Ebene hinab. Auf ähnliche Weise verfährt man mit dem Wasserbehälter. Gewöhnlich macht man ein Loch in den Boden des Käfigs, durch welches der Stieglitz einen an einem Faden hängenden Fingerhut heraufziehen muß, der, sobald er ihn ausgetrunken hat und losläßt, immer wieder durch das Loch in ein Gefäß voll Wasser fällt und sich von Neuem füllt. — Auch zu anderen Künsten kann der Stieglitz abgerichtet werden; so z. B. lernt er, vermittelst einer kleinen Lunte, die er mit seinem Schnabel faßt, eine kleine Kanone abfeuern, auf Befehl sich todt stellen, auf Befehl wieder aufleben, Schildwache stehen u. s. w., wodurch er ein lieber Stubengenosse geworden ist und namentlich zur Belustigung der Kinder gehalten wird.

Mit Kanarienvögeln erzeugt er leicht Bastarde, heckt auch mit seines Gleichen zuweilen in Zimmern. Eine ganz besondere Mühe haben die Vogelzüchter mit der Aufziehung dieser Bastarde, die sie jedoch immer wieder gern übernehmen, wenn auch von drei oder vier Hecken nur Einige erhalten werden, weil diese sich gewöhnlich durch ein sehr buntes Gefieder und durch hellen Gesang auszeichnen.

Im Freien legt der Stieglitz sein Nest nach Art anderer Finken zwischen Baumästen aus Halmen, Flechten und Moos an, füttert es mit Federn und Haaren aus und brütet jährlich zwei bis drei Mal. Er legt 4 bis 5 Eier, welche bläulichweiß, röthlich gefleckt, oder am stumpfen Ende mit dunkelbraunen Punkten kranzförmig gezeichnet sind.

Der Hänfling.

Die den Hänfling charakterisirenden Merkmale zeigen sich, wie beim Stieglitz, zunächst am Schnabel. Derselbe ist ebenfalls genau kegelförmig, aber kürzer und stumpfer. Er hat ebenso, wie jener, spitzige Flügel und einen ausgeschnittenen Schwanz. Er nährt sich von ölhaltigen Sämereien, besonders gern vom Hanf, daher man ihm den Namen „Hänfling" gegeben hat. Es kommen bei uns drei Arten vor, nämlich:

1. der Bluthänfling (Fringilla cannabina);
2. der Berghänfling (Fringilla flavirostris);
3. der Leinhänfling (Fringilla Linaria).

Der Bluthänfling (gemeine Hänfling, Flachsfink) wird etwas über 5 Zoll lang. Beide Geschlechter zeichnen sich wieder durch abweichende Färbung aus. Im Frühjahr ist das alte Männchen sehr schön. Der Scheitel und die Brust sind brennend roth (karminroth), der Hinterkopf, der Nacken, sowie die Seiten des Kopfes und Halses sind grau, die Augenkreise sind weißlichbraun, und die Kehle, sowie der vordere Theil des Halses sind weißlich. Der Rücken ist rostbraun, nach dem Schwanze zu weißlich und die ganze Unterseite, namentlich der Bauch und der Theil unter dem Schwanze, sind gelblichweiß; dagegen sind die Seiten des Bauches hellbräunlich. Die großen Flügeldeckfedern haben an der äußeren Seite einen weißen Saum und alle Schwanzfedern, die mittleren ausgenommen, sind in der Mitte, dem Schafte entlang, schwarz, aber an den äußeren Seiten der Fahne sehr breit weiß. Bei allen Männchen ist das Roth im Herbste braunroth und unter grauen Federkanten versteckt, welche sich während des Winters abnutzen. Ueberhaupt ist das Männchen nach Alter und Jahreszeit sehr verschieden gefärbt. Das Weibchen ist stets kleiner, hat keine rothe Farbe, sondern ist oben schwarzbraun mit weißgelblichen Flecken, unten röthlichweiß und graubraun gefleckt. In der Gefangenschaft verschwindet die schöne rothe Farbe beim Männchen mehr und mehr und bei denen, welche als Gefangene aufgezogen werden, soll sie kaum zum Vorschein kommen. — Die Farbe des Schnabels ist grau. —

Mit Ausschluß des hohen Nordens bewohnt er Europa, Kleinasien, Syrien, Abyssinien, ja Manche sind sogar der Meinung, daß er auch in Nordamerika vorkomme. Bei uns ist er sehr häufig. Er lebt im Sommer gewöhnlich paarweise, und wählt am liebsten zu seinem Aufenthalte einzeln stehende, dichte Gebüsche, aus Laub- und

Nadelholz (am liebsten Wachholderbüsche) bestehend; im Winter dagegen sieht man ihn in großen Schaaren umherziehen. — Seine Nahrung besteht aus ölhaltigen Sämereien der Cruciferen und aus Grassaamen; auch die Jungen werden mit Sämereien aus dem Kropfe gefüttert.

Sein Nest besteht aus Halmen, Wolle und Haaren, ist gewöhnlich in den dichten Zweigen eines Busches oder Bäumchens angebracht und enthält 4 bis 5 weißbläuliche oder grünliche mit rothen Flecken besetzte Eier. Er macht jährlich zwei Bruten, die von dem Weibchen allein übernommen werden. Ehe die Jungen ausschlüpfen, vergehen 13 bis 14 Tage.

Er hat einen angenehmen Gesang, der aus flötenartigen, lauten, aneinanderhängenden Strophen besteht. Je älter er wird, desto schöner singt er; man lehrt ihn Arien, Tänze, den Schlag der Nachtigall, des Finken und den Gesang der Lerche singen. Merkwürdig ist es, daß er sich in Zimmern noch lieber mit Kanarienvögeln als mit seines Gleichen paart, und daß die Jungen einer solchen Brut dann noch eine schönere Stimme bekommen.

Er ist ein scheuer und sehr wilder Vogel und deshalb schwer zu fangen und zu zähmen.

Der **Berghänfling** (gelbschnäblige Hänfling) ist kaum fünf Zoll lang. Sein Schnabel ist wachsgelb und hat eine schwärzliche Spitze. An der Kehle und um die Augen ist er rostgelb, am Ende des Rückens weißlich gefärbt. Beim Männchen ist der letztere Theil roth überlaufen. Die mittleren Schwungfedern sind weiß gesäumt. Er ist übrigens dem Bluthänfling sehr ähnlich, nur dem Scheitel und der Brust fehlt das schöne Blutroth. In seiner Lebensweise ist er dem vorigen ebenfalls ähnlich.

Er gehört ursprünglich dem hohen Norden an, geht aber als Zugvogel im Herbste in südlichere Länder, und besucht dann auch uns in kleinen Schaaren, jedoch nicht häufig. Einzelne gehen bis Oberitalien und Südfrankreich. Er wählt im Sommer zu seinem Aufenthalte nur die nackten Felsen, wo kaum noch verkrüppeltes Gesträuch gedeiht. Entweder nistet er auf ebener Erde oder in diesem niedrigen Gestrüpp und legt etwa 6 meist lebhaft blaugrüne Eier, welche mit dunkelbraunen Punkten, Flecken und feinen Schnörkeln bedeckt sind.

Sein Gesang ist nicht so angenehm wie beim Bluthänfling und er gewöhnt sich auch allmälig daran, ihn im Käfig hören zu lassen, obwohl er bei seiner Lebhaftigkeit sehr scheu, aber auch zugleich sehr schlau ist.

Der Leinhänfling (Birken-, Berg-, Leinzeisig oder Flachsfink) wird etwa 5 Zoll lang. Er hat mit dem vorigen so viel Aehnlichkeit, daß man ihn nicht selten damit verwechselt. Seine Stirn und die Kehle sind braunschwarz, der Scheitel, der Vorderhals und die Brust sind entweder schön dunkelroth oder doch rosenroth. Die Halsseiten sind graugelb, der Rücken gelbbraun und beide schwarzbraun gefleckt. Der Untertheil ist weiß. Die Schwanz- und Flügelfedern sind braunschwarz mit schmalen, weißlich-braunen Kanten; auf letzteren befinden sich noch zwei deutliche hellbraune oder braungelbe Spitzenbinden. Das Weibchen weicht mehrfach in der Färbung ab. Die Füße sind stets schwarz und der Schnabel stets gelb mit schwarzer Spitze.

Wie der vorige bewohnt er die nördlichen Länder und verbreitet sich selbst bis in die Gegend der Baffinsbai. Im Herbste zieht er südlicher und ist dann auch bei uns häufig. Im Sommer hält er sich in sumpfigen Erlen- und Kiefernwäldern auf, im Winter dagegen besucht er mehr freie Gegenden. Er nistet gewöhnlich einige Fuß über der Erde in Fichten-, Birken- oder Erlengebüsch und legt meist 4 bis 6 blaß-bläuliche, grünlichweiße, bräunlichroth getüpfelte Eier. — Seine Nahrung besteht aus ölhaltigen Sämereien, z. B. aus dem Saamen des Leins, des Rapses, des Mohns, des Hanfs, der Kiefer, der Erle 2c.

In der Gefangenschaft wird er schnell zahm, obgleich er sonst sehr scheu ist, läßt sich zu mancherlei Kunststückchen abrichten, ist gegen seines Gleichen, selbst gegen den Zeisig, den Kanarienvogel 2c. sehr zärtlich, paart sich auch leicht mit den Stubenvögeln und erzeugt hübsch gefärbte Bastarde, die aber sehr weichlich sind und beim Aufziehen viele Mühe machen. Sein Gesang ist wenig angenehm.

Der grüne Hänfling, auch Girlitz oder kleiner Grünfink (Fringilla Serinus) ist eigentlich dem Zeisig näher verwandt, denn er hat, wie dieser, einen gestreckten, kegelförmigen Schnabel, der vor der dünnen Spitze etwas zusammengedrückt ist. Auch hat er starke Füße und einen gabelförmigen Schwanz. Er wird gegen 5 Zoll lang. Seine Kehle ist günlichgelb und seine Hauptfarbe ist überhaupt eine Mischung von Grün und Gelb. Der Rücken und die Bauchseiten sind schwärzlich gefleckt und auf den Flügeln sieht man zwei schmale helle Binden. Beim alten Männchen sind der Hinterkopf, der Rücken und die Schultern grüngelb mit schwärzlichen Längsflecken; die Stirn aber, sowie ein Streif über den Augen, ein Ring um den Nacken und der auf den Seiten mit schwärzlichen Längsflecken besetzte Unterkörper sind blaß goldgelb. Die Federn der Flügel und des tief ausgeschnittenen Schwanzes sind schwarzgrau und grünlich gesäumt. Die Füße sind gelblich und der kurze Schnabel ist oben horngrau, unten gelblichgrau gefärbt.

Er bewohnt hauptsächlich das südliche Europa und das nördliche Afrika; aber auch bei uns ist er im Sommer häufig. Im Frühlinge trifft er in Deutschland ein, um hier in Gärten und Laubhölzern, besonders in Buchenwäldern auf den Baumzweigen zu nisten, und legt 4 bis 5 weiße, am stumpfen Ende braungefleckte Eier. Er nährt sich wie die übrigen Hänflinge von verschiedenen Sämereien. Merkwürdig ist es, daß das Weibchen, welches die Eier allein bebrütet, sich während der Brütezeit aus dem Kropfe des Männchens füttern läßt.

Er ist ein sehr lebhafter Vogel, der aber doch leicht zu zähmen ist, und eben so gut als Stubenvogel, wie in der Freiheit, seinen nicht unangenehmen Gesang ziemlich fleißig hören läßt.

Der Zeisig.

Der Erlenzeisig, auch gemeiner, grüner Zeisig, Erlenfink (Fringilla Spinus) ist der kleinste unter den Finken, denn er wird nicht ganz 5 Zoll lang. In seinem Gefieder zeigt er eine solche Verschiedenheit, daß es schwer hält, ihn genau zu charakterisiren. Am meisten kommt er mit folgenden Farbenmischungen und Zeichnungen vor: Sein Oberkopf und die Kehle sind schwarz, der Nacken schwarzgrün, die Seiten des Kopfes und der Rücken gelbgrün (zeisiggrün) mit schwarzbraunen Flecken; ein Streifen hinter den Augen, der Bürzel, die Schwanzwurzel, die Seiten und der untere Theil des Halses, sowie die Brust, zwei Binden auf den Flügeln und die Flügelfedern von der vierten bis zur vorletzten am Grunde sind grünlichgelb oder hellgelb gesäumt. Der Bauch ist weißlich und die Seiten desselben gelblichgrün mit schwarzgrauen Schaftflecken. Dem Weibchen fehlt in der Regel das schöne Gelbgrün, es ist vielmehr am ganzen Oberkörper vom Schnabel bis zum Schwanze graugrün, etwas grünlich überflogen, dunkler gestreift, unten weiß mit schwärzlichen Längsflecken. Die Jungen sind dem Weibchen sehr ähnlich, aber ihre dunklen Flecken sind deutlicher und die Unterseite zeigt einen gelblichen Anflug. — Der Schnabel des Zeisigs ist gestreckt, kegelförmig, mit dünner Spitze und vor derselben etwas zusammengedrückt, im Sommer ist er grau, im Winter weiß mit schwarzer Spitze. Der Schwanz ist gabelförmig, die Füße sind stark und schwarzbraun gefärbt.

Er ist allgemein im Norden Europa's und Asien's verbreitet; in unseren Gegenden ist er sehr häufig. Im Sommer hält er sich in Nadelholzwaldungen auf, wo er sein Nest, das man erst seit etwa 60 Jahren genauer kennen gelernt hat, denn früher hatte man es noch nicht hinreichend beobachtet, auf den höchsten Zweigen der schlankſten Tannen und Fichten anlegt. Dasselbe ist nur klein und sehr niedlich vom feinsten Moose und von Baumflechten, mit Wurzeln und Pflanzenwolle vermischt, bereitet. Er legt 5 bis 6 grauweiße, rothbraun punktirte Eier und brütet jährlich zwei Mal. Im Winter streicht er in oft sehr großen Schaaren hin und her, besonders wo viel Erlen und Birken sich finden, von deren Saamen er sich nährt. Seine Nahrung besteht aus dem Saamen der Erlen, Tannen, Kiefern, Birken, Ulmen, Disteln, Kletten u. dergl. Seine Jungen füttert er theils mit Insecten, theils mit Sämereien aus dem Kropf.

Der Zeisig ist ein sehr munterer, aber scheuer Vogel, der sich jedoch leicht zähmen und zu vielerlei Kunststückchen, wie wir sie bei dem Stieglitz kennen gelernt haben, abrichten läßt. In der Gefangenschaft erhält er bloß Mohn, oder daneben auch Kanariensaamen und recht oft Vogelmiere, Kreuzwurz; Salat, Birn- und Apfelstückchen. Gut gepflegt, hält er sich viele Jahre, singt im Käfig seinen zwitschernden Gesang recht fleißig, frißt sehr viel, nistet leicht mit seines Gleichen oder mit Kanarienvögeln, mit welchen er schön gefleckte Bastarde erzeugt.

Nicht selten kommt er im Herbste, wie bereits angedeutet worden ist, zu Tausenden aus den nördlicheren Gegenden zu uns und geht dann sogar bis nach Italien und Südfrankreich, wo er häufig gefangen und gegessen wird. Er geht entweder auf flache Felder, um sich von dem Saamen der Kletten, des Hopfens und der Disteln zu nähren, oder er zieht sich auch noch lieber in Erlengebüsche zurück, weil ihm der Saamen dieser Baumart vor jeglicher anderen Nahrung lieb und angenehm ist. Er ist auch in der Freiheit ein sehr gefräßiger Vogel, klettert mit vieler Geschicklichkeit und Schnelligkeit auf den Aesten und Zweigen der Bäume umher und läßt dabei fast fortwährend seinen zwitschernden Gesang hören.

Der Kanarienvogel.

Der Kanarienvogel (Fringilla Canaria), auch Zuckervogel, paßt sich von allen Singvögeln bei Weitem am besten zum Stubengesellschafter des Menschen, denn er ist so klein, so niedlich, so schön gefärbt, so zutraulich und so klug, daß er sich durch alle diese Eigenschaften auf's Beste empfiehlt. Dazu läßt er sich leicht füttern, frißt sehr wenig, kann Stubenluft, und nicht allein Hitze, sondern auch einen ziemlichen Grad von Kälte ertragen. Auch hält er sich viele Jahre, singt vortrefflich, lernt Melodien und verschiedene Kunststückchen, und vermehrt sich leichter und stärker als irgend ein anderer Stubenvogel. Lästig kann nur das Männchen durch den allzu lauten Ton seines Schlagens werden, wenn man es nicht vor das Fenster oder in einen Vorsaal oder in eine Kammer hängen kann. Man braucht sich aber, wenn es einem mehr um Gesellschaft zu thun ist, nur Weibchen zu halten, welche ebenso niedlich sind und keinen Lärm machen. Soll man den Gesang des Männchens gut nennen können, so muß er verschiedene lange Triller und schön flötende, dagegen nur wenig schmetternde Töne haben.

Der Kanarienvogel ist erst im 15ten Jahrhundert nach Europa gebracht worden, hat sich daselbst vermehrt und ist allmälig über die ganze Erde verbreitet worden. Ursprünglich stammt er von den canarischen Inseln, besonders von Madeira. Jetzt findet er sich auch auf der Insel Elba verwildert, da einmal eine Anzahl mit einem gestrandeten Schiffe dorthin gelangten und in Freiheit gesetzt wurden.

Seine Länge beträgt etwa 5 Zoll. Im wilden Zustande, wie er noch jetzt auf den canarischen Inseln in großer Menge vorkommt, ist er oben grünlichgelb, unten goldgelb, der Theil unter dem Schwanze, die Seiten und die Schenkel sind schmutzig-weiß und die Seiten sind noch mit braunen Längsflecken bedeckt. Der Scheitel, die Seiten des Kopfes, die größeren Flügeldeckfedern und die oberen Schwanzdeckfedern sind aschgrau und haben unten einen braunen Längsfleck; die letzten Flügel- und Schwanzfedern sind dagegen braunschwarz.

Im gezähmten Zustande hat sich diese Färbung theils mehr, theils weniger verändert. Die gewöhnliche Farbe ist gelb, doch kommt diese in vielen Abweichungen und Nüancirungen vor. Man findet Individuen, welche mehr graubraun, andere, welche mehr gelbgrün, ferner rothbraun, isabellgelb, hochgelb oder wieder fast weiß sind. Bei allen diesen Färbungen kommt noch ein Kopfputz hinzu, eine sogenannte Holle, die jedoch bei ganz gleich gefärbten wieder fehlt. Die schwarz- und graubraunen Vögel dieser Art sind die gewöhnlichsten, aber auch die dauerhaftesten; gelbe und weiße, letztere sogar mit rothen Augen, sind dagegen die zartesten, und die rothbraunen die seltensten. Zu den schönsten rechnet man die weißen oder gelben mit isabellfarbigem Kopfe und Schwanze, daran reihen sich die goldgelben mit schwarzen Flügeln und mit blauem oder schwarzgrauem Kopfe.

Nach der verschiedenen Färbung zerfallen die Kanarienvögel in drei Hauptgruppen:

1. Reingelbe Vögel, wozu sowohl hoch-, als blaßgelbe gehören, die theils mit, theils ohne Holle oder Kappe vorkommen; sie haben einen sanften, nicht sehr schmetternden Schlag.
2. Gelbe Vögel mit grauen oder grünlichen Flügeln; sie haben den stärksten Schlag.
3. Gelb- und grau-gefleckte Vögel, von denen die dunkelgelben mit regelmäßig stehenden Flecken, mit hoher, buschiger Holle und mit einem Gesange, welcher mit dem Schlage der Nachtigall Aehnlichkeit hat, die beliebtesten sind.

Allein, es giebt nun auch noch eine große Anzahl Vögel, die man ebenfalls zu den Kanarienvögeln zählt, welche in ihrer Färbung zu keiner dieser drei Gruppen gehören. Dieses sind nämlich die sogenannten Bastarde. Es ist nicht allzu schwer, den Kanarienvogel mit anderen Stubenvögeln paaren zu lassen und selbst die aus dieser Paarung entstandenen Vögel pflanzen sich ebenfalls fort.

Am gewöhnlichsten ist die Paarung mit dem Stieglitz. Dieser lohnt eigentlich allein der Mühe, denn die männlichen Bastarde werden, wenn der Kanarienvogel rein gelb oder gelb mit dunkler Holle war, sehr schön, gewöhnlich oben braun, unten goldgelb, und um den Kopf gelblichroth. Die Färbung zeigt sich am schönsten erst nach der Mauser und verschönert sich überhaupt in jedem Frühjahr. Gewöhnlich paart man das Männchen vom Stieglitz mit dem Weibchen vom Kanarienvogel; man kann aber auch umgekehrt verfahren, und in letzterem Falle füttert die Mutter ihre Jungen wie ein Kanarienvogel aus dem Kropfe, wiewohl sie im Freien aus dem Schnabel mit Insecten 2c. füttert. Es ist nicht selten der Fall, daß die Zucht mit dem Stieglitz fehl schlägt; doch wird sie immer wieder versucht, da diese Bastarde sehr beliebt sind und gern gekauft werden.

Eine andere Paarung des Kanarienvogels ist mit dem Zeisig. Die Bastarde sind leicht aufzuziehen und sehen grünen Kanarienvögeln ähnlich. — Die Bastarde durch die Paarung mit dem Hänfling sind bräunlich und die mit der Goldammer sind grüngelblich. Eine Paarung mit den anderen Finkenarten ist sehr selten und dürfte sehr zweifelhafte Resultate liefern.

Im Freien kommt der Kanarienvogel nicht bei uns fort, sondern man muß ihn in Stuben halten, woselbst er sich aber mit Leichtigkeit fortpflanzt. Man hält gewöhnlich für 2 bis 3 Weibchen nur ein Männchen, welche gemeinschaftlich in einem großen Käfig sich aufhalten.

Will man eine Kanarienhecke anlegen, so ist es nöthig, gute und brauchbare Vögel auszusuchen, da sich dazu nicht jeder Schwächling eignet. Die Farbe wählt man nach Belieben, obwohl dieselbe nicht ohne Einfluß auf die Jungen ist. Daran, daß sie sich anfangs oder auch während der ganzen Heckzeit viel beißen, darf man sich übrigens nicht stoßen, denn dies ist eine gewöhnliche Erscheinung, nur übertreiben es einzelne und tödten sich in diesem Kampfe. Es ist daher anzurathen, das Männchen etwa 14 Tage früher in den Heckkäfig zu sperren, als die Weibchen; dadurch fühlt es sich als ursprünglicher Bewohner und es werden in diesem Falle in der That die Zänkereien um ein Bedeutendes vermindert.

Als Fütterung gebe man in der Heckzeit eine Mischung von Rübsen, Mohn und Kanariensaamen, daneben immer in Wasser geweichte und dann ausgedrückte Semmel, welche täglich erneuert werden muß. Auch Obststückchen, Grünes und ein Stückchen ungesalzenen Specks dürfen nicht fehlen. Dagegen sind gesottene Eier, obwohl sie häufig gefüttert werden, eher schädlich als förderne. Bei solchem Futter gedeihen sie sehr gut und vermehren sich stark.

Eine ganz besondere Nothwendigkeit ist, daß man zerstoßene Eierschaalen, in deren Ermangelung auch Kalkstückchen genügen, in den Käfig lege, weil sie dergleichen fressen müssen, um die Schaalen ihrer Eier daraus zu bilden; denn mangelt ihnen diese Kalksubstanz gänzlich, so legen sie weiche Eier.

Zum Nisten hängt man ihnen kleine offene Kästchen an verschiedenen Stellen, jedoch nahe an der Decke des Käfigs, auf. Es sind darum mehrere nöthig, weil das Weibchen oft schon wieder Eier legt, während in dem ersten Neste noch ihre Jungen sitzen. In diesen Kästchen legen sie selbst ihr Nest an und daher giebt man ihnen das nöthige Baumaterial. Charpie, Haarflechten (wie sie an den Nadelbäumen wachsen), Haare von Kühen und Ziegen, zartes Moos, zarten Grummet, weiche Federn, Alles zur Länge eines Zolles zerschnitten, eignen sich am besten dazu. In der Regel übernehmen den

Bau des Nestes die Weibchen, die Männchen tragen nur die Materialien herbei. Im Freien, also in seiner Heimath, soll er nach Art unserer Finken in Gärten und Feldern leben und sich auf ähnliche Weise von Sämereien, besonders von dem Saamen des Kanariengrases ernähren, das mit ihm gleichzeitig nach Europa in die Gärten gebracht wurde. Auch sein Nest bereitet er wie diese, und brütet 5 bis 6 blaßblaue Eier, welche einzelne braune Flecke und Striche haben.

Die Jungen muß man ruhig im Neste sitzen lassen, bis sie von selbst ausfliegen, denn nimmt man sie heraus, ehe sie recht flügge geworden sind und setzt sie wieder hinein, so springen sie oft wieder heraus und kommen dabei leicht um. — Sobald eine Hecke ausgeflogen ist, muß man das Nest sogleich herausnehmen und reinigen, denn es siedelt sich gar leicht Ungeziefer, namentlich die Vogelmilbe an, wodurch die ganze Hecke krank werden kann. Für die Reinlichkeit ist es daher besonders gut, wenn der Käfig am Fenster steht und viel Sonne und frische Luft hat, und noch besser ist es, wenn in dem Fenster oder in der Wand ein Loch sich befindet, durch das die Bewohner jederzeit in einen im Freien hängenden Käfig schlüpfen können.

Das Weibchen legt 2 bis 6 Mal im Jahre 4 bis 6 blaßblaue, am stumpfen Ende röthlich punktirte Eier, täglich eins, und brütet sie in 13 bis 14 Tagen aus. Sobald die Jungen ausgeschlüpft sind, wirft man die Schaalen und die faulen Eier fort, indem man sie mit aller Vorsicht mittelst eines Theelöffels herausholt. Den Mist der kleinen Jungen frißt merkwürdiger Weise die Mutter weg, jedenfalls, um das Nest stets rein zu halten.

Manche Weibchen haben die Untugend, den ausgeflogenen Jungen die Federn auszurupfen; treiben sie es jedoch zu arg, so sperrt man sie in einen Käfig, und stellt ihn mit offener Thür an den Käfig der Jungen, damit sie dieselben durch das Gitter füttern können. Sobald die Jungen ganz allein fressen, entfernt man sie aus der Hecke und füttert sie noch einige Monate lang. Oben genannte Sämereien, die man jedoch aufquellen läßt, in Wasser aufgeweichte Semmel, Grünes, aber nicht gesottene Eier, sind am besten für sie geeignet.

Außer der Heckzeit hält man jedes Männchen in einem Käfig allein, die Weibchen dagegen gemeinschaftlich in einem großen Käfig, der am besten da hängt, wo sie nicht vom Männchen gesehen werden. Viel Sonne, frische Luft, so lange die Kälte sich nicht bis zum Froste steigert, laue, nicht zu heiße Stubenluft während des Winters, ist für ihr Gedeihen besonders förderlich. Es ist immer darauf zu sehen, daß sich im Käfig kein Ungeziefer einniste. Während des Brütens kann dasselbe so sehr überhand nehmen, daß die Jungen davon getödtet werden. Daher ist ein Badenäpfchen, worin sie sich recht oft baden können, und das man täglich mit frischem Wasser füllen muß, eine unerläßliche Nothwendigkeit. Ebenso muß der Boden stets mit Flußsand bestreut sein, den man recht oft erneuert, denn mit dem alten wird in der Regel viel Ungeziefer entfernt.

Die beste Nahrung für den Kanarienvogel besteht aus einer Mischung von gleich viel Kanariensaamen, Sommerrübsen und Mohn, dazu gehört aber immer etwas weiches Futter, wie in Wasser geweichte Semmel, ein Stück Apfel oder Birne, grüne Brunnenkresse, Vogelmiere, Kreuzkraut, Salat, Klee, Luzerne, Möre oder Gurke. Er frißt sonst auch Hafergrütze, den ganzen Hafer, den er sich selbst ausspelzt, Hirse, Wegerichsaamen, und zerquetschten oder gekochten Hanf, den man ihm jedoch nicht zu häufig geben darf. Auf Zucker ist er sehr erpicht und man benutzt ihn sowie den Hanf, um ihn recht zahm zu machen, indem man Krümchen davon auf die Fingerspitzen nimmt, und ihn dadurch anlockt; zuletzt wird er so zahm, daß er sich auf die Hand, auf die Schultern und auf den Kopf setzt und sogar den Zucker vom Munde wegnimmt. Man darf ihm jedoch nicht zuviel harten Zucker geben, weil er sich sonst daran den Schnabel zerbeißt.

Der Kanarienvogel ist vielen Krankheiten unterworfen; indessen werden jedoch viele 15 bis 20 Jahre und darüber alt. Ist ein solcher krank, so giebt man ihm Lein- und Salatsaamen, auch Zucker und Speck, wenn er dieselben nicht für gewöhnlich erhalten hat. Ist die Fettdrüse geschwollen, so öffnet man dieselbe nicht, denn dadurch würde es noch schlimmer werden, sondern man reißt zu jeder Seite des Schwanzes die äußerste Feder aus und giebt ihm täglich zwei Mal frisches Badewasser. Auch einem Männchen, das im Frühjahre zu unruhig wird und namentlich seinen Gesang oft unterbricht, rupft man mehrere Schwanzfedern aus, wodurch man es vollständig beruhigt und wieder zu einem ordentlichen Gesange veranlaßt.

Der Gesang ist bei dem Kanarienvogel besonders ausgebildet und es giebt sogar Weibchen, welche recht angenehm singen. Es ist daher nothwendig, da man die meisten für einen besonders schönen Gesang abrichtet, daß man sie so früh wie möglich anhält. Sie werden deshalb bald in einen besonderen Käfig gethan und in die

Nähe eines ausgebildeten Sängers gehängt. Außer den Weisen des Lehrmeisters dürfen sie keine anderen, besonders schlechten Vogelstimmen z. B. vom Sperling hören, denn sie ahmen anfänglich die schlechtesten am liebsten nach. Soll ein Kanarienvogel Orgelstückchen lernen, so müssen kurze und leichte gewählt und ihm von Jugend auf recht fleißig, vorzüglich des Morgens, Mittags und Abends, vorgeleiert werden, während er an einem recht stillen Orte hängt und keinen anderen Vogel hört. Will man, daß er im Schlage recht tüchtig werde, oder die Stückchen recht schön pfeifen lerne, so muß er zwei Jahre in der Lehre bleiben und darf während dieser Zeit nicht zum Hecken gebraucht werden. In manchen Gegenden wird die Ausbildung der Kanarienvögel in's Große getrieben, z. B. im Schwarzwalde, in der Schweiz, in Tyrol, im Harze, in Thüringen u. a. O. von wo sie als besonderer Handelsartikel in alle Gegenden, namentlich nach England, Rußland und Constantinopel getragen werden.

Höchst merkwürdig ist der musikalische Sinn mancher Kanarienvögel. So z. B. hatte Jemand einen Vogel, der frei in der Stube umherflog. In dem Zimmer wurde oft die Violine gespielt, doch kümmerte sich darum der Vogel gar nicht; sobald aber ein Stück aus C-dur gespielt wurde, wurde er jedesmal sehr aufmerksam, flog sodann entweder auf die Schulter des Spielenden oder auf die Violine selbst und sang aus Leibeskräften mit. — König Ludwig XV. von Frankreich hatte einen Kanarienvogel, der zehn Arien und einige Präludien ganz vollkommen pfiff. Der König reichte ihm sein Futter mit eigener Hand. Einst vergaß er jedoch, ihn zu tränken und das arme Thierchen mußte vor Durst umkommen.

Der Kanarienvogel ist nicht bloß im Gesange ein sehr gelehriges Thier, sondern kann auch zu verschiedenen Künsten abgerichtet werden, und seine Leistungen setzen uns oft in wahrhaftes Erstaunen. So z. B. reiste einmal ein Franzose Namens Jeantet aus Befort im Elsaß umher, der ein Kanarienweibchen zur Schau stellte. Wurde demselben ein Wort vorgesagt, so flog es an ein Kästchen voll Buchstaben und setzte daraus das Wort zusammen. Wurde ihm eine Uhr gezeigt, so legte es die Zahlen hin, welche Stunde und Minute anzeigten. Ja, es addirte, subtrahirte und multiplicirte auf eine sehr geschickte und schnelle Weise. — Ein anderer Vogel, der ebenfalls auf Reisen seine Fertigkeit zeigen mußte, holte aus einem Kästchen voll Läppchen die Farben, welche eine ihm angezeigte Person aus der Gesellschaft an sich trug. — Dieselben Kunststücke sahe man schon 1760 zu Paris und zu verschiedenen Zeiten in Deutschland.

„Man sieht,“ sagt M. Antoine, „in Paris Kanarienvögel, die ein kleines Schauspiel aufführen: auf Befehl ihres Herrn kommen sie aus ihrem Käfig oder gehen wieder hinein; sie stehen ruhig auf einer Trommel, die man schlägt, stehen Wache, indem sie auf dem Kopfe eine Grenadiermütze haben, und Flinte, Säbel und Patronentasche tragen. Einer von ihnen, der's satt hat, wirft die Waffen weg und desertirt. Der Herr fängt ihn wieder ein und er wird zum Tode verurtheilt. Er nimmt von der ganzen Gesellschaft Abschied, die Augen werden ihm verbunden, eine Kanone auf ihn gerichtet, einer seiner Kameraden brennt sie los, der Schuß kracht, der Verbrecher stürzt todt nieder, ein anderer Kanarienvogel ladet ihn auf einen kleinen Schiebkarren und fährt ihn zum Begräbnißplatze. Aber kaum sind alle vom Richtplatz entfernt, so erhebt sich der Todte, singt ein munteres Liedchen und scheint über die glücklich bestandene Gefahr zu jubeln.“

Eine andere Geschichte zeigt uns den Grad der Gelehrigkeit des Kanarienvogels in noch größerer Vollkommenheit. Als Pratt auf seiner Reise durch Westphalen und Holland zu Cleve sich nebst vielen anderen Personen in einem Wirthshause aufhielt, trat ein Vogelsteller mit einem Kanarienvogel ein, dessen Kunststücke in dortiger Gegend allgemein bekannt waren und bewundert wurden. Der Vogelsteller nahm den Vogel aus seinem Käfig, setzte ihn auf seinen Zeigefinger und redete ihn folgendermaßen an: „Du erscheinst hier, mein lieber Bijou (so hieß nämlich der Kanarienvogel), vor sehr vornehmen und verständigen Leuten, nimm dich also in Acht, daß du die Erwartung, die man sich von dir macht, nicht täuschest. Du hast Lorbeeren eingesammelt, sorge dafür, daß sie nicht verwelken.“ Die ganze Zeit über, so lange sein Herr sprach, schien der Vogel zuzuhorchen, und nahm dabei eine Stellung an, als ob er recht aufmerksam auf die Rede wäre, indem er sein Ohr dem Munde des Mannes entgegenbog und, als dieser zu reden aufhörte, zwei Mal ganz deutlich mit dem Kopfe nickte, und war je ein Nicken verständlich und viel versprechend, so war es dieses. „Gut,“ sagte nunmehr der Vogelsteller, indem er seinen Hut gegen den Vogel abnahm, „laß uns denn nun sehen, ob du ein Kanarienvogel von Ehre bist. Stimm' einmal ein Liedchen an.“ — Der Vogel sang. — „Pfui! das ist zu hart; das klingt ja, als wenn ein heiserer Rabe krächzte. Etwas Rührendes!“ — Der Vogel pfiff nun, als ob seine Kehle in eine Laute umgewandelt wäre. — „Rascher,“ sagte der Mann; „langsamer; — so ist's recht. Aber was, zum Henker, hast du mit deinen Füßchen und deinem Köpfchen vor? Kein Wunder, daß du herauskommst, Monsieur Bijou, wenn du den Takt zu schlagen vergissest. Nun, das ist ein lieber Bijou, bravo, bravo, Männchen!" — Alles, was ihm geheißen oder woran er erinnert wurde, that er mit bewunderungswürdiger Pünktlichkeit. Sein Kopf und sein Fuß schlugen den Takt, und beide drückten sowohl die Abwechselung des Tones als der Bewegung aus. Der Ton selbst war ein treuer Wiederhall des Sinnes, und zwar nach den strengsten Regeln der poetischen und musikalischen Composition. — „Bravo, bravo!" hallte es von allen Seiten des Zimmers wieder. „Und du bezeugst deine Dankbarkeit nicht für dieses Lob?" rief der Vogelsteller unwillig aus. Der Vogel verbeugte sich auf das Ehrerbietigste. — Das nächste Kunststück, welches der Kanarienvogel ausführte, bestand darin, daß er mit einer aus einem Strohhalm gemachten Flinte den Soldaten spielte. „Du hast ein saures Stück Arbeit gehabt, mein armer Bijou," sagte der Vogelsteller, als er fertig war, „und mußt wohl etwas müde sein. Nur noch ein Paar Stückchen und dann sollst du ausruhen. Zeig' einmal den Damen, wie man einen Knix macht." Der Vogel zog nun das eine Füßchen hinter das andere, und sank und hob sich mit der vollkommensten Ungezwungenheit und Grazie. „Das ist schön, mein liebes Männchen, und nun einen Bückling." Er machte ihn, indem er zugleich den Kopf neigte und mit den Füßen scharrte. „Nun laß uns mit einem Walzer schließen, Bijou. Getroffen! recht so! lustig!" Die Lebhaftigkeit, die Genauigkeit, das Feuer, womit dieser letzte Befehl vollzogen wurde, trieb den Beifall der ganzen Gesellschaft bis zur höchsten Bewunderung. Bijou selbst schien den heiligen Durst nach Ruhm zu fühlen, schüttelte seine kleinen Federn und jubelte laut auf, worin das Selbstbewußtsein des Siegers ausgedrückt zu sein schien. „Du hast es brav gemacht, was ich dir geheißen habe", sagte der Vogelsteller, indem er seinen gefiederten Liebling liebkosete, mach' also jetzt ein Schläfchen, während ich deinen Platz einnehme." — Der Kanarienvogel fiel nun in einen verstellten Schlummer, und zwar so täuschend, als ob Morpheus alle seine Kraft an ihm versucht hätte; erst schloß er das eine Auge, dann das andere, dann nickte er, dann sank er so sehr auf die Seite, daß Verschiedene von der Gesellschaft die Hände ausstreckten, um ihn vom Fallen abzuhalten, und gerade, wenn diese Hände ihn zu berühren im Begriff waren, faßte er sich wieder und sank dann ebenso tief auf die andere Seite. Endlich schien ihn der Schlaf in einer festen Stellung zu halten, worauf ihn der Mann vom Finger wegnahm und auf den Tisch legte, wo er, wie der Vogelsteller versicherte, so lange fest und ruhig schlafen würde, als er selbst seine Kunststücke machte. Allein kaum hatte er damit angefangen, als eine große schwarze Katze auf den Tisch sprang, den Vogel mit den Zähnen ergriff, und alles Widerstandes ungeachtet, mit ihm zum Fenster hinausstürzte. — Der Vogelsteller war über diesen Verlust untröstlich, indem er mit diesem Thierchen Jahre lang sein Brot verdient hatte.

Jede Abrichtung eines Kanarienvogels geschieht, wie überhaupt bei jedem Thiere, hauptsächlich durch Hunger, und die Belohnung besteht in einem Hanfkorn oder Zuckerstückchen. Er thut Alles auf Zeichen seines Herrn, die er genau kennt. Soll er z. B. ein Wort aus Buchstaben zusammensetzen, so hüpft er zu den in einer Reihe liegenden Buchstaben hin und nimmt jedesmal denjenigen, bei welchem ihm sein Herr winkt, oder soll er die Farben zeigen, welche eine Person hat, so ergreift er ein Läppchen nach dem andern und bringt endlich dasjenige, wobei er abermals ein Zeichen erhalten hat. Alle diese Zeichen werden aber so unmerklich gegeben, daß die Zuschauer, welche ihr Auge auf den Vogel gerichtet haben, Nichts davon merken.

Der Sperling.

Nicht nur unter den Finken allein, sondern unter den Singvögeln überhaupt nimmt wohl der Sperling hinsichts seiner Gesangesgabe die niedrigste Stelle ein, denn hat wohl Jemand schon jemals Gelegenheit gehabt, eine Weise, die nur unserem Ohre irgendwie erträglich wäre, von ihm zu hören? — Er schreit vielmehr auf unverschämte Weise in den Tag hinein mit einem Tone, der nichts weniger als angenehm klingt. Dabei ist er höchst zudringlich und rauflustig nicht nur gegen andere Vögel, sondern ganz besonders gegen seines Gleichen. Es giebt auch sonst keinen dreisteren, keckeren Burschen als den Sperling, wenn es gilt, die reifsten süßesten Kirschen zu stehlen. Man kann Stücke Rauschgold und Spiegelglas in den Baum stecken und Strohmänner der wunderlichsten Form aufstellen; anfangs fürchtet er sie zwar, aber allmälig sieht er, daß jene nur rascheln, diese blenden, und die Strohmänner nicken, wenn der Wind geht, und so kommt einer nach dem andern daher, bis sie am Ende sich auf den Strohmann selbst setzen und lustig zulangen. Aber gönnen wir ihm diese Freude; füttert er doch seine Jungen, wie wir von den meisten Singvögeln es kennen gelernt haben, nur mit Insecten und besonders mit Räupchen und verbraucht deren viele Tausende. Die Kirschen, welche er genießt, sind höchstens als ein Tribut für diejenigen zu betrachten, welche er uns erhalten hat. — Mit Peitschenknallen und Klappern und Geschrei sucht man ihn gleicherweise abzuhalten, aber es hilft ebenfalls nur so lange, als es ihm unmittelbar in die Ohren schallt. Lassen wir ihn daher, er lohnt's wieder: Ein einziges Paar Sperlinge verbraucht für seine Jungen nach einer oberflächlichen Berechnung 5 bis 6000 Raupen. Was sollte also aus unseren Obstgärten werden, wenn er sie nicht zum großen Theile von so schädlichem Ungeziefer säuberte? In manchen Jahren hat man ihm an vielen Orten die süßen Kirschen freiwillig überlassen müssen. Man fand in ihnen häßliche Maden, vielleicht weil die Sperlinge zu sehr verscheucht worden waren. — Im Felde verjagt man sie zur Zeit der Weizen- und Erbsenernte ebenfalls, denn da fällt er schaarenweise darüber her. Deswegen ist der schlaue Bursche von den Landleuten auch sehr gehaßt, doch nicht deswegen allein, er steht überall in dem Rufe, daß er viel Schaden thue, ohne daran zu denken, daß er noch größeren Nutzen schafft. — So undankbar ist der Mensch! Dienen sollen ihm die Thiere, aber geben will er ihnen Nichts, und dabei verkennt er noch gar oft ihren großen Nutzen. Der Unverstand wirft ihm wohl gar noch vor, daß er muthwillig die Blüthen der Bäume zerstöre, wenn er darin nach den kleinen Raupen sucht, die kein Mensch entdecken könnte. Bricht eine Blüthe ab, so werden sicher dadurch hundert andere erhalten.

Es waren einmal in einem Dorfe alle Sperlinge vertilgt; wie jubilirten da die thörichten Landleute! Aber im nächsten Jahre kam der hinkende Bote nach, denn sie konnten sich vor Raupen und schädlichen Insecten nicht retten. — Freuen wir uns daher lieber über seinen Muthwillen, wenn er sich in unseren Feldern, Gärten und Höfen herumtreibt, und hier und da nascht, denn wo er ist, da hat es für unsere Bäume und Pflanzen keine große Gefahr.

Er ist übrigens auch seiner ganzen Lebensweise entsprechend ausgestattet. Um nämlich die Insecten schnell zu tödten, hat ihm der weise Schöpfer einen kurzen, dicken Schnabel verliehen, der auf der abgerundeten Firste schwach gebogen und gegen die Spitze zu etwas aufgetrieben ist. Seine Füße sind kurz und stämmig und die Flügel sind ebenfalls kurz. Es giebt zwei Arten, nämlich:

1. den Haussperling (Fringilla domestica);

2. den Feldsperling (Fringilla montana).

Der Haussperling (Spatz oder Mistfink) ist etwa 5½ Zoll lang, hat einen grauen Kopf und Nacken, einen braunen und schwarzen Streifen um die Augen, einen rothbraunen, schwarz gefleckten Rücken, dunkelrothbraune Flügel mit schwarzbraunen Schaftstrichen an den einzelnen Federn, und eine gelblichweiße, sowie eine rothbraune Spitzenbinde auf denselben. Die Kehle ist beim Männchen schwarz, beim Weibchen weißgrau, die Brust schwärzlich und weiß gewölkt, der Unterleib aschgrau, der Schwanz auf der Oberseite dunkelbraun, jede einzelne Feder rostbraun gerandet, auf der Unterseite aber glänzend grau. Auch die Flügel haben eine glänzend graue Farbe. Bei dem Weibchen ist die Färbung durchweg matter. Ausnahmsweise findet man auch gelbe, schwärzliche und weiße Sperlinge. — Seine Bewegung auf ebener Erde ist wegen seines Hangebauches nur eine hüpfende, überhaupt schwerfällige; sein Flug dagegen ist ziemlich schnell, aber nicht ausdauernd.

Er lebt in Europa, Asien und Nordafrika stets in der Nähe menschlicher Wohnungen und in fruchtbaren, getreidereichen Gegenden. In manchen Gegenden läßt sich gar kein Sperling sehen, wie es z. B. einige Orte im schlesischen Gebirge, ebenso einige im Großherzogthum Altenburg giebt. Man hat sie schaarenweise hingetragen, allein alle sind gleich wieder weggeflogen. Wo rings herum nichts als Tannenwald ist, scheint es ihnen nicht zu gefallen. Auch auf der Festung Königstein soll kein Sperling ausdauern, sondern mit hinaufgenommen und frei gelassen, soll er stets wieder in die Ebene hinabfliegen. Im Frühjahr lebt er meist nur paarweise, während des Sommers erblickt man schon ganze Familien und im Herbste vereinigt er sich sogar zu großen Schaaren. Welches Leben ist Abends oft auf einer großen Linde, wenn sie sich aus dem ganzen Dorfe versammeln und ihre kleinen Abenteuer des Tages zu erzählen scheinen. Sie lärmen dabei so stark, daß man keinen anderen Laut vernehmen kann.

Seine Vermehrung ist nicht unbedeutend, denn er nistet jährlich 3 bis 4 Mal. Er bereitet ein sehr kunstloses Nest in Mauerlöchern, unter Dächern in aufgehängten Töpfen und hohlen Baumästen, oder er vertreibt andere Vögel, besonders die Schwalben, aus ihren Nestern und nimmt von denselben mit großer Unverschämtheit Besitz. Man kann einen solchen Raubsitz sogleich erkennen, denn lange Halme u. s. w. flattern aus dem Neste heraus. Zuweilen baut er auch ein großes plumpes Nest zwischen den dicken Aesten der Bäume, namentlich der

Pappeln, nahe am Stamme, oder nistet in dem losen Reisig der Storchnester. In einem und demselben Neste brütet er das ganze Jahr, während die übrigen Finken für jede Brut ein neues Nest herrichten. Während der Fortpflanzung lebt er oft mit seines Gleichen im heftigen Streite und die Männchen beißen sich nicht selten unter großem Geschrei herum. Seine 4 bis 7 Eier sind grünlichweiß, grau- und braun-gefleckt. Beide, Männchen und Weibchen, bebrüten dieselben abwechselnd 14 Tage lang und füttern die Jungen, wie bereits erwähnt, mit Raupen, Insecten und Würmern, selbst noch dann, wenn diese bereits das Nest verlassen haben. Die Jungen lassen sich sehr leicht zähmen und nisten dann auch im Zimmer, doch empfehlen sie sich durchaus nicht als Stubenvögel weder durch ihre Stimme, noch durch ihre Schönheit.

Obwohl der Sperling uns sehr nützlich ist, so hat man dies meistentheils noch nicht eingesehen, und er ist deshalb vielen Verfolgungen ausgesetzt. Daher ist dieser sonst zutrauliche und dreiste Vogel scheu geworden, und wird gar oft gezwungen, seine natürliche Schlauheit und Vorsicht anzuwenden, um den vielfachen Gefahren beim Aufsuchen seiner Nahrung zu entgehen. In manchen Gegenden ist man sogar so weit gegangen, einen Preis auf seinen Kopf zu setzen und jeder Dorfbewohner mußte eine bestimmte Anzahl von Köpfen liefern. — Im Winter kann man oft ziemlich viele fangen, da sie vor Hunger in die Ställe und auf die Böden dringen, und man braucht ihnen nur den Ausgang zu versperren. Auch in ihrem Nachtquartier unter den Dächern, in Wachholdergebüschen u. s. w. lassen sie sich leicht greifen.

Der Feldsperling (Feldspatz, Baum-, Wald-, Weiden-, oder Holzsperling, auch Feldfink) ist dem Haussperling an Größe fast ganz gleich, nur wenig kleiner und schlanker. Sein Kopf und Nacken sind schön rothbraun, der Schnabel, ein Streif durch die Augen, die Kehle und die Vorderbrust sind schwarz, die Kopf- und Halsseiten, sowie ein Ring um den Hals sind weiß, und der Rücken ist rostfarben und schwarz gefleckt. Die Flügel sind dunkelbraun und mit zwei deutlichen Spitzenbinden bedeckt, welche von den oberen Deckfedern der Flügel gebildet werden. Die Federn des dunkelbraunen Schwanzes sind rothbraun gerändert, die Brust ist hellgrau, die Unterseite schmutzig-weiß und an den Seiten gelbgrau. Dem Weibchen fehlt die schwarze Kehle und es ist auch sonst matter gefärbt.

Seine Heimath ist Europa, Sibirien, China und Japan. Er hält sich von den menschlichen Wohnungen mehr fern, lebt auf Feldern und den dort stehenden Bäumen und Gesträuchen, sowie in Hecken und Gärten. Seine Nahrung besteht aus verschiedenen Sämereien und Körnern, er frißt aber auch in großer Menge Raupen, Maden, Insecten und deren Eier, Heuschrecken, Maikäfer u. dergl., nistet jährlich meist nur zwei Mal, bereitet ein ähnliches Nest wie der Haussperling in hohlen Obstbäumen, Weiden und Pappeln und legt 4 bis 7 weißliche Eier, welche mit braunen oder röthlichbraunen Flecken bedeckt sind.

Bei uns ist er theils Stand-, theils Strichvogel, der oft im Winter auf den Chausseen und Wegen zu treffen ist, wo er aus dem Miste seine Nahrung herauspickt. Auch ist er sehr gesellig und vereinigt sich oft zu großen Schaaren. Man kann ihn leicht fangen; er hält sich lange in den Stuben und verlangt als Futter nur Brotkrümchen und die verschiedenen Tischabfälle.

Er ist ein sehr munterer, unruhiger und muthiger Vogel, der besonders des Abends seine keinesweges angenehme Stimme in Gebüschen und auf dichtbelaubten Bäumen hören läßt. Man hält ihn oft noch für nachtheiliger als den Haussperling, thut ihm aber ebenfalls sehr unrecht, da er uns sehr viel nützt und sogar weniger die Kirschpflanzungen besucht.

* * *

Außer den hier genannten Finkenarten giebt es noch verschiedene, mit deren Aufzählung wir uns genügen müssen, da sie theils bei uns gar nicht vorkommen, theils nur einzeln sich im Winter zu uns verirren, oder auch in einzelnen deutschen Gauen leben, ja wohl gar nur als Stubenvögel zu uns gebracht werden. Wir nennen zuerst den **Schneefink** (Fr. nivalis), den **Citronenzeisig** (Fr. Citrinella), den **Graufink** (Fr. petronia), den **Kardinal** oder die **virginische Nachtigall** (Fr. Cardinalis), den **grünen Stieglitz** (Fr. Melba), den **gelben Stieglitz** (Fr. tristis), den **glänzenden Fink** (Fr. nitens), den **getigerten Bengalist** (Fr. Amandava), den **Senegalist** (Fr. Senegalla), den **gestreiften Senegalist** (Fr. Astrild), den **Granatfink** (Fr. granatina), den **Bengalist** (Fr. bengalus), den **angolischen Hänfling** (Fr. angolensis), den **Federbuschfink** (Fr. cucullata), den **Dominikaner** (Fr. Dominicana), den **Papst** (Fr. Ciris), den **Grenadier** (Fr. Orix), den **lasurblauen Fink** (Fr. cyanea), den **Reisvogel** (Fr. oryzivora), den **gemeinen Gimpel, Dompfaff** oder **Blutfink** (Fr. Pyrrhula) und den **Haken-Gimpel, Hakenfink** oder **Fichtenhacker** (Fr.

Enucleator). Die beiden letzteren, namentlich der Dompfaff, sind bei uns auch im Winter anzutreffen, indem sie von den nördlichen Gegenden südlicher ziehen.

Zwar nicht zu den Finken gehörig, aber sich unmittelbar an dieselben anschließend, nennen wir noch den gemeinen Kreuzschnabel (Loxia curvirostra) und den weißbindigen oder Kiefern-Kreuzschnabel (Loxia leucoptera). Beide bewohnen die nördlichen Gegenden und sind in manchen Wintern bei uns eine nicht seltene Erscheinung.

Der Staar.

Zu den Vögeln, welche man gern in Stuben hält, gehört der Staar, auch Staarmatz genannt. — Der gemeine Staar (Sturnus vulgaris) gewinnt bedeutend bei dem Menschen durch seine imponirende Stellung, welche er stehend einnimmt, aber noch mehr dadurch, daß er sehr schön pfeift und leicht Wörter, selbst Sätze, nachsprechen lernt. Er wird sehr zahm und ergötzt uns durch seine lustige, plauderhafte, bewegliche Weise; seine Gelehrigkeit entwickelt sich in hohem Grade, denn er achtet auf jedwede Bewegung und Miene und sucht fortwährend nachzuahmen, daher pfeift er mit klarer und reiner Stimme allerhand Lieder und Weisen, und ahmt das Geschrei verschiedener Vögel nach; doch vergißt er das Gelernte sehr leicht wieder. Man trifft ihn sehr oft als Gesellschafter des Menschen in den Zimmern umherlaufen und wenn er sorgsam gepflegt wird, kann man ihn 10 bis 12 Jahre erhalten.

Er wird gegen 9 Zoll lang, hat einen langen, kegelförmigen, etwas niedergedrückten, ziemlich viereckigen Schnabel, welcher an der Spitze abgestumpft, und von schwarzer Farbe ist, die zur Brütezeit in's Gelbliche übergeht. Die nahe an der Wurzel sitzenden Nasenlöcher sind oval, und durch eine Hornhaut halb verschlossen. Die spitzige Zunge ist hart und hornartig. Von seinen vier Zehen sind drei nach vorn gerichtet, von denen die beiden äußeren bis zu Ende des Wurzelgelenkes verwachsen sind. Der Lauf ist an der Vorderseite mit Schuppen bedeckt.

Die Grundfarbe der Federn ist schwarz, mit grünlichem und violettem Schimmer, welcher dadurch entsteht, daß die Federn nach dem Rande zu ins Rostfarbene übergehen und am äußersten Rande mit Weiß eingefaßt sind. Das Weibchen ist stärker, aber weniger glänzend gefleckt und daher heller.

Der Staar kommt nie allein vor, sondern lebt mit seinen Kameraden stets gesellig in größeren Schaaren. Er findet sich in der ganzen alten Welt bis zum äußersten Süden von Afrika hinunter. Vorzüglich gern bewohnt er die Laubwälder, in deren Nähe es Aecker, Wiesen und Weiden giebt, auf welche beim Tagesanbruch ganze Schaaren hinziehen, um sich dort Nahrung zu suchen. Regenwürmer, Engerlinge, Heuschrecken und Insecten jeder Art werden zu Tausenden vertilgt. Er läuft alsdann schnell auf dem Boden umher, jedoch nicht hüpfend, sondern schreitend. Er wendet dabei Blätter und Erdklößchen um, um zu sehen, ob etwas Genießbares darunter liegt. Besonders gern hält er sich unter Kuh- und Schafheerden auf, denen er die lästigen Fliegen und Mücken wegfängt und selbst den Schafen die Zecken abliest, wobei er sich furchtlos auf den Rücken der Thiere niederläßt.

Er nistet in Gemeinschaft mit anderen in hohlen Bäumen, indem er nicht selten die vom Specht gearbeiteten Höhlungen benutzt, unter den Dächern der Viehschuppen, welche sich im Walde befinden, auch in Thurm- und Felsenlöchern und selbst in Kästchen und Töpfen, die man an Bäume hängt. Sein Nest ist ganz kunstlos angelegt und besteht aus Blättern, Halmen und Haaren. Einen solchen Ort, den er sich einmal zum Nisten erwählt hat, besucht und benutzt er alle Jahre wieder.

Der Staar gehört ebenfalls zu den Zugvögeln, daher versammeln sich im Herbste viele Tausende von diesem Vogel und fliegen des Morgens früh mit großem Geschrei auf die Wiesen, um unter den Viehheerden oder aus dem umherliegenden Miste ihre Nahrung zu suchen, wo ihnen Schleifen aus Pferdehaaren gelegt und mehrere zur Zähmung gefangen werden. Des Abends verbergen sie sich in dem an Teichen und Seen wachsenden Rohre, um hier zu übernachten.

Sie lieben außer den Insecten auch Früchte, und zwar sind es Kirschen und Weintrauben, die sie von Morgens bis Abends aufsuchen und in Kirschanlagen und Weinbergen großen Schaden anrichten. — Besonders sind sie in Ungarn eine wahre Landplage der Ebenen, denn auch dort fliegen sie zu Tausenden umher und lassen sich heißhungrig auf Alles nieder, was Beere, Kirsche oder Pflaume heißt. Die Pflaumen stoßen sie erst an, daß sie auf die Erde fallen, und fressen sie dann bequem bis auf den Kern ab. Sind die Trauben reif, so gehen den ganzen Tag Menschen mit Peitschen, Klappern, Knarren u. s. w. umher, die Staare fortzujagen: — aber hier scheuchen sie dieselben weg und dort setzen sie sich wieder nieder. Am meisten richtet man noch dadurch aus, daß man unter sie schießt, denn sie sitzen so dicht und sind bei ihrer Gefräßigkeit so wenig auf ihre Erhaltung bedacht, daß der Jäger manchmal 50 bis 60 mit einer Ladung niederstreckt. — An der Elbe giebt es auch Gegenden, wo viele Staare hausen, aber so arg machen sie es doch da nicht, wie in Ungarn, sondern nützen überall dadurch bedeutend, daß sie eine Unzahl schädlicher Insecten vertilgen.

So dreist sie in Ungarn sind, so scheu sind sie wieder in anderen Gegenden. Sie benutzen dort sogar die Vorsicht, daß sie stets einigen vorausfliegenden Krähen in großen Schaaren folgen, dabei verschiedene Wendungen machen und in Rebengelände niederfallen, wo sie sicher zu sein glauben. Obwohl sie mit Hast fressen, so achten sie doch auf jede Gefahr und selten lassen sie den Jäger zum Schuß kommen. Er sucht sie dann meist des Morgens und Abends zu beschleichen, wenn sie im Schilf sitzen und durch ihr Geschrei ihren Aufenthaltsort verrathen. Man fängt sie auch wohl mit großen Netzen, welche man über die Teiche neben dem Schilfe ausgespannt hat, unter die man sie des Nachts mit Steinwürfen treibt. — Sie werden im Herbst wie die Drosseln gern gegessen.

Nach der Weinlese ziehen sie fort und kommen im Frühjahr ziemlich früh wieder, denn schon im Mai sind ihre Jungen flügge.

In der Lombardei brüten sie unter den Dächern der Häuser und in Mauerlöchern, im südlichen Italien aber halten sie sich weit fort von den Wohnungen und nisten in Baumlöchern, denn dort stellt man ihnen wie allen Singvögeln viel nach, fängt sie in ungeheurer Menge mit Netzen und bringt sie in Säcken auf den Markt zum Verkauf. Hier bleiben sie auch im Winter.

Der Rabe.

Wenn man den gemeinen Raben (Corvus Corax), der auch Kolk-, Wald-, Kohlrabe oder Galgenvogel genannt wird, sieht und sogar seine häßliche, krächzende Stimme hört, wie dies auch bei der Krähe, der Dohle und der Elster ähnlich ist, so sollte man nicht glauben, daß diese ganze Sippschaft zu der Verwandtschaft der herrlichen Singvögel, wie wir solche so viele kennen gelernt haben, gehört. Und doch ist es so, da ihr Bau jenen, und den Drosseln im Besonderen, sehr ähnlich ist. Nur in der Wahl ihrer Nahrung weichen sie mehr davon ab und nähern sich dadurch sogar den Raubvögeln, denn sie fressen z. B. mit großer Begierde Aas und eilen zu einem solchen Mahle aus weiter Ferne herbei.

Er ist der größeste der bekannten Arten, die zu der engeren Raben-Verwandtschaft gezählt werden. Denn er erreicht eine Länge, die bei manchen Exemplaren über 2 Fuß beträgt und deren Flügelweite beinahe 4 Fuß mißt. Sein sehr kräftiger, harter, dicker, seitlich zusammengedrückter Schnabel hat eine abgerundete, ihrer ganzen Länge nach gekrümmte Firste, und die Spitze des Oberkiefers ist über den Unterkiefer herabgebogen. Beide Kiefer haben scharfe Ränder, welche an dem oberen, kurz hinter der Spitze, mit einem merklichen Ausschnitte versehen sind. Die borstenartigen Federn, welche die Nasenlöcher bedecken, liegen in einer Grube des Schnabels, und reichen weit über die Nasenlöcher fort. Nicht bloß das Gefieder, sondern auch die übrigen Körpertheile, sind glänzend dunkelschwarz; auch das hellblaue Auge der Jungen wird im Alter schwarz, und ebenso das anfangs fleischfarbene Innere des Schnabels sammt der Zunge. Oberwärts ist das Gefieder mit einem veilchenblauen, unterwärts mit einem grünlichen und an der Kehle mit einem graulichen Schimmer versehen. Die Tiefe der schwarzen Farbe nimmt zu, je weiter nach Süden der Vogel lebt; in den kälteren Gegenden geht sie mehr in's Graue über und wird im hohen Norden gar oft völlig grau, weißbunt und seltener weiß. Der schön abgerundete Schwanz wird von 12 Federn gebildet, und die Flügel reichen in der Ruhe fast bis an seine Spitze. — Obwohl die gewöhnliche Farbe des Raben schwarz ist, so ist bereits erwähnt, daß dieselbe namentlich in den verschiedenen Klimaten verändert wird, und es kommen daher verschieden gefärbte Varietäten vor, denn man hat schon weiße, gelbliche und schwarz-weiß gescheckte beobachtet.

Der Rabe ist über den größesten Theil der bewohnten Erde verbreitet, obwohl er in den nördlichen Gegenden, besonders auf Island am häufigsten vorkommt; bei uns ist er zwar nicht selten, doch lebt er nur immer paarweise. Von ihm kann man, jene erwähnten wenigen Ausnahmen abgerechnet, sagen, daß er einer der wenigen Vögel ist, welche fähig sind, der Strenge des arctischen Winters und den dörrenden Strahlen einer tropischen Sonne Trotz zu bieten, ohne daß eine Veränderung des Gefieders hervorgebracht würde.

Für unsere Gegenden ist der Rabe ein Strichvogel, da er während des Sommers paarweise in den größeren Waldungen der Gebirge und Ebenen, überhaupt noch zurückgezogener als die anderen

Arten, lebt, im Winter aber familienweise in Ebenen und Feldern in der Nähe menschlicher Wohnungen anzutreffen ist, und einzelne sogar in Gemeinschaft mit den Krähen in die Straßen und auf die Höfe kommen.

Er zeigt eine große Gefräßigkeit und frißt beinahe alles Genießbare aus dem Thier- und Pflanzenreiche. Außer dem Aase, das er schon aus weiter Ferne wittert, nährt er sich von allerlei Früchten und kleinen Thieren, verzehrt viel Regenwürmer und Mäuse, stellt aber auch jungen Hasen, Gänsen, Enten und Hühnern nach, die er im Schnabel fortträgt, frißt sehr gern todte und lebendige Fische, hackt die in Eis eingefrornen heraus oder stiehlt die vor den Hütten zum Trocknen aufgehängten. Selbst die eigenen Jungen soll der Rabe fressen, wenn sie aus dem Neste fallen, weshalb man wohl auch von einem Rabenvater und einer Rabenmutter spricht, wenn Eltern ihre Kinder schlecht behandeln. An solche Fabeln läßt sich indessen nur schwer glauben, der Rabe sorgt so treulich für Weib und Kind und trägt ihnen so viel Nahrung zu, daß er eher als Muster dienen könnte.

Sein Nest, das auch wegen seiner Größe Horst genannt wird, legt er an einsamen Orten auf den höchsten Bäumen oder auf steilen Felsen, auf Thürmen, oder in den Löchern alter Mauern an und verwendet dazu trockene, ziemlich starke Baumzweige, welche eine feste Grundlage bilden, und nun füttert er es mit Halmen, Rasenstücken, Wolle, Federn und Haaren aus. Schon in der ersten Hälfte des März legt er 3 bis 5 blaugrüne, olivengrün gewölkte, und dunkel, meist verwischt braungefleckte Eier, welche die Größe und Gestalt kleiner Hühnereier haben und nur eine mehr verlängerte Spitze zeigen. Sie werden vom Männchen und Weibchen abwechselnd drei Wochen lang bebrütet. Manche Paare brüten jährlich zwei, die meisten nur ein Mal.

Der Rabe ist nicht nur nicht schädlich, wie wohl Viele annahmen, wenn sie bemerkten, daß er mitunter ein junges Gänschen oder ein Hühnchen stahl, sondern er verschafft dem Menschen durch die Vertilgung einer sehr großen Menge von Thieren, welche den Feldern, Gärten und Wäldern schädlich sind, nicht geringen Nutzen, besonders in der Zeit, wenn er Junge hat, die er anfänglich am liebsten mit Regenwürmern, Schnecken, Insecten und Engerlingen aus dem Kropfe füttert.

Im Kampfe mit anderen Vögeln, besonders mit Raubvögeln, zeigt er nicht geringen Muth, und nicht selten greift er Vögel an, die größer sind als er selbst. Man will bemerkt haben, daß er selbst über den Hühnerhabicht, über die Weihe und über den Bussard den Sieg errungen hat. Sogar mit dem großen Uhu hat man ihn schon kämpfen sehen und ehe der Kampf unterbrochen wurde, konnte man bemerken, daß der Uhu nicht geringe Anstrengungen machen mußte.

Der Rabe ist eins der klügsten Thiere und er wird deshalb mehrfach in den Zimmern gehalten. Fängt man ihn jung ein, so läßt er sich besonders leicht zähmen und mit in Wasser getauchten Brot- und Semmelstückchen, Käse, und rohem oder gekochtem Fleische aufziehen. An Gelehrigkeit sind die einzelnen Thiere sehr verschieden. Manche lernen von selbst das Hundegebell, das Schlagen der Uhren, das Gackern der Hühner, das Krähen der Hähne u. s. w. nachahmen, besser ist es aber doch, sie völlig in die Lehre zu nehmen und an einem ruhigen Orte zu unterrichten, denn jene schon genannten Töne lernen sie hernach noch von selbst. Sie lernen einzelne Wörter und kurze Sätze nachsprechen, sowie das Pfeifen nachahmen, was durch Lösen der Zunge noch befördert wird. Sie haben auf Alles Acht. und lernen oft Dinge, wodurch sie unsere Bewunderung hervorrufen. Ein zahmer Rabe z. B., der sonst frei auf dem Hofe herumging, überschritt nie die Schwelle der Hofthür, außer wenn die Enten hinausliefen, wo er dann sogleich nacheilte und sie zurücktrieb. Er fiel alle Fremde an, biß Manchem die Waden blutig und machte sonst allerlei Albernheiten, so daß ihm die Hausfrau öfters drohend zurief: „Du, du, nimm dich in Acht!“ Plötzlich fing der Rabe an und schrie, indem er, als ob er recht wüthend wäre, die Federn sträubte: „Du, du!“ und später setzte er auch noch hinzu: „nimm dich in Acht!“ — Ein anderer sprach besonders deutlich die Frage aus: „Wer bist du?“ Gewöhnlich hielt er sich auf dem Hofe auf. Einst ging er aber in den Garten, und lief in dem hohen Grase umher. Ein Hühnerhund bemerkte ihn und schlich ihm näher. Der Rabe ließ es sich eine kurze Zeit gefallen, bis er sich endlich umdrehte und dem Hund entgegenrief: „Wer bist du?“ Dieser, nicht gewohnt, einen solchen Ruf von einem Vogel zu hören, gerieth so in Furcht, daß er heulend die Flucht ergriff.

Nie aber verleugnet der Rabe seine diebische Natur, denn er hat eine unbesiegbare Neigung, alles Glänzende fortzuschleppen und zu verbergen, was zu dem Sprichworte Veranlassung gegeben hat: „Er stiehlt wie ein Rabe.“ Er stiehlt daher überall glänzende Gegenstände, wo er sie nur bekommen kann und hat dadurch schon so manchen unschuldigen Menschen um seine Ehre und seinen guten Namen gebracht.

Der Oberst Montagu erzählt, daß einem Kellner mehrere silberne Löffel und andere werthvolle Dinge gestohlen worden seien, und daß dieser lange Zeit vergebens bemüht gewesen, den Dieb zu entdecken, bis er endlich einen zahmen Raben mit einem Löffel im Schnabel bemerkt und ihn denselben an einen entlegenen Ort habe schleppen sehen, wo er über ein Dutzend gefunden. — Eine andere Geschichte erzählt Mrs. Hall von einem Raben, den man in einem englischen Wirthshause hegte. Dieser Vogel war abgerichtet worden, die Hühner zum Futter zu rufen und machte seine Sache recht gut. Eines Tages wurde der Tisch für erwartete Gäste gedeckt, Tischtuch, Messer, Gabeln und Löffel zurecht gelegt und so das Zimmer verschlossen, bis die Erwarteten ankämen. Nur ein Fenster war offen geblieben. Als die Gäste eingetroffen waren und die Suppe aufgetragen werden sollte, siehe, da waren die silbernen Löffel, Messer und Gabeln verschwunden. Man denke sich die allgemeine Bestürzung! Aber wie groß war die Verwunderung und das Gelächter, als man durch das offene Fenster alle entwendeten Dinge auf einem Schutthaufen im Hofe sorgfältig ausgebreitet und den Raben, welcher die Vorbereitungen im Gastzimmer mit angesehen hatte, einer zahlreichen Gesellschaft von Hühnern, die er um sich versammelt, die Tafel-Honneurs machen sahe.

Schon bei den Römern stand der Rabe in hoher Achtung, da er mit zu den wahrsagenden Vögeln gehörte, aus deren Flug, Handlung und Stimme man künftige Begebenheiten im Voraus bestimmen wollte. Man hatte aus seinem einfachen Geschrei 64 Veränderungen aufgefunden, von denen jede eine bestimmte Bedeutung haben sollte, und deren Erlernung wissenschaftlich betrieben wurde. Er war bei den Römern dem Apoll geweiht, und man sagte, daß die in der Luft schwebenden Raben die Götter sprechen hörten. Um die Sehergabe zu erlangen, aß man sogar das Herz und die Eingeweide des Raben. — Jetzt wird das Rabenfleisch wegen seines Aasgeruches, wodurch es Jedem unangenehm wird, nicht gegessen, nur einige Volksstämme im hohen Norden, welche auch die abgezogene Haut zu Kleidungsstücken benutzen, verschmähen es nicht.

Wie hoch die Römer den Raben ehrten, davon gebe uns noch eine Geschichte nähere Auskunft, die uns Plinius aufbewahrt hat. „Unter der Herrschaft des Tiberius flog ein junger Rabe aus dem Neste, welches auf dem Kastortempel stand, in die gegenüberstehende Werkstatt eines Schusters, und wurde von diesem mit Ehrfurcht aufgenommen. Hier lernte er bald sprechen, flog jeden Morgen auf die Rednerbühne, wendete sich dem Markte zu und grüßte namentlich den Kaiser Tiberius, dann den Germanikus und Drusus und bald darauf das vorbeigehende römische Volk, worauf er in seine Schusterwerkstatt zurückkehrte. So erntete er mehrere Jahre lang Bewunderung. Endlich schlug ihn der zunächst wohnende Schuster todt, entweder aus Neid, oder, wie er vorgab, aus Rachsucht, weil er ihm einen Klecks auf einen Schuh gemacht hatte. Darüber war das Volk so aufgebracht, daß es den Schuster wegjagte und, als er wiederkam, sogar todtschlug, dem Vogel aber ein überaus feierliches Leichenbegängniß veranstaltete. Die Bahre wurde von zwei Mohren getragen; ein Flötenspieler ging vorauf, und Kränze aller Art wurden bis zum Scheiterhaufen getragen, welcher rechts an der appischen Straße errichtet war."

Einen anderen Raben hatte ebenfalls ein Schuhmacher zur Zeit des Kaisers Augustus abgerichtet und ihn gelehrt, zu rufen: „Ich grüße dich, Kaiser!" Er schmeichelte sich mit der Hoffnung, von dem Kaiser, wenn dieser einmal vorbeikomme und sich anrufen höre, den Raben gut bezahlt zu bekommen. Endlich ging der Kaiser einmal vorbei, aber der Rabe blieb stumm, so sehr ihn sein Herr auch antrieb. Verzweifelnd rief endlich der Schuhmacher: „An dir ist Hopfen und Malz verloren!" Der Kaiser vernahm den Angstruf, erkundigte sich nach der Ursache und kaufte lächelnd das Thier für eine ansehnliche Summe.

Der Rabe soll selbst in der Gefangenschaft ein Alter von 100 Jahren erreichen. — Im Freien ist ihm sehr schwer beizukommen; doch wird er zuweilen bei der Krähenhütte oder beim Neste erlegt, oder auch dadurch, daß man ihn im Winter durch Blut und Fleisch, welches man auf den Schnee wirft, anlockt, wobei man sich jedoch sorgfältig verbergen muß.

In Grönland sucht er seine Nahrung vorzugsweise am Strande. Hat er harte Muscheln, Schnecken und Seeigel, die er selbst nicht öffnen kann, so fliegt er mit ihnen hoch empor und läßt sie auf Klippen fallen, so daß sie zerbrechen müssen. Er bleibt selbst in Grönland sogar während des Winters, wo fast alle anderen Vögel auswandern. Fehlt es ihm dann im Freien an Nahrung, so begiebt er sich in die Nähe der von Menschen bewohnten Hütten und stiehlt da, was er erwischen kann.

Die Krähe.

Eng verwandt mit dem Raben sind die Krähenarten, von denen bei uns alle 3 Arten, die es giebt, heimisch sind; nämlich:

1. die gemeine Krähe (Corvus Cornix);
2. die Rabenkrähe (Corvus Corone);
3. die Saatkrähe (Corvus frugilegus).

Die gemeine Krähe (Nebel-, Mantel-, Schnee-, oder graue Krähe) wird 1 Fuß 8 Zoll lang. Sie ist von allen 3 Arten die bekannteste, da sie bei uns sehr häufig ist. Die Grundfarbe ihres ganzen Körpers ist aschgrau, welche über dem Rücken, den Schultern und dem größesten Theile der Unterseite ohne Unterbrechung sich ausbreitet, daher nennt man die so gleichmäßig gefärbten Theile den Mantel. Nur der Schnabel, der Kopf, die Kehle, die Vorderbrust, die Flügel, der fast abgestutzte Schwanz und die Füße sind dunkelschwarz mit metallischem Schimmer. Die Bürzelfedern und die unteren Schwanzfedern sind ebenfalls schwarz, aber grau gesäumt. Obwohl die Flügel ziemlich lang sind, so reichen sie doch lange nicht bis zur Spitze des Schwanzes.

Sie ist in ganz Mittel- und Nordeuropa und in Sibirien bis zur Lena anzutreffen. Bei uns lebt sie im Sommer in Gehölzen und an Waldrändern, von wo sie leicht das freie Feld erreichen kann; im Winter aber, besonders, wenn Schneewetter und Nebel eintreten wollen, oder die Felder mit Schnee bedeckt sind, kommt sie in die Städte und Dörfer, wo sie auf den Straßen und Höfen umherschreitet, um hier einen Knochen und da ein anderes Stück Nahrung aufzunehmen, dann mit demselben auf ein Dach oder einen Baumast zu fliegen und ihn daselbst in aller Ruhe abzunagen oder zu verzehren. Auch treibt sie sich sehr gern an Flußufern herum, und setzt sich häufig auf die beim Eisgang fortschwimmenden Schollen, wo sie nach todten Fischen, Schnecken und Muscheln sucht. Sie ist demnach bei uns ein Strichvogel, begiebt sich aber auch aus den nördlicheren Gegenden in südlichere und wird dadurch Zugvogel. Sie kann als ein sicherer Wetterprophet betrachtet werden, denn wenn sie mit Anfang des Herbstes und Winters die Gehölze verläßt und in die Nähe unserer Wohnungen kommt, so kann man sicher sein, daß die Zeit des Regens, des Schnees und der Nebel gekommen ist. Ebenso ist es im Frühjahr; denn ehe nicht alle fort sind, eher ist auch noch nicht auf beständige und heitere Witterung zu rechnen. Mit ihrem gänzlichen Abzuge aber schwinden schnell die Nachtfröste und während des Sommers sieht man sie nirgends in Städten und Dörfern.

Ihr Nest legt sie auf hohen Bäumen, in Gebüschen, an Waldrändern u. dergl. an, trägt erst eine haltbare Unterlage von trockenen Reisern zusammen und füttert es mit Erde, besonders Rasenstücken, Moos und Wolle aus. Sie legt 4 bis 6 grünliche, bräunlich gefleckte und gestrichelte Eier und macht jährlich zwei Bruten.

Sie frißt gleich dem Raben alles Genießbare, was sie nur auf den Straßen und Höfen finden kann. Im Sommer geht sie gern dem Pfluge nach, wo sie die bloßgelegten Larven der Maikäfer (Engerlinge) wegfrißt, und nährt sich in dieser Zeit von Insecten, Schnecken, Fröschen, jungen Vögeln, Eiern, Mäusen und nimmt eben so gern angeschossenes Wild, Aas und todte Fische. Ihr Geruch ist besonders ausgebildet und daher kommt sie sehr bald dahin, wo ein Thier in Verwesung übergeht, um eine köstliche Mahlzeit zu halten. Getreidekörner liebt sie nicht besonders, wohl aber Nüsse, Kirschen, Birnen u. dergl.

Obgleich sie sich so viel in der Nähe der Wohnungen aufhält, so ist sie doch stets sehr schlau und vorsichtig und es hält daher schwer, sie im Freien zu schießen. Deshalb hat man die Krähenhütten eingerichtet, in deren Nähe man eine lebendige oder ausgestopfte Eule aufstellt. Um dieselbe versammeln sich die Krähen schaarenweise, und während sie dieselbe krächzend und schreiend umfliegen, kann man sie leicht erlegen. — Da sie aber in dem Haushalte der Natur viel mehr Nutzen schafft, als Schaden anrichtet, so sollte man mehr auf ihre Erhaltung bedacht sein, als es der Fall ist. Das Fleisch alter Krähen wird nicht nur vom Menschen, sondern auch von fast allen Thieren wegen seines starken Aasgeruches verschmäht, und es hat das Tödten derselben weiter keinen Zweck, als sie zu vernichten. Nur die Flügelfedern eignen sich sehr gut zum Zeichnen. Das Fleisch der Jungen wird nicht nur für genießbar, sondern von Vielen sogar für recht wohlschmeckend gehalten.

Wenn man sie jung aus dem Neste nimmt, läßt sie sich leicht zähmen, sie lernt aber nur mit großer Mühe einige Wörter nachschwatzen. Nicht selten soll sie sich mit anderen Krähenarten paaren und Bastarde erzeugen, woraus sich auch nur die so häufige Verschiedenheit in der Färbung erklären läßt.

Beachtenswerth ist es, wie sehr die Krähen in Leid und Freud' zusammenhalten, und sobald eine ihren Hülferuf ertönen läßt, findet sie von allen Seiten Antwort und in kurzer Zeit hat sich eine große

Schaar zusammengefunden, die allesammt ein furchtbares Geschrei ausführen. Einen wahrhaft rührenden Beweis ihres Zusammenhaltens giebt uns folgendes Ereigniß. Am 18. September 1816 waren viele Menschen in Leipzig Augenzeugen einer Naturmerkwürdigkeit, welche die größte Bewunderung erregte. Auf der dortigen Paulinerkirche waren zwei Kreuze, auf deren eines sich eine Krähe setzte. Das Kreuz hatte sich wahrscheinlich ein wenig gebogen und sie war mit einem Beine in eine Oeffnung gerathen; gern wäre sie fortgeflogen, allein sie vermochte es nicht und blieb trotz alles Flatterns in ihrer nicht beneidenswerthen Lage. Ihr ängstliches Geschrei lockte endlich nach und nach so viele ihres Geschlechtes herbei, daß sich ihre Anzahl wohl auf 500 belief. Diese umschwärmten sie, schrien, munterten sie auf und erhoben einen gewaltigen Lärm. Endlich setzte sich ein ganzer Schwarm auf das Kreuz, es gab nach, die Gefangene riß sich los und, umringt von den Uebrigen, flog sie unter dem Freudengekrächze Aller fort. Darauf paßt wohl auch das Sprichwort: „Eine Krähe hackt der andern die Augen nicht aus."

Die Rabenkrähe (kleiner Feld- oder Mittelrabe, Schneegäke) ist dem Raben sehr ähnlich, aber viel kleiner, denn sie wird nur 1½ Fuß lang und hat einen nicht so abgerundeten Schwanz. Die Farbe ihres ganzen Gefieders ist dunkelschwarz, mit schwach violettem oder stahlblauem Glanze, besonders auf der Oberseite. Die Augen, welche in der Jugend blau sind, werden später ebenfalls schwarz. Ihr Oberkiefer ist an der Spitze stark gekrümmt und die Nasenlöcher sind mit starken Borstenfedern verdeckt. Ihre Flügelspitzen erreichen mindestens das Ende des Schwanzes.

Sie bewohnt Europa, Sibirien, Kamtschatka und Japan und ist im mittleren und südlichen Deutschland an den Rändern der Gebirgswälder und einzelnen Gehölze sehr gemein, findet sich aber häufiger im westlichen, als im östlichen Europa.

Am liebsten hält sie sich in einzeln stehenden Gehölzen, im Sommer mehr einzeln, im Herbste und Winter in größeren Schaaren und zieht zum Theil südlich. Sie nährt sich von Würmern, Insecten, Engerlingen, auch von kleineren Säugethieren, besonders Mäusen, von kleinen Vögeln und deren Eiern, von Früchten, Körnern und Aas. Sehr gern stiehlt sie den zahmen und wilden Enten die Eier.

Ihr Nest legt sie in jenen Gehölzen an, wo sie sich im Sommer aufhält und bereitet es ganz auf dieselbe Weise wie die gemeine Krähe. Sie legt 4 bis 6 blaugrüne und braun gesprenkelte Eier und nistet jährlich zwei Mal.

Sie übertrifft den Raben und die Krähe noch an Schlauheit. Von den Alten wurde sie für das Bild der Geschäftigkeit gehalten, weil sie glaubten, daß sie ihre Jungen auch im Fluge füttere; diese Fertigkeit kommt jedoch allein nur den Schwalben zu.

Die Krähen haben alle einen schwankenden Gang, aber dafür einen leichten, sicheren Flug. Diese Art fliegt sogar sehr hoch und stürzt sich meist kreisend mit Geräusch herunter. Sie schreit fliegend und sitzend bis in's Frühjahr hinein, und ihr anhaltender Ruf ist stets ein Zeichen kalter Winter und eintretenden Schneegestöbers. — Die Jungen können leicht aufgezogen werden und fressen Alles weg, was man ihnen vorwirft. Sie sind zwar nicht sehr gelehrig, werden aber außerordentlich zahm.

Die Saatkrähe (Haferkrähe, Saatrabe, Nackt- oder Grindschnabel) ist der vorigen ganz ähnlich, denn auch ihr Gefieder ist tief schwarz und mit lebhaft violettem und bläulichem Glanze versehen. Aber sie ist doch bedeutend kleiner und weicht namentlich durch ihren Schnabel sehr von ihr ab. Derselbe ist in seinem ganzen Verlaufe mehr grade, und durch die gegen die Spitze nur schwach abwärts gebogene Firste, welche nicht über den Unterkiefer hinübergeht, zugespitzt. Sobald sie erwachsen ist, beginnt sie mit dem Schnabel nach Nahrung gerade in die Erde zu stoßen, und zerstößt sich dadurch die bis zum Auge rings um den Kopf stehenden Federn so, daß gewöhnlich der Vorderkopf kahl wird und es für immer bleibt. Ihre Flügel reichen beinahe bis zur Spitze des 8 Zoll langen, unten breiten, abgerundeten Schwanzes, dessen äußerste Federn einen Zoll kürzer als die mittelsten sind.

Sie bewohnt in Europa und Sibirien die kleinen Wälder und einzelne Bäume der Ebenen und zieht, oft im Verein mit den Dohlen, im Herbste in unzähligen Schaaren südwärts, während einzelne den ganzen Winter über bleiben.

Sie ist für unsere Gegenden ein Strichvogel, liebt die Geselligkeit mehr als die anderen Arten und zieht schaarenweise auf die Felder, um dort ihre Nahrung zu suchen. Diese besteht aus Regenwürmern, nackten Schnecken, Engerlingen, weshalb sie gewöhnlich dem pflügenden Landmann folgt. Auch Mai-, Juni- und Julikäfer verzehrt sie in größerer Anzahl. Wenn ihr aber dergleichen Nahrung mangelt, was viel leichter vorkommen kann durch ihr gesellschaftliches Zusammenleben, dann frißt sie auch Getreidekörner. Nicht selten fällt eine Schaar über ein junges Saatfeld her, sie zerkratzen dann die jungen Sprossen und fressen die Körner, oder suchen auch in dem noch lockeren Acker nach thierischer Nahrung. Da sie aber dadurch das Saatfeld völlig zerstören, so stellt man ihnen vielfach nach und schießt sie dutzendweise nieder. — Zuweilen werden sie auch wieder sehr nützlich, wie uns folgendes Beispiel zeigt. Es gab einmal in Westphalen und Hannover so viel Grasraupen, daß sie die Wiesen ganz kahl fraßen. Davon schienen die Krähen weit und breit Nachricht erhalten zu haben und strömten herbei, dem Treiben dieser Wiesenfeinde ein Ende zu machen, was ihnen in kurzer Zeit gelang.

Sie nisten meistens in großen Gesellschaften und man findet nicht selten ein Dutzend Nester auf einem einzigen Baume. Ihr Nest bauen sie wie die anderen Krähen. Während sie damit beschäftigt sind, zanken sie sich unaufhörlich mit vielem Geschrei um die Plätze und suchen sich auch gegenseitig die Reiser zu stehlen. Sobald aber Alles fertig ist, brüten sie friedlich neben einander. Sie legen 3 bis 6 blaßgrüne Eier mit großen, braunen Flecken und machen jährlich nur eine Brut.

Wie die beiden vorigen Arten, verfolgen sie Raubvögel, namentlich die Eulen und Raubthiere, mit großem Geschrei, wobei zuweilen Einzelne ihren Tod finden; namentlich kommt dies vor, wenn sie den Fuchs lebhaft verfolgen, der wohl auch absichtlich herbeischleicht, um auf eine recht bequeme Weise einen Braten zu erhaschen.

Man kann die Krähen überhaupt sehr leicht verscheuchen, da sie so scheu und furchtsam sind, indem man eine von ihnen schießt und diese an einer Stange aufhängt. Sie umschwärmen ihre so zur Warnung aufgehängte Schwester zwar mit großem Geschrei, werden es aber durchaus nicht wagen, in ihrer Nähe Nahrung zu suchen.

Die Dohle.

In den Löchern alter Gemäuer, besonders der Thürme und Schlösser wohnt ein Vogel, der durch sein dunkles Gefieder das düstere Ansehen jener Orte nicht freundlicher zu gestalten vermag, sie vielmehr noch unheimlicher macht. Wenn man z. B. vor dem Königl. Schlosse zu Berlin vorbeigeht, so kann man ihn in dem ältesten Theile desselben an der Wasserseite mehrfach bemerken, wo er still und geräuschlos in die Löcher hineinschlüpft, und dieselben eben so verläßt und davon fliegt. Dieser Vogel ist kein anderer als die Dohle.

Die gemeine Dohle (Corvus Monedula), auch Thurmdohle,

Thurmrabe, Thurmkrähe genannt, ist nur 15 Zoll lang, also kaum größer als eine Taube. Der Scheitel, die Flügel, der Rücken und der Schwanz sind tief schwarz mit mehr oder weniger schönem Metallglanze, die Unterseite schwarzgrau und an den Seiten des Halses befindet sich ein weißgrauer Fleck. Bei den Jungen ist oft das ganze Gefieder tief schwarz, und ihr Auge ist braun, während es bei den Alten bläulichweiß ist. Ihre Flügel sind zwar verhältnißmäßig lang, erreichen aber noch nicht die Spitze des Schwanzes, welcher sehr abgerundet ist.

Sie bewohnt ganz Europa und Sibirien, hält sich dort vorzüglich auf hohen Thürmen und anderen hohen Gebäuden auf. Obwohl sie sich immer in der Nähe des Menschen befindet, so ist sie doch sehr scheu, dabei schlau und listig und läßt sich nicht leicht fangen. Sie fliegt außerordentlich schnell, ist sehr gesellig und hält sich gern zu den Raben- und Saatkrähen. Ihre Stimme besteht, wie bei den Krähen, aus einem sehr eintönigen Geschrei. Sie macht in ihrem oft sehr hohen Fluge mannigfaltige Schwenkungen, besonders bei Wetterveränderungen, zankt beständig mit ihres Gleichen, indem sie sich fast den ganzen Tag um die Thürme herumtreibt. Raubvögel, welche in ihre Nähe kommen, verfolgt sie so weit als möglich, mit großem Geschrei, und stößt auf dieselben wodurch sie solche ungebetenen Gäste von den Hühnerhöfen fern hält.

Wie sie in Gesellschaften mit einander lebt, so nistet sie auch in Gesellschaft am liebsten in den Löchern alter Thürme und Schlösser, seltener in Felslöchern und hohlen Bäumen. Sie bereitet das Nest aus Reisern, Wurzeln und Haaren und legt 4 bis 7 grünliche, schwarz- oder schwarzbraun-gefleckte Eier.

Sie frißt Regenwürmer und Engerlinge und folgt deshalb gern dem Landmann, wenn derselbe den Acker umpflügt; auch liest sie Schafen und Schweinen das Ungeziefer vom Rücken ab, nährt sich desgleichen von Mäusen und verschiedenen Vogeleiern, ebenso von Kirschen, Weintrauben und anderem Obst, rupft Graswurzeln und die grüne Saat aus, verschlingt selbst Mist und Aas, setzt sich in der Ernte auf die Getreidegarben, um die Körner herauszupicken, und sucht mit besonderer Vorliebe den wilden Knoblauch auf, wonach sie sehr stark riecht.

Sie ist um Vieles lebhafter, als die ihr sonst so sehr verwandten Saat- und Rabenkrähen. In Sommerabenden pflegt sie sich an bestimmten Orten in Menge zu versammeln, bei welcher Gelegenheit ihr zänkisches und unruhiges Wesen am deutlichsten zu erkennen ist, da sie mit ihren Nachbaren, ungeachtet sie deren Gesellschaft absichtlich sucht, kaum einen Augenblick ruhig verleben kann.

Jung eingefangen, läßt sie sich leicht zähmen, und ist dann sehr niedlich, zumal sie auch sprechen lernt. — Die berüchtigte Diebesnatur des Raben zeigt sie gleichfalls in einem hohen Maaße, denn sie schleppt wie jener, alle glänzenden Sachen in ihre Löcher. Sie schläft gewöhnlich auf den höchsten Dächern der Städte, seltener auf Bäumen, wobei sie den Kopf, gleich anderen Vögeln, gegen den Wind kehrt. — Im Herbst zieht sie in großen Schaaren nach Süden, andere bleiben wieder bei uns, die dann auch wohl, vom Hunger getrieben, auf die Straßen kommen und dort umherspähen, wo Etwas zur Stillung ihres Hungers zu finden ist.

In der Schweiz finden sich noch zwei andere Dohlenarten, deren Füße und Schnabel aber nicht schwarz sind, nämlich: die Schneedohle (Corvus Pyrrhocorax) und die Steindohle (Corvus Graculus).

Die Elster.

Von allen Rabenarten ist die Elster diejenige, welche die Diebesnatur im größesten Maaße besitzt; denn Alles, was nur irgendwie einen Glanz verbreitet, wird von ihr ergriffen und entweder in ihr Nest oder in einen von ihr besuchten Winkel geschleppt. Dadurch hat sie schon oft veranlaßt, daß ganz unschuldige Personen in den Verdacht des Diebstahls geriethen und darauf hin bestraft wurden, was in früherer Zeit nur mit dem Tode gesühnt werden konnte. Eine von den vielen Geschichten wollen wir hier anführen, welche die Folgen eines solchen Diebstahls hinreichend bekundet. In Paris ist in der Kirche Saint-Jean-en-Grève viele Jahre lang eine Messe gelesen worden, welche man die Elsternmesse nannte. Folgendes war die Ursache: Eine Elster stahl einem Bürger unvermerkt eine Menge Silberzeug. Derselbe hatte seine Magd in Verdacht und übergab sie dem Gerichte. Da sie vor demselben kein Geständniß ablegte, wurde sie auf die Folter gebracht, und nun gestand sie, um nur von den Qualen befreit zu werden, das Verbrechen ein, worauf sie sofort hingerichtet wurde. Sechs Monate nachher fanden sich, bei der Ausbesserung eines alten Daches, die verlorenen Gegenstände nebst vielen anderen in dem Schlupfwinkel einer Elster wieder. Der Bürger war außer sich vor Betrübniß und stiftete eine Seelenmesse für die

Ruhe des unschuldigen Mädchens, welche in jener Kirche gehalten wurde.

Die **gemeine Elster** (Corvus Pica), auch Schackelster, Gartenkrähe oder Atzel genannt, hat einen Schwanz, der so lang ist wie der ganze Körper, und mit welchem sie gegen 18 Zoll mißt. Ihr schönes seidenartig-glänzendes Gefieder, welches bald bläulich, bald stahlblau, bräunlich und grünlich schillert ist dunkelschwarz, nur der Bauch, die oberen Deckfedern der Flügel und die Schwungfedern sind rein weiß. Der Theil über und unter dem Schwanze ist gewöhnlich grau durchscheinend. — Auch bei diesem Vogel kommen mancherlei Verschiedenheiten in der Färbung vor. — Ihr Schnabel zeigt eine fast von der Wurzel an allmälig gebogene Firste und der Ausschnitt vor der Spitze des Oberschnabels ist ziemlich deutlich. Die Flügel sind kurz und reichen nicht weit an den langen, keilförmigen Schwanz hinan, der aus 12 Federn besteht, von denen die beiden mittelsten um einen Zoll länger als die daneben stehenden sind, und die äußerste auf jeder Seite ist nur halb so lang als die anderen.

Sie ist durch ganz Europa bis zum 70° N. Br. verbreitet, findet sich sonst noch in dem nördlichen Asien bis nach Japan und Kamtschatka und soll auch in Nordamerika bis um die Hudsonsbai anzutreffen sein. Sie liebt nicht sehr die Geselligkeit, denn man findet sie überall nur paarweise, seltener in Familien. Von den menschlichen Wohnungen hält sie sich nicht allzu fern, denn im Winter kommt sie häufig in unsere Gärten, wo sie auf den Bäumen umherhuscht, um zur Aufsuchung der Nahrung eine passende Gelegenheit abzuwarten, wobei sie oft ihren schackernden Ton hören läßt. Im Sommer zieht sie sich mehr in die Einsamkeit zurück, und wenn wir dann ihren Aufenthaltsort auf unseren Spaziergängen berühren, erschreckt sie uns öfters durch ihr plötzliches Geschrei.

Ihr Nest baut sie am liebsten auf Erlen oder Pappeln, sonst aber auch auf Kiefern, in der Nähe von Gärten, an Chausseen oder Feldwegen. Dasselbe ist sehr kunstvoll angelegt; zuerst hat es eine Unterlage von Reisern, auf dieser befindet sich eine starke Lage Erde, über dieser eine dichte Schicht von feinen Wurzeln und darüber erst noch eine vierte aus Haaren und Federn bestehende Schicht. Auf diese Weise ist sie sehr gesichert, denn eine Ladung Schrot dringt nicht hindurch; nur durch eine Kugel kann man das brütende Weibchen und die Jungen tödten. Uebrigens ist das Nest noch durch ein Wetterdach geschützt, welches aus Dornzweigen sich darüber wölbt. Der

Eingang zum Nest befindet sich auf der Seite. Sie brütet 5 bis 6 bläulichgrüne, unregelmäßig braungefleckte Eier, von denen sie die ersten schon im Februar oder März legt, denn sie macht jährlich zwei Bruten.

Sie lebt von Insecten und deren Eiern, von Würmern, Schnecken und Mäusen; stiehlt, wo sie nur kann, den kleinen Vögelchen die Eier und Jungen, holt nicht selten die Küchlein und jungen Enten von den Höfen, stiehlt auch Seifenstückchen, holt sich beim Schlachten die Fleischabfälle und nimmt sogar junge Tauben, wenn dieselben in offenen Nestern sich befinden. Auch Aas verschmäht sie nicht, und wenn ihr jede thierische Nahrung fehlt, frißt sie eben so gern Körner, Eicheln, Obst u. dergl.

Die Elster wird sehr schädlich, treibt aber ihr arges Wesen sehr listig und ganz im Stillen, und entwickelt dabei eine bewunderungswürdige Vorsicht. Man thut daher wohl, wenn man ihre Nester zerstört, und die Alten während des Schlafes mit der Flinte beschleicht oder auch aus dem Hinterhalte, z. B. bei den Krähenhütten, zu erlegen sucht.

Sie ist nicht allein ein sehr schlauer und diebischer, sondern auch ein sehr geschwätziger Vogel, der selbst unter den Menschen sprichwörtlich geworden ist, denn „er plappert wie eine Elster" ist eine oft gebräuchliche Redensart. Ihre Sinne, besonders aber das Gesicht und der Geruch, sind scharf. Vermittelst des letzteren soll sie sogar im Stande sein, Schmetterlingspuppen und Würmer unter hart gefrorner Erde und unter Moos herauszuspüren. — Auf der Erde bewegt sie sich stets hüpfend, wobei sie den Schwanz gewöhnlich in die Höhe richtet. Ihr Flug ist nur langsam und stoßweise, denn ihre kurzen Flügel sind nicht dazu eingerichtet, daß sie hoch und weit fliegen kann.

Nimmt man die Jungen aus dem Neste, so lassen sie sich in einem sehr bedeutenden Grade zähmen; sie werden bald so zutraulich, daß man ihnen das Fenster öffnen kann, durch welches sie zwar davonfliegen, aber regelmäßig zurückkehren. Außerdem lernen sie leichter, als die übrigen Rabenarten, einzelne Wörter nachsprechen und zeigen überhaupt sehr Komisches in allen ihren Bewegungen. Sie ertragen die Gefangenschaft sehr gut, denn es haben einzelne ein Alter von 20 Jahren erreicht, woraus sich abnehmen läßt, daß sie in der Freiheit noch älter werden.

* * *

Der Rabe, die Krähe, die Dohle und die Elster bilden mit ihren Verwandten die Familien der Krähenvögel, welche zwar wenig Begabung im Gesange zeigen, aber in ihrem Baue und in ihrer ganzen Erscheinung dennoch zur Ordnung der Singvögel gehören. Zu ihrer Verwandtschaft zählen noch mehrere andere bei uns vorkommende Vögel, welche uns aber seltener zu Gesicht kommen, weil sie theils mehr zurückgezogen in den Wäldern leben, theils auch, weil sie seltener sind. Wir begnügen uns daher nur mit der Nennung ihres Namens. Es gehören hierher: der gemeine Nußheher oder Holzschreier (Garrulus glandarius), der gefleckte Nußheher (Nucifraga Caryocatactes), der geschwätzige Seidenschwanz (Bombycilla Garrulus) und die Mandelkrähe (Coracias Garrula). — Auch im Auslande leben einige Vögel dieser Verwandtschaft, welche sich durch ihr prächtiges Gefieder und namentlich durch ihren herrlichen Gesang auszeichnen. Es sind dies der Papu-Paradiesvogel (Paradisea papuensis) und der fußlose Paradiesvogel (Paradisea apoda), welche sich auf Neu-Guinea und den benachbarten Inseln finden.

Der Wiedehopf.

In einsamen Wäldern, wo selten ein Mensch hinkommt, ist der Aufenthalt des Wiedehopfes (Upupa epops). Dort fliegt er einsam umher und sucht furchtsam die daran stoßenden Viehweiden auf, um die Insecten und Larven, welche sich in dem umherliegenden Miste eine Wohnstätte aufgeschlagen haben, herauszuklauben und zu verzehren. Desgleichen sucht er todte Thiere auf, weil er sehr wohl weiß, daß in und unter diesen mancher Käfer, z. B. der Todtenkäfer u. s. w., sich aufhalten. Ebenso verschmäht er auch nicht die Larven der Ameisen, wenn er sie erhaschen kann, und verspeist Regenwürmer und Schnecken.

Er muß aber ganz eigenthümlich zu Werke gehen, um die Nahrung in den Magen zu schaffen. Zuerst tödtet er die Thiere und sucht von den Käfern die Flügel zu entfernen, dann wirft er sie in die Höhe und fängt sie mit aufgesperrtem Schnabel wieder auf. Hierzu wird er durch den Bau seiner Zunge gezwungen, denn diese ist viel zu kurz, als daß sie ihm die Nahrung in den Schlund führen könnte; er muß sie also hineinfallen lassen. Sie füllt etwa nur die Hälfte seines zwei Zoll langen Schnabels aus, welcher dünn, rund und gebogen ist und nur kleine, hart an der Wurzel sitzende Nasenlöcher hat.

Von seinen vier Zehen sind drei nach vorn und einer nach hinten gerichtet; die mittlere und äußere sind an der Wurzel verwachsen.

Der Leib dieses etwa einen Fuß langen Vogels ist mit Federn von gelblichrother Farbe bedeckt, aber seine Flügel und sein Schwanz sind schwarz. Der letztere ist mit einem weißen Querbande geziert, während auf den Flügeln sechs solche Querbänder dem Vogel ein buntes Ansehen geben. Den Glanzpunkt seiner Färbung hat er aber in einem großen, den Kopf zierenden Federbusch von 2½ Zoll Länge, von schwefelgelben Federn, deren Spitzen schwarz sind.

Er kann hurtig laufen, wobei er die Flügel fast ganz auf die Erde senkt, häufig Verbeugungen macht und dabei jedesmal mit dem Schnabel auf den Boden stößt. Seinen eleganten Federbusch schlägt er dabei auf und nieder. Auch wenn er seine Aufmerksamkeit auf Etwas richtet, namentlich, wenn er horcht, schlägt er den Busch hoch, und wenn er fortfliegt, legt er ihn zusammen.

Sein Flug ist leicht, sanft und ohne Geräusch. — Er ist übrigens sehr scheu, aber dabei munter und lustig und hat ein gravitätisches Ansehen.

In Zimmern kann man ihn sehr schwer erhalten, da er ganz von seiner gewohnten Lebensweise abgezogen wird. Man füttert ihn in der Gefangenschaft mit Mehl- und Regenwürmern, mit gekochtem Fleisch und mit Semmel in Milch aufgeweicht. Er macht in Zimmern besonders Kindern durch seine sonderbaren Bücklinge vieles Vergnügen.

Er nistet in alten, faulen Baumstämmen. Zuerst kratzt er sich das mürbe Holz zurecht und trägt darauf eine Lage von Kuhmist, mit Moos untermischt, hinein. Darauf legt er seine Eier, 4 bis 5, von röthlichgrauer Farbe, welche er in 16 Tagen ausbrütet. Die Jungen schlüpfen nackt aus dem Ei. Die Alten schleppen ihnen eine solche Menge von Insecten und Würmern zu, daß sie diese gar nicht vertilgen können. Daher bleiben sie im Neste liegen, gehen bald in Fäulniß über, und vermischen sich mit dem Koth des Nestes und der jungen Vögel, welcher meist im Nest und auf dem Rande liegen bleibt. Dadurch entsteht ein sehr übler Geruch der sich den jungen Vögeln mittheilt. Sie behalten diesen Geruch ihr ganzes Leben hindurch und werden deshalb auch Mistvögel genannt. In dem Volke ist dadurch das Sprichwort entstanden: „Er stinkt wie ein Wiedehopf."

Der Wiedehopf ist bei uns und überall wo er vorkommt, nur selten. Man trifft ihn in Europa, Asien und Afrika. Er findet sich nördlich bis nach Schweden hinein, obwohl er mehr den Süden liebt, und sich bis an die Südspitze Afrika's ausbreitet.

Die bei uns lebenden Vögel dieser Art sind Zugvögel; schon Ende August verlassen sie uns wieder und gehen südlich, wie es scheint bis Afrika und im Orient bis Constantinopel und Aleppo. — Im April oder Mai kehren sie wieder zurück zu uns, kurz vor dem Kuckuk, und deshalb nennen die Jäger diese Vögel Kuckuks-Lakai oder des Kuckuks Küster.

Er hat einen zweifachen Ton; der gewöhnliche sind drei kurz hinter einander ausgestoßene Töne: hup hup hup; wenn er aber fröhlich ist, dann klingt es wäckwäckwäck.

Ein Mann, welcher mit vieler Mühe zwei Junge aufzog, giebt uns über den Wiedehopf sehr schöne Aufschlüsse. Er nennt ihn nach der Elster den verständigsten Vogel, der jeden Wink seines Herrn verstehen lernt. Er bekam das Nest aus dem Gipfel einer hohlen Eiche; es hatte eine halbe Kugeldecke von Kuhmist mit zarten Wurzeln durchknetet und auf dem faulen Holz lag nur etwas Genist aus einigen Federn. — Er mußte sechs Wochen lang den Jungen das Fleisch in den Schnabel stecken. Später folgten sie ihm überall, und wenn sie ihn nur aus der Ferne hörten, erhoben sie ein zwitscherndes Freudengeschrei, kletterten an ihm hinauf und setzten sich ihm auf Kopf und Schultern. Auf seinen Befehl gingen sie unter den Ofen, und sahen immer nach seinen Augen, ob er guter Laune war. — Endlich bekamen sie das Futter der Nachtigall und bisweilen Käfer verschiedener Art, welche sie so lange zerpickten, bis Flügeldecken und Füße sich ablösten, sie dann in die Höhe warfen, um sie zu schnappen; kamen sie aber quer in den Schnabel, so mußten sie sie wieder ausspeien, um das Spiel von Neuem anzufangen.

Im Wasser badeten sie sich nicht, wälzten sich aber gern und viel im Sande herum. Er nahm sie später mit in's Freie, um sie Insecten fangen zu lassen, bei welcher Gelegenheit er ihre angeborne Furcht vor Raubvögeln mehrfach beobachten konnte. Sobald sich nur ein größerer Vogel, selbst Rabe oder Taube, sehen ließ, so legten sie sich auf den Bauch, breiteten die Flügel und Schwanzfedern so aus, daß sie einen geschlossenen Kreis bildeten, legten den Kopf auf den Rücken und streckten den Schnabel in die Höhe. Sie sahen in dieser Stellung kaum einem Vogel ähnlich. Wenn die vermeinte

Gefahr vorüber war, so sprangen sie mit einem lauten Freudengeschrei auf.

Sie lagen gern in der Sonne, streckten sich sehr behaglich aus, und im Winter suchten sie die Nähe des Ofens. — Mit dem Wiedehopf schließen wir die große Reihe der **Singvögel**, von denen wir zuerst den Würger kennen lernten.

Der Specht.

Unter den Vögeln ist der Specht der Zimmermann, denn er versteht's wie kein Anderer, mit dem Holze umzugehen. Sein Handwerkszeug ist ihm sein gerader, eckiger, keilförmiger Schnabel, mit dem er darauf loshaut, daß nur die Stücken gerade so fliegen. Dies thut er aber nur, um entweder ein passendes Loch für sein Nest zu höhlen, oder um seine Nahrung zu suchen. Für ihn ist das ein Leckerbissen, was uns höchst ekelhaft erscheint. Käfer, Würmer und Maden sind seine tägliche Speise und von Früh bis Abend muß er darauf ausgehen. Denn kaum graut der Tag, so geht er schon an die Arbeit. Er fliegt in den finstern, dichten Wald, dorthin wo die ältesten und stärksten Bäume stehen, und sieht mit klugen Augen sie alle nach der Reihe an. Jetzt bemerkt er einen, der ihm tauglich scheint, und nun fliegt er an seinen Stamm, und setzt sich in einer Höhe von zehn bis zwölf Fuß an denselben an. Er klammert sich mit seinen Zehen, welche mit scharfen, schwarzen Nägeln bewaffnet sind, fest, indem von ihnen zwei nach vorn und zwei nach hinten gerichtet sind. Die beiden vorderen Zehen sind etwas verwachsen.

Sein Schwanz ist ziemlich kurz, und die Federn, welche denselben bilden, sind steif, hart und abgerieben. Er bildet gleichsam das Stühlchen, auf dem der Specht fest an des Baumes Borke ruht.

Sein harter Schnabel sitzt an harten, starken Knochen des Kopfes und mit ihm ist der Vogel nun im Stande, tief in die Rinde und das Holz des Baumes einzuhauen. Oft pickt er nur die Borke durch und zieht die Käferlarven hervor, die in ihr und unter ihr wohnen.

Solche Käferlarven wohnen oft zu Hunderten in einem Stamm und zerfressen die Saftgefäße des Baumes, daß er den Zweigen keine Säfte mehr zuführen kann. Wenn der Vermehrung dieser Würmer nicht Einhalt gethan wird, zernagen sie den Stamm so, daß bald die Aeste absterben, die Knospen verwelken, der Baum weder Blatt noch Blüthen treibt und dann als todter Stumpf traurig dasteht. — Der Obstgärtner und der Forstmann sehen diese verborgenen Feinde nicht eher, als bis sie am Absterben des Baumes ihre Gegenwart erkennen.

Doch es kommt ihnen der Specht zu Hülfe. Sein Auge erkennt gar leicht den Aufenthalt jener schädlichen Gesellen; sein kräftiger Schnabel zerspaltet das mürbe Holz, fingerlange Splitter fliegen umher, und die Baumverderber erhalten ihre wohlverdiente Strafe. Plötzlich hält der emsige Arbeiter mit seinem weithinschallenden Hämmern, das man oft eine halbe Stunde weit hört, inne und läuft behende auf die andere Seite des Stammes; hier sieht er sich aufmerksam jedes Ritzchen an, denn die Würmer, die noch bis dahin seinem Schnabel entgangen waren, flohen, von ihrem eifrigen Verfolger erschreckt, nach der entgegengesetzten Seite des Baumes und wähnten sich hier sicher; aber, wie wir sahen, eilt er auch dorthin, und sie werden hier seine Beute.

Alle Gliedmaßen des Spechtes sind übrigens auf seine Lebensart berechnet. Sein Körper ist gedrungen und mit kräftigen Muskeln ausgestattet; seine Zunge aber ist lang und dünn und er vermag sie mit großer Schnellkraft weit aus dem Schnabel vorzustrecken. Sie ist hart und spitz und so scharf wie eine Nadel. Dazu ist sie, wie ein Pfeil, mit vielen feinen Widerhaken versehen. Mit dieser sonderbaren Waffe sticht er blitzschnell in die kleinen Wurmlöcher, spießt die Käferlarven an, zieht sie heraus und verzehrt sie mit großem Wohlbehagen. Im Winter fehlt ihm freilich diese Fleischkost, und er muß sich nach anderer Nahrung umsehen. Er nimmt dann Nüsse von Buchen und Haselsträuchern, oder klemmt Tannenzapfen zwischen die Rinde der Bäume und pickt die Saamenkörnchen heraus. Er spürt dabei aber doch noch manches Schmetterlingsei oder die Eier von anderen Insecten auf, um sie zu verspeisen.

Viele von den Löchern, welche der Specht bei seinem Würmersuchen in die Bäume einhaut, kommen anderen kleinen Vögeln sehr erwünscht, um sie als Wohnung zu benutzen. Meisen, Staare und Kleiber bauen in denselben ihre Nester, und der letztgenannte Vogel klebt mit Lehm so viel von der großen Oeffnung zu, daß nur eben noch Platz genug übrig bleibt, um selbst durchzukommen.

So ist der Specht recht eigentlich der Vogel Zimmermann, der anderen Häuser baut; doch vergißt er auch nicht, für sich selbst zu sorgen. Im Frühjahre sucht er sich in Gemeinschaft mit seinem Weibchen einen geeigneten Baum aus, und hackt ein tiefes Loch in denselben, wohl zwei Spannen lang, schräg nach oben gerichtet, damit keine Feuchtigkeit eindringen kann, erweitert es innen und glättet ganz sauber die Wände dieses sichern Gemaches, welches er ohne Mühe gegen die eindringenden Feinde vertheidigen kann.

Nach Vollendung seiner Arbeit trägt er alle Späne vorsichtig ein gutes Stück vom Baume weg, damit Nichts sein Nest verrathen soll. Auf den feinen Holzspänen oder dem Wurmmehl legt das Weibchen 4 bis 6, selten mehr, schöne weiße Eier und brütet die Jungen in 14 Tagen aus. Eifrigst fliegen dann beide Alten umher und bringen unermüdlich Futter für die Kleinen, bis sie selbstständig genug geworden sind, danach auszufliegen.

Es giebt eine große Menge Spechtarten in allen Ländern der Erde. Europa hat zwar die wenigsten davon, nämlich acht, und drei davon leben in unseren deutschen Gauen. Diese sind:

1. der Schwarzspecht (Picus martius);
2. der Grünspecht (Picus viridis);
3. der Buntspecht (Picus varius).

Der größeste davon ist der Schwarzspecht. Sein Kleid ist ganz schwarz, und ein feuerrothes Käppchen ziert sein Haupt. An den Augen hat er, wie alle übrigen Spechte, einen nackten Fleck. Er wird fast 1½ Fuß lang, lebt vorzüglich in Tannenwäldern, welche er nicht verläßt, außer höchstens in strengen Wintern, um an Strohdächern und Lehmwänden Nahrung zu suchen. Er dringt auch in Ameisenhaufen und Wespennester ein, um die Bewohner und ihre Larven zu fressen.

Der Grünspecht ist kleiner, nur 1 Fuß lang, trägt eine grüne Kleidung, hat einen hochrothen Scheitel, aber zu beiden Seiten des Kopfes einen schwarzen Fleck, die Schwungfedern und Steuerfedern sind schwarz, und mit weißen und gelblichen Flecken geschmückt.

Er findet sich überall in Wäldern, jedoch nicht häufig, und kommt im Frühjahr oder auch Herbst in die Gärten, um Raupeneier und Puppen zu suchen. Auch sucht er die Ameisennester, um aus ihnen die Puppen zu holen; desgleichen frißt er, wie der vorige, Vogelbeeren, Sämereien und Buchnüsse. — Eine Abart hiervon ist der graue Specht (Picus canus), welcher kleiner ist, mehr im Norden sich aufhält und daher in Deutschland ziemlich selten vorkommt.

Der Buntspecht ist kaum halb so groß als der schwarze, nämlich 9 Zoll lang. Er ist schwarz und weiß gescheckt, und zwar ist er oben schwarz und unten schmutzig weiß; die Backen aber, die Halsseiten, die Schulter und sechs Querbänder auf den Flügelfedern sind weiß. Auf seinem Haupte trägt nur das Männchen einen hochrothen Strauß. Er ist am häufigsten in unseren Wäldern anzutreffen. — Man unterscheidet von dem eigentlichen Buntspecht noch den Elsterspecht, den mittleren Buntspecht oder Weißspecht und den kleinen Buntspecht.

Der dreizehige Specht (Picus tridactylus) ist großentheils weiß, hat aber viele schwarze Querstreifen am Kopf, auf den Flügeln und dem Schwanze. Der Scheitel ist bei dem Männchen gelb, bei dem Weibchen weiß gefärbt. Es fehlt ihm eine Vorderzehe. Er ist überall selten und findet sich eigentlich nur im hohen Norden und auf den höheren Gebirgen Deutschlands.

Die vielen Spechtarten, welche in den fremden Erdtheilen leben, haben fast dieselbe Lebensweise, als die in unseren Gegenden wohnenden. Die vorzüglichsten Arten davon sind:

1. der Spechtkönig (Picus principalis) im wärmeren Nordamerika, besonders in Mexico;
2. der Haubenspecht (Picus pileatus);
3. der rothköpfige Specht (Picus erythrocephalus) und
4. der Goldspecht (Picus auratus) sind gleichfalls Nordamerikaner;
5. der Feldspecht (Picus campestris) lebt in Paraguay und Brasilien und
6. der braune Specht (Picus olivaceus) belebt die felsigen Gebirge Südafrikas.

Der Kukuk.

Sobald der Frühling in's Land gezogen ist, hört man die Stimme des Kukuks weithin über den Wald erschallen, und obwohl sein Ruf sehr eintönig ist, so ist er uns doch nicht unangenehm, sondern wir freuen uns alle herzlich über den wohlbekannten Frühlingsruf.

Der gemeine Kukuk (Cuculus canorus) hat etwa die Größe einer Turteltaube, ist aber länger, nämlich 14 Zoll, wovon der Schwanz fast die Hälfte beträgt. Die Farbe des Gefieders ist aschgrau, nur am Bauch ist sie weiß und mit Reihen schwarzer Querflecken geziert. Der Schwanz aber ist schwärzlich und die einzelnen Federn haben weiße Schaftflecken und Spitzen. Die innere Fahne der Schwungfedern in den spitzigen Flügeln ist weiß gestreift. Die Weibchen sind daran kenntlich, daß nicht bloß ihr Bauch, sondern auch ihre Brust weißlich und schwarz gefleckt ist, und die Grundfarbe der Jungen ist rostroth, aber überall mit schwarzen Querflecken bedeckt. Die Füße und Klauen sind von gelber Farbe und sehr kurz. An jedem Fuße sitzen 4 Zehen, von denen zwei nach vorn und zwei nach hinten gerichtet sind; doch ist bei ihm die äußere Hinterzehe nach vorn wendbar. Der Schnabel, welcher keine Wachshaut trägt, ist etwas zusammengedrückt, an der Spitze ganz schwach gebogen, und bis unter die Augen gespalten. Die Bartborsten fehlen ihm.

Lange Zeit war man über die Lebensweise des Kuckuks durchaus nicht im Klaren und daher erklärt es sich, daß noch jetzt viele Leute, selbst Jäger, welche täglich Gelegenheit haben, die Thiere des Waldes zu beobachten, ihn für einen Raubvogel halten, der im Frühjahr Kuckuk sei, dann aber, wenn er aufhöre, zu rufen, sich in einen Habicht verwandle und die kleinen Vögel verfolge, um sie zu fressen. In der schlanken Gestalt und dem gefleckten grauen Gefieder erinnert er zwar an den Sperber, aber er ist ganz unschuldig an dem, was die Menschen ihm aufbürden. Er ernährt sich hauptsächlich von Raupen, unter denen er besonders die Haarraupen aussucht, deren Haare abbrechen und sich in seinem Magen einstechen, ohne daß er Beschwerden davon hat. Oft sieht dieser aus, als wäre er mit Pelz gefüttert und da sie sich schwer herausziehen lassen, so glaubte man früher, sie wüchsen darin. Doch klettert er nicht an den Bäumen nach diesen Raupen herum, sondern setzt sich fest und liest sie ab, oder ergreift sie auch, an den Stamm heranfliegend, im Fluge. Desgleichen verschont er nicht die Schmetterlinge, namentlich die sogenannten Motten. Wenn die Raupen sich verpuppen, verläßt er auch wohl den Wald, um auf Wiesen und Aeckern Käfer zu suchen, oder an Teichen Wasserjungfern und Mücken zu fangen. In dieser Zeit überwindet er sogar seine Scheu und wagt es, in die Gärten zu kommen. Seine Nahrung besteht also allein in Insecten und dadurch, daß er viele schädlichen Forst-Insecten vertilgt, wird er uns ein sehr nützlicher Vogel.

Außerdem, daß er sehr scheu ist, benimmt er sich aber auch sehr feindselig gegen seines Gleichen. Nur immer ein Paar findet man in den Wäldern wohl eine halbe Stunde und noch weiter aus einander. Es scheint fast, als hätte sich jeder sein Revier bestimmt, und kein Fremdling darf es wagen, dieses zu betreten. — Selten bekommt man ihn zu Gesicht, denn er versteckt sich ins dichteste Gebüsch, und hat er in einer stillen Gegend einen Ast erwählt, von dem er seinen Namen herunterruft, so darf man sich ihm nur ganz vorsichtig nähern, denn beim geringsten Geräusch trägt ihn sein schneller, schwimmender Flug davon, und weit fort setzt er sich wieder, um seinen Namen von Neuem zu rufen. Aber nur das Männchen vermag den Ruf hervorzubringen, und das Weibchen kann nur gemeinsam mit dem Männchen krächzen.

Seine Fortpflanzung hat den Leuten schon viel zu denken gegeben, denn er brütet seine Eier nicht selbst aus, sondern legt sie einzeln in die Nester der Singvögel, z. B. der Grasmücken, Fliegenschnäpper, Bachstelzen, Heckenkriecher u. s. w. Zwar ist dieses Ei nicht viel größer, als ihre eigenen, aber wie mögen sich die Vögelchen wundern, wenn sie unter ihren Eiern ein fremdes finden. Die kleinen Sänger geben sich alle mögliche Mühe, um das ihnen anvertraute Ei zu bewahren und zu pflegen gleich ihren eigenen, und brüten es mit diesen zugleich mit aller Sorgfalt aus. Hat der junge Kukuk seine Schale durchbrochen, dann schleppen die Stiefeltern von Früh bis Abend Futter heran, um ihr stets hungriges Pflegekind zu sättigen. Je mehr er begehrt, desto eifriger wird ihre Sorge und sollten ihre eigenen Kinderchen dabei zu Grunde gehen. Doch ist dies nicht immer der Fall, und die mütterliche Sorgfalt der Alten erstreckt sich auch auf ihre kleinen Jungen, obwohl ihnen manches Stückchen, was sie für diese bestimmt hatten, von dem gefräßigen Pflegesohn weggeschnappt werden mag. Es ist aber schwer glaublich, daß er in seinem Heißhunger so zuschnappt, daß er den Pflegeeltern dabei den Kopf zerquetscht. Seine Milchbrüder haben es freilich in so fern recht schlimm, daß er, wenn er größer wird, die Mitte des Nestes, veranlaßt durch sein Gewicht, einnimmt, und diese auf den Rand gedrängt werden, wobei es denn wohl kommen kann, daß der eine oder andere aus dem Neste gedrängt wird und nackt und von Allem entblößt im Gebüsche nach Hülfe schreit; dann bleibt dem Mütterchen nichts übrig, als ihn, wenn er der Witterung nicht unterliegt, in diesem groß zu ziehen, wenn es nicht möglich ist, den Kleinen auf dem Rücken wieder empor zu tragen und in's Nestchen zu betten. — Wenn der junge Kukuk schon ausgeschlüpft ist und auf den Zweigen sitzt, so sorgen die Pflegeeltern wohl noch 14 Tage lang für ihn und schleppen ihm seine Nahrung herbei.

Wie es der Kukuk anfängt, sein Ei in die Nester der kleinen Vögel zu bringen, wenn dieselben sich in einem Astloch oder in Holzstößen und Reisighaufen befinden, weiß man noch nicht genau. Man glaubt aber, daß er es auf den Boden lege, es dann mit dem Schnabel ergreife und nun in das Loch hineinschiebe. Die Eier sind verhältnißmäßig sehr klein, nicht viel größer als die der Singvögel, und haben auch ziemlich dieselbe Färbung, meist dunkel gekritzelt. Nach angestellten Beobachtungen hat sich ergeben, daß der Kuckuk etwa alle 8 Tage nur ein Ei legt, von Anfang Juni bis zur Mitte Juli, also 5 bis 6, und dies mag wohl Grund sein, warum er nicht selbst Nester baut und brütet, da jedenfalls die ersten verderben würden.

Schon seit lange pflanzt sich die Sitte fort, aus dem Rufe des Kuckuks die Lebenslänge zu erforschen. Wenn nämlich einem rufenden Kuckuk die Frage zugerufen wird: Wie lange lebe ich noch? so bedeutet jeder nach dieser Frage ausgestoßene Ruf ein Jahr.

Der Kuckuk gehört zu den Zugvögeln, d. h. zu denen, welche uns zum Winter verlassen, und beim beginnenden Frühling zurückkehren. Er kommt im April oder Mai bei uns an und geht bis in den höchsten Norden überall hin, wo es nur noch Wälder giebt. Schon Anfangs August zieht er wieder südlich über das Mittelmeer nach Afrika bis zum Vorgebirge der guten Hoffnung hinauf, wo er, nach der Aussage Vaillant's, ebenfalls Eier in fremde Nester legt. Jedoch sind es wahrscheinlich solche, welche in Afrika bleiben und nicht nach Europa ziehen, denn es giebt außer dem gemeinen Kuckuk noch an 200 Arten, welche über alle Länder verbreitet sind. Von diesen erwähnen wir nur den Honigvogel, welcher am Cap der guten Hoffnung lebt und sich von dem Honig der wilden Bienen nährt. Er muß aber erst durch sein Schreien dem Menschen einen Bienenstock verrathen, welcher ihm folgt, eine Oeffnung in den Baum hineinhaut, den Honig herausnimmt, und den Rest seinem Führer, dem Honigvogel, überläßt. —

* * *

Der Specht und der Kuckuk gehören zu der Ordnung der **Klettervögel**, deren Benennung durch die zwei nach vorn und zwei nach hinten gerichteten Zehen bestimmt wird. Wegen der gekrümmten Nägel scheint diese Bildung der Füße ganz besonders zum Klettern und Festhalten an Baumstämmen, Felsen, an Aesten und Zweigen der Bäume geeignet zu sein. Sie sind daher fast alle Bewohner der Wälder. Der größeste Theil der Klettervögel, die etwa den zehnten Theil aller bekannten Vögel ausmachen, sind Bewohner der heißen Länder. Es sind meistens sehr schöne, bunte und lebhafte Vögel, wie wir an allen Papageien-Arten wahrnehmen können. Bei uns lebt nur noch eine Art, nämlich der gemeine Wendehals (Jynx Torquilla).

Außerdem aber gehören noch zu dieser Abtheilung der Groß- schnäbler, der Pisamfresser und der Madenfresser, und allesammt haben eine große Anzahl von Arten aufzuweisen, was auch bei dem Wendehals der Fall ist.

Die Wachtel.

Einen merkwürdigen Eindruck empfangen wir, wenn wir an einem Sommerabende durch ein Getreidefeld wandern, und die Natur ringsum in tiefes Schweigen versunken ist. Es stimmt uns diese Ruhe so ernst und feierlich, und das Schweigen der Natur erweckt in unserer Brust Gefühle, die uns zu tiefer Andacht wecken. Horch, da tönt der Ruf der Wachtel, so mahnend und so ermunternd, daß wir in dem Tempel der Natur niedersinken und unseren Gottesdienst mit voller Inbrunst still betend verrichten. O, solche Gefühle, die in uns durch die Erhabenheit der Natur geweckt werden, sie sind nicht mit Worten darzulegen, sie können nur empfunden werden, und glücklich der, welcher für solche Empfindungen tauglich ist; ihm ist es vergönnt, die Sprache der Natur, die mit tausend und aber tausend Zungen zu uns spricht, zu entziffern und ihren Geist zu ahnen. Der einfache Ruf der Wachtel vermochte unseren Gefühlen eine bestimmte Richtung, eine bestimmte Form zu geben, und wiewohl er nur so einfach zu sein scheint, so sind doch die erweckten Nachklänge um so mannigfacher und bedeutungsvoller. Der Dichter Samuel Friedrich Sauter hat in folgendem Gedichte uns die Stimme der Wachtel zu deuten versucht; sicherlich werden in dem empfänglichen Gemüthe so manche Seiten beim Lesen desselben anklingen.

„Horch, wie schallt's dorten so lieblich hervor!
Fürchte Gott! fürchte Gott! ruft mir die Wachtel in's Ohr!
Sitzend im Grünen, von Halmen umhüllt,
Mahnt sie den Horcher am Saatengefild:
Liebe Gott! liebe Gott! er ist so gütig und mild.

Wieder bedeutet ihr hüpfender Schlag:
Lobe Gott! lobe Gott! der dich zu lohnen vermag.
Siehst du die herrlichen Früchte im Feld?
Sieh' sie mit Rührung, Bewohner der Welt!
Danke Gott! danke Gott! der dich ernährt und erhält.

Schreckt dich im Wetter der Herr der Natur:
Bitte Gott! bitte Gott! und er verschonet der Flur.

Machen die künftigen Tage dir bang,
Tröste dich wieder der Wachtelgesang:
Traue Gott! traue Gott! deutet ihr lieblicher Klang."

Die gemeine Wachtel (Tetrao Coturnix) auch Schlag- oder Schnarrwachtel, und das Weibchen Sand- oder Mohrenwachtel genannt, wird gegen 8 Zoll lang. Sie hat einen kurzen, nur ½ Zoll langen, mehr dünnen Schnabel, der oben gewölbt, gegen die Spitze etwas gebogen, am Grunde nackt und an der Stirn erhöht ist. Im Winter hat er eine graue, im Sommer eine hochschwarze Farbe. Die Nasenlöcher sind von obenher durch eine gewölbte Knorpelschuppe zum Theil, unten aber durch kleine, dichte Federn fast gänzlich verdeckt. Die Flügel sind nur mittelmäßig lang, ebenso wenig gewölbt und sehr zugespitzt, wodurch sie sich nicht besonders zu einem ausdauernden Fluge eignen. Die drei ersten Schwungfedern sind die längsten. Der Schwanz wird aus zwölf sehr weichen, jedoch starken Federn gebildet, die außerordentlich kurz sind, so daß sie fast völlig von den verlängerten Bürzelfedern überdeckt werden. Er ist abgerundet, hängend und wird bis zur Hälfte von den Flügelfedern bedeckt. Die Füße sind nackt und ohne Sporn, wie er sich sonst bei den hühnerartigen Vögeln findet, die Läufe aber sind vorn und hinten mit zwei Reihen großer Schilder besetzt. Auch auf den Zehen finden sich Schilder und die Spannhaut zieht sich in einem schmalen Saume neben dieser Bedeckung hin. — Die Wachtel ist in ihrer Färbung oft sehr abweichend. Die Grundfarbe ist im Allgemeinen röthlichgelb, auf dem Rücken mit breiteren dunkelbraunen, fast schwarzbraunen und helleren, rostfarbig-gelben, schmäleren Binden, welche oft verschwimmend sich bis auf die hellgelblichen Flügel ausdehnen. Sowohl am Halse und auf dem Rücken, als auch auf den Flügeln werden sie durch schmälere und breitere, meistentheils schwarz eingefaßte, am Grunde rostgelbe, nach der Spitze hin aber weiße Schaftstreifen unterbrochen. Die Schwungfedern haben eine dunkelbraune Farbe, einen etwas röthlichen Anflug, an der Außenfahne trüb-rostgelbe Flecke und matt-gelbliche Säume. Ueber den ebenfalls schwarzbraunen Schwanz ziehen sich schräg rostgelbe Linien. Beim Männchen ist die Kehle schwarzbraun, beim Weibchen weiß, und wird von zwei schwärzlichbraunen oder rothbraunen Binden mondförmig eingefaßt. Ueber den schwarzbraunen Kopf ziehen sich von der Schnabelwurzel aus fünf schmale gelblich-weiße Streifen, welche bis in den Nacken hinabreichen und von denen auf jeder Seite der äußerste unter den Augen sich hinzieht. Der untere Theil des Halses, die Brust und die Seiten sind bei dem Weibchen hellröthlich und schwarz gefleckt, bei einem jungen Männchen weißrothbraun mit dunkleren Längsstreifen (daher Rothhahn oder Sandwachtel) und bei einem zweijährigen und überhaupt älteren Männchen schwarzbraun oder schwarz, überall aber mit helleren Schaftflecken, die am meisten an den Seiten des Bauches hervortreten (daher Mohrenwachtel oder Kohlhahn). Der Bauch ist gelblichweiß und die Füße gelblich oder fleischfarben.

Die Jungen sind sogleich, wenn sie das Ei verlassen, mit einem dichten Daunenkleide bedeckt, das rostgelb gefärbt und auf dem Rücken mit schwärzlichen Längsstreifen bedeckt ist. Sie entwickeln sich im Verhältniß zu anderen Hühnervögeln außerordentlich schnell, denn nach vier Wochen sind sie schon gänzlich befiedert. — Bei den alten Wachteln tritt die Mauser im August ein, aber auch im Frühjahr sind sie einer solchen, wiewohl weit schwächeren unterworfen.

Die Heimath der Wachtel sind die gemäßigten Länder Europa's und sie geht hier im Sommer bis nach dem mittleren Schweden. Sie findet sich ferner noch in Sibirien, China, Persien, überhaupt in Ostindien, in Syrien und Nordafrika. Bei uns ist sie ein Zugvogel und im Sommer gar nicht selten, obwohl sie uns nicht oft zu Gesicht kommt, da sie sich stets versteckt hält. Ihren Aufenthalt nimmt sie auf Getreidefeldern und trockenen Wiesen, am liebsten in Weizen- und Sommergetreide-Feldern, überhaupt immer in ebenen und offenen, nur ausnahmsweise in bergigen und bewaldeten, und niemals in kahlen oder gepflügten Gegenden. Wenn die Getreidefelder schon abgeerntet sind, flüchtet sie sich auf Buchweizen-, Klee- und Kartoffelfelder.

Ihre liebste Nahrung sind Getreidekörner, von denen der Weizen den Vorzug erhält, doch frißt sie auch, da sie nicht immer Körner haben kann, junge Kräuter, frische Grasspitzen, verschiedene Sämereien, Beeren, Würmer und Insecten verschiedener Art. Ein besonderes Bedürfniß für sie ist reines Wasser und zur Beförderung der Verdauungen schluckt sie, gleich den Hühnern, viele, aber vorher angefeuchtete Sandkörner. — Ein besonderes Vergnügen scheint sie darin zu finden, daß sie sich oft in feuchtem Sande badet, wodurch sie von anderen Hühnervögeln in sofern abweicht, als diese meistentheils den trockenen Sand lieben.

Sie nistet, da sie etwas spät ankommt, jährlich nur ein Mal. Ende Juni scharrt das Weibchen oft mitten in den Getreidefeldern oder anderen mit Früchten oder Gräsern bewachsenen Plätzen eine runde Vertiefung und bekleidet dieselbe mit wenigen Grashalmen.

Sie vermehrt sich außerordentlich stark, denn sie legt 10 bis 16 stumpfe, meist strohgelbe, doch oft auch dunkelbraune Eier, welche mit noch dunkleren unregelmäßigen, größeren oder kleineren Flecken bedeckt sind. Das Männchen, welches sich in der Regel zu mehreren Weibchen hält, kümmert sich weder um die Eier, noch um die Jungen; daher werden sie von dem Weibchen in 18 bis 19 Tagen allein ausgebrütet. Ebenso werden die Jungen, welche sogleich das Nest verlassen, wenn sie, wie man zu sagen pflegt, die Eierschalen noch auf dem Kopfe haben, von der Mutter allein geführt, um ihrer Nahrung nachzugehen. Bei naßkalter Witterung, insonderheit aber des Nachts, werden sie unter die Flügel genommen und gegen die rauhe Witterung geschützt. Dies geschieht aber nie wieder im Nest, sondern an jeder beliebigen, hinreichend geschützten und verborgenen Stelle.

Gegen die Witterung ist die Wachtel sehr empfindlich, daher kommt sie erst bei uns im Monat Mai und nur bei sehr mildem Frühlingswetter schon Ende April an und verweilt höchstens bis Ende September. Im Herbste ist sie ungemein fett, und da ihr das Fliegen überhaupt nicht leicht fällt, so ist dies ganz besonders zu dieser Zeit der Fall. Ihren Feinden sucht sie entweder dadurch zu entgehen, daß sie davon läuft, was ihr außerordentlich schnell gelingt, oder daß sie sich fest zu Boden drückt. Wird sie aber dennoch zum Auffliegen genöthigt, so fliegt sie mit vielem Geräusch dicht auf dem Boden hin und fällt bald wieder ein, um im Getreide oder Gras sich zu verbergen, worin sie besonders geschickt ist. — Sie kommt, wie viele Zugvögel des Nachts ungesehen an und verschwindet auch wieder auf dieselbe Weise. In zahlreichen Gesellschaften zieht sie nach den Küsten des mittelländischen Meeres, wo man sie um diese Zeit zu Tausenden fängt, oder selbst unmittelbar nach dem Fluge mit den Händen greift, da sie sich gewöhnlich sehr ermattet niederläßt. Wenn sie nicht gegen den Wind fliegen muß, dann geht sie auch wohl über das Meer hinweg nach dem nördlichen Afrika. Andere nehmen ihren Zug über die griechischen Inseln, wobei sie jedoch immer einen bestimmten Weg inne halten, so daß sie gewisse Inseln niemals berühren. Sie kommen auf diesem Wege oft in unermeßlicher Menge in Aegypten an. Auch hier werden sie ebenfalls häufig gefangen und namentlich haben sich in diesen Gegenden die Matrosen auf Kaufmannsschiffen zuweilen darüber beklagt, daß sie immer und immer nichts als Wachteln zu essen bekämen.

Am berühmtesten ist durch den Wachtelfang die Insel Capri, unweit Neapel, deren Bischof sonst sogar der Wachtelbischof genannt wurde, weil er seine Haupteinnahme aus dem Ertrage des Wachtelfanges zog. Capri ist eine kleine, unfruchtbare Felseninsel, jedoch merkwürdig durch die unzähligen Zugvögel, welche dorthin kommen. In den an steilen Abhängen befindlichen Weingärten und auf den Höhen der Felsen stehen überall zur Zugzeit der Vögel, sowohl im Herbst, als auch im Frühjahr, Netze ausgespannt, welche am meisten für den Wachtelfang berechnet sind. Während dieser Zeit ist die ganze Bevölkerung der Insel auf den Beinen, um Jagd zu machen. Die Vögel kommen auch hier todtmüde an und werden theils mit den Händen gegriffen, theils in die Netze getrieben.

An der Küste von Barcelona und Tarragona kommen die Wachteln im Februar in wolkenähnlichen Massen über das Meer von Afrika zurück und sind in dem Augenblick, wo sie am Ufer niederfallen, so matt, daß man sie in den ersten 3 bis 4 Minuten, ohne daß sie entweichen können, leicht mit Stöcken erschlägt. Die meisten Küstenbewohner versammeln sich zu jener Zeit am Ufer, man schaut mit Fernröhren über das Meer hin und sucht aus der Richtung, welche die Wachteln nehmen, die Gegend der Küste im Voraus zu erkennen, wo sie am zahlreichsten niederfallen werden. Auch an den Küsten der Provence kommen sie im Frühjahr in großen Schaaren und oft so ermüdet an, daß man sie mit den Händen greifen kann.

Viele der auf Sardinien einheimischen Wachteln bleiben dort im Winter, dasselbe ist auch in Italien der Fall. In Algier giebt es ebenfalls das ganze Jahr hindurch Wachteln, im Winter sind sie aber bedeutend zahlreicher.

In Südrußland fängt man sie beim Ziehen zu Tausenden und versendet sie tonnenweise nach Moskau und Petersburg; denn das Fleisch der Wachteln ist besonders im Herbste nicht nur sehr zart, sondern auch saftig und von eigenthümlich starkem Wildgeschmack. — Auch an der Südküste Morea's werden sie im Frühjahr, wenn sie ermattet aus Afrika anlangen, in zahlloser Menge gefangen und größtentheils in Fäßchen eingesalzen in den Handel gebracht.

Da die an den Küsten des Meeres anlangenden Vögel oft völlig ermattet niederstürzen, so ist anzunehmen, daß Viele von ihnen die Kraft schon eher verläßt, und man hat in der That beobachtet, daß bei Sturmwind Viele in's Meer geworfen werden und ertrinken müssen. Oft fallen sie auch ermattet in großer Anzahl auf die Schiffe nieder. Plinius erzählt sogar, daß sie öfters Schiffe versenkt hätten, wenn sie Nachts in ungeheurer Menge auf dieselben und in deren Segel gefallen wären, wodurch sie meistentheils zum Umschlagen gebracht worden wären. Er sagt ferner, daß man sie zu seiner Zeit nicht gegessen hätte, weil sie giftige Sämereien fräßen, wodurch sie sich so außerordentlich vermehrt hätten. Doch weiß man auch, daß sie ehemals im Frühjahr an der Küste nördlich von Neapel in ungeheurer Menge erschienen, weshalb es möglich wurde, oft in einem Tage über 10,000 Stück zu fangen, die man größtentheils nach Rom schickte.

Die Männchen sind im Ganzen sehr kampflustig und beschränken sich in dieser Beziehung nicht allein auf die Fortpflanzungszeit, wiewohl sie es alsdann am meisten sind. Man hat sie aus diesem Grunde schon früher zuweilen zu Wettkämpfen gebraucht, denn die Griechen z. B. hatten ihre große Freude daran; jetzt geschieht es noch sehr häufig in China und auch noch in Neapel. Die Thierchen werden sehr sorgfältig dazu erzogen. Ein rechter Liebhaber hat einen solchen Vogel in einem Käfig, den er immer mit sich herumträgt; selten sieht der arme Gefangene das Licht, außer wenn er gefüttert wird und frische Luft schöpfen soll. Wenn man zwei Wachteln mit einander kämpfen lassen will, so bringt man sie in eine Art Sieb, das auf einem Tische steht, um welchen sich die Zuschauer ordnen. In der Mitte sind Hirsekörner, von denen beide Wachteln gleich weit entfernt hingesetzt werden. Sobald die eine ein Körnchen zu picken beginnt, muß die andere, ist sie sonst ein guter Vogel, gleich über sie herfallen, und nun beißen sie sich zwei oder drei Minuten lang herum. Die Besiegte stürzt zuletzt fort, und die Siegerin frißt die Körner auf, bis frische Kämpfer den begonnenen Wettstreit erneuern. Reiche Leute halten immer eine große Menge solcher Wachteln vorräthig, um den Kampf, so lange sie wollen, fortsetzen lassen zu können. Unermeßliche Summen werden bei solchen Kämpfen gewonnen und verloren; manchmal wetten alle Zuschauer auf eine Wachtel, die schon einige hundert Male siegte und — dennoch von einer bisher noch nicht in den Kampf gebrachten Nebenbuhlerin zur Flucht genöthigt wird. Jetzt setzen Alle ihre Hoffnung auf diese und nicht selten muß auch sie wieder das Feld räumen. Die Wettlust wird bei solchen Kämpfen oft bis zur Raserei gesteigert, und Mancher verschwendet dadurch sein Vermögen, während es bei uns nicht selten in der Wuth des Spieles geschieht. — Bei dem Könige von Aude in Ostindien fand L. von Orlich im Jahre 1843 die Gewohnheit, daß nach der Mahlzeit immer Wachteln auf der Tafel gegen einander kämpfen mußten. Sie kämpften in der Regel mit solcher Wuth, wobei sie sich gegenseitig mit dem Schnabel zu verwunden suchten, daß man sie allemal noch vor Entscheidung des Kampfes trennen mußte.

Man hat beobachtet, daß die Wachtel mindestens ein Alter von 12 Jahren erreicht. Jung eingefangen, läßt sie sich ohne sonderliche Mühe zähmen und pflanzt sich sogar in der Gefangenschaft fort. Dasselbe behauptet man aber auch von alten, durch Lockpfeifen und Netze eingefangenen Vögeln. Aus diesem Grunde werden sie auf einigen griechischen Inseln als Hausgeflügel gehalten. Außerdem ist auch die Wachtel wegen ihres dreisilbigen Schlages sehr beliebt, den sie sowohl in der Nacht, als auch am Tage hören läßt. Je fleißiger, und je öfter hinter einander sie diesen Schlag ertönen läßt, desto mehr wird sie geschätzt und davon ist auch ihr Preis abhängig. Sie wird daher mehrfach in Zimmern und in Wachtelbauern gehalten. — In der Gefangenschaft eignet sich als Futter am besten Weizen, den man etwa einen Tag lang in Wasser quellen läßt. Dabei giebt man ihr Salat, Kohl, Klee, junge Saat, Möre, Aepfel und Birnen. Milch, Mohn, Hanf, Fleisch, Ameisenpuppen, Mehlwürmer, gesottene Eier ꝛc. frißt sie zwar auch gern, aber man thut besser, ihr Nichts davon zu geben, da sie dadurch viel zu heftig wird, gar zu arg tobt und zuletzt nicht selten ihre Stimme verliert.

Das Rebhuhn.

Das gemeine Rebhuhn (Tetrao Perdix) ist auch unter dem Namen-Feldhuhn bekannt. Es wird kaum 12 Zoll lang. Sein Schnabel ist kurz, mäßig dick und gewölbt, an der Wurzel nackt, nicht sehr hart und scharfrandig, aschgrau und mit dunklerer Spitze. Die Nasenlöcher werden nicht von Federn bedeckt, wohl aber verschließt sie von oben her bis zur Hälfte eine kahle, gewölbte Haut. Die Augengegend ist befiedert, nur hinter den Augen befindet sich ein länglicher, nackter, warziger Fleck. Der verhältnißmäßig kleine Kopf ist an der Stirn und an der Kehle hellrothgelb, ein ebenso gefärbter Augenstreif erstreckt sich ziemlich weit nach hinten und der Scheitel ist dunkelgraubraun, grau-gesäumt und hat gelblichweiße schwarzbraun-gespitzte Schaftstriche. Der Rücken ist grau, mit rostrothen Querbinden und schwarzen Zickzacklinien bedeckt. Der schön aschgraue, mit feinen schwarzen Querstreifen gezeichnete Unterkörper hat an den Seiten rostrothe Querflecken, auf der Brust einen großen, kastanienbraunen, hufeisenförmigen Fleck und einen weißen Bauch. Die Flügel sind von mittelmäßiger Länge; die Schwungfedern sind schwarzbraun gefärbt und gelblichroth unterbrochen-gebändert. Die Flügeldeckfedern dagegen sind gelblichgrau, mit feinen schwarzbraunen, zickzackförmigen Wellen und breiteren oder schmäleren, dunkel- oder rothbraunen Binden verziert, sowie an den breit abgerundeten Spitzen weiß gesäumt und mit rostbraunen, an der Spitze weißen und der Länge nach schwarzeingefaßten Schaftstrichen versehen. Der Schwanz wird aus 18 fast gleichbreiten, am Ende wenig gerundeten Federn gebildet, erscheint kurz und hängt stets nach unten. Die mittleren Schwanzfedern sind fast von derselben Färbung, wie der Rücken, nur sind sie mit stärkeren Wellenlinien und theilweise mit einzelnen rothbraunen Binden oder Flecken bedeckt; die an den Seiten stehenden sind einfarbig rothbraun und in der Ruhe stets von den mittleren bedeckt. Die Füße haben eine mittelmäßige Länge. Die Läufe und Zehen sind unbefiedert; erstere sind vorn und hinten mit zwei Reihen Schilder versehen und an den Seiten fein-genetzt. Statt der Sporen hat dieser Vogel hornartige Schwielen, zuweilen zwei an einem Fuße.

Das Rebhuhn bewohnt in Europa, dem südlichen Theile Sibiriens und Nordafrika hauptsächlich die Getreidefelder, am liebsten da, wo sie an Wiesen und Zäune oder Waldränder gränzen und wo ihm die Gebüsche einigen Schutz gegen Nachstellungen gewähren können. In Wäldern findet es sich weniger, hält es sich aber dort auf, so wählt es in denselben freie Plätze oder Kiefernschonungen. Während des Sommers lebt es paarweise, im Herbst und Winter hält sich die ganze während des Sommers erzeugte Familie zusammen, die von den Jägern mit der Benennung „Volk" belegt wird. Hat ein Pärchen sich im Frühlinge einmal verbunden, so wird es auch nur durch den Tod getrennt; zur Paarungszeit entstehen jedoch harte Kämpfe, und die Männchen gehen mit eben solcher Wuth auf einander los, wie es die Hähne auf unseren Hühnerhöfen thun, bis das Weibchen von dem einen erobert ist. Jede Familie steht unter dem Schutze des Vaters und zieht in einer bestimmten Gegend umher, zerstreut sich aber in der Regel, sobald der Führer erschossen ist und wird dann bald völlig aufgerieben. Ehe die Jungen fliegen können, wendet die Mutter alle List an, um sie der Gefahr zu entziehen. Sie soll sich dabei nicht selten lahm stellen, um die Aufmerksamkeit des Verfolgers auf sich zu lenken, und erst, wenn sie ihre Jungen verborgen glaubt, eilt sie einem Verstecke zu. Aber auch der Vater besitzt eine außerordentliche Liebe für seine Kinder und er soll selbst, wenn er sie nicht anders zu retten vermag, dem Jäger entgegenfliegen, während seine Familie in einer anderen Richtung die Flucht ergreift. Können die Jungen bereits hinreichend fliegen, so erhebt sich bei Annäherung Jemandes das ganze Volk, streicht nahe auf dem Erdboden entlang und fällt oft vereinzelt wieder nieder. Wird es nochmals aufgescheucht, so zerstreut es sich gänzlich und erst, wenn Alles wieder ruhig ist, vereinigt es sich wieder.

Das Rebhuhn läßt beim Fliegen ein bedeutendes Geräusch hören, denn es scheint ihm nicht unbedeutende Beschwerden zu machen; daher fliegt es auch niemals hoch und weit, sobald es aber den Boden wieder berührt hat, läuft es mit kaum glaublicher Schnelligkeit davon.

Wenn eine Familie „im Lager" sich befindet, d. h. ruhet, dann verhütet sie einen plötzlichen Ueberfall dadurch, daß sie einen Posten ausstellt, der in einiger Entfernung mit großer Aufmerksamkeit Wache hält. Im Winter halten sie sich in Ackerfurchen oder unter Gebüschen, namentlich unter dichten Kiefern- und Wachholdersträuchern, dicht neben einander gedrängt, um sich gegenseitig zu erwärmen. Sie lassen sich, bei heftigem Schneewetter, nicht selten einschneien und kommen erst bei klarem Wetter wieder zum Vorschein. In kalten und schneereichen Wintern, namentlich, wenn der Schnee eine Eiskruste erhält und dadurch die Nahrung verdeckt, und wenn es an Hasen mangelt, die den Schnee aufkratzen, gehen oft sehr viele Rebhühner aus Mangel an Nahrung zu Grunde. In manchen Gegenden werden sie in solchen bedrängten Zeiten besonders gefüttert.

Die Nahrung besteht aus verschiedenen Sämereien, vorzüglich Getreide, aus der grünen Saat, aus Grasblättchen, jungem Salat, Kohl und Wachholderbeeren, aber auch aus Insecten und Würmern, die namentlich den Jungen nicht fehlen dürfen.

Mit Beginn des Frühlings trennen sich die Familienglieder, vereinigen sich paarweise und liegen dann sehr fest, so daß man ihnen sehr nahe kommen kann. In der letzten Hälfte des April scharrt das Weibchen auf ebener Erde zwischen Getreide oder Klee, selten auf trockenen Wiesen oder niedrigem Strauchwerk, eine flache Vertiefung, und legt darin nicht einmal immer einige Halme und Federn zurecht. In diesem wenig kunstvollen Neste bebrütet sie jährlich zwei Mal 10 bis 20 und zuweilen noch mehr gelblichgraue Eier. Die Brütezeit dauert meist 21 Tage. Kaum sind die ausgeschlüpften Jungen, welche sogleich mit einem gelblichwolligen Kleide bedeckt sind, trocken geworden, so verlassen sie schon das Nest, und folgen sogleich der Mutter, welche ihnen Anleitung giebt, Nahrung zu suchen, zu der sie besonders Würmer, Eier und Puppen von Ameisen 2c. nehmen, und erst späterhin gewöhnen sie sich an junge Pflanzen mancherlei Art und an Sämereien. Bei naßkaltem Wetter oder auch zur Nachtzeit werden sie noch längere Zeit von beiden Eltern unter die Flügel genommen und erwärmt.

Das Rebhuhn ist im Allgemeinen ein sehr scheuer Vogel, und seine Scheu nimmt im Herbst immer mehr zu, je öfter es bereits den Verfolgungen des Jägers ausgesetzt wurde, der es gern schießt, da es ein sehr wohlschmeckendes, sehr saftiges Fleisch hat, das von Jedem gern gegessen wird. Ebenso werden auch die Eier gern genossen und sollen in Wien zu Tausenden auf den Markt gebracht werden. Es darf aber durchaus nicht von Jedem geschossen oder gefangen, und ebenso dürfen nicht seine Eier genommen werden, da es zur niederen Jagd gehört und durch das Jagdgesetz geschützt ist. Trotzdem es aber so vielfach der Verfolgung ausgesetzt ist, so wird es doch bald zutraulich, besonders in Gegenden, in denen es eine Zeit lang geschont wurde, oder auch gegen Personen, von denen es wenig zu fürchten hat. Sehr häufig hält es sich in der Nähe arbeitender Landleute ohne alle Furcht auf, sobald es aber den Jäger nur von Weitem bemerkt, sucht es augenblicklich seine Rettung in der Flucht oder duckt sich fest auf den Boden; wenn der Jäger nicht einen Spürhund bei sich hätte, so würde ihm dadurch mancher dieser Vögel entgehen.

Für die Zähmung ist das Rebhuhn untauglich, da es seine Scheu nicht in dem für diesen Zustand nöthigen Maaße überwinden kann. Man hat es theils alt, theils jung eingefangen, oder wohl gar die Eier von einer Haushenne ausbrüten lassen, aber schon in den Zimmern sucht es jedes Versteck auf, und wird es gar freigelassen, so zerstreut es sich sogleich und es ist dann unmöglich, dasselbe wieder aufzufinden. Am meisten zeigt sich dieser Trieb bei alten, eingefangenen Rebhühnern, denn diese stoßen sich vor Furcht und Unruhe in einem Käfig leicht den Kopf ein oder verhungern wohl gar.

Das Rebhuhn besitzt eine außerordentliche Liebe für den Ort seiner Geburt, und in der Gegend, wo es aus dem Nest schlüpfte, wird es sich seine ganze Lebenszeit aufhalten; selbst, wenn es durch irgend welche Gefahr von dort verscheucht worden ist, so wird es, wenn die Gefahr vorüber, stets dorthin zurückkehren.

In Schweden fand sich das Rebhuhn ursprünglich nicht. Nach dem südlichen Theile dieser Halbinsel wurde es vor etwa erst 150 Jahren eingeführt. Es hat sich aber außerordentlich stark vermehrt, was man den vielen Wachholderbüschen zuschreibt, welche im Winter

Schutz und Nahrung gewähren. So hat es sich allmälig immer weiter verbreitet und findet sich jetzt sogar schon bei Drontheim in Norwegen.

* * *

Die Wachtel und das Rebhuhn gehören zu der großen Familie der Hühner- oder Scharrvögel, welche wir schon im ersten Cursus durch das Huhn näher kennen lernten, wo auch bereits die Verwandtschaft näher bezeichnet wurde. Wir beschränken uns deshalb hier darauf, die noch wild vorkommenden Arten, welche wegen ihrer Seltenheit weniger bekannt sind, aufzuzählen. Diese sind: der Birkhahn (Tetrao Tetrix), welcher sich hin und wieder bei uns findet; der Auerhahn (T. Urogallus), das Schneehuhn (T. Lagopus), das Steinhuhn (T. saxatilis) und das Rothhuhn (T. rufus).

Der Regenpfeifer.

Zur Zeit der Ernte hören wir nicht selten einen quikenden Ton, der einem Vogel angehört, welcher bei den Landleuten nur unter dem Namen Brachvogel bekannt ist. Man kann es, obwohl er bei uns gerade nicht selten ist, dennoch als eine außerordentliche Seltenheit annehmen, wenn man ihn einmal am Tage trifft, denn er ist so scheu, daß er sogleich davon fliegt und uns keineswegs Zeit läßt, ihn genauer zu betrachten.

Der lerchengraue Dickfuß (Charadrius Oedicnemus), auch Erdbrachvogel oder Steinwälzer genannt, wird 16 bis 19 Zoll lang. Sein Schnabel ist von der Länge des Kopfes, gerade, stark, am Grunde platt und bis unter die Augen gespalten. Die Spitze ist unten und oben aufgetrieben, vor den Nasenlöchern ist er auf der Firste etwas eingedrückt, und diese dadurch entstehende Grube, die Nasengrube, erstreckt sich nicht über die ungefähr in der Mitte des Schnabels liegenden Nasenlöcher. Am Grunde ist der Schnabel hellgelb und an der Spitze schwarz. Der Augenstern, der Rand der Augenlider und die Füße sind gelb. Letztere sind lang und dünn, an der Ferse jedoch bedeutend verdickt, was ganz besonders bei den Jungen hervortritt, an der Vorderseite der Läufe getäfelt, nach hinten aber und am unteren Theile netzartig-geschuppt. Die Zehen sind nur kurz, am Grunde durch Häute verbunden, und zwar an der inneren und mittleren Zehe fast bis zum ersten Gelenk, zwischen dieser und der äußeren über das Gelenk hinaus, so daß sich die Haut noch als vorstehender Sohlensaum bis zur Spitze der Zehen bemerklich macht.

Der ganze Vogel hat über und über ein graues Gefieder, das nur hier und da verschieden gezeichnet ist. Auf dem Rücken sind die Federn röthlichgrau mit schwarzbraunen Schaftstreifen, wie es sich bereits bei den Lerchen zeigte. Die Stirn, ein Fleck vor dem Auge, ein Streifen über und unter demselben und die Kehle sind gelblichweiß, der Hals und die Brust sind etwas dunkler und noch mit schmalen, dunkelbraunen Strichen durchzogen. Der Bauch, die Schenkel und eine Binde auf den Flügeln sind rein weiß oder gelblichweiß. Die Schwungfedern sind schwarz und zum Theil mit weißen Flecken und Spitzen überdeckt. Der Schwanz wird aus 12 Federn gebildet, von denen die 6 mittleren rothgrau, mit dunkelbraunen Querbinden, die 3 äußeren auf jeder Seite weiß gefärbt sind und mit schwarzen Spitzen endigen.

Er bewohnt Afrika, Asien und Europa, besonders im letzteren Erdtheil die südlichen Länder, als: Griechenland, Italien, Südfrankreich, Sicilien und Sardinien, doch findet er sich auch bei uns, obwohl nicht allzu häufig. Er liebt zu seinem Aufenthalte besonders die öden, trockenen, sandigen, oft hochliegenden Gegenden, oder Schaftriften, welche womöglich mit vielen Steinen übersäet sind. Meistentheils lebt er paarweise, sehr selten in kleinen Gesellschaften, und sucht nur das Wasser auf, wenn er sich baden will, oder wenn er trinken muß, wozu er nicht sehr oft Veranlassung fühlt.

Seine Nahrung sucht er selten am hellen Tage; er wartet vielmehr die Dämmerungszeit und mondhelle Nächte ab, wobei er oft sein starkes, weithin schallendes Geschrei hören läßt. Auch läßt er es oft hören, wenn es regnen will, und man kann ihn als ziemlich sicheren Wetterpropheten betrachten. Er frißt Mäuse, Frösche, Heuschrecken, Schnecken, Insecten und Würmer, die er mit seinem starken Schnabel zerhackt. Oft kehrt er die Steine um, weil er weiß, daß sich unter denselben mancher Käfer oder Regenwurm verborgen hält.

Für sein Nest verwendet er wenig Fleiß, denn er scharrt ein sehr flaches Loch oder legt selbst auf ebener Erde mitten unter zerstreut liegenden Steinen jährlich nur ein Mal 2 und sehr selten 3 graugelbe, dunkler gefleckte Eier, die mit den Steinen sehr viel Aehnlichkeit haben und daher schwer zu entdecken sind. Die Jungen kommen bereits sehr entwickelt aus und laufen sogleich mit den Eltern davon. Ihr Fleisch soll besonders zart und wohlschmeckend sein.

Der Regenpfeifer ist, wie schon angedeutet worden, ein sehr

scheuer und furchtsamer Vogel, der nicht gar schnell, aber mit leisem Fluge, nahe an dem Boden entlang fliegt, dafür aber außerordentlich schnell läuft, wobei er von Zeit zu Zeit anhält, um sich umzusehen. — Mitte August vereinigt er sich zu mehreren Familien und streicht bis zu Anfang October auf den Brachfeldern umher; dann aber begiebt er sich nach den südlichen Ländern.

Eigentliche Regenpfeifer-Arten giebt es fünf, diese sind:

1. der Goldregenpfeifer (Charadrius pluvialis);
2. der Mornell-Regenpfeifer (Charadrius Morinellus);
3. der Sandregenpfeifer (Charadrius Hiaticula);
4. der Flußregenpfeifer (Charadrius curonicus);
5. der weißstirnige Regenpfeifer (Charadrius cantianus).

Alle fünf Arten leben im hohen Norden und berühren unsere Gauen nur auf ihrer Wanderung im Frühjahr oder Herbst, wobei sie sich zuweilen sehr zahlreich zeigen. Der Fluß- oder kleine Regenpfeifer findet sich auch einzeln im Sommer bei uns, und nistet in diesem Falle hierselbst.

Der Kibitz.

Der gemeine Kibitz (Trynga Vanellus), auch gehäubter Kibitz oder Feldpfau, erreicht eine Länge von 12 Zoll. In der Jugend ist die Färbung unbestimmt und meist der des Weibchens ähnlich. Erst wenn das Männchen etwa das zweite Jahr erreicht, hat es eine bestimmte Färbung. Der Schnabel, welcher kürzer als der Kopf, gerade, etwas zusammengedrückt, hart, gegen die Spitze etwas aufgetrieben und höher als in der Mitte ist, hat eine schwarze Farbe, und nur am Grunde des Unterkiefers ist er heller braun. Die Iris hat eine braune Farbe. Das Gefieder ist hauptsächlich schwarz und weiß. Der Scheitel, die Stirn, ein langer, aus schmalen geschlitzten Federn bestehender Schopf, welcher am Kopfe sich befindet und nach hinten gerichtet ist, aber auch nach oben gerichtet werden kann, ferner ein Streifen unter dem Auge, die Kehle, der obere Theil der Brust, die Flügel mit Ausnahme eines weißen Fleckes vor der Spitze, sowie die letzte Hälfte des Schwanzes sind glänzend schwarz. Ein Fleck vor den Augen auf jeder Seite, die Halsseiten, der größeste Theil des Nackens, der Bauch und die erste Hälfte des Schwanzes sind rein weiß. Auf dem Rücken sind die Federn dunkelgrün und metallisch glänzend. Einige Federn des Bürzels und die unteren Schwanzdeckfedern sind hellrostroth. Das Weibchen und die Jungen sind durchweg matter gefärbt, auch haben sie als besonderes Kennzeichen eine weißgefleckte Kehle und einen kleineren Schopf. Einzelne Vögel dieser Art haben ein fast ganz weißes Gefieder. Der Kopf dieses Vogels ist rundlich, auch hat er eine ungewöhnlich hohe Stirn und stark gewölbte Augen. Die Flügel sind lang und der Schwanz gerade. Die Beine sind lang und schlank, zum großen Theile nackt und dunkel-fleischroth gefärbt. Die Läufe sind vorn getäfelt, und dicht unter der Ferse, sowie an der hinteren Seite genetzt. Von den vier Zehen sind drei nach vorn gerichtet. Die Vorderzehen sind mittelmäßig lang, die äußere ist mit der mittleren durch eine deutliche Spannhaut verbunden, dagegen ist eine solche Spannhaut zwischen der Mittel- und inneren Zehe kaum bemerklich. Die kleine Hinterzehe ist nur eingliedrig und so hoch gestellt, daß sie den Boden nicht berührt.

Der Kibitz ist bei uns sehr gemein; er bewohnt überhaupt Europa, Sibirien, Persien, China, Aegypten und Nordafrika. Mehrere Paare vereinigen sich zu kleinen Gesellschaften und leben dann auf feuchten Niederungen, Wiesen, Sümpfen und nassen Viehtriften. Für unsere Gegenden ist er Zugvogel, erscheint im März und verläßt uns wieder im Spätherbst. Bereits im September vereinigen sie sich zu größeren Schaaren, um sich zur Abreise fertig zu machen; später kommen andere aus dem höheren Norden hinzu, und so dauert der Fortzug bis in den November hinein. Sie weichen jedoch nur der Kälte und dem Schnee und rücken ganz allmälig bis nach Italien vor, wo sie in ungeheuren Schaaren ankommen.

Seine Nahrung besteht aus grünen Kräutern, kleinen Fischen, Wasserschnecken, Würmern und Insecten. — Am Tage ist er stets in Bewegung; er läuft sehr schnell und fliegt mit großer Leichtigkeit, obwohl er dabei hin und her schwankt. Einen großen Theil des Tages fliegt er in der Luft umher, läßt sich auf einen aus dem Sumpf hervorragenden Hügel nieder, um sich jedoch bald wieder zu erheben, wobei er ein lautes Geschrei hören läßt, das seinem Namen ähnlich klingt, und den man davon abgeleitet hat. Für sein Nest sucht er einen trockenen Hügel, einen Maulwurfshaufen, Heuschober 2c. auf, macht daselbst eine geringe Vertiefung, und breitet darin eine schwache Unterlage von trockenen Gräsern und Wurzeln aus. Er legt nur 3 bis 4 olivenfarbige, unregelmäßig schwarz- und braun-gefleckte Eier und das Weibchen bebrütet dieselben 16 bis 18 Tage, während das Männchen unausgesetzt dabei Wache hält. Eine zweite Brut des

Jahres findet sich nur bei älteren Paaren. Der Kibitz ist mehr zutraulich als scheu, nur während er brütet oder Jungen hat, zeigt er sich nicht bloß scheu, sondern auch äußerst vorsichtig gegen den Menschen. Er umkreist denjenigen mit anhaltendem, lautem, kläglichem Geschrei, der sich seinem Neste nähert. Dabei sucht er alle nur mögliche List und Schlauheit anzuwenden, um den nach dem Neste Suchenden irre zu leiten. Wenn er sich auf dem Neste befindet, so läuft er erst eine ganze Strecke weit von demselben auf der Erde hin, erst dann schwingt er sich in die Höhe, läßt sein Geschrei ertönen und macht allerlei Schwankungen und Manöver, um die Aufmerksamkeit von dem Neste ab auf sich zu lenken und sogar zu seiner Verfolgung anzureizen. Auch bei ihm zeigt sich die Eigenthümlichkeit, daß er sehr gut den Jäger zu unterscheiden weiß, und während er sich anderen Leuten bedeutend nähert, kommt er jenem nicht sobald schußgerecht. Auf Raubvögel, Krähen 2c. gehen sie oft gemeinschaftlich los, stoßen auf dieselben und entfernen sie durch mancherlei Schwenkungen oft auf ganz geschickte Weise vom Neste. Die Jungen sind, sobald sie aus dem Ei schlüpfen, bereits soweit entwickelt, daß sie sogleich das Nest verlassen, und zeigen sich so außerordentlich flink, daß sie selten in Gefangenschaft gerathen.

Gelingt es jedoch, sie jung zu fangen, oder läßt man die Eier ausbrüten, so lassen sie sich leicht zähmen. Sie lassen sich auf eine leichte Weise mit Milch und Kleie füttern. Sind sie erst völlig zahm, so suchen sie selbst nach Nahrung, und dann kann man sie in die Gärten entlassen, aus denen sie stets wieder zurückkehren, um dort die Regenwürmer und Schnecken vertilgen zu lassen. Sie werden durch die Vertilgung dieser und ähnlicher Thiere, welche von ihnen selbst auf umgegrabenen und gepflügten Aeckern aufgesucht werden, dem Haushalte der Natur höchst nützlich.

Obwohl ihr Fleisch genießbar und sogar recht fett ist, so macht man doch nicht besonders Jagd auf sie, aber ihre Eier werden überall aufgesucht und im ersten Frühjahr sehr theuer bezahlt, denn diese haben einen feinen, äußerst angenehmen Geschmack und werden deshalb von den ärmeren Leuten verkauft und gewöhnlich nur auf die Tafeln vornehmer und reicher Leute gebracht.

Der gefleckte Kibitz (Trynga Squatarola) bewohnt den hohen Norden und berührt unsere Gegenden nur bei seinen Herbstzügen. In Pommern wird er vielfach und in Schlesien einzeln beobachtet.

Der Kranich.

Schon im Alterthume richteten die Leute ihr Augenmerk auf den Kranich und stellten ihn als ein Sinnbild der Wachsamkeit auf, wofür er noch heutiges Tages gehalten wird. Bei den Kalmucken und Mongolen gilt er sogar als ein heiliger Vogel, den man in besonderen Schutz genommen hat. Sie sind daher auch der Meinung, daß er mit ausgespannten Flügeln sein Nest hüte und durch Neigen des Kopfes den nahenden Menschen begrüße; desgleichen meinen sie, daß er im Chor mit seiner volltönigen Stimme die aufgehende Sonne begrüße. — Bei den Griechen galt er gleichfalls als ein besonderer Vogel, was Schiller in dem Gedichte von den „Kranichen des Ibikus" so sinnig dargestellt hat.

Der gemeine Kranich (Grus cinerea), auch graue oder aschgraue Kranich, zeichnet sich durch seine Größe aus. Er wird 4 Fuß lang, 4 Fuß hoch, seine Flügelweite beträgt 7 Fuß, er wiegt meistentheils 10 Pfund und sein Schnabel allein hat eine Länge von 4 Zoll. Die Weibchen sind etwas kleiner. Der Schnabel ist fast länger als der Kopf, stark, gerade, fast kegelförmig, am hinteren Theile des Rückens flach, an der Spitze etwas gewölbt. Die Nasenlöcher sind breit und offen, dabei aber mehrfach durchbrochen und oben und hinten durch eine Haut begränzt. Sie liegen in einer langen, breiten Rinne, die sich aber kaum merklich über dieselben nach der Spitze des Schnabels hin fortsetzt. Bei den meisten Vögeln dieser Art ist ein Theil des Kopfes, der von einem langen, dünnen und sehr biegsamen Halse getragen wird, nackt. Der Hals ist von anliegenden Federchen dicht befiedert. Die Flügel sind im Verhältniß zu dem großen Körper nur mäßig lang. Der Schwanz ist kurz, meist schmal und abgerundet.

Der Kranich gehört zu den **Sumpf- oder Stelzvögeln**, daher hat er lange Beine, welche **Stelzbeine** heißen. Bei ihm sind die Läufe vorn getäfelt, die Füße mittelmäßig lang mit breiten Vorderzehen, von denen die äußere mit der mittleren durch eine kurze Haut verbunden ist. Die Hinterzehe oder der Daumen steht höher und berührt nur mit der Spitze des Nagels den Boden. Die an den Zehen sitzenden Krallen sind rundlich und nur an der Innenseite der mittleren befindet sich eine schwache Furche. Der obere Theil des Kopfes ist mit steifen, schwarzen Haaren besetzt, durch welche am Hinterkopfe eine rothe Haut durchschimmert. Die Hauptfarbe des Gefieders ist aschgrau, nur die Schwungfedern sind fast schwarz, aber selbst von diesen sind die dem Körper zunächst stehenden wieder aschgrau und stark gekräuselt, was noch mehr an dem weichen und biegsamen Schwanze hervortritt. Bei den jungen Vögeln ist am Kopf keine kahle Stelle, sondern er ist gänzlich mit grauen, oft in Haare auslaufenden Federchen bedeckt. Die Beine sind schwarz, der Schnabel grünlich schwarz, nach der Spitze zu hornfarbig, am Grunde röthlich und die Iris ist rothbraun gefärbt.

Seine eigentliche Heimath ist das nördliche und das nordöstliche Asien, sowie das nördliche Europa, wo er bis in Mitteldeutschland hinein sich findet und hier den Sommer verlebt und brütet. Im Herbste verläßt er diese Gegenden, und begiebt sich nach Mittelasien und Indien, nach Aegypten und zuweilen selbst bis zum Cap der guten Hoffnung. Im Sommer finden wir ihn in unseren Gegenden, wo er auch brütet, nur sparsam und stets paarweise, im Herbste dagegen sehen wir ihn bei seinem Zuge zuweilen in großen Schaaren. Diese lassen sich hin und wieder auf unsere Roggenfelder nieder, wo sie großen Schaden anrichten; auf ihrem Zuge beobachten sie stets jene bewunderungswürdige Ordnung, wie wir sie bei den wilden Gänsen wahrgenommen haben. Einer eröffnet den Zug und die anderen reihen sich, zwei Linien bildend, hinter ihm an, und wenn der Führer ermüdet ist, so tritt der nächste an seine Stelle, während sich der erste weiter nach hinten begiebt. — Während des Zuges, und mehr noch, wenn sie sich des Abends niederlassen wollen, erheben sie ein lautes, knarrendes Geschrei. Sie ziehen sowohl am Tage als bei Nacht. Kommen sie des Nachts in die Nähe einer Feuersbrunst, so fliegen sie zu derselben dicht heran und umkreisen mit gräßlichem Geschrei die brennenden Gebäude. Uebrigens sind sie stets sehr vorsichtig, namentlich stellen sie auf ihren Zügen, während sie Nahrung suchen oder schlafen, Wachen aus, welche bei der geringsten Gefahr Lärm machen. Die Leute, welche stets etwas Wunderbares in der Natur suchen, meinen, daß diese Wachen einen Stein zwischen die Zehen nehmen und den Fuß in die Höhe halten, damit sie, wenn sie einschlafen sollten, durch das Hinabfallen desselben wieder erweckt würden.

In dem Orte, wo der Kranich den Sommer über verlebt, ist er sehr wählerisch, was freilich durch sein Nahrungsbedürfniß bedingt wird. Er wählt große, ebene und sumpfige Gegenden, die er in jedem Frühlinge wieder aufsucht, wenn er seine große und beschwerliche Reise überstanden hat. Er lebt außer der Brütezeit sehr gesellig mit einander, denn er kommt oft vor und nach derselben zu kleineren oder größeren Schaaren zusammen. Die größesten Schaaren bilden sich zur Zeit der Frühjahrs- und Herbstwanderungen, welche gewöhnlich im Monat März und October erfolgen.

Seine Nahrung besteht aus den Blättern der verschiedenen Getreidearten, der Sumpfgräser, sowie deren Wurzeln und Saamen, ferner aus Würmern, Insecten, Schnecken und Fröschen; ebenso werden Eidechsen und Schlangen seine Beute. Gleich den Hühnern bedarf er kleiner Kieselsteine zur Beförderung seiner Verdauung.

Das Nest bereitet gewöhnlich das Weibchen allein und schleppt dazu eine Menge Reiser, Schilfstengel und trockenes Gras zusammen. Die geeignetsten Oerter für dasselbe sind freie trockene Stellen mitten in großen Sümpfen, Elsengebüsche, und mit Schilf bewachsene Plätze, welche für den Menschen nicht leicht zugänglich sind. Seine Vermehrung ist schwach, denn das Weibchen brütet jährlich nur ein Mal und legt nicht mehr als zwei Eier, welche grünlichgrau, bräunlich gefleckt und gewölkt sind und die Größe der Gänseeier haben. Die Brütezeit beträgt 4 Wochen, wobei Männchen und Weibchen sich ablösen. Seine Eier vertheidigt der Kranich mit vielem Muthe gegen andere Thiere und versucht es nicht selten auch gegen Menschen, und sollte er auch nur in einer geringen Höhe fliegend ihn umkreisen. Die Jungen können sogleich, wenn sie aus dem Ei geschlüpft sind, schnell laufen, folgen sehr bald den Eltern in Gegenden, in denen es reichliche Nahrung für sie giebt, und wo sie in sehr kurzer Zeit für sich selbst sorgen lernen. — Wenn man ihn jung einfängt, läßt er sich leicht zähmen, aber auch ältere Vögel gewöhnen sich mit der Zeit, auf den Hühnerhöfen, in Gärten und auf Wiesen umherzugehen und dieselben von mancherlei lästigem Ungeziefer zu befreien; ja er eignet sich nicht selten eine gewisse Herrschaft über sämmtliches Hofgeflügel an. Nur ein Beispiel sei hier angeführt um das Leben eines zahmen Kranichs darzustellen.

„Herr von Seiffertitz hatte einen Kranich, welchen er noch jung und mit Flaum bedeckt erhalten hatte, aufgezogen. Er ging frei im Hofe und auf dem Felde herum, begleitete seinen Herrn auf Spaziergängen, führte, als er ein Jahr alt war, das Regiment auf dem Hofe, trieb Thiere, welche sich zankten, auseinander, begleitete die Heerde, trieb junges Vieh, welches sich verspätete, nach Hause, wehrte Bettler ab, stellte sich angespannten Pferden, welche unruhig wurden, und zur unrechten Zeit wegwollten, entgegen. Er ging, wenn ihn hungerte, vor's Fenster und schrie. War sein Wasser zu alt, so warf er es um und schrie nach frischem. Die Kälte des Winters achtete er wenig. Einst wurde ein wilder Kranich geschossen und auf dem Hofe in seiner Gegenwart vom Blute gereinigt; darüber wurde er wüthend und hieb mit dem Schnabel, nahm aber von der Zeit an, so oft ihm ein Messer gezeigt wurde, die Flucht. Eine besondere Zuneigung fühlte er zu einem Ochsen (Bullen), besuchte ihn im Stall, wehrte die Fliegen von ihm ab, antwortete, wenn derselbe brüllte, begleitete ihn auf die Weide, tanzte um ihn herum, lief bei der Rückkehr 20 Schritte weit vor ihm her, drehte sich von Zeit zu Zeit gegen ihn um und machte lächerliche Verbeugungen. Wurde der Kranich von seinem Herrn getadelt, so senkte er den Kopf zur Erde oder verbarg ihn in den Federn und blieb wie ein Büßender stehen."

Das Fleisch der jungen Kraniche wird für sehr wohlschmeckend gehalten, und Manche stellen es dem Fleisch der jungen Gänse und Enten gleich, weshalb man sie in der Tartarei sogar mästet. Die Römer schätzten den Kranich gleichfalls als einen besonderen Leckerbissen und fingen ihn häufig in Schlingen. Die großen Schwungfedern benutzte man sonst zum Schreiben und die geschlitzten Federn der Flügel wendete man zu Federbüschen an; dieselben werden noch jetzt von den Tartaren besonders gern getragen.

Bei Allem, was die Kraniche thun, sind sie nicht allein sehr listig und vorsichtig, sondern auch scheu und aufmerksam, und es ist außerordentlich schwer, ihnen schußmäßig beizukommen; man fängt sie aber zuweilen in Schlingen, oder mit Papierdüten, welche inwendig mit Vogelleim bestrichen sind und in die man einige gequellte Erbsen als Köder gethan hat.

In seinem Gange hat er etwas Bedächtiges, in der Haltung etwas Majestätisches, in dem Verhalten gegen seine Feinde etwas Besonnenes. Seine Stimme, welche sehr hell und schnarrend ist, kann weithin vernommen werden. Seine Luftröhre hat eine trompetenförmige Bildung, wodurch der Ton außerordentlich an Stärke gewinnt, und der des Nachts, wenn in der Natur Alles still und ruhig ist, gar unheimlich klingt.

Der Reiher.

Das Geschlecht der Reiher ist sehr zahlreich und über die ganze Erde verbreitet. Auch bei uns kommen mehrere Arten vor, von denen der Fischreiher (Ardea cinerea) am bekanntesten ist, der aber auch zugleich alle anderen Arten treffend charakterisirt.

Der Fischreiher ist auch unter dem Namen: gemeiner oder grauer Reiher bekannt. Er ist ein großer Vogel, denn er erreicht eine Länge von mehr als 3 Fuß. Sein Schnabel ist 5 Zoll lang, bedeutend länger als der Kopf, stark, gerade, seitlich zusammen gedrückt, scharf zugespitzt, an der Spitze schwach abwärts gebogen, fein gezähnt, bis unter die Augen gespalten, an der Spitze wachsgelb und am Grunde roth. Die Nasenlöcher, welche länglich und von oben her zum Theil mit einer Haut bedeckt sind, liegen am Grunde des Schnabels in Vertiefungen, welche sich fast bis zur Spitze des Schnabels fortsetzen und allmälig flacher werden. Dadurch wird der Schnabel genau in den Rücken und die Seiten getheilt. Borstenartige Federn reichen an dem Unterkiefer weit bis über die Nasenlöcher hervor. Die Schnabelwinkel und die Augenkreise sind nackt und schwarzgrau, die Iris dagegen ist feuerroth. Seinen langen und dünnen Hals trägt er stets erst rückwärts dann vorwärts gebogen, er kann ihn aber leicht vorschnellen, was ihm den Fang seiner Nahrung außerordentlich erleichtert. Die Flügel sind lang und erreichen fast die Spitze des abgerundeten Schwanzes. Seine Beine sind lang und dünn, hornfarbig und mit einem gelblichen Anfluge; die Läufe sind getäfelt, die Zehen lang, von denen die äußere und mittlere fast bis zum ersten Gelenk, die mittlere und innere nur am Grunde durch eine Spannhaut verbunden ist. Der Nagel der Mittelzehe ist am Innenrande schwach gefurcht und kammartig eingeschnitten. Auch die Hinterzehe ist lang und so gestellt, daß sie ihrer ganzen Länge nach den Boden berührt. — Alle Reiherarten haben meistentheils ein weicheres und längeres Gefieder als die Kraniche und Störche, besonders sind die Federn auf den Schultern und am Halse so lang, daß sie weit herabhängen.

Bei dem Fischreiher hat der schwarze Scheitel einen weißen Mittelstreif, und am Hinterkopfe befindet sich ein lang herabhängender schwarzer Federbusch, der aus drei lockeren Federn besteht. Auf dem Rücken ist er bläulich-aschgrau, nur von der Mitte des Rückens hängen über die Flügel hinweg schöne silberweiße, lanzettförmige, und von den Schultern sammetschwarze, breite, zertheilte Federn. Die Seiten des Kopfes, die Kehle, ein Längsstreif an der vorderen Seite des Halses, der Bauch, die unteren Deckfedern des Schwanzes und die Schenkelfedern sind weiß. Außerdem sieht man auf jeder Seite des Halses schwarze Längsflecken, welche fast in drei regelmäßigen Reihen stehen. Der Bauch hat eine sammetschwarze Einfassung. Die Flügelfedern sind schwarz und grau überhaucht. — Bei den Jungen ist der Kopf aschgrau, der Federbusch nur kurz, die an den Schultern herunterhängenden Federn bläulichgrau und weiß gestreift und an den Bauchseiten aschgrau eingefaßt.

Er bewohnt ganz Europa, Sibirien und Japan, ja selbst in Nordamerika will man ihn schon bemerkt haben. Bei uns ist er während des Sommers in wasserreichen Gegenden nicht selten; im Winter aber zieht er südlicher und einzelne, welche bei uns bleiben, kommen leicht um. Gegen Ende des März kommt er bei uns an, versammelt sich im September schon zu größeren Gesellschaften, um spätestens im October, sobald die ersten Nachtfröste eintreten, unsere Gegenden wieder zu verlassen. Nicht selten verweilt er auf diesen Zügen schon im südlichen Deutschland, besonders in der Nähe warmer Quellen und Gewässer. Er bewohnt die hohen Wälder in der Nähe der Flüsse, Teiche und fischreichen Bäche, auch findet er sich an Landseen, auf feuchten Wiesen und an Gräben, welche mit fließenden Gewässern in Verbindung stehen und Fische, vorzüglich Karpfen und Forellen enthalten, da diese seine Lieblingsnahrung ausmachen.

Um seine Nahrung, nämlich jene Fische zu fangen, watet er besonders des Morgens und Abends langsam tief in das Wasser hinein und steht dann ganz still, doch so, daß sein Schatten hinter ihn fällt. Die Fische kommen bald herbei, da sie durch seinen Koth, den er fallen läßt, und durch seine glänzendglatten Füße angelockt werden. Er hält dabei seinen Hals in der Weise, wie schon oben erwähnt, eingebogen, sobald aber ein Fisch ihm stoßrecht ist, schnellt er den langen, spitzen Schnabel auf das Thier los und trifft es gewöhnlich auf den Kopf. Meistentheils verschluckt er die Fische ganz und bedarf zu seiner Sättigung eine sehr große Menge. Man hat schon 15 Stück junge Karpfen in seinem Magen gefunden. — Um zu beobachten, wie viel Fische ein Reiher täglich verzehre, gab man einem eingefangenen eine ganze Tonne kleiner Fische. Er verzehrte täglich etwa 50 Stück davon. Nach dieser Beobachtung kann ein Reiher in einem Jahre gegen 18,000 Fische verzehren. Man sieht hieraus, welchen unermeßlichen Schaden er den Fischereien zufügt und es ist kein Wunder, daß man ihm überall da häufig nachstellt, wo die Fischerei ein Bedeutendes abwirft. Aber nicht immer stehen ihm Fische zu Gebote, darum nimmt er außer diesen und ihrem Laich auch seine Zuflucht zu Fröschen, Krebsen, Muscheln, Schnecken, Wasserinsecten, selbst Mäusen und kleinen Vögeln. Größere Thiere, die er nicht ganz verschlucken kann, zerkleinert er und verzehrt sie stückweise. Nachdem er sich gehörig gesättigt hat, begiebt er sich in einen nahe liegenden Wald, um auf einem Baume das höchst wichtige Geschäft der Verdauung in Ruhe abzuwarten oder auch nach so großer Anstrengung dem Schlafe zu fröhnen. — Seine Nachtruhe hält er auf starken Aesten großer Bäume, und wenn man ihn dort bei Sonnenaufgang gewahrt, so streckt er sich ganz senkrecht, den Schnabel zum Himmel gerichtet, so aus, daß er einem spitzigen Pfahle gleicht.

Sein Flug ist langsam, aber durchaus nicht schwerfällig. Er trägt die Flügel dabei gebogen und krümmt den Hals soweit zurück, daß der Kopf beinahe auf den Schultern ruht, woran man die Reiherarten schon in weiter Entfernung von fliegenden Kranichen, Störchen und wilden Gänsen unterscheiden kann, da diese den Hals weit vorstrecken; doch streckt er auch, wie jene, die Beine gerade nach hinten weg. Gewöhnlich erhebt er sich mit bogenförmigen Krümmungen in die Luft und läßt sich auch in ähnlicher Weise wieder nieder. — Bei Gewittern erschrickt er über jeden starken Schlag so, daß er einige Fuß hoch vom Boden emporspringt und zuletzt sich laut kreischend in die Luft erhebt.

Früher beizte man ihn mit abgerichteten Falken, um die langen und schmalen Federn des Kopfes, Halses und Rückens zum Schmucke zu gewinnen. Eine Reiherbeize mit abgerichteten Falken gehörte zu den Lieblingsbeschäftigungen reicher Leute, wobei der Falke, in weiten Kreisen fliegend, dem Reiher die Höhe abzugewinnen sucht, um ihn von oben herab zu stoßen. Anfänglich sucht der Reiher durch die Flucht zu entkommen, ist er aber eingeholt, so speit er, was er im Kropfe hat, aus, um sich leicht zu machen, und steigt nun immer höher und höher, weil er weiß, daß der Falke nur von oben stößt. Doch endlich ermattet der Reiher und der Falke überholt ihn. Allein, er giebt sich noch nicht so bald gefangen, sondern legt den Kopf auf den Rücken, hält dem von oben herabschießenden Falken die Schnabelspitze entgegen und sucht ihn zu verletzen. Auf eine geschickte Weise weiß jedoch der Falke dieser Gefahr auszuweichen, und stößt immer und immer wieder auf den Reiher, bis derselbe zu jeglicher Gegenwehr unfähig ist. Alsdann ergreift ihn der Verfolger mit den Klauen, und läßt sich zur Erde herab, indem er sich mit ihm in der Luft überschlägt. — Oefters geschieht es auch, daß sich der Reiher gleichfalls vor Ermüdung, doch ehe er von seinem Verfolger ergriffen ist, herabstürzt und sich auf den Rücken wirft, um sich mit Schnabel und Krallen zu wehren. Den gebeizten Vögeln riß man die schönsten Federn aus, legte ihnen einen Metallring um die Ständer (Beine), worauf der Name des Fängers nebst Jahreszahl stand, und ließ sie dann wieder fliegen. Aus den Jahreszahlen ergab sich, da dieselben Reiher öfters gebeizt wurden, daß sie über ½ Jahrhundert alt werden können. — Da man in unseren Tagen diesem Vergnügen bei uns nicht mehr huldigt, so verfolgt man die Reiher, welche den Fischereien sehr bedeutenden Schaden zufügen, besser mit Schießgewehren; doch lassen sie sich nicht gar zu leicht beikommen und es ist immer einige List und Schlauheit erforderlich.

Einigen Nutzen gewähren uns die langen Brust- und Halsfedern, die man zur Bereitung von Federbüschen verwendet; auch werden sie auf den Damenhüten, freilich vorher gefärbt, mehrfach getragen. In manchen Gegenden werden auch die Eier und die Jungen gegessen, da sie ziemlich schmackhaft sein sollen.

Sein Nest bereitet der Reiher aus Baumreisern, Schilf und Federn und legt es in den Wipfeln hoher Bäume, die in der Nähe des Wassers stehen, an. Er liebt aber die Gesellschaft, und deshalb findet man auf einem Baume stets mehrere Nester, in denen die Vögel friedlich neben einander brüten. Das Weibchen legt vier blaugrüne Eier, zu deren Entwickelung 21 bis 22 Tage nöthig sind. Das Brüten wird von der Mutter allein besorgt, aber beim Herbeischaffen der Nahrung für die Jungen ist auch der Vater behülflich. Sie füttern die Jungen ziemlich lange mit Fischen, welche sie ihnen im Schlunde zutragen. — Der Aufenthalt der Reiher ist den Wäldern sehr schädlich, denn der Unrath, vorzüglich von den Jungen, ist so scharf, daß die Bäume verdorren, wenn die Nester mehrere Jahre lang darauf bleiben. Solche Bäume gewähren übrigens einen merkwürdigen Anblick, da sie von den Zweigen herab bis zu dem Stamme von diesem Unrath, der eine weißliche Farbe hat, bedeckt sind. Auch der Boden unter ihnen gleicht einer gedüngten Fläche, auf der die Pflanzen gänzlich absterben.

Der Reiher ist unstreitig einer der vorsichtigsten und scheuesten Vögel, der, sowohl auf der Erde, wie auf Bäumen sitzend, stets mit vieler Wachsamkeit auf seine Sicherheit bedacht ist. Nicht selten bemerkt man ihn in Gesellschaft an Gewässern, um gemeinschaftlich Nahrung zu suchen. In diesem Falle stellen sie selbst Wachen aus, die eine sich nähernde Gefahr sogleich verkünden, und gerathen sie in einzelnen Fällen dennoch in ein Gedränge, aus dem sie sich durch die Flucht nicht zu retten wissen, so vertheidigen sie sich auf eine sehr muthvolle Weise mit ihrem spitzigen Schnabel, den sie bei den Menschen besonders gegen die Augen und bei Hunden gegen die Seiten zu richten suchen.

Es giebt einige Reiherarten, die sich besonders durch ihr hübsches Gefieder auszeichen, z. B. der Purpurreiher (Ardea purpurea) der in Deutschland sehr selten ist, aber häufiger im südlichen Europa, dem warmen Asien und Nordafrika lebt. — Der kleine Silberreiher (Ardea Gazetta) lebt um das mittelländische, schwarze und caspische Meer, in Ungarn, selten in Deutschland; der große Silberreiher (Ardea alba) findet sich in Südrußland, Ungarn und Afrika; der Rallenreiher (Ardea comata) bewohnt das südliche Europa und Aegypten. Alle liefern ihre lockeren Federn zum Kopfputz der Damen und für die Federbüsche mancher Feldherren.

Bei uns leben noch Vögel, die den Reihern eng verwandt sind und die wir unter dem Namen Rohrdommeln kennen. Von diesen kommen bei uns vor: die große Rohrdommel (Ardea stellaris), die kleine Rohrdommel (Ardea minuta) und die Nachtrohrdommel (Ardea Nycticorax), auch Nachtrabe genannt.

Von dem Leben und Treiben der Reiher kann man erst einen wahren Begriff bekommen, wenn man die südlicheren Länder bereist, in welchen die fortschreitende Bodenkultur die Wälder noch nicht in dem Maaße verwüstet hat, wie es leider bei uns überall der Fall ist. — Chr. L. Landbeck, der im Juni des Jahres 1838 Ungarn bereiste, giebt uns eine reizende Schilderung, die wir hier wörtlich mittheilen: „Vierzehn Stunden unterhalb Pesth, dem Marktflecken Adony gegenüber, liegt eine 7- bis 800 Morgen große Insel mitten in dem majestätischen Donaustrome; sie ist an vielen Stellen sumpfig und überall dicht mit Schilf, Büschen und Bäumen bewachsen. Graue Reiher, Silber- und Nachtreiher und Kormorane brüten da gemeinschaftlich, und es ist nichts Seltenes, hier im höchsten Gipfel eines Baumes 2 bis 3 Nester des grauen Reihers, eben so viele des Kormorans, und etwas niedriger ein Nest des kleinen Silberreihers oder 5 bis 6 des Nachtreihers zu sehen. Kommt man unter solche Bäume, so ist man stets in Gefahr, von dem nach allen Richtungen ausgespritzten Miste der jungen Reiher, welcher einen lebhaften Regen bildet, besudelt zu werden. Ein wunderbares Concert verschiedener Töne, wie man's sonst nirgend hören kann, ertönt hier unaufhörlich, und hier und da plumpt ein Junges, das sich zu weit an den Rand des Nestes gewagt, auf die Erde, und stirbt entweder, oder verkriecht sich und ruft dann mit großem Geschrei nach Futter. Ueberall ist ein durchdringender Gestank, erzeugt von den gestürzten Jungen und von Fischen, die beim Füttern unversehens herabgefallen sind, und Millionen Schmeißfliegen summen herum. Geschieht unter den Nestern ein Schuß, so erhebt sich eine Unzahl von Vögeln unter häßlichem Geschrei. Ihre Nahrung finden diese Vögel in der Donau und den vielen Sümpfen der Umgegend. Die Zahl der Bewohner dieser Brüteplätze möchte ungefähr folgende sein: 2000 Nachtreiher, 500 graue Reiher, 100 Silberreiher, 200 Kormorane. Ihre Vermehrung würde in's Ungeheure gehen, wenn nicht jährlich viele geschossen und viele Nester der Eier beraubt würden, und wenn nicht zahlreiche Rohrweihen, schwarze Milane und Habichte, welche sämmtlich häufig in der Nähe nisten, unter den Jungen große Niederlagen anrichteten. —

„Solcher Inseln mit Brüteplätzen der Reiher und Kormorane giebt es weiter unten in der Donau noch mehrere; die berühmteste ist die Reiherinsel bei Belgrad; sie wird hinsichtlich der Menge der auf ihr nistenden Vögel von keiner übertroffen. Sie enthält etwa 200 Quadratmorgen Fläche und ist mit Gebüsch und Bäumen bedeckt. Eine der vogelreichsten Gegenden ist auch das Savethal von Semlin aufwärts. Bei dem Dorfe Kupinowa, 5 bis 7 Stunden oberhalb Semlin, ist ein stundenlanges Schilfried, welches ich am 28. August 1838 besucht habe. Als ich mit Hülfe dreier Führer und eines Kahnes dort eingedrungen war, erhoben sich erst einige Löffelreiher, und bald schwebten deren 50 Stück über unsern Häuptern. Bald erschienen auch Ibisse (Ibis falcinella), Zwergscharben, große und kleine Silberreiher, Nacht-, Rallen-, Purpur-, und graue Reiher. Die Inselchen waren so mit jungen Löffelreihern bedeckt, daß sie wie beschneit aussahen, während junge Scharben, Ibisse und Silberreiher auf den Gebüschen saßen und dieselben füllten. Bei unserer Annäherung ergriffen alle die Flucht; die Löffelreiher sprangen in's Wasser und schwammen zu den nächsten Inseln, die Scharben und Silberreiher kletterten in die höchsten Spitzen der Büsche, bis diese sich bogen und ihre Last abschüttelten; die Ibisse suchten im niedrigsten Gebüsche zu entkommen. Die Gebüsche waren mit Nestern überladen und nicht selten trug ein Sahlweidenbusch 8 bis 10 Nester der Zwergscharbe, des Silber- und Rallenreihers. Höher standen die Nester der großen Silberreiher, Purpur- und Nachtreiher; auf ebener Erde befanden sich nur die des Löffelreihers. —

„Am 21. August, wo ich diesen Platz wieder besuchte, kam Abends ¼ nach 6 Uhr ein Zug Ibisse in breiter Linie hoch durch die Luft, ließ sich allmälig gegen das Ried herab, strich ziemlich niedrig über den Brüteplatz hin, zog weiter, kam nach einiger Zeit zurück, drehte sich im Kreise immer höher und wartete auf Gesellschaft. Eine Viertelstunde später kam ein Zug kleiner Silberreiher, vielleicht 200 Stück, sie ließen sich theilweis auf die Nester nieder und erhoben sich wieder. Um halb 7 Uhr kam ein zweiter großer Zug Ibisse, vereinte sich mit dem ersten und zog über den Brüteplatz hin, worauf die sämmtlichen Silberreiher ein Freudengeschrei ertönen ließen, sich insgesammt erhoben, eine Zeit lang mit den Ibissen umherstrichen, jedoch nach einiger Zeit sich wieder absonderten und auf dem alten Platz niederließen. Um 7 Uhr erschien der dritte Zug Ibisse, vereinte sich mit den ersten, und flog mit denselben fortwährend in Linien, Bogen, oder dichter, zusammen aus etwa 2000 Stück bestehender Masse über dem Rohr einher, bis das Einbrechen der Nacht meinen Beobachtungen ein Ziel setzte. Es langte auch noch ein Zug Zwergscharben an; etwa dreißig weißäugige Enten strichen ½ Stunde lang über dem Riede herum, und die Nachtreiher schrieen im Rohre so heftig, als wenn deren wenigstens zwei Dutzend bei den Beinen aufgehängt wären."

Bei uns ist der Reiher vielfachen Gefahren ausgesetzt, am meisten aber verdrängt ihn die Kultur, denn sein wahrhaftes Gedeihen hängt von den großen Wäldern und weiten sumpfigen, wasserreichen Strecken ab, die freilich in Europa immer mehr eingeengt werden. In Amerika dagegen ist der Verfall des Reihers minder merklich. Er ist dort weniger der Verfolgung ausgesetzt, die Einsamkeit dehnt sich auf größere Strecken aus. Er findet dort noch auf den geliebten Sümpfen düstere, fast undurchdringliche Waldungen. In diesem Dunkel wird er geselliger, zehn bis funfzehn Familien siedeln sich zusammen an, oder wohnen in geringer Entfernung von einander. Das tiefe Dunkel unter den gewaltigen Bäumen, die über dem Sumpfwasser stehen, giebt ihm das Gefühl der Sicherheit und erfreut ihn. Nach dem Gipfel der Bäume zu baut eine ganze Gesellschaft mit quer übergelegten Stäben, auf welche kleine Zweige gelegt werden, ein breites Dach; das ist die Familienwohnung, hier wird in Ruhe gebrütet, die Jungen kommen aus, erhalten hier Unterricht im Fliegen und väterliche Lehre im Fischfang. Sie haben kaum zu fürchten, daß der Mensch sie hier überrasche. Sie befinden sich unweit des Meeres, besonders in den beiden Carolina's, in tief gelegenem, schlammigem Terrain, dem Lieblingsaufenthalte der gelben Fieber. Mancher dieser Sümpfe, ehemals ein Arm des Meeres oder eines Flusses, dehnt sich bei einer Breite von einer Meile bis auf sechs bis sieben Meilen Länge aus. Der Eingang ist nicht sehr einladend; man sieht eine Front von Baumstämmen, die geradstehend bis oben ohne Zweige sind; in einer Höhe von 50 bis 60 Fuß breiten sich ihre Kronen von dunkelem Grün so aus, daß unten auf dem Wasser eine ewige Dämmerung herrscht. Aber was ist das für ein Wasser! Eine Gährung von Blättern und Ueberresten, wo eine Lage faules Holz über der andern liegt und drüber hin eine schmutzig-gelbe Flüssigkeit, die mit grünem, schäumendem Schleim überzogen ist. Tritt man näher, so zeigt sich, was festes Land erschien, als ein Sumpf, in den man versinkt. Bei jedem Schritte widersetzt sich ein Lorbeerbaum, dessen Zweige man mühsam bei Seite drücken muß, um dahinter mit immer neuen Lorbeerbäumen und Baumstümpfen zu kämpfen. Selten dringt ein Lichtstrahl durch die Dunkelheit, und in diesen abscheulichen Regionen herrscht das Schweigen des Todes. Mit Ausnahme des schwermüthigen Geschrei's zweier oder dreier kleinen Vögel, die sich bisweilen hören lassen, oder des heiseren Rufes des Reihers ist alles stumm und öde; aber wenn der Wind oben die Kronen der Bäume zu schütteln beginnt, dann seufzt und klagt der traurige Reiher; der ganze Wald. heult, schreit, tobt, ahmt das Geschrei eines ganzen Heeres von Raubthieren, Wölfen, Bären auf das Täuschendste nach. — Das ist das Bild der Reiherstände in den Urwäldern Amerika's.

Der Storch.

Es ist Frühlingsanfang, denn die Sonne steht im Frühlingszeichen, im Widder. Bald zeigen sich auch die Boten des Frühlings und sie kommen von nah und fern in's Land gezogen und allerlei liebliche Blumen sprießen aus dem erwärmten Erdreich empor. — Da kommt denn auch der größeste der Frühlingsboten, der Storch, aus dem fernen Pyramidenlande. Fest vertrauend auf sein eigenes inneres Thermometer, und sicher, daß er nicht in den April geschickt ist, verkündet er überall ernst und feierlich, daß es nun wirklich Frühling geworden ist. Die Zeit seiner gewöhnlichen Ankunft bei uns fällt in den Monat März, selten in den April, und zuweilen kommt er schon im Februar, wenn das Wetter günstig ist. — Für diese frohe Frühlings-Botschaft hat ihn Jeder gern; das weiß er auch, darum kommt er so zutraulich zu uns und nimmt Wohnung bei uns. Am liebsten wählt er zur Anlage seines Nestes in Dörfern den Giebel eines Bauernhauses oder einer Scheune, in Städten alte Gemäuer, Kirchen, Thürme, und wenn er Gelegenheit dazu hat, abgestutzte Baumstämme. Da oben in und neben seinem Nest steht er so unerschrocken und furchtlos, als wollte er für die Zeit seines Hierseins zu dem Hausgeflügel gezählt werden. Wie gern locken ihn aber auch die Leute an sich; denn wie die Hausbewohner den Hühnern das Nest vorbereiten, so legten sie auch dem Freunde „Storch“ in einem Wagen- oder Pflugrade das Fundament zum Neste und sicherten dies so besorglich mit ringsum eingeschlagenen Pfählen vor Wind und Sturm, daß es hundert Jahre aushalten könnte. Mit Dornen, Reisholz und Rasenstückchen, damit der Bau Festigkeit und Schwere erhalte, baut der einziehende Storch dasselbe aus. Doch ehe er an diese Arbeit geht, hat das erfahrene Männchen, welches dem Weibchen vorausgeeilt ist, schon die Baulichkeiten zu dem Neste geprüft. In demselben stehend, erwartet es das nachkommende Weibchen. Ist dasselbe aber auf der Reise umgekommen, so irrt das Männchen den ganzen Sommer einsam umher, hält jeden Eindringling von der ihm gehörigen Wohnung fern, und erst wenn das Trauerjahr vorüber ist, bringt es sich im nächsten Jahre eine neu erwählte Gefährtin mit.

Hat das Weibchen 2 bis 5 Eier gelegt, welche schmutzig weiß und zuweilen sparsam mit kleinen, rundlichen und grauen Flecken besetzt sind, so geht es ohne die geringste Verzögerung an das Ausbrüten derselben. Damit dieses so wichtige Geschäft keine Unterbrechung erleidet, theilen Weibchen und Männchen sich darin. Dafür haben sie aber auch die Freude, schon nach 3 Wochen aus den großen Eiern die Jungen herausschlüpfen zu sehen. Jene innige Liebe, Treue und Sorgfalt, welche lange sprichwörtlich geworden ist und zu mancher Sage und Fabel Veranlassung gegeben hat, findet aber in der Theilung der Arbeit noch nicht ihre Gränzen. Während ein Gatte brütet, leistet der andere getreulich Gesellschaft. Steif und fest steht er, wenn er nicht gerade ausgeflogen ist, um Frühstück, Mittag- oder Abendbrot zu besorgen, auf der Dachfirste mit angezogenem Schnabel, den er im Schlafe in die Brustfedern steckt und mit aufgehobenem Beine wie eine aufmerksame Schildwache.

Ehe wir auf die Entwickelung und das Leben des Storches weiter eingehen, wollen wir uns ihn erst genauer betrachten. — Sein Schnabel ist bedeutend länger als der Kopf, dabei stark, gerade, seitlich zusammengedrückt, sehr zugespitzt, oben schneidend und mit der Stirn fast gleich hoch, am Unterkiefer gegen die Spitze zu ganz gelinde aufsteigend. Die schmalen, langen Nasenlöcher liegen nach oben an der Wurzel des Schnabels in allmälig verschwindenden Vertiefungen oder sogenannten Riefen. Die Gegend um die Augen und der kleine etwas ausdehnbare Kehlsack sind nackt, der Hals ist lang, der

Körper gestreckt, die Flügel sind stark, lang und breit, die Beine sehr hoch, genetzt und mit halbnacktem Unterschenkel; die Zehen und Nägel dagegen sind kurz, die vorderen bis zum zweiten Gelenk mit einer Haut verbunden; die hintere Zehe ist zwar etwas höher stehend, berührt aber dennoch ihrer ganzen Länge nach den Boden.

Der weiße Storch (Ciconia alba), auch gemeine Storch oder Adebar, d. h. Abschiedsvogel, erreicht eine Länge von etwa 3½ Fuß, wovon auf den Schnabel 6, auf den Schwanz 8 Zoll kommen, und seine Höhe ist derselben fast gleich; das Weibchen ist gewöhnlich etwas kleiner. Von dem zweiten Jahre an sind der Schnabel, der Kehlsack und die Beine hell-zinnoberroth, während bei dem jungen Vogel der Schnabel hornschwärzlich und die rothgelben Füße mit Grauschwarz gemischt sind. Die Gegend um die Augen und das Kinn sind schwärzlich, und die Iris ist dunkelbraun. Im Uebrigen ist das Gefieder über den ganzen Körper schmutzig weiß, nur die Schwingen, die Schulter- oder Flügeldeckfedern sind schwarz, so daß er im Zustand der Ruhe an der hinteren Hälfte des Rückens schwarz erscheint. Die einzelnen Federn an dem unteren Theile des Halses nahe an der Brust werden wegen ihrer ansehnlichen Länge und geringen Breite von dem leisesten Windzuge leicht bewegt.

Die Jungen haben im ersten Jahre ein grauweißes Gefieder, ehe aber nicht bei ihnen der graue Flaum der Deckfedern und der schwarze der Schwungfedern sich vollständig in Weiß und Schwarz verwandelt hat, führt ein Familienhaupt die Aufsicht, und das andere zieht auf Nahrung für die ganze Familie aus. Mit dem ganzen Schlund voll Frösche, Eidechsen, Schlangen, oder Maulwürfe und Mäuse kehrt es heim, speit den Vorrath bis auf den letzten Bissen aus, zerlegt für die Jungen selbst die einzelne Portion, wenn sie zu groß sein sollte, und hält so gemeinschaftlich Mahl im eigenen Hause. Bei aller Gemüthlichkeit wird aber auch das Lernen nicht vergessen. Sind den Jungen die Federn und die Flügel hinlänglich gewachsen, so heißt es: Heraus aus dem Neste und heran an die Arbeit! Der erste Uebungsplatz ist die Dachfirst. Vor Allem wird das Gehen geübt. Die Alten gehen voran und machen vor, die Jungen machen nach. Auch hier ist aller Anfang schwer. Aengstlich balanciren die Jungen einher und sind froh, wenn sie nur erst wieder ruhig und sicher im Neste sind und ihre hornschwärzlichen Schnäbel herausstrecken können. Doch die Ruhe ist von kurzer Dauer, denn die Alten treiben sie immer wieder von Neuem zur Uebung an, bis die Fertigkeit im Gehen erreicht ist. Nun wird das Fliegen geübt. Dies geschieht anfangs nur sprungweise gerade aus, vorwärts und rückwärts, aber mit regelrechtem Flügelschlage; dann mit nach hinten ausgestreckten Beinen links und rechts um, in kleineren und größeren Kreisen, bis sie sich auch hierin die Zufriedenheit der Alten erworben haben. Die bewiesene Aufmerksamkeit und der erprobte Fleiß soll nun auch nicht unbelohnt bleiben. Mit den Eltern geht es in's weite Feld zum nächsten großen Versammlungsort, wo offene Tafel gehalten wird. Hier werden die Jungen zum ersten Male in die große Gesellschaft eingeführt, und Jeder kann sich selbst beim Essen nehmen, aus welcher Schüssel es ihm gerade gefällt, wobei noch besonders ergötzlich ist, daß die ganze Mahlzeit beim Spazierengehen abgemacht wird. Alt und Jung schreitet gravitätisch durch einander hin. Die ellenlangen, zinnoberrothen Stelzenbeine haben zum Durchwaten bis über die Fußbeuge keine Federn, und die drei Vorderzehen sind darum mit einer Haut verbunden und mit abgestumpften Nägeln versehen, damit der Fuß nicht tief in den schlammigen Boden einsinke. Am gebogenen Halse ist der lange, rothe und spitze Schnabel stets in Bereitschaft, die auftauchende Beute aufzuspießen und dann zu verschlingen.

Die ganze Haltung, wie die Bekleidung giebt den Störchen einen ehrbaren, feierlichen Anstrich. Dabei ist sein stummes Wesen höchst auffallend. Weiter Nichts als ein weithin schallendes Geklapper, hervorgebracht durch das Zusammenschlagen der beiden Kiefer, läßt er vernehmen, durch welches er Liebe, Zorn und Freude ausdrücken kann. Diese Schweigsamkeit hat ihren guten Grund; denn blicken wir in seinen Schnabel, so zeigt sich die Zunge nur als ein tief im Grunde liegendes, kurzes Knorpelstückchen. Darüber wird der Storch sich auch nicht beklagen; denn einmal verdankt er der stummen Rolle, die er spielt, verbunden mit seinem bedächtigen, kopfnickenden Gange, den Titel eines Philosophen, das anderemal der kurzen Zunge die Leichtigkeit und Gefahrlosigkeit, Maulwürfe zu spießen und den Schlangen, trotz ihrer Giftzähne, die Kehle zusammen zu drücken.

Seine Nahrung, die schon theilweise Erwähnung gefunden, besteht vorzüglich aus Fröschen, Eidechsen, Schlangen, Maulwürfen, Heuschrecken, Käfern, Mäusen, Regenwürmern. Maulwürfen lauert er öfters Stunden lang auf, denn er frißt sie vorzüglich gern, und wenn sie aufwühlen, spießt er sie plötzlich; dasselbe thut er auch bei den Mäusen. Fische frißt er gleichfalls gern, geht aber nicht gern in's Wasser, um sie zu fangen.

Alle seine Nahrung verschluckt er ganz, kann auch, bei der Einrichtung seines Schnabels, kein Thier so leicht zerreißen; große Thiere tödtet er vorher durch Hiebe mit der Schnabelspitze. Er kann 10 bis 16 mittelmäßige Frösche gleich hinter einander verschlingen und man sieht sie dann noch eine kurze Zeit lang in seinem weiten Halse toben; eben so sieht man Schlangen, die er hastig verschluckt, sich noch im Halse und Kropfe winden. Verschluckt er eine Kreuzotter und wird von ihr in den Rachen gebissen, so leidet er sehr. Hat er viele Mistkäfer sammt Stücken Pferdemist verschlungen, so speit er den Mist nebst den Flügeldecken der Käfer in Ballen aus. Hält man ihn zahm, so stellt er sich ruhig unter das Federvieh, wenn es gefüttert wird, schießt aber plötzlich mit dem Schnabel auf die Spatzen herab und verschluckt sie trotz ihres Geschreies sammt allen Federn; auch junge Kaninchen hascht er weg.

Auf Nahrung geht er täglich mehrere Male aus und bewährt sich, wenn auch nicht so sehr bei uns, doch in wärmeren Ländern als ein sehr nützlicher Vogel. Während er in Aegypten den von der jährlichen Nilüberschwemmung zurückbleibenden Schlamm von Fröschen, Eidechsen und Schlangen säubert, vertilgt er in Kleinasien ganze Schaaren von Feldmäusen und macht dadurch hier wie dort dem Landmann die Ernten möglich.

Trocknen aber in dürren Sommertagen die Sümpfe aus, so muß er sich mit schmälerer Kost begnügen und oft mit sehr kleinen Portionen zufrieden sein. Er zieht nun nach den Wiesen, geht bedächtig auf denselben auf und ab und stößt mit dem Schnabel bald hier hin, bald dort hin nach einer Blume, um die nach Honig und Nahrung suchenden Bienen, Hummeln und andere Insecten heraus zu greifen und zu verschlucken. Nützlicher für die Menschen und einträglicher für den Storch ist wiederum sein Thun und Treiben in wärmeren Landstrichen, wo er den verheerenden Heuschrecken begierig nachstellt.

Der junge Storch läßt sich leicht zähmen, besonders wenn man dazu einen solchen auswählt, der noch nicht ganz flügge ist. Er gewöhnt sich dann auch an Brot; doch ist er nicht ganz mit demselben zu ernähren. Fleisch muß er haben, und käme es von Mäusen, Sperlingen oder aus den Schüsseln der Hausbewohner. Friedlich verkehrt er auf dem Gehöfte mit dem Federvieh. Seinen Herrn lernt er bald kennen und zeigt sich gegen ihn höchst zutraulich. Mißtrauisch ist er aber gegen Jeden, wenn er sich im Freien unter seinen wilden Kameraden befindet.

Wohl fühlt er auch zur Zeit der Wanderschaft die innere Regung nach dem fernen Pyramidenlande und äußert sie durch besondere Unruhe; aber er bleibt doch hier.

Nahen die letzten Tage des August, so zieht sich eine ganze Schaar Störche aus weitem Umkreise zusammen, und ein großes Manöver beginnt. Da geht es in langanhaltendem Fluge über Berge und Thäler, über Felder und Dörfer, über Städte und Wälder, um die Jungen zu dem weiten Marsche ganz taktfest zu machen. Eine entlegene Waldwiese dient zuletzt zur stillen, geheimen Versammlung; hoch zu den Wolken erhebt sich die Schaar, und zieht unbeirrt, durch den wunderbaren Ortssinn geleitet, der neuen Heimath zu.

Welche Fülle von Kraft muß zu diesem schnellen, anhaltenden Fluge, zu diesem wochenlangen Schwimmen und Hangen in einem so dünnen Mittel, wie die Luft es ist, entwickelt werden! Und doch, so groß sie sein muß, so einfach und unscheinbar sind die vom Schöpfer dazu verwandten Mittel.

Die hohe Temperatur des Blutes (32 bis 35 Grad R.), die rasche Respiration, die schlechte Wärmeleitung in den Federn, das Alles füllt den Körper des Storches beständig mit so warmer und dadurch so leichter Luft, daß derselbe einem Luftballon recht gut zu vergleichen ist. Die stärkeren Knochen- und Muskelpartieen finden sich unten in der Brust, damit das lebendige Luftschiff auch seinen Ballast habe, um von den starken Strömen des Windes nicht umgeschlagen zu werden. Zu dem Allen aber kommt noch die Hauptsache, der Flügel, dessen einfache, aber sinnige, zweckmäßige Einrichtung gewiß von Vielen noch nicht beachtet ist. Groß sind die Schwingen der Storchflügel, breit ihre Fahnen, eine große, muldenförmige Fläche stellen sie dar, wenn Fahne an Fahne sich legt. Wie aber diese breiten, schwachen Fahnen zu einer festen, zusammenhängenden und darnach wieder zu einer rinnenartig getheilten Fläche zusammengestellt werden können, wodurch nur der Flug möglich wird, das soll uns noch der Storchflügel lehren, und unsere Einsicht muß uns erkennen lassen, daß Gott auch im Kleinen groß ist. Befindet sich der Flügel in Ruhe, so liegt er auf einem kleinen Raume doppelt taschenmesserartig dicht an dem Leibe und hält diesen warm; dient er aber der Bewegung, so breitet er sich seitwärts fächerartig aus und zwar so, daß jede innere längere Fahne der einzelnen Schwungfeder mit einem schmalen Rande unter der äußeren kürzeren und daher stärkeren Fahne der vorhergehenden Schwungfeder wie unter einer Leiste geschoben bleibt. Da ist nun die fest zusammenhängende Fläche hergestellt, die vollständig zusammen bleiben muß, wenn der Flügelschlag nach unten geführt wird, um die Luft zu verdichten, die sich aber rinnenartig öffnet, sobald der Flügelschlag nach oben geht, um die obere Luft hindurch zu lassen.

Auch das Strecken der langen Beine nach hinten ist nicht ohne Grund; sie sollen bei dem kurzen Körper und dem langen Halse, der im Fluge weit nach vorn gestreckt ist, das Gleichgewicht erhalten und bei dem kurzen Schwanze das Steuer verstärken.

So zur weiten Reise zweckmäßig zugerichtet und ausgerüstet, kann der Storch die Reise sicher unternehmen. Hohe Gebirgsketten werden wie Klippen umschifft und die tiefsten Einschnitte ausgewählt, eben so die großen Breiten der Meere vermieden und die schmalsten Striche aufgesucht, wo überhaupt Inselgruppen erwünschte Ruhestätten darbieten. Ueber Italien, Sicilien und Malta geht es nach Tunis und endlich nach Aegypten, wo der gütige Erhalter alles dessen, was lebet, auch den Storch immer wieder seine vollen Fleischtöpfe vorfinden läßt.

Der Storch verbreitet sich über ganz Europa bis in das südliche Schweden hinein, kommt dagegen in England nur sehr sparsam vor; während des Winters lebt er in Afrika und in dem westlichen Asien.

Ueber ihn haben sich mancherlei fabelhafte Gerüchte verbreitet, die wir hier noch folgen lassen. — Es ist allerdings eine Eigenthümlichkeit der Störche, daß sie von ihren 4 bis 5 Jungen immer das schwächste aus dem Neste drängen und auf den Hof hinabwerfen. Man pflegt dieses „den Hauszins abtragen“ zu nennen und meint, daß der Storch dadurch seine Dankbarkeit bezeige, weil man ihm ein gastliches Dach gewähre. Andere meinen wieder, daß er es nur in trockenen Jahren und zwar im Vorgefühl des eintretenden Mangels thue, und dies läßt sich schon eher hören, wenn man an die verschiedenen Aeußerungen des wunderbaren Instinkts von verschiedenen anderen Thieren denkt.

Eine andere Meinung der Leute ist die, daß sie vor ihrem Abzuge ein Gericht halten, was in dem Munde des Volkes mit dem Namen „Storchgericht“ bezeichnet wird, in welchem alle Schwächlinge, welche auf der weiten Wanderung ermüden würden, von ihnen getödtet werden. Man hat allerdings schon solche theils lebendig, theils todt auf entfernten Wiesen gefunden, die aber aus Schwäche zurückbleiben mußten und vielleicht vom schlauen Fuchs bereits erwürgt waren.

An vielen Orten hegt man gegen den Storch eine heilige Scheu und schützt ihn gegen jede Verfolgung, denn man meint, ein Storchnest auf dem Dache bringe Glück in das Gehöft und sichere es gegen Feuersbrunst, wenn er dagegen sein Nest abtrage, was zuweilen aus nicht bekannten Ursachen geschieht, so würde das Gebäude sicherlich bald ein Raub der Flammen werden. Anderntheils hat man aber mehrfach beobachtet, daß ein Haus, obwohl ein Storchnest mit Jungen darauf sich befand, von den Flammen eingeäschert wurde, wobei jedoch die Mutter eine so außerordentliche Liebe zu ihren Jungen zeigte, daß sie mit diesen den Tod in den Flammen fand und nicht von ihnen wich.

Das Fleisch des Storches hält man allgemein nicht für schmackhaft, und obwohl es nach sorgfältigen Vorbereitungen zwar genießbar ist, so bleibt es dennoch zähe und schwer verdaulich.

Zuweilen, jedoch sehr selten, zeigt sich auch bei uns der schwarze Storch (Ciconia nigra), und nistet auch hier in hohen dichten Wäldern; man trifft ihn dagegen viel häufiger in den östlichen Gegenden Europa's, in der Türkei, in Ungarn und Polen, sowie im westlichen Asien bis nach Sibirien hinauf. In der Türkei erfreut sich der Storch am meisten des menschlichen Schutzes, da der Muselmann überhaupt die Thiere mehr liebt als die Menschen, unter allen Thieren aber wieder am meisten auf die Störche hält. Und diese wissen es auch, daß sie „Freundchen, Brüderchen" der stolzen Osmanli sind; sie bauen daher ihr Nest auf allen Moscheen, Minarets und Privathäusern an und kommen dort nie auf das Dach eines Franken. Sie wandern stolz und klappernd auf den Straßen der türkischen Bewohner umher, und man sieht sie auf ihren Märkten mitten unter den Menschen ohne Scheu und Furcht sich bewegen. — Schon in alten Zeiten herrschte solche Vorliebe für den Storch; in Thessalien z. B. verbot ein Gesetz bei Todesstrafe das Tödten desselben.

Der schwarze Storch hat fast dieselbe Größe wie der weiße, nur ist er im Ganzen noch etwas schlanker. Der Schnabel, die Kehlhaut, der Augenkreis und die Beine sind von dem zweiten Jahre an roth, früher grünlich. Das Gefieder der ganzen Oberseite des Körpers ist braunschwarz, mit metallischem Schiller, der Unterleib und die Schienbeinfedern sind weiß. — Er ist in seiner Lebensweise dem weißen Storche gleich, nur ist er äußerst scheu und vorsichtig und hält sich stets fern von menschlichen Wohnungen.

Es giebt noch zwei Storcharten: der Marabu oder Adjutant (Ciconia Marabu), welcher in ganz Indien, Java und Sumatra lebt, und der Argala (Ciconia Argala), der am Senegal und Nil sich aufhält. Von ihnen kommen die schönen weißen **Marabutfedern**, welche auf den Hüten der Damen so zierlich flattern. Man hält sie wegen dieser Federn dort häufig als Hausthiere, obgleich sie sehr gefräßig sind.

Die Schnepfe.

Die Schnepfen sind in der ganzen Welt zu finden, wo es Wiesen und Sumpf giebt, obschon die einzelnen Arten, deren man allein in Deutschland wohl vierzehn zählt, sehr von einander abweichen. Sie haben einen langen Schnabel, der länger als der Kopf, gerade, dünn, entweder ganz oder doch zum Theil weich und biegsam, fast walzenförmig, gegen die Spitze etwas breiter werdend und entweder zugerundet oder flach gedrückt ist. Am Grunde ist er bedeutend höher als breit. Der Oberschnabel ist nicht ganz so lang wie der Unterschnabel, kolbenartig verdickt und abwärts gebogen. Die linienförmigen oder länglich-runden Nasenlöcher liegen ganz nahe am Kopfe, in einer Rinne an den Seiten des Schnabels. Diese Rinne reicht fast bis zur Schnabelspitze und entspricht einer anderen am Unterschnabel. Die großen Augen stehen sehr hoch am Kopfe nahe an der Stirn, so daß die Ohröffnungen sich entweder unter denselben oder wohl gar vor ihnen befinden. Die Flügel sind mäßig lang, erreichen aber nicht die Spitze des Schwanzes und sind stark sichelförmig ausgeschnitten. Die hohen und dünnen Beine haben lange Zehen ohne Bindehäute; die Hinterzehe steht höher und berührt nur mit der Spitze den Boden.

In unseren Gegenden, wo sie jedoch nur Strichvögel sind, trifft man vier Arten, nämlich:

1. die **Moorschnepfe** (Scolopax Gallinula);
2. die **Heerschnepfe** (Scolopax Gallinago);
3. die **Mittelschnepfe** (Scolopax media);
4. die **Waldschnepfe** (Scolopax Rusticula).

Die drei ersten Arten haben einen an der Spitze flachgedrückten Schnabel. Ihr Schwanz wird aus 12 bis 16 Federn gebildet. Das Schienbein ist bei ihnen unten nackt, vorn und hinten getäfelt, und wie der Lauf, seitlich feingenetzt. Der Nagel der Hinterzehe ist sehr schlank. Sie sind bekannt unter den Namen: **Bekassinen** oder **Sumpfschnepfen**. — Bei der vierten Art ist der Schnabel an der Spitze abgerundet. Der Schwanz wird aus 12 nach innen gebogenen

Federn gebildet. Das Schienbein ist bis zum Fußgelenk befiedert. Der Nagel der Hinterzehe ist an der Spitze zugerundet. Sie führt die Namen: Bekasse oder Waldschnepfe.

Die Moorschnepfe (kleine Bekassine, Haarschnepfe, Stumpfschnepfe, Halbschnepfe, Haferbock, kleine Wasserschnepfe, stumme Schnepfe) wird etwa 8 Zoll lang, wovon auf den am Grunde erhöheten, gegen die Spitze höckerigen, abgestutzten und grünlich-schwarzen Schnabel $1\frac{1}{2}$ Zoll zu rechnen sind. Sie ist die kleinste der vier Arten und etwa so groß wie eine Lerche. Der Scheitel ist schwarz, rostfarbig gefleckt und ohne hellen Mittelstreif, wie er bei den anderen Arten sich findet. Ueber den Augen befindet sich dagegen ein rostgelber Streifen, der in seiner Mitte durch einen schwarzen Strich der Länge nach getheilt ist. Die Schnabelwinkel sind schwärzlich und vom Unterkiefer läuft bis zu den Schläfen hin noch ein rostfarbig-gefleckter, dunkler Streifen, der im Nacken durch einen schwarzen Fleck endigt. Der Hals ist auf der Rückseite rostfarbig und mit vielen feinen, dunkelbraunen Zickzacklinien überdeckt. Die Schultern und der Rücken sind schwarzbraun, metallisch-glänzend, die Federn endigen mit einem weißen Spitzenrande, vor welchem sich noch ein rothbrauner Fleck befindet. Die äußeren Fahnen dieser Federn bilden 2 oder 4 hell-rostgelbe Längsstreifen. Die Farbe der Schwungfedern ist dunkel-schwarzbraun, die oberen Deckfedern sind rostfarbig gesäumt und endigen mit weißen Spitzen. Der Bürzel ist glänzend schwarz und die 12 Schwanzfedern schwarzbraun und rostfarbig gefleckt. Die beiden mittelsten Schwanzfedern ragen bedeutend über die andern hervor. Die Kehle, der Bauch bis zum Schwanze und die Schenkel sind mit weißen Federn bedeckt, welche besonders an der Kehle und nach dem Schwanze zu längliche, rostfarbige Flecke zeigen; der Vorderhals und die Brust sind dagegen rostgelb gewölkt und gefleckt. Die Iris ist braun und die Beine zeigen eine grünliche Fleischfarbe.

Diese Art lebt am häufigsten während des Winters im südlichen Europa und Asien, aber auch im nördlichen Afrika, im Frühjahr aber zieht sie nördlich und brütet im Norden Europa's und Asiens. Sie hält sich stets in der Nähe von Sümpfen, Wiesen, Teichen und Seen auf, und bewohnt auch moorige und bruchige Gegenden. Am Tage hält sie sich zwischen den Sumpfgräsern verborgen und nur in der Dämmerung und in mondhellen Nächten fliegt sie viel umher. Ihr Nest bereitet sie aus wenigen Halmen mitten im Sumpfe auf einem Hügel zwischen Binsengebüsch. Ihre 4 bis 5 Eier sind grünlichweiß und rostfarbig-gefleckt.

Ihre Nahrung besteht in Kerbthieren und Würmern, sie frißt aber auch nicht selten die Saamen verschiedener Gräser. — Sie erscheint bei uns im März und zieht im September wieder nach Süden. Wie alle Schnepfen, wird auch sie gejagt und ist daher außerordentlich scheu; doch bleibt sie immer lange in ihrem Schlupfwinkel liegen, bis der Jäger fast auf sie tritt, erhebt sich dann aber blitzesschnell, fliegt stets im Zickzack und fällt nach kurzer Entfernung wieder nieder, so daß es nicht leicht ist, sie zu schießen. Da sie gewöhnlich beim Auffliegen kein Geschrei hören läßt, so nennen sie die Jäger die stumme Schnepfe. Ihr Fleisch ist sehr zart und wird für einen besonderen Leckerbissen gehalten.

Die Heerschnepfe (Bekassine, Bruchschnepfe oder Himmelsziege) ist 10 bis 11 Zoll lang, wovon für den Schwanz 2 Zoll und für den Schnabel 2 Zoll 10 Linien abgerechnet werden müssen. Ihre Flugweite beträgt 17 Zoll. Ihr Schnabel ist an der Wurzel des Unterkiefers aschgrau und an der Spitze braun; auch die Iris ist braun und die Füße sind grünlich-bleifarben. — Auf dem Scheitel ziehen sich zwei braunschwarze, breite Streifen entlang, welche in der Mitte durch einen schmalen, rostgelben Längsstreif von einander getrennt sind. Auf jeder Seite des Kopfes sind noch zwei ähnliche braunschwarze Streifen, von denen der eine von der Schnabelwurzel ausgeht, und sich unter dem Auge bis zur Ohröffnung fortsetzt; ein dritter, ebenso gefärbter Streifen zieht sich über die weißlichen Wangen hin. Die Kehle ist gelblichweiß und mit braunen Tüpfelchen bedeckt. Der Hals und die Brust sind schwarzbraun und röthlich-weißgrau gefleckt, die Seiten des weißen Bauches sind dagegen schwarz gebändert. Der Schwanz besteht aus 14 Federn, welche an der Wurzel schwarz, nach der Spitze hin orangefarben, weiß eingefaßt und mit zwei schwarzen Querbinden bedeckt sind. Der Rücken und die Schultern sind gleichfalls braunschwarz, aber ohne Metallschimmer; vier mehr oder weniger deutliche blaßgelbliche Längsstreifen, welche durch die Seitenränder der Federn gebildet werden, ziehen sich darüber hin. Die Flügeldeckfedern endigen mit einem rostgelblichen, in der Mitte weißlichen, am Schafte unterbrochenen Spitzenfleck. Von den Schwungfedern, ebenfalls schwarzbraun gefärbt, hat die erste eine weiße Außenfahne und die hinteren haben eine weiße Spitze, wodurch eine weiße Querbinde gebildet wird, die im ruhigen Zustande von den langen Deckfedern überdeckt ist.

Sie bewohnt Europa, Asien und Afrika, hält sich im Sumpf und an Wasserrändern auf, nistet in Deutschland nicht häufig, zieht aber im August, September und October durch unsere Gegenden in ziemlicher Anzahl neben einander, wovon sie Heerschnepfe heißt; Ende März und Anfang April kehrt sie wieder zurück. —

Am Tage liegt sie ebenfalls ruhig im Sumpfgrase versteckt, aber in der Dämmerung und des Nachts geht sie ihrer Nahrung nach, die aus verschiedenem Gewürm, Schnecken, Wasserinsecten und deren Larven besteht.

Ihr Nest legt sie zwischen Binsen oder im Grase an und verwendet dazu nur wenig Halme. Sie legt im Monat Mai 3 bis 5 hell-gelbgrüne, braun- und graugefleckte Eier und bebrütet dieselben 16 Tage lang. Die Jungen folgen der Mutter fast unmittelbar, nachdem sie ihre Hülle, das Ei, durchbrochen haben.

Diese Art ist die schlaueste, listigste und scheueste. Nur wenn man ihr gar zu nahe kommt, sucht sie sich durch die Flucht zu retten; vorher drückt sie sich tief in das Gras nieder und weiß sich selbst in wenig begras'ten Gegenden so zu verstecken, daß man sie schwer findet. Sie wird deshalb mit Hühnerhunden aufgejagt und geschossen. Auch in der Dämmerung, wenn sie auf Nahrung auszieht, schießt man sie, und in einigen Gegenden wird sie sogar in Netzen durch Lockschnepfen gefangen. Sie hat ein äußerst zartes, wohlschmeckendes Fleisch. — Ihr Flug ist sehr schnell, wiewohl sehr schwankend und obwohl man ihr sehr nachstellt, so entzieht sie sich doch sehr oft der Gefahr dadurch, daß sie jeden Augenblick die Richtung ihres Fluges ändert.

Ihr Geschrei, welches sie im Fluge, am häufigsten aber des Abends in der Paarungszeit hören läßt, hat Aehnlichkeit mit dem Meckern einer Ziege, und deshalb hat sie den Namen **Himmelsziege** erhalten. Zuweilen nimmt sie auch Pflanzenkost, Wurzeln und Saamen von Gräsern, namentlich Hafer, zu sich und deshalb nennt man sie **Haferlämmchen** oder **Haferbock**. Während der Paarungs- und Brütezeit erhebt sich das Männchen oft senkrecht in die Luft und kommt dann langsam und angenehm pfeifend wieder herunter.

Die **Mittelschnepfe** (große Bekassine, Bruchwald-, Doppel-, große Sumpf-, Ried- und Wasserschnepfe) ist noch größer und wird gegen 12 Zoll lang; davon mißt der Schwanz $2\frac{1}{4}$ Zoll und der Schnabel $2\frac{1}{2}$ Zoll. Ihr Schnabel ist am Grunde röthlich, nach der Spitze braun und am Grunde des Unterkiefers grünlich. Sie ist übrigens der vorigen sehr ähnlich. Oben ist sie braunschwarz mit rostfarbenen, und auf den Flügeln mit weißen Fleckchen. Der Oberkopf ist schwarz und hat einen rostgraugelben Streif in der Mitte und über jedem Auge; der Rücken hat ebenfalls gelbe Längsstreifen. Ihre Unterseite ist weiß, am Vorderhalse und Kropfe ist sie rostgraugelblich, am Halse, an der Brust und an den Seiten braun gefleckt. Der Schwanz wird aus 16 Federn gebildet, von denen die 3 äußersten auf jeder Seite in der Endhälfte weiß sind.

Ihre Heimath ist Sibirien und das nördliche Rußland, von wo aus sie uns auf ihrem Zuge nach Afrika besucht, doch findet sie sich hier einzeln auch im Sommer.

Sowohl in ihrer Nahrung, als auch in ihrer Fortpflanzung gleicht sie der Heerschnepfe. Sie wird auch eben so gejagt; die Jäger erkennen sie aber sofort an ihrem etwas langsameren Fluge und daran, daß sie gerade aus und niemals im Zickzack fliegt. Ebenso hebt sie sich nicht gen Himmel und läßt beim Auffliegen kein Geschrei hören.

Die Waldschnepfe (gemeine, Groß-, Holz-, Busch-, Bergschnepfe, Wasserrebhuhn oder Eulenkopf) wird 13 bis 14 Zoll lang, wovon der Schnabel etwas über 3 Zoll mißt, und ist demnach die größeste der einheimischen Schnepfenarten. Am Grunde ist ihr Schnabel röthlich-fleischfarben, gegen die Spitze dunkelbraun. Ihre Stirn ist aschgrau, am Hinterkopf trägt sie einen breiten schwarzbraunen Streifen, der von schmalen, rostgelben Querbinden durchbrochen ist. Ihr Nacken ist dunkelgrau, die Kehle, die Seiten des Kopfes und Halses sind weißlich und schwarzbraun gesprenkelt. Von der Wurzel des Schnabels zieht sich bis zum Auge ein röthlich-schwarzbrauner Streifen hin; von ähnlicher Farbe ist auf jeder Seite des Unterhalses ein größerer Fleck und ein von der Schulter gegen die Brust hin sich erstreckendes, ziemlich breites Band. Der Oberkörper ist mit rostfarbigen, gelblichgrauen, graubraunen und größeren schwarzen Querflecken bedeckt. Die schwarzbraunen Schwungfedern und die schwarzen Federn des Schwanzes haben auf ihren äußeren Fahnen rostfarbige Zacken, nur auf der ersten Feder sind sie gelblichweiß. Die Spitzen der Schwanzfedern sind oben dunkel-aschgrau, unten silberweiß. Die ganze Bauchseite ist gelblichgrau mit wellenförmigen, dunkelbraunen Querbinden eng bedeckt. Die rostgelben, meist mit weißen Spitzen verzierten unteren Schwanzdeckfedern sind mit schwarzbraunen, pfeilförmigen Flecken überdeckt. Die Iris ist hellbraun und die Füße sind horngrau, ja fast röthlich. — Das Weibchen ist bei dieser Art etwas größer als das Männchen; ihre Federn sind aber überall matter gefärbt und auf den Flügeldeckfedern hat es große, weiße Flecke. — Man findet übrigens innerhalb dieser Art häufig Farben-Abweichungen, denn es giebt einzelne Individuen, welche weiß, gescheckt, stroh=gelb, weißflüglig und weißschwänzig sind.

Sie bewohnt Japan und den Norden Europa's und Asien's, nistet aber auch hier und da in Deutschland. Sie hält sich während des Sommers in Gebirgswaldungen und Vorhölzern, aber auch im Gebüsch und auf feuchten Wiesen auf, geht nur des Abends und Morgens ihrer Nahrung nach, während sie am Tage ruht oder allenfalls unter Laub und Moos nach Nahrung stöbert. Zum Fliegen am Tage entschließt sie sich nicht freiwillig. — Sie nährt sich von Regenwürmern, Kerbthieren, Erdschnecken und Insectenlarven, außerdem aber auch von Gras und dessen Wurzeln. Für Mistkäfer und deren Larven scheint sie eine besondere Vorliebe zu haben, denn sie durchsucht sehr häufig mit ihrem langen Schnabel den Mist der Pferde und des Rindviehes auf den Weideplätzen.

Ihr Nest bereitet sie auf ebener Erde aus einigen Halmen und legt 3 bis 4 birnförmige, gelblich=weiße, am stumpfen Ende braunroth gefleckte Eier, welche sie in 16 Tagen ausbrütet. Auch von dieser Art folgen die sogleich nach dem Ausschlüpfen sehr entwickelten Jungen in den ersten Tagen der Mutter in futterreiche Gegenden.

Die Waldschnepfe hat einen etwas plumpen Körper, und wird besonders im Herbste sehr fett. In dieser Zeit ist auch ihr Flug noch etwas schwerfälliger, als gewöhnlich, aber gerade nicht langsam. Selten erhebt sie sich zu einer bedeutenden Höhe, sie bleibt vielmehr nahe an der Oberfläche der Erde, und überwirft sich auch wohl bei großer Eile in der Luft. Sie ist bei uns nur Strichvogel. Ihr Herbstzug dauert den October hindurch und verlängert sich bei milder Witterung bis in die Mitte des November. Sie geht bis nach Afrika, aber viele überwintern auch schon in Italien, auf Sicilien und Sardinien. Die Waldränder und Thäler, welche sie zur Zugzeit zu besuchen pflegt, sind den Jägern wohl bekannt, denn sie nimmt, wenn keine große Veränderung auf dem bekannten Wege vorgekommen ist, immer denselben Strich. Im Frühjahr fliegt sie in der Morgen= und Abenddämmerung bei stillem, warmen Wetter tief und langsam, und läßt dabei häufig einen Ton hören, den die Jäger Zwicken und Quarren nennen; im Herbste ist sie schweigsamer. Zieht eine Schnepfe voran und hinterher folgt eine andere oder mehrere, so ist die vorderste das Weibchen, während die anderen Männchen sind. Diesen Frühlingszug nennt man den Schnepfenstrich. Der Jäger stellt sich Abends oder Morgens vor der Dämmerung wohl verborgen an und wartet ruhig, bis die Schnepfe über ihn hinzieht, wobei er sie aus der Luft herunterschießt. Zur Aufsuchung der geschossenen Thiere ist ein guter Hühnerhund unentbehrlich. Sie wird auch mehrfach in Netzen gefangen. Ihr Fleisch und ihre Eier werden sehr geschätzt; selbst der Inhalt ihres Darmkanals, unter dem Namen Schnepfendreck bekannt, ist für den Feinschmecker eine sehr beliebte Leckerei, die, zuerst geröstet und dann auf Semmelschnittchen gestrichen, häufig gegessen wird.

Höchst merkwürdig ist die Art und Weise, wie die Waldschnepfe, wenn sie Gefahr wittert, ihre Jungen zu retten sucht; sie faßt nämlich eins nach dem andern mit den Füßen und trägt es von dannen. — Zur Paarungszeit balzt das Männchen, d. h. es schlägt ein Rad, läßt die Flügel bis auf die Erde hangen, legt den Schnabel auf die Brust und umtanzt das Weibchen mit zierlichen Sprüngen.

Außer den besprochenen Schnepfenarten nennen wir noch folgende Arten, um eine größere Uebersicht über diese Gattung zu gewinnen: die Sichelschnepfe (Scolopax arcuatus), den Regenbrachvogel (Sc. phaeopus), die rostrothe Pfuhlschnepfe (Sc. lapponicus), die schwarzschwänzige Pfuhlschnepfe (Sc. Aegocephala), den Kanut-Strandläufer (Sc. Canutus), den Seestrandläufer (Sc. maritimus), den krummschnäbligen Strandläufer (Sc. subarquatus), den veränderlichen Strandläufer (Sc. Cinclus), den kleinen Strandläufer (Sc. minutus), den Sanderling (Sc. arenarius), die Zwergschnepfe (Sc. pygmaeus), den Kampfhahn (Sc. pugnax), den schmalschnäbligen Wassertreter (Sc. hyperboreus), den breitschnäbligen Wassertreter (Sc. fulicarius), den hellen Wasserläufer (Sc. Glottis), den dunklen Wasserläufer (Sc. niger), die Gambette (Sc. Calidris), den Teich-Wasserläufer (Sc. Tatanus), den getüpfelten Wasserläufer (Sc. Glareola), und den trillernden Uferläufer oder Strandpfeifer (Sc. hypoleucos).

* * *

Der Regenpfeifer, der Kibitz, der Kranich, der Reiher, der Storch und die Schnepfe bilden mit ihren zahlreichen Verwandten und noch verschiedenen anderen Gattungen, die bei uns theils gar keine, theils sehr unbekannte Vertreter haben, die Ordnung der Sumpf- oder Stelzenvögel, welche sich durch ihre langen und dünnen Beine auszeichnen, durch die sie geschickt werden, in sumpfigen Gegenden zu wohnen und daselbst manches schädliche Thier zu vertilgen.

Der Taucher.

Auf unseren Seen und Flüssen schwimmen häufig Vögel umher, die, sobald wir uns ihnen nähern, scheu entfliehen, aber nicht, wie andere Vögel, sich in die Luft erheben, sondern plötzlich untertauchen, unter dem Wasser fortschwimmen und fern von dem Orte, wo sie verschwanden, hinter Binsen und Rohr wieder hervorkommen und so sich unseren Blicken und namentlich ihren Verfolgern entziehen. Man hat diese Vögel darum Taucher genannt.

Sie haben einen glatten, geraden, zusammengedrückten und spitzen Schnabel, und linienförmige, nach hinten verengte Nasenlöcher. Von den drei nach vorn gerichteten Zehen, welche flache Nägel haben, ist die Außenzehe die größeste, und die Hinterzehe hat einen breiten, herabhängenden Hautsaum.

Bei uns leben 5 Taucherarten:

1. der große Haubentaucher (Colymbus cristatus);
2. der graukehlige Haubentaucher (Colymbus subcristatus);
3. der geöhrte Haubentaucher (Colymbus auritus);
4. der kleine Haubentaucher (Colymbus minor);
5. der rothkehlige Taucher (Colymbus septemtrionalis).

Die vier ersten Arten gehören zu der Gattung der Lappentaucher, die letztere Art aber zur Gattung der See- oder Polartaucher. —

Die Lappentaucher haben einen mäßig langen, geraden, kegelförmigen, zugespitzten, seitlich etwas zusammengedrückten und scharfen Schnabel. Der Körper ist breit und flach, die Flügel sind kurz und schmal, sie können aber dennoch ziemlich schnell, nur nicht anhaltend fliegen. Der Schwanz fehlt ihnen fast ganz und ihre Beine stehen weit nach hinten am Körper, weßhalb man sie Steißfüße nennt. Die Läufe sind an den Seiten getäfelt. Die Vorderzehen sind einzeln mit einer lappenförmigen Schwimmhaut versehen, doch sind die Lappen der einen Zehe nicht mit denen der andern verwachsen, obwohl die der Mittelzehe die beiden anderen am Rande überdeckt. Diese Lappen sind von hornartiger Beschaffenheit, und bestehen aus mehreren fächerförmigen Theilen, welche unter einander liegen. Bewegt nun der Vogel den Fuß nach vorn, so legen sich diese Lappen, die man auch Lamellen nennt, an die Zehen an, bewegt er ihn aber nach hinten, so breiten sie sich aus. Der Nagel hat die Form einer hornartigen Platte erhalten. Die Hinterzehe ist nur kurz, steht höher als die vorderen und ist gleichfalls gelappt. Der ganze Lauf des Fußes ist dreiseitig und zwar ist die scharfe Kante nach vorn gerichtet. — Ihr Gefieder ist sehr reich und liegt sehr dicht an dem Körper an, so daß jede Feder immer die untere deckt, und es kann daher nie das Wasser bis auf die Haut dringen. Am Kopfe sind die Federn länger als am Halse und bilden oft einen Kragen mit schönen Farben.

Sie bewohnen die süßen Gewässer in allen Zonen, nisten zwischen Schilf und Rohr, legen 4 bis 6 Eier, können zwar fliegen, schwimmen und tauchen aber besonders gut und nähren sich von kleinen Fischen, Wasserinsecten, und zuweilen auch von Pflanzenstoffen. Die Jungen erhalten erst nach zwei bis drei Jahren das Gefieder der Alten und unterscheiden sich von diesen durch eine hellere Färbung.

Der große Haubentaucher (gehäubte Lappentaucher, Kragentaucher, gehörnte Steißfuß) ist 1½ Fuß lang, oben schwarzbraun, unten silberweiß, und auf den Flügeln hat er einen weißen Spiegel. Der Kopf ist oberhalb schwarz und trägt einen zweitheiligen Federbusch, der nach Belieben aufgerichtet und niedergelegt werden kann. Von den Nasenlöchern zieht sich über die Augen ein weißer Streifen hin und auch die Wangen, sowie der obere Theil der Kehle sind weiß. Um den Kopf herum zieht sich ein glänzend-rostbrauner, nach hinten in's Schwarze übergehender Federkragen, der bei dem Weibchen gewöhnlich kleiner und dünner ist als beim Männchen. Statt eines Schwanzes hangen die Steißfedern haarförmig herab. — Sein Schnabel ist schmutzig roth, oben braun, an der Spitze weißlich. Die Füße sind an der äußeren Seite schwärzlich und an der inneren gelblichweiß, fast grünlich.

Er ist in dem nördlichen Theile Europa's und Asien's verbreitet. Bei uns ist er sehr gemein auf allen stehenden Gewässern und selbst auf den größeren Seen. Im October zieht er aber von uns fort nach dem südlichen Deutschland, der Schweiz, Italien ꝛc. und kehrt Ende März wieder zurück. Sowohl im Sommer als auch auf dem Zuge lebt er mehr einzeln. Es lebt auf den kleineren Teichen immer nur ein Paar, findet sich aber noch ein zweites ein, so gerathen die Männchen in einen heftigen Kampf, in dem sie sich mit ihren spitzigen Schnäbeln sehr oft bedeutend verwunden.

Ihre Nahrung, um die sie oft untertauchen, besteht hauptsächlich aus Fischen, aber auch aus Würmern und Wasserpflanzen. Für ihr Nest verwenden sie wenig Mühe, denn mitten im Schilfe sind einige zusammengetragene Pflanzenstengel vollkommen ausreichend. Sie legen 2 bis 4 schmutzig weiße Eier, die so groß wie Taubeneier aber länglicher sind, und brüten sie in 3 Wochen aus. Während dessen hält das Männchen gewöhnlich in der Nähe des Nestes Wache und warnt das Weibchen durch ein ängstliches Geschrei vor drohender Gefahr. Die Jungen sind längere Zeit nur mit haarigen Wollfedern bedeckt, schwimmen und tauchen aber sehr gut und suchen sich allein Wasserinsecten und Würmer zu ihrer Nahrung auf.

Dieser Vogel ist außerordentlich scheu und schwer zu schießen. Außer der Zugzeit fliegt er nur, wenn er aufgejagt wird, hält sich vielmehr stets auf dem Wasser und schläft sogar schwimmend auf demselben.

Gegen Raubvögel vertheidigt das Weibchen seine Eier mit großer Standhaftigkeit, obwohl der Erfolg meistentheils ein ungünstiger ist, und führt es seine Jungen, so läßt es stets dieselben sich erst verbergen, ehe es auch auf seine eigene Sicherheit bedacht ist.

Sein Fleisch ist von sehr thranigem Geschmacke, und man stellt ihm nur nach, um seiner Vermehrung Schranken zu setzen, damit die Fischerei nicht allzu stark leide. — In früherer Zeit wurde mehr als jetzt die Haut des Unterkörpers mit den aufsitzenden Flaumfedern als schönes Pelzwerk benutzt, das ganz besonders zur Verfertigung von Muffen, Mützen- und Kleiderverbrämungen diente, und zur Zeit, wo es besonders Mode war, oft sehr theuer bezahlt wurde.

Der graukehlige Haubentaucher (graukehlige Steißfuß, rothhälsige Haubentaucher) wird etwa 16 bis 17 Zoll lang, ist oben schwärzlich, mit einzelnen helleren Flecken, unten weiß und hat auf den Flügeln einen weißen Spiegel. Der ganze Kopf und der nur kurze Federbusch sind schwarz, die Kehle, die Wangen und ein sehr kurzer Kragen sind grau, und letzterer ist vom Scheitel durch eine schmale weiße Binde getrennt. Der ganze Vorderhals bis zur Brust und auch die Halsseiten sind lebhaft rostfarbig-braun, der Hinterhals ist schwarz. Der Schnabel ist ebenfalls schwarz und nur an der Wurzel gelb; die Füße sind nach außen schwarz und nach innen grünlich gelb.

Er ist im nördlichen und nordöstlichen Europa häufiger als im westlichen und südlichen, außerdem ist er im nördlichen Asien allgemein verbreitet. In unseren Gegenden ist er ebenfalls nicht selten. Seine Lebensweise ist die des vorigen ähnlich, ebenso legt er sein Nest im Schilfe an und legt 3 bis 4 grünlichweiße, braunbeschmutzte Eier. — Da er noch scheuer und vorsichtiger als der vorige ist, so bekommt man ihn weniger zu Gesicht. Seine Unterhaut hat einen noch größeren Glanz wie bei der vorigen Art und ist daher noch mehr zur Benutzung als Pelzwerk geeignet.

Der geöhrte Haubentaucher (Ohrentaucher, Schreitaucher, geöhrte Steißfuß, großöhrige Tauchente) ist nur 10 bis 12 Zoll lang. Der ganze Kopf mit den aufgerichteten Scheitelfedern, die Kehle, der Hals und die Brust sind tief=glänzendschwarz. Nur hinter den Augen stehen auf jeder Seite hell=rostbraune, fast goldglänzende, haarartige Federn, welche aufrichtbar sind. Der Rücken ist dunkel=braun, in's Schwärzliche fallend, die Schwungfedern zweiter Ordnung, die unteren Flügeldeckfedern und der ganze Unterleib sind silberweiß, und die Bauchseiten sind hell=rothbraun. Sein Schnabel ist nur kurz, ganz schwarz und die Firste in der Mitte etwas eingedrückt. Die Nasenlöcher sind groß und ganz offen. Die Füße sind nach außen schwarz, nach innen grünlichgrau.

Er bewohnt Sibirien, Nordamerika und Europa; ist besonders in Ungarn häufig, findet sich auch bei uns nicht selten, wird aber häufiger übersehen, da er sich sehr verborgen hält, indem er sich, auf großen Teichen und Landseen lebend, gern zwischen Schilf und Rohr versteckt. Er taucht, schwimmt und fliegt mit großer Gewandtheit, und nährt sich weniger von Fischen, als von Fischlaich, Wasserinsecten und Würmern. In seiner Fortpflanzung ist er den vorigen Arten gleich. Sein Fleisch ist zwar genießbar, hat aber auch den bekannten Thrangeschmack und wird daher wenig gesucht. Seine Bauchhaut wird ebenfalls nur wenig zu Pelzwerk benutzt, da sie zu klein ist, obgleich das Gefieder außerordentlich weich und seidenartig ist.

Der kleine Haubentaucher (Zwergtaucher, kleine Steißfuß, schwärzliche Taucher, Sumpftaucher, auch gemeines Taucherchen und Käferentchen) ist die kleinste von den einheimischen Arten, denn er erreicht eine Länge von nur 9 Zoll. Sein Kopf ist glatt, da er weder einen Federbusch noch einen Halskragen hat. Der Scheitel, die Kehle und der Nacken sind tief=schwarzbraun, die Wangen, die Seiten des Kopfes und der Vorderhals hoch=rothbraun. Auf dem Rücken ist er dunkel=, fast schwarzbraun, olivenfarbig glänzend, an der Unterseite dagegen schwärzlichgrau, hin und wieder mit weißlichem Schimmer. Von den Schwungfedern sind nur die mittleren auf der Innenfahne weiß. Die Federn am Steiß und an den Schenkeln sind rostfarbig. Sein Schnabel ist nur kurz, die Firste vor den Nasenlöchern ist nur schwach gebogen, im Ganzen schwarzbraun, mit gelblicher Spitze und an den Winkeln grünlichgelb. Die Füße sind grünlich=schwarzbraun, auf der inneren Seite gelblichgrau.

Er bewohnt in Europa und Afrika selbst ganz kleine Teiche, ist besonders in Deutschland allgemeiner verbreitet als die anderen Arten und ist auch bei uns nicht selten; doch bemerkt man die Jungen viel häufiger als die Alten. Im October zieht er von uns weg, um in südlicheren Gegenden zu überwintern und kehrt im März, spätestens im April hierher zurück. — Sein kunstloses Nest, meist in einem Schilfbusche angelegt, besteht aus einem Klumpen Wassergras, in das er 3 bis 5 schmutzig-blaßgelbe, dunkelbraun-gefleckte Eier, von der Größe der Taubeneier legt. Er ist scheu und vorsichtig, und taucht bei Annäherung eines Menschen sogleich unter, um sich im Rohre zu verbergen. Er fliegt auch ziemlich schnell, aber sein Flug ist von kurzer Dauer und gewöhnlich sehr niedrig, so daß er immer nahe über dem Wasserspiegel bleibt. Sein Fleisch und seine Eier werden gegessen und seine Federn zu Betten benutzt.

Noch eine Taucherart, der gehörnte Haubentaucher (Colymbus cornutus) gehört gleichfalls zu den Lappentauchern, er kommt aber bei uns nicht vor, sondern bewohnt den höheren Norden. —

Die See- oder Polartaucher haben einen mittelmäßig langen, starken, geraden, etwas zusammengedrückten und sehr spitzigen Schnabel. Die Nasenlöcher sind sehr schmal, und liegen dicht an der Wurzel des Schnabels. Die Füße stehen noch weiter nach hinten als bei den Lappentauchern, die Läufe sind ganz genetzt, die Zehen aber nur an der Wurzel, sind dagegen oben getäfelt. Zwischen den drei Vorderzehen finden sich vollständige Schwimmhäute, aber die Hinterzehe ist gelappt; die Nägel sind weniger flach als bei der vorigen Gattung. Die Flügel sind nur kurz, auch haben sie einen aus 20 Federn bestehenden Schwanz, der aber ganz kurz und abgerundet ist. Sie sind größer als die Lappentaucher und werden ungemein leicht fett. Sie leben alle in den nördlichen Gegenden, und besuchen nur selten während des Winters die gemäßigteren Länder. Außer der Brütezeit leben sie beständig im Wasser und tauchen nur auf, um Athem zu schöpfen, wobei sie auch oft nur den Kopf hervorstrecken. Ihr Nest ist nur sehr kunstlos, aber auch oft bauen sie gar keins, und legen theils auf kleinen Inseln, theils auf Felsenvorsprüngen nie mehr als 2 Eier. Sie nähren sich ausschließlich von Fischen, und nur die Jungen rupfen zuweilen einige Grasspitzen ab.

Der rothkehlige Seetaucher lebt wie der Eistaucher (Colymbus glacilis) und der Polartaucher (Colymbus arcticus) im hohen Norden, und kommt nur in sehr strengen Wintern einzeln in unsere Gegenden. In den nördlichen Gegenden, namentlich Sibirien, werden die Eier und das Fleisch der Jungen gegessen, aus ihrer Haut, besonders der Hals- und Bauchhaut macht man Pelze, die den Nordbewohnern ein sehr warmes Kleidungsstück liefern, da das Gefieder ganz sammetartig ist. Im Handel kommt dieses Pelzwerk gewöhnlich unter dem Namen „grönländischer Hamster oder Eichhörnchen“ vor. Aus dem reichen Fettvorrathe dieser Thiere gewinnt man Thran, ja oft verwandelt man den ganzen Vogel in eine Lampe, indem man ihm den Kopf abschneidet und einen Docht durch den Leib zieht.

Nahe verwandt mit den Tauchern sind die Alken und die Fettgänse oder Pinguins. Zu ersteren gehören: die dumme Lumme (Alca Arra), die Gryll-Lumme (Alca Grylle), die Krabben-Lumme (Alca Alle), der Papageitaucher (Alca arctica), der Tord-Alk (Alca Torda) und der große Alk (Alca impennis); zu letzteren: der patagonische Pinguin (Aptenodytes patagonica), der springende Pinguin (Aptenodytes chrysocoma) und der Kap'sche Pinguin (Aptenodytes demersa).

Die Möve.

Für die Schiffer und die Meerstrandsbewohner sind gewisse Vögel das Orakel in Bezug auf ihr Thun und Treiben. Wenn der Schiffer in die See stechen will, so sieht er erst auf jene Wetterpropheten, was die ihm für die nächsten Tage verkünden, oder befindet er sich mitten auf dem Meere, und jene Vögel schießen vor und neben dem Schiffe über die Meereswellen hin und lassen gar wohl noch ein durchdringendes Gekreisch hören, dann lugt er ernst und gedankenvoll nach dem Horizonte und alsbald werden die nöthigen Vorkehrungen auf dem Schiffe getroffen, da in kurzer Zeit ein Sturmwind im Anzuge ist. Für die Meerstrandsbewohner haben jene Vögel nicht mindere Wichtigkeit. Entweder sind sie Lootsen, und bald wissen sie aus der Art der Erscheinung jener Vögel, daß der unkundige Schiffer ihre Hülfe mehr denn je in Anspruch nehmen muß. Obwohl noch Alles ruhig und ohne Gefahr zu sein scheint, so wissen sie bestimmt, daß manches Schiff nach wenigen Stunden hoffnungslos mit den thurmhohen Wellen kämpft, und daß es ohne ihre Hülfe unrettbar der tosenden Brandung und den gefährlichen Klippen entgegengetrieben wird. Oder sie sind darauf angewiesen, dem Meere, das schon mit riesigen Armen seine Beute gefaßt hat, dieselbe wieder zu entreißen, d. h. die Schätze, welche bereits von gestrandeten Schiffen auf den Wellen des Meeres umhertreiben, zu „bergen“ (in Sicherheit zu bringen), welche alsdann entweder ihr Eigenthum sind, oder für die sie eine bestimmte Summe, das Bergungsgeld, erhalten. Aber auch für die friedlichen Küstenbewohner, welche ihren Acker bebauen, sind jene Vögel treue Warner, damit sie, wenn mit furchtbarer Kraft die empörten Fluthen gegen ihre schützenden Deiche rütteln, aufmerksam auf dieselben achten, und rechtzeitig Vorkehrungen treffen, damit nicht ihre Habe unter dem durchbrechenden Gewässer begraben wird. Unter diesen Vögeln, welche die Wetteruhr der Schiffer und Strandbewohner sind, nehmen die Möven und die ihnen nahe verwandten Sturmvögel die erste Stelle ein.

Die Möven haben einen kräftigen, geraden, etwas zusammengedrückten Schnabel, dessen Oberkiefer mit hakenförmiger Spitze endet, und gegen den der Unterkiefer schräg aufsteigt. Die Nasenlöcher sind länglich und liegen fast in der Mitte des Schnabels. Sie haben sehr lange, meist über den Schwanz hinausragende, kräftige Flügel, weshalb es ihnen auch möglich wird, so schnell, andauernd und erstaunlich weit, öfters über hundert Meilen in einer Tour zu fliegen. Der Schwanz dagegen ist gewöhnlich nur kurz und gerade, seltener etwas abgerundet. Die Beine sind mäßig lang, die Läufe ziemlich dünn und die Vorderzehen mit ganzen oder nur wenig ausgeschnittenen Schwimmhäuten verbunden, von denen die innere sehr kurz und stumpf ist.

Die Möven sind träge, scheu und feig, halten sich gern am Strande auf und nehmen in Ermangelung von Fischen und Mollusken mit den Auswürfen des Meeres fürlieb; sie sind gleichsam die Geier des Meeres, befreien die Ufergegenden von faulenden Ueberresten, und kommen nur auf ihren Zügen im Herbste und Winter an die Binnengewässer. Sie schwimmen sehr gut, tauchen aber nicht und halten sich noch häufig auf dem Lande, wo man sie mit aufgerichtetem Körper und eingezogenem Halse stehen sieht. Oft fliegen sie den ganzen Tag mit schönen und kühnen Schwenkungen längs des Strandes umher, wobei sie auch des stärksten Sturmes nicht achten.

Sie nisten in Felsenspalten oder auf dem sandigen Strande. Sie bauen alle ein wirkliches Nest, scharren wenigstens etwas Reisig zusammen; ebenso rupfen sie gegen die Brütezeit sich Federn am Bauche aus, damit die Eier unmittelbar die Körperwärme empfangen. Diese Flecke, gewöhnlich 3 bis 4, nach der Zahl der Eier, zeigen sich bei dem einen Vogel so regelmäßig wie bei den andern, sie müssen daher auch die Eier sehr regelmäßig zurecht legen. Ihr Farbenkleid verändern sie bis zur vollkommenen Ausbildung mehr als ein Mal.

In der Färbung sowohl, als auch in der Größe sind Männchen und Weibchen nicht merklich verschieden. Alle jungen Möven sind grau- oder braungefleckt, und ihr Schwanz hat am Ende ein schwarzes Band. Alle alte Möven dagegen haben einen rein weißen Hals, Unterleib und Schwanz. Erst im zweiten bis dritten Jahre hat sich das Gefieder gereinigt und ist vollständig ungefleckt.

Das Weibchen legt jedesmal 2 bis 4 Eier, welche gar sehr geschätzt sind und deshalb mit vielem Fleiße von den Insel- und Küstenbewohnern gesammelt werden. Ihr Fleisch dagegen ist wegen seines thranigen Geschmackes ungenießbar; nur von den Jungen einiger Arten soll es an Zartheit des Geschmacks und in Farbe kaum dem zartesten Hühnerfleische nachstehen.

Sie wandern fast alle, ziehen aber meistens nur an den Küsten hin, entfernen sich auch überhaupt niemals weit vom Lande, deshalb verkündet ihr Erscheinen dem Schiffer auf dem Meere die Nähe desselben.

Von den zahlreichen Mövenarten lebt auch eine Art während des Sommers in unseren Gegenden, nämlich die Lachmöve (Larus ridibundus), auch schwarzköpfige und rothfüßige Möve und Mohrenkopf genannt. Sie wird mindestens 15 Zoll lang. Nachdem sie alle Farbenverschiedenheiten durchgemacht hat, ist ihr Kopf, ihre Kehle, ihr Nacken und ihr Oberhals dunkelbraun, im Winter aber weiß. Der Mantel ist hellgrau, in's Silberweiße spielend. Die den Schwanz überragenden Flügel haben an den großen Schwungfedern schwarze Ränder und Spitzen. Das übrige Gefieder ist weiß, nur die Brust, der Bauch und der After haben einen hellröthlichen Anflug. Der Schnabel, die Augenkreise und die Hinterzehe nebst Nagel sind zinnoberroth. — Bei den Jungen sind der Schnabel und die Füße schmutzig fleischfarben; ersterer hat noch eine dunklere Spitze. Der Scheitel, der hintere Theil des Halses und die Schultern sind braun gefleckt, der Schwanz mit einer schwarzen Endbinde versehen und der Unterleib ganz weiß.

Sie bewohnt schaarenweise die nordischen und norddeutschen Küsten, die Flußmündungen und große Landseen; im Herbste aber zieht sie nach dem Süden und überwintert z. B. auf den Seen der Schweiz und Italiens. Bei uns ist sie recht häufig an den für ihren Aufenthalt geeigneten Stellen. Sie liebt nämlich mehr, als irgend eine andere Art den Aufenthalt an süßen Gewässern, deshalb trifft man sie auch im Sommer fast überall in Schaaren an größeren schilfreichen Landseen und Flüssen.

Auch im Innern Deutschlands finden sich hier und da an geeigneten Orten bedeutende Brüteplätze dieses Vogels, so z. B. in Oberschwaben auf den Sumpfinseln im Federsee bei Buchau, im Sägeweiher bei Altshausen, der größeste im Häcklerweiher unweit Blitzenreuthe. Chr. L. Landbeck hat diese Plätze besucht und theilt darüber Folgendes mit: „Als wir den Sägeweiher erreicht hatten, bemerkten wir in den vielen Seggebüschen, welche über den Wasserspiegel hervorragten, überall einzelne Nester der Lachmöve mit Eiern oder Jungen, und die Alten kamen mit fürchterlichem, unmelodischem Geschrei gegen unser Schiff gezogen und umschwärmten uns in unzähliger Menge. Als wir aber Eier sammelten und Junge einfingen, wurden sie so dreist, daß sie uns nach den Köpfen stießen und unseren Hund in die Flucht jagten. Die kleineren Jungen ergriffen nach allen Seiten hin die Flucht und suchten sich in Grasbüschen zu verkriechen; die größeren sprangen muthvoll in's Wasser und schwammen mit aufgehobenen Flügeln, heftig schreiend dem nächsten Rohrdickicht zu, oder suchten im offenen Wasserspiegel ihr Heil, während die Alten zu Tausenden verzweiflungsvoll durch einander stoben und uns mit ihrem barbarischen Geschrei fast betäubten, zuweilen aber auch, große Wasserflächen weiß bedeckend, sich niederließen und mit weit ausgestreckten Hälsen einherschwammen. Einen herrlichen Anblick gewähren diese Möven, wenn sie sich in dichten Massen plötzlich erheben und vor einem dunkelen Hintergrunde, entweder einem Tannenwalde oder schwarzblauen Gewitterwolken, vorn von der Sonne beleuchtet, zuerst verwirrt durch einander fliegen, nach und nach sich ordnen und sich in den schönsten Schwenkungen herumtummeln, wobei ihr zartes Gefieder wie blankes Silber glänzt. — Auf dem Häcklerweiher zählte ich über 800 Nester, und als ich einige Schüsse abfeuerte, stoben viele Tausend silberglänzende Möven empor, stürzten mit betäubendem Geschrei durcheinander, sammelten sich nach und nach in einem Halbmond, drehten sich alsdann schraubenförmig in die Höhe, und ließen sich endlich auf den Wässerspiegel nieder."

Ihre Nahrung besteht viel mehr aus Würmern und Wasserinsecten, aus Mollusken und Engerlingen, als aus Fischen, obwohl sie auch diese nicht ganz verschmäht.

Ihr Nest bereitet sie aus Schilfhalmen oder Rohrstengeln zwischen Gras und Rohr, und legt 2 bis 3 olivengrüne, dunkelbraun und aschgrau gefleckte Eier. Die Jungen schlüpfen sehr entwickelt aus dem Ei hervor und verlassen das Nest gleich nach der Geburt. Die jungen Vögel lassen sich zähmen und leben alsdann in ziemlicher Vertraulichkeit mit Enten, Gänsen und Hühnern auf unseren Höfen und gewöhnen sich selbst theilweise an deren Nahrung. Nur das Fleisch der Jungen ist einigermaßen schmackhaft. Ihr Geschrei klingt oft wie ein helles Lachen, weshalb man sie Lachmöve genannt hat. Sie macht überhaupt viel Lärm und vertreibt durch denselben nicht nur andere Vögel sondern sogar ihre Feinde.

Außer der Lachmöve besuchen noch andere Arten, namentlich im Winter, unsere Gegenden, die wir hier nur aufzählen: die dreizehige Möve (Larus tridactylus), die Sturmmöve (Sturmvogel) (Larus canus) und die Häringsmöve (Larus fuscus). Im hohen Norden leben noch: die Bürgermeister-Möve (Larus glaucus), die Silbermöve (Larus argentatus) und die Mantelmöve (Larus marinus).

Von den eigentlichen Möven verschieden sind die Raubmöven. Eine Art dieser Gattung zeigt sich gleichfalls bei uns, nämlich: die bunte Raubmöve (Lestris crepidata). Noch zwei Arten leben im Norden: die große Raubmöve (Lestris Catarrhactes) und die breitschwänzige Raubmöve (Lestris Pomarina).

Eng verwandt mit den Möven sind die Seeschwalben, von denen die gemeine Seeschwalbe (Sterna Hirundo), die kleine Seeschwalbe (Sterna minuta) und die schwarze Seeschwalbe (Sterna nigra) auch zu uns kommen und sogar an unseren Flüssen und Seen sich aufhalten, während die Raub-Seeschwalbe (Sterna caspia), die Küsten-Seeschwalbe (Sterna macrura), die Brand-Seeschwalbe (Sterna cantiaca), die schottische Seeschwalbe (Sterna paradisea), die Lach-Seeschwalbe (Sterna anglica), die weißflüglige Seeschwalbe (Sterna leucoptera), die dumme Seeschwalbe (Sterna stolida) und der Scheerenschnabel (Rhynchops nigra) die Gewässer anderer Länder, selbst in den südlicheren Erdstrichen bewohnen.

Zur Gattung der Sturmvögel gehören: der Fulmar (Procellaria glacilis), der Petersvogel (Procellaria pelagica), der aschgraue Sturmvogel (Procellaria cinerea), der Schrapp-Sturmvogel (Procellaria Puffinus) und der Albatros (Diomedea exulans).

Der Schwan.

Die Wasservögel, welche wir bereits durch die Gans und die Ente (siehe I. Cursus) kennen lernten, kommen uns am öftesten vor. Sie haben Schwimmfüße, wie dies bereits bei den Möven und ihren Verwandten zu sehen war, aber ihr Schnabel ist mit einer Hornschale oder mit einer Haut überzogen, und die Ränder der Kiefer sind so eingefurcht, daß sie theils die Stelle der Zähne vertreten, theils kleine Kanäle bilden, aus welchen das Wasser ablaufen kann, das sie mit der Speise zugleich hineinschluckten.

Es tritt uns außer der Gans und Ente, als ein zahmer und vielfach beliebter Vogel, der Schwan entgegen, von dem es wieder verschiedene Arten giebt. — Der Schwan, welcher unsere Seen und Teiche belebt, würde auch, wie die wilden Gänse, fortziehen; allein man hat ihn gezähmt und bricht auch den Jungen die Flügelspitzen ab, wodurch sie die Kraft zum Fluge verlieren.

Früher wurde er häufig gegessen, aber jetzt hält man ihn nur wegen seiner Schönheit, und weil er überdies einsamen in unseren Parkanlagen aufgeworfenen Teichen einen eigenthümlichen Zauber verleiht, die Ufer von einigen den Fischen schädlichen Pflanzen befreit, und außerdem auch treffliche Schreib- und Bettfedern giebt. Unter allen Wasservögeln ist er sicher der schönste; in den Bewegungen seines gelenkigen, stolz gebogenen Halses liegt eine gewisse Anmuth, die man nur selten bei Thieren findet; eben so leicht und lieblich ist die Art, wie er das Gewässer bald schnell, bald langsam durchschneidet, plötzlich still hält und auf einmal seine Richtung ändert.

Obgleich wir ihn auf unseren Gartenteichen zahm haben, so darf man ihm doch nicht ganz trauen; er wird leicht böse, besonders aber, wenn er Junge hat, er geht dann ohne Umstände auf Jeden los und schlägt mit den Flügeln, in denen er eine große Kraft besitzt, tüchtig um sich.

Das Recht, Schwäne zu halten, stand sonst nur hohen Herrschaften zu; in England mußte man ein Einkommen von wenigstens fünf Mark haben, wenn man einen solchen Vogel halten wollte.

Von unserem Schwane hört man selten einen Ton, eine Art Knurren und Zischen ausgenommen. Dagegen liest man doch so viel vom Schwanengesang, daß man in der That ganz irre werden kann und nicht weiß, was man glauben soll. Wenn der Schwan sterben wolle, gäbe er die lieblichsten Töne von sich, findet man in alten Schriften. Von unseren Schwänen hat noch Niemand etwas der Art gehört, obschon so mancher auf der Havel bei Potsdam und auf der Spree bei Berlin, wo er in ganzen Heerden haust, gestorben ist und man doch dort wohl Gelegenheit gehabt hätte, seine mährchenhafte Kunstfertigkeit zu bewundern — wenn etwas Wahres daran gewesen wäre. Auch in Sibirien, wo unser Schwan im wilden Zustande so häufig wie die Gans gefunden wird, weiß man Nichts davon.

Endlich hat man sich darüber vergewissert, daß eine Art wilder Schwäne keinen singenden, sondern einen mehr trompetenartigen, sehr durchbringenden Ton von sich giebt, der daher kommt, daß ihre Luftröhre, wie bei den Kranichen, sehr geschlungen und trompetenartig gebaut ist. Er singt also ungefähr in der Art, wie man es von unseren Gänsen sagen könnte, wenn diese im wilden Zustande in den Lüften und im zahmen auf den Teichen sich zurufen. Der Reisende Oloff versichert freilich in seiner Beschreibung der Reise nach Island, daß ihr „Gesang" in der Nacht, wenn sie haufenweise durch die Luft dahinfliegen, der angenehmste sei und „der Violinstimme sehr nahe komme." Allein manche Ohren sind leicht zu befriedigen, und da dieser „Gesang" Thauwetter verkündigen soll, so ist es wohl sicher, daß es nichts als ein Geschrei ist, wodurch sich ihr Vorgefühl der Witterung kund thut. In Polen nennt man, dieses trompetenartigen Tones wegen, die wilden Schwäne häufig auch Trompeter. — Im Jahre 1800 hatten sich zwei Züge solcher Singschwäne aus dem hohen Norden bis an den Rhein verirrt, von denen man einen flügellahm schoß, aber am Leben behielt und ihn daher beobachten konnte. Er gab nur einige Male des Tages einen lauten und sehr scharfen Ton von sich, der mit dem aus einer schlecht gespannten Violinsaite, mittelst eines Bogens hervorgebrachten Tone viel Aehnlichkeit hatte. Wenn man dies mit Oloff's Nachricht zusammenhält, so ist die Sache und Sage wohl leicht als ermittelt anzunehmen, und wenn auch noch dieser und jener vom Schwanengesange spricht, so gehört derselbe jedoch vollständig dem Fabelkreise an.

Der Schwan hat einen Schnabel, der in seinem ganzen Verlaufe fast von gleicher Breite, halbwalzenförmig, an der Wurzel bedeutend höher als breit, an den Rändern mit häutigen Lappen (Lamellen), und an der Spitze mit einem stumpfen Nagel versehen ist. Die eirunden Nasenlöcher liegen fast in der Mitte des Schnabels und sind offen. Zwischen ihnen und den Augen finden sich nackte Stellen, die von der Wachshaut bekleidet werden. Sein Hals ist sehr lang, sein Körper groß und am Rücken erhaben. Die Flügel sind von mittlerer Länge, der Schwanz wird von 20 bis 24 Federn gebildet und ist stufig zugespitzt. Die Füße stehen ziemlich weit nach hinten und sind sehr breit; ihre Läufe sind kürzer als die Mittelzehe, die Hinterzehe aber ist so klein und so weit hinaufgerückt, daß sie den Boden nicht berührt, auch ist sie ohne Hautflügel.

Man findet die Schwäne nie auf hohem Meere, sondern nur immer an der Küste, gewöhnlich aber auf Binnenseen, deren Ufer Schutz gewähren, und auf großen Flüssen und Teichen. — Sie nähren sich von Sämereien, von den Wurzeln der Wasserpflanzen und von Insecten, nie aber von Fischen, stellen sich beim Aufsuchen der Nahrung gleich den Gänsen und Enten auf den Kopf — sie gründeln — schwimmen mit schönem Anstande, zwar ruhig, aber schnell, fliegen langsam, aber hoch und ausdauernd, gehen auch ziemlich geschickt, halten sich jedoch lieber auf dem Wasser, als auf dem Lande auf. Sie sind weit über die ganze Erde verbreitet und nach der Verschiedenheit der Gegend, die sie bewohnen, sind sie bald Zug-, bald Strichvögel.

Es giebt drei Arten, diese sind:

1. der Höcker-Schwan (Cygnus Olor);
2. der Singschwan (Anas Cygnus);
3. der schwarze Schwan (Anas plutonia).

In unserem Gebiete ist nur der Höcker-Schwan, auch stumme oder gemeine Schwan, einheimisch. Er wird bis 4½ Fuß lang. Sein Schnabel hat eine orangerothe Farbe; nur an seinem Grunde befindet sich eine schwarze Wachshaut mit schwarzen Höckern. Von gleicher Färbung sind auch noch die Nagelkuppe an der Spitze, der Rand der Kiefer, die Nasenlöcher und die nackte Haut zwischen dem Schnabel und den Augen. Die Füße sind röthlich-schwarz. Sein ganzes Gefieder ist schneeweiß; der Flaum der Jungen und selbst die Federn vor der ersten Mauser sind braungrau. Der Schnabelhöcker ist bei den Jungen im ersten Jahre kaum bemerkbar.

Er ist mit Ausnahme des höheren Nordens durch ganz Europa und einen großen Theil von Asien verbreitet. Als wilder Vogel gehört er aber in unseren Gegenden zu den größesten Seltenheiten, dagegen ist er im gezähmten Zustande auf unseren Gewässern, namentlich aber auf der Havel und Spree allgemein bekannt.

Im wilden Zustande lebt der gemeine Schwan auf Binnenmeeren, großen Landseen und Flüssen, besonders im mittleren und nördlichen Rußland; namentlich aber ist er in Kurland häufig. Schon an und für sich liebt er die Geselligkeit, bei seinen Wanderungen tritt es aber ganz besonders hervor. Seine Frühlings- und Herbstreisen legt er gewöhnlich in Trupps von 40 bis 60 Stück zurück. Zur Brütezeit wählt sich jedes Pärchen einen besonderen Platz und lebt auch während der ersten Zeit mit den Jungen am liebsten mehr abgeschieden, indem es nicht gern andere Thiere, auch nicht einmal seines Gleichen duldet. Vor dem Beginn der Wanderung jedoch versammeln sich mehrere Familien an den Ufern der Meere oder auf größeren Seen, erheben sich dann urplötzlich zu einer ansehnlichen Höhe und bilden in der Luft gewöhnlich eine schiefe Linie. Im gezähmten Zustande zeigt der Schwan durchaus keine Scheu vor Menschen und Thieren, sondern nähert sich gewöhnlich, wenn wir an den Fluß oder Teich treten, dem Ufer, um aus unseren Händen Nahrung zu empfangen. Er nimmt dann auch außer seiner gewöhnlichen Nahrung, gern Brot- und Semmelstückchen.

Das Weibchen baut am liebsten auf Inseln und in Binsengebüschen ein sehr großes Nest aus schilfartigen Gräsern und füttert es mit Daunen aus, die es sich von dem Bauchgefieder ausrupft, um die Brutflecke bloszulegen. Es legt 6 bis 8 schmutzig-grünlich-weiße Eier, die es allein in 5 Wochen ausbrütet. Das Männchen beschützt das brütende Weibchen und später die Jungen, schwimmt dann mit gewaltigen, rauschenden Stößen, stolz und boshaft, die Flügel hoch und prächtig hebend, einher. Auch beißen die Schwäne zu dieser Zeit Enten und junge Gänse, welche auf demselben Teiche mit ihnen wohnen, todt. Die Männchen liefern übrigens im Frühjahre Kämpfe auf Leben und Tod. Mit einem murrenden Laute schlingen sie die Hälse schlangenartig um einander, schlagen sich mit den Flügeln, beißen wüthend auf einander los, vorzüglich nach den Flügeln; dabei sucht einer den andern mit dem Kopf unter's Wasser zu bringen, um ihn zu ersticken.

Die Jungen verlassen die Eier in einem so entwickelten Zustande, daß sie der Mutter sogleich auf das Wasser folgen und sich ihre Nahrung suchen können. Von Zeit zu Zeit, besonders aber des Nachts, werden sie von den Alten unter die Flügel genommen und erwärmt. Sie sitzen dabei am Rande der Ufer, wobei sie oft in großer Gefahr schweben, denn der Fuchs hält Alt und Jung für einen besonderen Leckerbissen und deshalb sucht er sie gern und oft zu beschleichen. – Wenn der Schwan aber eines natürlichen Todes stirbt, so soll er sehr alt, nach Einigen 50, nach Anderen sogar über 100 Jahre alt werden.

Der Schwan gehört zur hohen Jagd, wird aber bei uns sehr selten geschossen. Die Jungen haben ein zartes, sehr schmackhaftes Fleisch, welches für eine Delikatesse gehalten wird; das der Alten dagegen soll zähe und thranig sein. Das Schwanenfett wird in den

Apotheken gehalten und soll ein sehr gutes Mittel sein, durch Einreiben mit demselben die Haut von Runzeln und Flecken zu reinigen. Die Federn, namentlich die Flaumfedern, haben ihrer Weichheit und Feinheit wegen bedeutende Vorzüge vor den Gänsefedern. Man rupft den gezähmten Schwänen unserer Gegenden im Monat Mai einen großen Theil der Daunen aus, um sie zu Betten zu verwenden. In Polen, Litthauen, Preußen wird mit ihnen sogar ein beträchtlicher Handel getrieben. Rupft man den getödteten Schwänen die starken Deckfedern, besonders von der Brust und dem Bauche aus, so giebt die mit den Flaumfedern dicht besetzte Haut ein vortreffliches, schneeweißes Pelzwerk, welches zu Halskragen, Palatinen, Muffen u. dgl. verarbeitet wird, und zu Zeiten ein von den Damen sehr begehrter Modeartikel gewesen ist. Die großen Flügelfedern benutzt man zum Schreiben und die Schwanzfedern zum Putze der Damenhüte.

Um das Fortfliegen der jungen Schwäne zu verhindern, fängt man sie, und schneidet ihnen das erste Flügelgelenk ab; da sie aber leicht davon sterben, so bindet man ihnen in einem Alter von etwa 8 Wochen lieber einen starken Faden so in das Gelenk zwischen die Flügelknochen, daß er zwischen denselben einschneidet. Schon nach einigen Wochen fällt das abgebundene Stück ab.

Den Singschwan trifft man besonders in den nördlicheren Gegenden Europa's und Asien's bis nach Island und Kamtschatka, wo er auch brütet; im Winter aber zieht er in ganzen Schaaren südlich bis nach Griechenland, Kleinasien und Aegypten. Auf solchen Zügen, besonders im Frühjahr, ist er bei uns wiederholentlich, namentlich in der Neumark gesehen worden. An den Küsten der Insel Rügen wird er in großer Menge angetroffen und ist in ganz Pommern als Zugvogel sehr gemein. Er gehört mehr dem östlichen, als dem westlichen Europa an, obwohl er auch noch weiter im Westen, nämlich in Amerika an der Hudsonsbai, in großer Menge brütet, und im Herbste bis nach Carolina und Luisiana hinunterzieht.

Der schwarze Schwan bewohnt Neuholland, Vandiemensland, und kommt auch lebendig nach Europa, wo er in den zoologischen Gärten sich sehr gut hält.

Von den Verwandten des Schwanes nehmen die Gänse und Enten mit ihren vielen Arten die erste Stelle ein und wir verweisen daher auf den ersten Cursus.

* * *

Der Taucher, die Möve und der Schwan, sowie die mit ihnen genannten Arten gehören zu der Ordnung der **Schwimmvögel**, deren Füße zum Schwimmen eingerichtet sind, d. h. sie stehen weit nach hinten am Körper, sind kürzer als der Rumpf, der Mittelfuß ist von den Seiten her platt gedrückt und die Zehen sind bis an die Nägel mit einer Schwimmhaut verbunden, oder haben ganzrandige Schwimmlappen. Das Gefieder ist dicht, fettig und am Körper steht ein dichter Flaum. Das Brustbein ist sehr lang. Die Fettdrüse ist groß, da diese Vögel oft mit dem darin enthaltenen Fette die Federn bestreichen. Beim Schwimmen stoßen sie die Füße mit ausgebreiteten Zehen nach hinten und ziehen sie dann mit zusammengezogenen und nach hinten gekrümmten Zehen wieder vor.

C. Ausländische Hausthiere.

Der Elephant.

Nur in Menagerien haben wir Gelegenheit, den Elephanten zu sehen und anzustaunen. Er ist das größeste Säugethier, welches das Festland belebt und ein jedesmaliges Erstaunen ergreift uns, wenn wir diesen Koloß sehen. In der Regel finden sich in den großen Menagerien zwei solcher Thiere, die gleich auf den ersten Blick uns zeigen, daß sie nicht allein in ihrer Größe, sondern auch in ihrem Aeußeren, und namentlich in der Bildung ihres Kopfes, von einander abweichen.

Eines dieser Thiere gehört der indischen Art, dem Elephas indicus, das andere der afrikanischen, dem Elephas africanus, an. — Der Kopf des afrikanischen ist rundlicher, namentlich ist die Stirn gewölbter und seine Ohren sind sehr groß. Der Kopf des indischen ist länglich, die Stirn vertieft und die Ohren klein. Ein sehr wichtiges Merkmal zeigen die Backenzähne; denn dieselben sind aus Blättern zusammengesetzt und tragen auf der Kaufläche Querleisten. Diese Querleisten sind bei dem indischen Elephanten parallel und bandförmig, während sie bei dem afrikanischen eine rhombische Gestalt annehmen.

Beide Arten haben nur oben 2 Schneidezähne, die als lange kegelförmige, nach oben gebogene Stoßzähne weit aus dem Maule hervorragen. Sie wachsen fortwährend und mit dem Alter werden sie so schwer, daß sie, nicht selten jeder 150 Pfund schwer, den Kopf des Thieres herunterdrücken und ihm ungemeine Beschwerden verursachen. Ja, das Thier sieht sich zuweilen genöthigt, Löcher in die Mauer seiner Wohnung zu machen, um sie zu stützen und nicht fortwährend von ihrer Wucht geplagt zu sein.

Die Eckzähne fehlen ganz, die Zahl der Backenzähne ist nicht immer gleich, man findet $\frac{1.1}{1.1}$ oder $\frac{2.2}{2.2}$, seltener $\frac{3.3}{3.3}$.

Die Hauer oder Stoßzähne sind bei manchen Weibchen so kurz, daß sie nicht über die Lippen hervorragen, bei anderen fast so groß wie bei einzelnen Männchen, denn unter den Männchen giebt es viele, deren Zähne nur klein bleiben. — Die Stoßzähne liefern einen wichtigen Handelsartikel, das kostbare Elfenbein, welches von den Drechslern zu den kunstreichsten Gegenständen verarbeitet wird.

Das beste Elfenbein, das nicht gelb und noch darum besonders geschätzt wird, weil die Zähne um ein Bedeutendes größer sind, kommt aus Afrika. Die Zähne werden dort, da sie zerstreut umherliegen, gesammelt und nach Europa geführt. In Ostindien sägt man die Spitzen der Stoßzähne ab, in der Meinung, daß sie dicker werden sollen.

Der Milchhauer wird kaum 2 Zoll lang und zwischen dem ersten und zweiten Jahre ausgestoßen. Erst im fünften oder siebenten Monat dringt er aus dem Zahnfleisch hervor.

Die Backenzähne bestehen, wie schon oben gesagt wurde, aus vielen Blättern mit Schmelz umgeben und durch eine Art Cement verbunden. Sie werden bald abgenutzt und dann stehen die Schmelzränder als die charakteristischen Querleisten hervor. Ein Backenzahn kann aus 4 bis 23 Blättern bestehen und allein die ganze Seite eines Kiefers ausfüllen, wodurch sich nur die verschiedene Zahl der Backenzähne erklären läßt. Die vorderen Blätter werden aber durch das Kauen nach und nach ganz abgenutzt, so daß vom dritten Jahre an nur 10 bis 12 Blätter im Gebrauche sind.

Wenn der erste Backenzahn durch den Gebrauch kleiner wird, dann rückt der zweite in demselben Verhältnisse von hinten, nicht wie bei den Nagethieren, als Haase 2c., von unten nach. Dieses Nachrücken beginnt schon im zweiten Jahre und dauert bis zum sechsten oder achten. Dann hat der größte Backenzahn 23 und nie mehr Blätter. Bei den jungen Elephanten liegen 3 solcher Backenzähne hinter einander unter dem Zahnfleisch.

Die Milchzähne der Backenzähne werden nicht ausgestoßen, sondern die einzelnen Blätterlagen werden abgekaut. Im zweiten Jahre ist die erste Lage abgenutzt und die zweite kommt in Gebrauch; ist diese abgenutzt, dann die dritte, die mit dem sechsten Jahre verschwunden ist. Die später hervortretenden Lagen scheinen immer mehr an Festigkeit zu gewinnen und ihr Verbrauch geht zunehmend langsamer vor sich. Die Zähne der ersten Lage bestehen aus 4 Blättern, die der zweiten aus 8 oder 9, der dritten aus 12 oder 13, der vierten aus 15, der siebenten oder achten aus 22 oder 23; die achte Lage bildet die letzte.

Die Ohren sind, obwohl beim indischen viel kleiner als beim afrikanischen, groß und herabhängend. Aber er vermag sie mit vieler Leichtigkeit zu heben und zu senken. Er benutzt sie, um seine Augen damit abzutrocknen und sie vor dem Staube und den Fliegen zu schützen. —

Die Augen liegen mehr nach vorn, sind aber im Verhältniß zu dem kolossalen Bau des Thieres sehr klein. Dennoch spricht aus ihnen eine große Klugheit und viel Gutmüthigkeit.

Die Beine geben dem an sich sehr plumpen Bau des Thieres ein noch weit schwerfälligeres Ansehen. Ihr Bau ist ganz abweichend von dem der Beine des Pferdes, des Rindes 2c. Die Vorderbeine scheinen eine größere Höhe als die Hinterbeine zu haben, obwohl die letzteren wirklich etwas länger sind. Die Hinterbeine sind nicht wie bei den uns bekannten Thieren an zwei Stellen gebogen, denn beim Pferde, oder beim Rinde z. B. sitzt der Schenkel fast ganz in dem Kreuze, das Knie steht sehr nahe am Bauche und die Fußknochen sind so hoch und lang, daß sie einen großen Theil des Beines auszumachen scheinen. Beim Elephanten sind aber die Fußknochen ganz kurz, dieser Theil des Beines ruht am Boden; das Knie befindet sich viel tiefer, etwa in der Mitte des Beines. Sie haben dadurch eine große Aehnlichkeit mit einer Säule.

Der kurze und kleine Fuß zertheilt sich in 5 Zehen, die alle von der Haut umkleidet werden und deren keiner von außen sichtbar ist. Man sieht bloß eine Art von Nägeln oder Hufen, deren Anzahl wechselt, obwohl die der Zehen beständig ist. Zuweilen finden sich nur 4 oder selbst nur 3 Nägel vor, und in diesem Falle entsprechen sie nicht genau der Spitze der Zehen. Uebrigens scheint diese Abweichung rein zufällig zu sein und hängt von der Art ab, wie der Elephant in der ersten Zeit seines Wachsthums behandelt worden ist. Man fand solche Abweichungen meist nur bei Thieren, die in der Gefangenschaft aufwuchsen. Die Fußsohle wird von einer rundum vorspringenden Sohle, die aus demselben hornartigen Stoffe wie der der Nägel gebildet ist, bekleidet. — Die Füße sollen nach Angabe vieler Reisenden, da sie aus einem feinen Gewebe bestehen, sehr schmackhaft sein.

Der Schwanz ist nicht länger als das Ohr und gewöhnlich nur $3\frac{1}{2}$ bis 4 Fuß lang. Er ist ziemlich dünn, spitz zulaufend, und am Ende mit einem Büschel grober Haare oder vielmehr schwarzer, glänzender und dichter Hornfasern versehen. Diese Haare oder Hornfasern haben die Dicke und Stärke eines dicken Eisendrahts, sind sehr biegsam und elastisch und ein Mensch kann sie nicht zerbrechen.

Dieser Haarbüschel ist ein sehr gesuchter Schmuck der Negerinnen, die offenbar irgend eine abergläubische Meinung daran knüpfen. Ein Elephantenschwanz wird zuweilen für 2 bis 3 Sklaven verkauft, und oft wagen die Neger ihr Leben daran um ihn dem lebenden Thiere abzuschneiden und zu rauben. Außer diesem Büschel grober Haare ist der Schwanz seiner ganzen Länge nach mit harten und dickeren Borsten, wie die des Ebers sind, bedeckt. Solche Borsten finden sich noch auf den erhabenen Theilen des Rüssels und an den Augenlidern, wo sie zuweilen über einen Fuß lang sind.

Den kühnen Negern, welche darauf ausgehen, dem Elephanten seinen Schwanz zu rauben, kommt übrigens die Plumpheit und Steifheit dieses Thieres zu Statten, denn, obwohl er sehr schnell läuft, so vermag er doch nicht, da sein Hals namentlich sehr kurz ist und eine ungemeine Steifheit besitzt, sich schnell umzuwenden und die gewandten Neger entgehen seiner Wuth meistens durch schnelle und kurze Kreiswendungen.

Der Elephant ist nicht, wie die anderen Vierfüßer, mit Haaren bekleidet; seine Haut ist vielmehr völlig kahl. Nur in den Runzeln der sehr dicken und faltenreichen Haut kommen einige Borsten hervor. Auf dem Rumpf sind diese Borsten sehr sparsam, und nur an den Wimpern, wie schon erwähnt, hinter dem Kopf, in den Ohrlöchern und auf der Innenseite der Schenkel und Beine stehen sie ziemlich dicht.

Die harte und schwielige Oberhaut hat 2 Arten von Runzeln, nämlich tiefe und erhabene. Sie erscheint voller Risse und gleicht sehr der Rinde einer alten Eiche. Sie hängt nur in einigen Punkten fest mit dem Fleische zusammen. Von Natur trocken, verdickt sie sich immer mehr und oft erlangt sie durch das anhaltende Vertrocknen der verschiedenen Lagen, die sich eine unter der andern erzeugen, eine Dicke von 3 bis 4 Linien. Diese durch die Trockenheit veranlaßte Verdickung der Oberhaut bewirkt die Elephantiasis oder den trockenen Aussatz, dem auch der Mensch, weil seine Haut unbedeckt ist, zuweilen, und wohl ihm, nur selten, unterworfen ist. Diese Krankheit kommt beim Elephanten gewöhnlich vor, und um ihr zu begegnen, versäumen die Inder es nicht, ihn oft mit Oel einzureiben und durch häufige Bäder die Geschmeidigkeit der Haut zu erhalten. In den Runzeln und an den anderen Stellen, wo sie nicht trocken, hart und schwielig geworden, ist sie sehr empfindlich. Der Stich der Fliegen macht sich dem Elephanten so bemerkbar, daß er nicht allein seine natürlichen Bewegungen, sondern selbst die Hülfsmittel seines Scharfsinnes anwendet, um sich ihrer zu entledigen. Er gebraucht seinen Schwanz, seine Ohren, seinen Rüssel, um sie zu verjagen, er runzelt seine Haut überall, wo er sie zusammenziehen kann, und zerdrückt die Fliegen zwischen den Falten. Er nimmt Aeste, Zweige, lange Strohwische, um sie zu verjagen; und wenn ihm dies Alles fehlt, so nimmt er mit seinem Rüssel Staub auf und bedeckt damit alle empfindsamen Stellen. Man hat gesehen, wie er sich auf diese Weise mehrere Male des Tages, wenn er das Wasser verließ, puderte. Diesen Thieren ist das Wasser so nöthig, wie die Luft. In der Freiheit verlassen sie selten das Ufer der Flüsse, und oft gehen sie bis an den Bauch in's Wasser und bringen alle Tage einige Stunden darin zu. In Indien, wo man ihre Gewohnheiten am meisten beobachtet hat, wäscht man sie sorgfältig und giebt ihnen Zeit und Gelegenheit, um sich selbst zu waschen; man reinigt ihre Haut, indem man sie mit Bimsstein reibt, und hernach bestreicht man sie mit gebrannten Wassern, mit Oel und Farben.

Ihre natürliche Hautfarbe ist schmutzigschwarz. Sehr selten kommen einige weiß vor. Die auf Ceylon lebenden haben eine röthliche Farbe.

Eines der auffallendsten Organe, das der Elephant besitzt, ist der Rüssel. Die Nase hat, obwohl sie bei allen Dickhäutern eine eigenthümliche Entwickelung und Ausbildung erhalten, einen merkwürdigen Bau. Sie bildet zugleich die Oberlippe und ist zu jenem über 3½ Fuß langen beweglichen Rüssel verlängert. — Dieser besteht aus Häutchen, Nerven und Muskeln, und letztere befähigen den Elephanten, seinen Rüssel nicht allein zu bewegen und zu biegen, sondern ihn auch zu verkürzen, zu verlängern, zu krümmen und nach jeglicher Seite hinzuwenden.

Er wird am Ende durch eine Randleiste gesäumt, die sich am

oberen Theile in Gestalt eines Fingers verlängert. Mittelst dieser besonderen Einrichtung vermag der Elephant seinen Rüssel wie eine Hand zu gebrauchen. Mit der größesten Geschicklichkeit führt er alle die Bewegungen aus und vollbringt dieselben Verrichtungen, welche wir mit unseren Händen zu leisten vermögen.

Seine Nahrung besteht aus Gras, Blättern, Zweigen und Getreide, und oft thut er den Pflanzungen großen Schaden. Er muß eine große Menge solcher Nahrung zu sich nehmen, die er mit seinem Rüssel dem Maule zuführt. Seine Eingeweide sind von bedeutender Ausdehnung, und um sie zu füllen, muß er beständig fressen. — Die wilden Elephanten trifft man daher fast immer damit beschäftigt, Gras abzurupfen, Laub zu pflücken oder junge Zweige abzubrechen. Die gute Nahrung suchen sie durch ihren Rüssel geschickt heraus und lassen die schlechte liegen, und die Sorgfalt, mit welcher sie wiederum durch ihren Rüssel ihre Nahrung umschütteln, damit keine Insecten, Sand oder sonstige Unreinigkeiten dazwischen bleiben, gewährt einen unterhaltenden Anblick.

Nach den Beobachtungen an gezähmten Elephanten hat man gefunden, daß ein solches Thier täglich 1 Centner Reis, nebst Gras, Früchten, Butter und Zucker oder etwa 150 Pfund Gras frißt. Reis ist die gewöhnlichste Nahrung des gezähmten Elephanten, auch frißt er Obst und Korn; Fleisch und Fische verschmäht er aber. Im Verhältniß der eingenommenen Speise, steht auch die Menge seines Getränks. Er nimmt durchschnittlich täglich 30 Eimer Wasser zu sich, das er erst mit seinem Rüssel einsaugt und dann dem Maule zuführt, um es mit großer Heftigkeit in den Hals hineinzuspritzen. Der Rüssel ragt bis zur Wurzel der Zunge hinunter und dadurch wird der Kehldeckel zurückgedrängt, damit das Wasser nicht in die Luftröhre gelangen kann.

Der Elephant zeigt übrigens, daß sein Geschmack eine höhere Ausbildung, als bei vielen anderen Thieren, erhalten hat. Er liebt im wilden Zustande besonders die saftigen Pisange, Cocos- und Sagopalmen, und kann er öfters die zarteren Theile derselben nicht mehr mit seinem Rüssel erreichen, so reißt er mit Hülfe seiner Stoßzähne ganze Bäume um.

Der zahme Elephant liebt vorzüglich geistige Getränke und auch Süßigkeiten. Dadurch, daß man ihm ein Glas Wein, Arak, Branntwein 2c. vorhält und es ihm verspricht, bewegt man ihn zu den mühsamsten und schwersten Verrichtungen.

Die Sinnesorgane des Elephanten sind überhaupt sehr gut. —

Mit dem ausgebildeten Geschmacke verbindet sich der feinste Geruch. Er liebt die Wohlgerüche und weilt gern in der Nähe wohlriechender Gegenstände, liebt auch die wohlriechenden Blumen, die er, nachdem er sich daran gelabt hat, abpflückt und verzehrt. Am liebsten riecht er die Orangenblüthe, verzehrt aber auch mit großer Leidenschaft jeden Theil des Baumes, den er irgendwie zernagen kann. Daher ist es auch nicht zu verwundern, wenn er vor den schlechten Gerüchen einen wahren Abscheu hat. Sein sauberer Verwandter, das Schwein, ist ihm durch seinen Geruch unausstehlich und es kann ihn schon durch sein bloßes Geschrei aufregen oder gar in die Flucht jagen.

Sein Gesicht ist scharf und aus seinen Augen spiegelt sich Lebhaftigkeit und Nachdenken. Sein Gehör setzt ihn sehr bald von der Nähe einer Gefahr in Kenntniß. Für die Musik zeigt er eine große Liebe. Sehr bald achtet er auf das Tonmaß, bewegt sich nach dem Tacte und vermischt mit großem Geschick einzelne Töne mit dem Lärm der Trommeln und dem Klang der Trompeten. Sein Gefühl vereinigt sich namentlich in seinem Rüssel. Der Tastsinn mit demselben ist in der That wunderbar und seine Geschicklichkeit erregt das Staunen der Zuschauer. Er hebt damit die kleinsten Münzstückchen von dem Boden auf, pflückt Grashalme und Blumen ab, um sie zu Sträußchen zusammenzustellen, löst die Knoten in Stricken auf, öffnet und schließt Thüren, indem er den Schlüssel umdreht und den Riegel vorschiebt und lernt sogar, wie uns schon die Alten erzählen, mit einem Griffel regelmäßige Schriftzüge nachbilden.

Der Elephant läuft trotz seiner Plumpheit sehr schnell und in geradem Laufe kann ihm kein Mensch entfliehen. Im gewöhnlichen Schritt legt er fast denselben Weg zurück wie ein Pferd in schnellem Trabe, und wenn er trabt, folgt er sehr bequem einem Pferde, das im Galopp davon saust. Er trabt jedoch nur im Zustande der Freiheit wenn er von Zorn angefeuert oder von Furcht getrieben wird. Den zahmen Elephanten führt man gewöhnlich im Schritt. Er macht leicht und ohne Ermüdung 7½ bis 10 Meilen täglich und wird er angetrieben, so ist es ihm auch möglich, 17½ bis 20 Meilen zurückzulegen. In weiter Ferne hört man seinen Gang. Ebenso schwimmt er sehr leicht und sehr schnell, da er meistens viele Nahrungsstoffe in sich aufgenommen hat, die viel leichter sind als das Wasser und ihn emporheben.

Die Art seiner Ernährung bestätigt uns, daß er zu denjenigen Thieren gehört, welche nicht angreifen, sondern sich nur vertheidigen.

Seine Waffen sind die mächtigen Stoßzähne und sein Rüssel. In letzterem hat er eine solche Kraft, daß er den Menschen sowohl, als auch größere Thiere zu Boden schlägt, und sie dann mit den Füßen zerstampft.

Der Elephant kommt, wie schon oben zu ersehen, theils wild, theils zahm vor. -- Es giebt kein Thier, welches schon in den ältesten Zeiten mit dem Menschen in so freundschaftliche Verbindung getreten, und zu einer so großen Mannigfaltigkeit von Geschäften gebraucht worden ist, wie dieser Koloß der Landthiere. Er hat aber auch im Laufe dieser Zeit die vorzüglichsten Eigenschaften an den Tag gelegt. Er ist, ungeachtet seiner Größe und Schwere, dennoch das hurtigste, geschickteste, gescheidteste, gelehrigste und verständigste Thier, welches alle diese Eigenschaften verbindet, die bei den anderen Thieren, die dem Menschen dienen, nur vereinzelt auftreten.

Im wilden Zustande prägt sich in einer bedeutenden Weise der gesellschaftliche Sinn der Elephanten aus. Sie wandern in Gesellschaft. Der älteste führt die Schaar, der zweite an Alter beschließt den Zug. Die jungen und schwachen gehen in der Mitte. Die Mütter umschlingen ihre Jungen mit ihrem Rüssel und tragen sie während der Wanderung. Diese Ordnung wird jedoch nur ganz streng inne gehalten, wenn sie sich auf gefährlichen Raubzügen nach den bebauten Feldern der Leute befinden. Findet einer von ihnen eine Lieblingsspeise, so ladet er sich die übrigen durch einen Lockruf zu Gaste. Ihre Verheerungen in Saatfeldern sind furchtbar; denn außerdem, daß sie viel fressen, kommen sie sehr zahlreich an und zerstampfen mit ihren kolossalen Füßen das meiste. Sie müssen oft, da sie die gefundene Nahrung bald verzehrt haben, sich zu größeren Wanderungen entschließen. Kommen sie auf ihrer Wanderung an einen etwas tiefen Fluß, so schwimmen die Führer zuerst hinüber, und es scheint, als wollten sie den Boden des gegenüberliegenden Ufers auskundschaften. Dann geben sie durch einen Ton aus ihrem Rüssel ein Zeichen und nun geht die ganze Schaar in den Fluß. Die Jungen reichen sie einer dem andern mit dem Rüssel zu und erst nachdem diese auf's Trockene gesetzt sind, steigen die übrigen aus dem Wasser. Die Jungen werden nicht nur von den Eltern, sondern von der ganzen Schaar sorgfältig gehegt und man sagt sogar, daß jedes Weibchen sie saugen lasse. In den Wäldern und Einöden beobachten sie weniger Vorsicht, ohne sich jedoch zu trennen und soweit von einander zu entfernen, daß sie sich nicht mehr in der Gefahr beistehen, oder vor derselben warnen können.

Ihr liebster Aufenthalt sind die Ränder der Flüsse, die tiefen Thäler, die schattigen Orte und überhaupt feuchter Boden. Kälte können sie nicht ertragen, und deshalb wird selten ein bei uns lebender Elephant sehr alt. Auch übermäßige Hitze macht ihnen viele Beschwerden, und um der Sonnenglut auszuweichen, begeben sie sich in die Mitte der dunkelsten Wälder oder gehen oft, wie schon oben gesagt, in das Wasser.

In Afrika ist die Zahl der Elephanten jetzt nicht zahlreicher als in Asien. Auch sind sie dort nicht so mißtrauisch, nicht so wild, und ziehen sich nicht so in die Einöden zurück. Sie fürchten den Menschen weit weniger und behandeln die Neger mit jener geringschätzigen Gleichgültigkeit, die sie gegen alle Thiere hegen. Sie wagen es sogar täglich und ohne alle Furcht bis dicht an die Negerhütten zu gehen.

Die Größe und Stärke des Elephanten ist nach Einfluß des Klimas verschieden. Wenn er ausgewachsen ist, wechselt seine Höhe zwischen 10 und 15 Fuß. Seine natürliche Heimath scheint Südindien und Ostafrika zu sein, denn dort ist er weit größer und stärker als in Guinea und in allen anderen Theilen Westafrika's. Die Verbreitungsbezirke des Elephanten in Afrika sind folgende. Wenn wir vom Atlas ausgehen bis zum Senegal, so finden wir hier nur wenige; aber schon viele finden sich am Senegal selbst, und ebenso in Guinea, Kongo, an der Zahnküste, im Lande Ante, Akra, Benin und in allen andern Ländern Südafrika's bis zu denen, die an das Vorgebirge der guten Hoffnung gränzen, weiterhin aber nicht mehr, denn dort wurden sie von der zunehmenden Bevölkerung verdrängt. Ebenso findet man sie in Abyssinien, Aethiopien, Nigritien, an den Ostküsten Afrika's und im Innern der Länder dieses ganzen Erdtheils. Selbst auf den indischen und afrikanischen Eilanden, wie auf Madagaskar, Java und auf den Philippinen kommen sie vor. Südindien und Ostafrika sind also die Gegenden, deren Boden und Klima ihm am meisten zusagen. Die übrigen Länder sind, wegen der größeren Hitze, weniger zu seinem Gedeihen geeignet. Man findet ihn nie in den brennenden Sandwüsten, sondern nur in den Ländern der Neger zahlreich, längs den Strömen, und ebenso nicht in den kahlen hochliegenden Ländern; aber in Indien finden sich die stärksten, die muthvollsten, deren Waffen am furchtbarsten sind, nämlich die Bergelephanten, auf den Höhen, wo die Luft gemäßigter, das Wasser nicht so unrein und die Nahrungsmittel gesunder sind. — Im Allgemeinen übertreffen die asiatischen Elephanten die afrikanischen an Größe, Stärke rc. Insbesondere sind die von Ceylon allen asiatischen, zwar nicht an Größe, wohl aber an Muth und Geschicklichkeit in ihren Handlungen überlegen. Die Kraft der Elephanten steht im Verhältniß mit ihrer Größe. Es ist erstaunlich, welche Lasten ein Elephant trägt. Die indischen Elephanten tragen leicht 3- bis 4000 Pfund. Die afrikanischen heben frei ein Gewicht von 200 Pfund mit ihrem Rüssel auf und legen es sich selbst auf den Rücken. Auf ihren Hauern tragen sie mehr als 1000 Pfund, jedoch nicht allzuweit, weil ihre Halsmuskeln, wie natürlich, auf diese Weise sehr bald abgespannt werden müssen.

Ein zahmer Elephant kann seinem Herrn viel mehr Dienste leisten, als 5 bis 6 Pferde. Daher ist er namentlich in Indien und den angränzenden Ländern das wichtigste Hausthier geworden. In Indien muß er alle Fässer, Säcke oder sonstiges Gepäck nach anderen Orten tragen, während wir es auf Wagen laden müssen, um es durch eine Anzahl Pferde fortziehen zu lassen. Meistens wird ein Seil daran befestigt; dies wird dem Thiere um Leib und Hals geschlungen und dann das Ende gereicht, welches er mit den Zähnen fest hält. Die Behutsamkeit, welche er bei zerbrechlichen Sachen anwendet, ist erstaunlich; daher kann man ihm auch die zerbrechlichsten Gegenstände anvertrauen, ohne Furcht, daß er dieselben zerstören werde. Die Befrachtung der Schiffe übernimmt gleichfalls der Elephant. Er führt nicht nur die Fracht bis zum Ufer, sondern packt sie in das Schiff hinein, ohne sie zu benetzen, legt sie behutsam nieder, ordnet sie, wenn man ihm die Stelle gezeigt hat, wo er sie niederlegen soll, prüft sie mit seinem Rüssel, ob ihre Lage auch fest ist und legt vor die Fässer, damit sie nicht fortrollen sollen, mit der größesten Geschicklichkeit Steine oder andere Hemmungsgegenstände. Uebrigens hat der Elephant, obschon er ein stärkeres Gedächtniß und mehr Erkenntniß als irgend ein Thier besitzt, gleichwohl, im Verhältniß zum Umfange seines Körpers, ein **kleineres** Gehirn als die meisten Thiere. — Einige Erzählungen mögen uns einige Einsicht in seinen Charakter und in seine außerordentliche Fähigkeiten gewähren.

Er scheint zu verstehen, was man ihm sagt. Will sein Führer, der die Benennung „**Kornak**“ führt, ihn einen schweren Dienst verrichten lassen, so erklärt er ihm, um was es sich handelt, und setzt ihm die Gründe auseinander, die ihn zum Gehorsam bewegen müssen. Aeußert der Elephant Abneigung gegen das, was er von ihm fordert, so verspricht ihm der Führer Arak oder sonst etwas, das er liebt. Alsdann zeigt sich das Thier zu Allem bereit. Aber gefährlich ist es, ihm nicht Wort zu halten; mehr als ein Kornak ist in solchen Fällen das Opfer seiner Rachsucht geworden. — In Dekan ereignete sich auch ein solcher Fall, daß der Kornak seine Wortbrüchigkeit mit dem Tode büßen mußte. Die Frau des Kornak war Zeuge dieses Auftritts; in ihrem Schmerze über den Verlust ihres Gatten ergriff sie ihre beiden Kinder und warf sie dem noch ganz wüthenden Elephanten mit den Worten vor die Füße: „da du meinen Mann getödtet hast, so nimm auch mir und meinen Kindern das Leben." Der Elephant hielt plötzlich inne, besänftigte sich und faßte, wie von Reue bewegt, mit seinem Rüssel das größeste dieser zwei Kinder, setzte es sich auf den Hals, nahm es zu seinem Kornak an und wollte keinen andern mehr dulden.

Der Führer sitzt gewöhnlich auf dem Halse des Thieres ohne allen Zaum. Er leitet das Thier mit einer dicken, spitzigen eisernen Ruthe wie mit einem Sporn, indem er es bald an den Ohren, bald an der Schnauze sticht oder schlägt. Dieses Eisen, welches ein anderes Thier tödten könnte, wirkt nur wenig auf die dicken Theile der Elephantenhaut, und wenn der Elephant unbändig wird, so verursacht es nicht Schmerzen genug, um ihn zu bändigen. Gewöhnlich sitzt noch ein zweiter Führer hinten auf dem Kreuze.

Der Elephant hat schon vielfache Beweise von Dankbarkeit gegeben, und wir wollen hier ein Beispiel vorführen, um zu zeigen, daß seine Rachsucht erst dann hervortritt, wenn der Mensch ihn dazu gereizt hat. — Ein Soldat von Pondichery, der einem dieser Thiere jedesmal, wenn er seine Löhnung erhielt, etwas Arak zu bringen pflegte, und der eines Tages über das Maaß getrunken hatte, wurde von der Wache verfolgt, die ihn seines Zustandes wegen in's Gefängniß führen wollte. Er flüchtete sich unter den Elephanten und schlief bald hier ein. Umsonst suchte die Wache ihn aus dieser Zufluchtsstätte zu reißen, denn der Elephant vertheidigte ihn eifrig mit seinem Rüssel. Des andern Tages, als der Soldat, von seinem Rausche wieder zu sich gekommen, erwachte, schauderte es ihn, sich unter einem Thier von so gewaltigem Umfang liegen zu sehen. Der Elephant, der seinen Schreck gewahrte, streichelte ihn mit seinem Rüssel, um ihn zu beruhigen und machte es ihm begreiflich, daß er weggehen könnte.

Zuweilen fällt der Elephant in eine Art Geistesschwäche, die ihm seine Gelehrigkeit benimmt und ihn selbst furchtbar macht. Man ist in der Regel genöthigt, ihn darum zu tödten. Manchmal begnügt man sich zwar damit, ihn an schwere eiserne Ketten zu legen, in der

Hoffnung, daß er wieder zur Besinnung komme, aber man muß sehr achtsam sein, weil er sich vielleicht mit Hülfe seines Rüssels geschickt von seinen Fesseln befreien könnte.

Man hat Beispiele, daß die heftigsten Schmerzen ihn nicht veranlassen können, dem ein Leid zuzufügen, der ihm keines zugefügt hat, wenn ihn nicht jene Geistesschwäche befallen hat. — Wüthend über die Wunden, die ein Elephant in der Schlacht bei Hambour empfangen hatte, lief er unter schrecklichem Geschrei hin und her. Ein Soldat, der, weil er verwundet war, nicht fliehen konnte, lag ihm gerade im Wege. Der Elephant fürchtete, ihn zu zertreten, nahm ihn mit seinem Rüssel, legte ihn sanft bei Seite und setzte seinen Weg dann erst weiter fort.

Daß er in Kriegen vielfach verwendet wurde und zuweilen noch verwendet wird, wollen wir später besprechen.

Wird der Elephant gut gepflegt, so lebt er selbst in der Gefangenschaft lange und man kann sehr wohl annehmen, daß er in der Freiheit noch älter wird. Man ist über sein Alter in Zweifel, von Vielen wird es auf 100, von Anderen auf 300 Jahre angegeben, es wird jedoch jetzt schon allgemeiner angenommen, daß es etwa 200 Jahre betrage.

Unsere Hausthiere werden schon in der Gefangenschaft geboren und von uns groß gezogen. Anders ist es jedoch bei dem Elephanten. Er pflanzt sich in der Gefangenschaft nicht fort, sondern muß immer erst wild eingefangen und gezähmt werden. Es ist bis jetzt nur in sehr wenigen Fällen gelungen, junge Elephanten zu erhalten, und dies geschahe dann noch dadurch, daß man einen gezähmten weiblichen Elephanten in die Wälder brachte und nach einiger Zeit zurückholte. Dadurch hat man auch erfahren, daß die Tragezeit des Elephanten 21 Monate bis 2 Jahre dauert und daß er nie mehr als ein Junges zur Welt bringt, was sich höchstens alle drei Jahre wiederholt.

Früher glaubte man, daß der junge Elephant, wegen der eigenthümlichen Bauart seines Mundes, die Muttermilch mit dem Rüssel einschlürfe. Es hielt sehr schwer, bestimmte und glaubhafte Beobachtungen darüber zu erfahren. Man hat aber später doch bemerkt, daß der junge Elephant seinen Rüssel zurückschlägt, seinen Kopf zwischen die Vorderbeine seiner Mutter steckt und mit dem Maule die Milch einschlürft. Die Zitzen der Elephanten sitzen nämlich nicht, wie bei den meisten Säugethieren unten am Bauche, zwischen den Hinterbeinen, sondern an der Brust, zwischen den Vorderbeinen.

Der Elephant wird vielfach gejagt, theils, wie in Afrika,

um das Elfenbein zu gewinnen, theils, wie in Indien, um ihn erst zu zähmen. Die Jäger müssen dabei sehr vorsichtig zu Werke gehen, weil eine Elephantenjagd sehr leicht lebensgefährlich werden kann, denn diese Thiere leben, wie wir bereits erwähnten, nur truppweise, und deshalb werden immer nur die kleinsten Trupps angegriffen und besonders erst dann, wenn sie sich etwas zerstreut haben. Es kommt zwar vor, daß man hier und da einzelne Elephanten antrifft; aber gerade diese sind am meisten zu fürchten. Sie sind von der Heerde ausgestoßen und werden so wild, daß sie den Menschen angreifen, während es sonst in der Natur des wilden Elephanten liegt, dem Menschen zu fliehen.

Es giebt drei Arten, die Elephanten zu fangen. Auf die erste Weise wird ein Trupp durch eine Schaar von 4- bis 500 Männern umzingelt, welche diese Thiere immer enger einschließen, durch Geschrei, Raketen, Getrommel und brennende Fackeln erschrecken, und sie endlich nöthigen, in eine Art mit starkem Pfahlwerk umgebenen Thierhof zu flüchten, dessen Oeffnung man verschließt, damit sie nicht wieder herauskönnen.

Die zweite Weise, sie zu jagen, erfordert keine so großen Zurüstungen; es genügt eine geringe Anzahl leichter und flinker Leute, die sie in den Wäldern aufsuchen. Diese gehen nur auf die kleinsten Elephantenschaaren los, die sie so lange necken und beunruhigen, bis dieselben die Flucht ergreifen. Sie folgen ihrem Laufe und werfen ihnen geschickt eine oder zwei Schlingen von starken Seilen um die Hinterbeine. Das Ende dieser Seile halten sie immer fest, bis sie die günstige Gelegenheit finden, es um einen Baum zu wickeln. Gelingt es ihnen so, den Elephanten in seinem Laufe aufzuhalten, so führen sie schnell zwei zahme Elephanten herbei, an die sie den wilden festbinden. Wenn er sich, wie nicht anders zu erwarten ist, widersetzt, so befehlen sie den zwei gezähmten, ihn mit ihrem Rüssel zu schlagen, bis er förmlich betäubt ist, und endlich führen sie ihn, nachdem er biegsamer und gehorsamer geworden, nach dem Orte seiner Bestimmung.

Die dritte Art ist noch leichter. Es werden etliche gezähmte Weibchen in die Wälder geführt; die sehr leicht einen der wilden Elephanten anlocken und von der Schaar trennen. Ein Theil der Jäger sucht nun die Schaar in die Flucht zu treiben, während sich die anderen jenes vereinzelten bemeistern, ihn mit zwei Weibchen zusammenbinden und in die Gefangenschaft führen.

Augenblicklich findet sich der wilde Elephant in seine neue Lage, besonders, wenn ihm die zahmen einige Schläge zugetheilt haben.

Er fügt sich in alle Verhältnisse und benimmt sich gleich denen, die schon seit längerer Zeit gezähmt waren. Er zeigt offenbare Zuneigung zum Menschen und es fällt ihm nicht wieder ein, in die Wälder zurückzukehren.

Bei den Jagden gelingt es den gefangenen Elephanten doch nicht selten, sich wieder zu befreien, und den Jägern zu entfliehen. Diese sind aber sehr vorsichtig und empfindlich geworden. Sie suchen sich dann wohl auch an dem Menschen zu rächen. Gelingt es ihnen, ihren Feind zu erwischen, dann durchbohren sie ihn mit ihren Hauern oder ergreifen ihn mit dem Rüssel, schleudern ihn zu Boden und zerstampfen ihn ganz und gar mit den Füßen. Da sie einen feinen Geruch haben, so riechern sie den Menschen in großer Entfernung. Nach dem Berichte der Alten reißen die Elephanten an den Stellen, wo die Jäger vorübergekommen sind, das Gras aus und reichen es sich mit dem Rüssel einander zu, der Reihe nach durch, damit alle über den Weg und den Gang des Feindes belehrt würden.

Die Zähmung des Elephanten hat schon seit den ältesten Zeiten die Gewerbthätigkeit und die Streitkräfte der Staaten vermehrt. Sie waren in unzähligen Kriegen die Bundesgenossen des Menschen; im südlichen Asien zu allen Zeiten, so weit wenigstens die geschichtlichen Nachrichten reichen, am mittelländischen Meere einige Jahrhunderte hindurch.

In der heiligen Schrift wird des Elephanten sehr wenig Erwähnung gethan. Die Flotte Salomons brachte ihm aus Tharsis Gold, Silber, Affen, Pfauen und Senhabim, was man für Elfenbein erklärt, weil das Wort Sen Zahn bedeutet (I. Kön. 10, 22). Des Thieres selbst wird erst seit 221 v. Chr. gedacht, wo nämlich Philopator aus Zorn, daß er zu Jerusalem nicht in den Tempel durfte, die Juden zu Alexandrien von Elephanten wollte zertreten lassen (I. Maccabäer 3, 17 u. 31 und III. Macc. 5, 2 u. 42).

Es ist eine große Merkwürdigkeit, daß man an keinem aegyptischen Denkmale auch nur die mindeste Spur von Abbildungen des Elephanten findet, während er in der indischen Baukunst und Mythologie eine so große Rolle spielt. Hätten die Aegypter zur Zeit der Bauten etwas von diesem nützlichen Thiere, das doch schon in Aethiopien vorkommt, gewußt, so hätten sie es gewiß zur Fortschaffung ihrer großen Lasten verwendet und ohne Zweifel auch abgebildet. Das Elfenbein ist den Aegyptern viel früher bekannt gewesen als der Elephant selbst. Darauf deuten die Städte Elephantine unter den Wasserfällen, welche schon Herodot nennt, und die Stadt

Philä, oberhalb derselben, wohin wahrscheinlich die Aethiopier die Zähne gebracht haben, welche von da zu Lande nach Elephantine geschafft werden mußten. Der Name Phil bedeutet in allen orientalischen Sprachen den Elephanten oder das Elfenbein; beide Städte heißen mithin Elfenbeinstädte, weil daselbst Niederlagen des Elfenbeins waren.

Die Phönicier haben diesen Handel vermittelt und ihre Waare ohne Zweifel aus Afrika, aus dem Lande Ophir oder Mosambik geholt; denn aus Indien durch die Perser bekamen sie dieselbe nicht, weil die Perser unter Darius Hystaspis, 522 v. Chr., mit Indien ganz unbekannt waren, dort auch die Elephanten nur südlich von der großen Gebirgskette vorkommen, keine so großen Zähne haben und deßhalb nicht gefangen werden.

Das Elfenbein war in Griechenland allgemein bekannt und wurde von den größesten Künstlern, selbst von Phidias, zu den nackten Theilen ihrer colossalen Statuen verwendet; ebenso in Rom, wo man es jedenfalls von Carthago bekam.

Herodot bezeichnet mit dem Namen Elephas nicht das Elfenbein sondern das Thier, welches im westlichen und waldigen Lybien mit Löwen, Bären, gehörnten Eseln, Pavianen und ungeheuren Schlangen vorkomme, also in der jetzigen Berberei, wo es zur Zeit keine mehr giebt.

Alexander der Große hat zuerst in Europa den Elephanten gezeigt; er ließ jene, 400 an der Zahl, die er auf seinem Feldzuge nach Indien in der Schlacht gegen Parus erbeutet hatte, nach Griechenland bringen und vielleicht waren diese dieselben, die später Pyrrhus im Tarentiner Kriege gegen die Römer gebrauchte und mit denen Curius zu Rom seinen Siegesheimzug hielt.

Ebenso nahm Hannibal aus Afrika Elephanten mit sich, führte sie über das Mittelmeer und die Alpen bis vor die Thore Roms.

Die ersten Elephanten, welche geschichtlich in einer Schlacht vorkommen, sind die des Darius bei Arbela gegen Alexander den Großen 331 v. Chr. Ihre Zahl war funfzehn. Sie bildeten allem Vermuthen nach den Kern von allen Kriegselephanten, welche sich von nun an nach dem Westen bis an die Pyrenäen verbreiteten.

Von jener Zeit an sind die Elephanten beinahe 300 Jahre hindurch in den endlosen Kriegen gebraucht worden, welche um die Weltherrschaft geführt wurden, bis die Römer endlich allein siegreich auf dem Kampfplatze blieben; zuerst von den Nachfolgern Alexanders in Macedonien, in Epyrus, dann von den Carthagern und endlich von den Römern. Man putzte sie mit prächtigen Purpurdecken, setzte Thürme oder nur Brustwehren darauf; darein befanden sich drei Bogenschützen. Der Führer saß auf dem Halse. Damit die Elephanten im Schrecken und in der Verwirrung der Schlacht nicht das eigene Heer zertraten, gab Hasdrubal dem Führer, der allgemein Indus (der Indier) heißt, einen Meißel mit einem Hammer, womit er den wildgewordenen Elephanten augenblicklich, durch einen Schlag in das Rückenmark hinter dem Kopfe, tödten konnte.

Funfzig Jahre lang nach Alexanders Tode bezog man die Elephanten aus Indien und mußte sie mit schwerem Gelde bezahlen. Es wurden z. B. im Jahre 317 v. Chr. für 120 Elephanten 200 Talente bezahlt.

Die Carthager richteten mauritanische Elephanten zum Kriege ab, wozu sie wahrscheinlich durch den sicilischen Feldzug des Pyrrhus veranlaßt wurden. Sie machten davon glänzenden Gebrauch in der Schlacht, in welcher der berühmte Regulus gefangen wurde. Die Elephanten durchbrachen die Haufen des Fußvolks und zertraten einen großen Theil des römischen Heeres, wodurch die römischen Soldaten so muthlos wurden, daß sie in Sicilien es zwei Jahre lang nicht wagten, sich mit dem Hasdrubal und seinen 140 Elephanten zu messen. Dennoch gelang es ihrem Feldherrn, C. Metellus, die meisten derselben zu fangen und nach Rom zu führen, wo er sie von Leuten mit stumpfen Spießen bewaffnet durch den Circus treiben ließ, um seinen Landsleuten eine Art von Verachtung gegen den bisherigen Gegenstand ihrer Furcht beizubringen. Die Elephanten leisteten übrigens den Carthagern ausgezeichnete Dienste den ganzen Zeitraum der drei punischen Kriege hindurch, in Afrika, Sicilien, Spanien und Italien, besonders, weil ihre Gegner keine ähnliche Waffe entgegensetzen konnten. Jugurtha und Juba in Mauritanien hatten die letzten Elephanten, welche gegen Julius Cäsar kämpften; sie wurden aber von den römischen Soldaten besiegt.

Die Römer wußten sich bald gegen diese furchtbaren Thiere zu vertheidigen. Sie wehrten sie dadurch ab, daß sie ihnen brennende Pechkränze entgegenwarfen, wodurch sie scheu wurden und Verderben in das eigene Heer brachten; oder sie öffneten ihnen ihre Reihen, ließen sie wohlweislich unangetastet gehen, um sie nicht wild zu machen, richteten aber dabei ihre Geschosse um so eifriger auf die Führer und die in den Thürmen kämpfenden Bogenschützen.

Die Römer brauchten den Elephanten wenig im Kriege. Seit

den letzten Zeiten der Republik wurden sie bloß zu den Kampfspielen im Circus benutzt, wo viele zu Grunde gingen, was vielleicht selbst auf die Ausrottung im Norden des Atlas Einfluß gehabt hat. Im dritten Jahrhundert gab es daselbst noch Elephanten und Gordian ließ einen solchen mit einem Stier zu Rom kämpfen.

Diese Elephanten scheinen den indischen an Gelehrigkeit nicht nachgestanden zu haben; sie lernten die Buchstaben mit dem Griffel zeichnen, auf einem schräg gespannten Seile auf und ab gehen, ihrer vier trugen auf einer Sänfte einen fünften, der den Kranken vorstellte ꝛc.

In Persien führte man noch im vierten und sechsten Jahrhundert Elephanten gegen die Römer.

Die Indier haben sich seit undenklichen Zeiten der Elephanten zum Kriege bedient. Bei diesen Völkern von schlechter Kriegszucht war es die beste Heerschaar, und so lange man bloß mit Schwert, Lanze und Bogen kämpfte, waren sie es, die das Loos der Schlachten entschieden. Noch jetzt lassen die indischen Könige Elephanten zum Kriege ausrüsten, was jedoch mehr darum geschieht, damit das Heer einen bedeutenden Eindruck machen soll. In den Ländern, wo noch nicht die Feuerwaffe Eingang gefunden, kämpft man noch jetzt mit Elephanten. In Kochin und dem übrigen Malabar bedient man sich keiner Pferde; alle, die nicht zu Fuß fechten, reiten auf Elephanten. Fast ebenso ist es in Tonkin, Siam, Pegu, wo der König und alle Großen des Reichs nie anders als auf Elephanten reiten. An den Festtagen geht vor und nach ihnen ein zahlreiches Geleit dieser Thiere, prunkvoll mit schimmernden Metallplatten geschmückt und mit den reichsten Stoffen behängt. Ihr Elfenbein verziert man mit goldenen und silbernen Ringen, bekränzt sie mit Blumengewinden und behängt sie mit klingenden Schellen. —

Versteinerte Elephanten, welche durch die Sündfluth ihren Tod fanden, gräbt man in der alten und neuen Welt aus, oder findet von ihnen unverweste Reste fest gefroren in dem ewigen Eise der nordischen Polarländer. Das Klima der Erde muß früher ein anderes gewesen sein, denn die Reste finden sich sowohl in der heißen, als in der gemäßigten und in der kältesten Zone, in Rußland, Sibirien, Polen, Deutschland, Frankreich, Italien ꝛc. Oft finden sich ganze Haufen Elephantenknochen, und die Zahl der damals lebenden Elephanten muß eine sehr bedeutende gewesen sein; aber die früher lebenden Thiere haben eine noch viel bedeutendere Größe gehabt, als die jetzt lebenden. Man hat ihnen den Namen Mammuth gegeben.

Das Kameel.

Es giebt zwei Arten, die sich dadurch unterscheiden, daß das eine Thier einen und das andere zwei Höcker hat, welche aus Fett bestehen, und, wenn das Thier kärgliche Nahrung hat, immer mehr verschwinden, aber bei besserer Nahrung wieder zunehmen. Das erste ist bekannt unter dem Namen Trampelthier (Camelus bactrianus), das andere unter dem Namen Dromedar (Camelus Dromedarius); ersteres ist Hausthier von Osteuropa an durch ganz Mittelasien, letzteres in Asien und Afrika.

Am meisten dient dem Menschen das Dromedar, und zwar dadurch, daß es den Verkehr von Europa, oder vielmehr dem nördlichen Afrika mit dem südlichen vermittelt, indem es im Stande ist, die mannichfaltigsten Beschwerden, welche sich in der über hundert Meilen breiten Sahara darbieten, zu überwinden.

Dieses ist die kleinste Art; seine Höhe beträgt 5 bis 7 Fuß, sein Höcker ist nicht überhängend und seine Schnauze ist weniger dick. Sein Haar ist in der Jugend schmutzig weiß, später wird es röthlichgrau, ist wollig und von ungleicher Länge; am längsten ist es am Nacken, an der Kehle und auf dem Buckel. Beide Arten haben merkwürdige Bildungen, sogenannte Schwielen am vorderen Ellenbogen und am Knie, hinten an der Kniescheibe und am Knöchel, und eine viel größere an der Brust, die sie aber nicht erst durch angestrengte Arbeit erhalten, sondern sie werden gleich damit geboren. Die Nasenlöcher haben eine eigenthümliche Stellung, denn sie öffnen sich nicht vorn in der Schnauze, dieselbe ist vielmehr breit und die Nasenlöcher sitzen gleichsam dahinter. Die Ohrmuscheln des Dromedars sind klein und rundlich, die Zunge weich, und doch gleiten über sie die stacheligsten Gewächse hin in den Magen des Thieres. Sein Vaterland kennt man nicht, denn es ist seit der Geschichte der Menschen Hausthier gewesen; zwar wollten einige sagen, daß es noch wild vorkomme an der Gränze von Sibirien und China, was jedoch sehr unwahrscheinlich ist.

Man hält das Dromedar nicht so weit nördlich als das Trampelthier. Es ist eigentlich ausschließlich Hausthier der Araber, und wird daher nur in den Ländern gehalten, welche die arabischen Volksstämme bewohnen: in Syrien, Babylonien, Aegypten, Abyssinien und in der Berberei bis Marokko. Es ist sehr mäßig und genügsam im Fressen und Saufen, und deshalb nur, so wie durch seinen schnellen Gang, ist es möglich, daß die durch Wüsten getrennten Völker mit einander verkehren können. Aegypten würde von Abyssinien, die Berberei von den Ländern jenseits der Sahara, Syrien von Persien, Arabien von der ganzen Welt abgeschnitten sein.

Um uns ein vollständiges Bild von den Kameelen zu machen, wollen wir sie bei einer Wanderung durch die Wüste begleiten. — Noch sind sie unbelastet; in aller Ruhe nagen sie die um sie herum wachsenden Mimosen ab, da ist der nimmer rastende Mensch schon beschäftigt, die in der wasserarmen Wüste unentbehrlichen Wasserschläuche zu erweichen, zu reinigen und mit frischem Wasser zu füllen. Das Gepäck, welches das Kameel auf beiden Seiten trägt, wird nach der Gleichheit des Gewichts geordnet und mit Dattelbaststricken zusammengeschnürt. Die Treiber der Kameele vertheilen es mit ungeheurem Gezänk für die einzelnen Thiere, da jeder für das seinige eine möglichst leichte Last verlangt. Da werden auf das Wasserkameel die großen Schläuche von Rindsleder geladen, die inwendig mit Theer ausgeschmiert sind, außerdem nimmt jeder Reisende einen gegerbten Ziegenschlauch oder lieber den steifen Lederbeutel mit einem Henkel und zwei Mundstücken mit Propfen zu sich auf das Reitkameel, da man diesen des Nachts zur Kühlung aufhängen kann. Nach dieser Vertheilung der Sachen beginnt nun die schwere Arbeit der Belastung und Besteigung der Kameele.

Das Reitkameel ist hochbeinig, feingliedrig und unermüdlich, denn es legt in 24 Stunden 20 Meilen zurück; dazu hat es einen leichten angenehmen Gang. Dagegen hat das kolossale Lastkameel kurze, dicke Beine und einen gedrungenen Körper; es trägt eine Last zwischen 700 bis 1000 Pfund, geht aber nur langsam und schaukelnd; denn während andere Thiere kreuzweise fortschreiten, d. h. zugleich mit dem rechten Vorderfuß und linken Hinterfuß, dann mit dem linken Vorderfuß und rechten Hinterfuß, hebt und setzt das Kameel beide Beine auf einer Seite vorwärts, also rechten Vorder- und Hinterfuß, dann linken Vorder- und Hinterfuß. Dazu kommt noch, daß es den Hinterfuß etwa eine Viertelsecunde früher hebt als den Vorderfuß. Daher schwankt das Thier stets von einer Seite zur andern. Es legt gewöhnlich in 12 Stunden 5 Meilen zurück.

Ehe das Kameel beladen wird, kostet es viel Schreien und Lärmen, denn es ist sehr störrig und boshaft. Aus seiner Kehle bringt ein unheimliches Kollern, dabei tritt aus dem Halse eine mit Luft gefüllte, von Geifer triefende Hautblase von der Größe eines Kinderkopfes hervor; es brüllt, beißt, schlägt um sich und sucht durchzugehen. Da wird alsbald der Zügel angezogen, man reißt ihm den

Kopf zurück, redet ihm zu mit einem tiefen Kehllaute, schilt es auch wohl aus und zieht es leise an dem Nasenriemen, worauf es sich brüllend niederlegt, nachdem ihm ein Fuß auf das Knie gesetzt ist. Von Neuem versucht es aufzuspringen, stößt erbärmliche Klagelaute aus und stellt sich sehr ungebärdig. Kaum hat man aber die Fußspitze im Sattel, dann springt es auf, läuft in eine Mimosenhecke, um in den Dornen den Reiter abzustreifen.

Die dem Tragkameele zugetheilte Last wird über ein gepolstertes Holzgestell gelegt, welches auf dem Rücken des Kameels ruht. Zur Befestigung derselben wird durch die Oehre der Kisten ein Querpflock gesteckt und sodann dem Thiere beim Aufstehen geholfen. Man hat uns oft erzählt, daß es nicht aufstehe, wenn es überladen sei und es sich lieber todt schlagen ließe, als nur zu versuchen, seine Last eine kurze Strecke zu tragen. Dies ist aber eine Fabel; es kann freilich nicht aufstehen, wenn es nicht die Kraft dazu hat, sich und seine Last emporzuheben. Im Gegentheil hält es, wenn man es überladen hat, so lange aus, bis es stürzt und aus Ermattung stirbt. — Beim Aufstehen stößt das Kameel noch einen kurzen, leidenschaftlichen Schrei aus und schweigt dann den ganzen Tag über.

Der Reitsattel wird durch 3 breite Gurte am Bauch und Vorderhals befestigt und bildet einen muldenförmigen Sitz, der einen Fuß über den Höcker hinausragt und vorn, wie hinten Knöpfe zum Aufhängen von Reisetaschen hat. Ein langzottiges Schaffell von brennendrother oder blauer Farbe dient als Kissen, mehrere Halftern um den Kopf des Thieres als Zügel, mit welchen man dem Thiere das Maul zusammenschnürt. Als Beizügel hat man ihm noch eine Lederschnur durch das Nasenloch gezogen; er wird nur beim Aufladen und wenn sich das Thier sonst störrig zeigt, angewendet, um es lenksam zu machen.

Der Reiter trägt lange, weiche Stiefeln, enge Hosen, eine kurze Jacke mit weiten Aermeln, eine Leibbinde und das dichte Baumwollentuch, das er über den Kopf zieht zum Schutz gegen die Sonne und den Staub; eine Peitsche führt er am Handgelenk. Er tritt an das Kameel heran, welches mit zusammengezogenen Beinen vor ihm liegt, stößt den Kehlton aus, faßt die Zügel kurz mit der linken Hand, schwingt sich schnell in den Sattel und hält sich mit beiden Händen fest. Denn sobald das Thier den Kehlton vernommen und seinen Reiter fühlt, richtet es sich in drei ruckweisen Sätzen auf's Knie, dann auf die Hinterbeine und zuletzt auf die Vorderbeine. Durch Balanciren muß der Reiter das Gleichgewicht halten, der hoch über dem Höcker sitzt mit kreuzweis über Nacken und Hals des Kameels gelegten Füßen. Gewöhnlich reitet man der Karawane voraus, rastet in der Mittagszeit, läßt sie vorüberziehen und holt sie am Abend wieder ein.

Schon lagern sich die Schatten der Nacht über die Erde. Die Luft der Wüste ist wie immer rein und hell, die Sterne funkeln am Himmel im hellen Lichte; der Reiter ist längst abgestiegen und hat sein Kameel zu den andern geführt; alles ist still, und um das kleine Feuer von Kameelmist lagern die gelbbraunen, halbnackten Nubier und kochen ihren Durrahbrei. Mit zusammengekoppelten Beinen liegen alle auf ihrem Bauche in einem weiten Halbkreise, außerhalb des Lagers die wiederkäuenden Kameele.

Blutigroth steigt am Morgen die Sonne an dem noch unbewölkten Horizont herauf, glühend blitzt ihr Licht über den endlosen Sand, der ihre Gluthstrahlen brennend zurückwirft. In weiter Runde erblickt das Auge keinen Felsen, kein Dach, kein schattiges Plätzchen, um den Halbverschmachteten nur einen Augenblick Kühlung zu gewähren. Die Kameeltreiber lassen vor Mattigkeit ihre Gesänge verstummen, die Luft zittert vor übergroßer Hitze und spiegelt dem umflorten Auge täuschende Bilder von wogenden Seen und lieblichen Landschaften mit rauschenden Palmen und friedlichen Dörfern vor. — Der Himmel umwölkt sich jetzt, fahlgraue Wolken umziehen ihn, ein glühender Wind wirbelt Staubmassen empor und droht die Schläuche auszutrocknen. — In Unruhe und Angst schweben Menschen und Thiere. Doch die Gefahr geht vorüber, erfrischende Kühlung verbreitet sich und von Neuem vermischt sich der Gesang der Treiber mit dem Glockengeläut der Karawane. Die Nacht bricht wieder ein; wiederum funkeln die Sterne und das Bild von gestern breitet sich wieder vor uns aus. In friedlicher Ruhe feiert die Karawane ihre erquickende Nachtrast.

Einen Tag wie den andern wiederholen sich die einförmigen Landschaftsbilder der thier- und pflanzenarmen Wüste. Sandebenen und Felskegel, kahle Niederungen und glühende Steinmassen, in den flachen Thälern vereinzelt sprossendes Schilfgras und in meilenweiter Entfernung eine Lache mit bitterem Salzwasser. Auf große Strecken hin ist die Wüste ein Steinmeer mit Bergen und jähen Felsschluchten; schwarze, glänzende Steinmassen und graue Sandsteinfelsen ragen hier und da empor, bald senkrecht, bald kegelförmig, einzeln stehend oder kurze Höhenzüge bildend. Dann dehnen sich weite Strecken aus, welche aus feinem hellgelben Sande bestehen, in den man bis an die Knöchel einsinkt, und der sich wellenförmig in unabsehbarer Ferne vor der Karawane ausdehnt. An den Bergabhängen ist er öfters zu beiden Seiten dachartig aufgehäuft und im Sonnenschein mit einem goldgelben Schimmer überbreitet. In den Thalsenkungen trifft man die stollenartigen Brunnen an, um welche herum das Auge Dattelpalmen, zernagte und verkrüppelte Mimosen und einzelne Beduinenzelte erblickt.

Die Sandmassen werden aber fortwährend umhergetrieben; bald bilden sie hier Erhöhungen, bald verschwinden sie wieder, um an einer andern Stelle von Neuem sich aufzuthürmen. Die starken Ost- und Nordwinde spielen mit diesen Sandmassen, erheben sie fußhoch und jagen sie kreisend über die Wellenhügel dahin. Die Süd- und Westwinde dagegen verfinstern mit bedeutender Schnelligkeit den Himmel und jagen den Sand in brennenden Farben vor sich her. Entweder wirbeln sie furchtbare Sandhosen zusammen, die sie im Fluge über die Sandebenen treiben, und verschütten damit Alles, was ihnen in den Weg kommt, oder, was noch schlimmer ist, sie brausen als der wohlbekannte und allgemein gefürchtete giftige Samuhm daher.

Das Nahen des Samuhms merkt man schon einige Tage vorher; die Luft wird schwül, der Horizont wird mit röthlichem oder blauem Dunst überhaucht, die Thiere werden ängstlich, drängen sich hin und her und bringen den Zug in Unordnung. Der Schweiß bricht aus allen Poren, die Karawane eilt in zügelloser Hast vorwärts, in der unbestimmten Hoffnung, einen schützenden Ort zu erreichen.

Aber schon brechen die schwächeren Kameele zusammen; dicker, trockener Nebel* verhüllt die Ebene, die aufgehende Sonne ist nicht mehr sichtbar, die bisher stark geröthete, undurchsichtige Luft wird grau und noch dichter, und man kann selbst des Mittags kaum noch 100 Fuß weit sehen.

Jetzt ist der entsetzliche Augenblick gekommen. Ein leiser glühender Wind erhebt sich aus Süden, ihm folgen bald abgerissen und einzeln stärkere Stöße, bis endlich der Orkan heranbraust, der den Sand hoch aufwirbelt und die Luft dadurch verfinstert. Nunmehr muß sich die Karawane lagern. Die Kameele legen sich schnaubend und stöhnend nieder, den Hals platt auf den Boden gestreckt; durch das Brausen des Orkans hindurch hört man ihre unruhigen nnd regellosen Athemzüge. Das Hauptgeschäft der Treiber ist nun, die Wasserschläuche so viel als nur möglich vor dem Austrocknen zu schützen. Sie werden hastig an die Seite eines Kameels getragen, wo sie vor dem Winde geschützt sind und auf einem Haufen dicht zusammengeschichtet liegen. Darauf hüllen sich die Treiber selbst in dichte Tücher und suchen hinter Kisten und Waarenballen Schutz. So liegt die Karawane todtenstill, aber in den Lüften rast der Orkan. Es kracht und dröhnt vor den Ohren der geängstigten Reisenden, durch die Tücher, mit denen sie sich verhüllt haben, dringt der Staub ein in die Haut und peinigt Menschen und Thiere entsetzlich. Die Lippen springen auf und bluten, die Zunge hängt trocken aus dem Munde, die Glieder erschlaffen, Jucken und Brennen der Haut vermehrt die Qual.

Endlich ist der Orkan vorüber. Wer noch im Stande ist, sich zu erheben, eilt zur Flucht, um sobald als möglich den Ort des Schreckens hinter sich zu lassen. Keiner kümmert sich um diejenigen Menschen und Thiere, welche vor Mattigkeit liegen bleiben müssen. Die Kameele werden eilig von ihrer Last befreit und die kostbarsten Schätze, um die sich der Mensch solcher Gefahr preisgab, bleiben liegen. Nur den Wasserkameelen packt man die Schläuche wieder auf, aber sie enthalten nur noch wenig Wasser, denn es ist in der brennenden Hitze verdunstet und die Schläuche sind brüchig geworden. — Die zurückgebliebenen Leichen von Menschen und Kameelen dorren zu Mumien zusammen. Wohl überdeckt eine vorüberziehende Karawane die gebräunten federleichten Leichen, aber der Wind deckt sie bald wieder auf. Wenn der vorüberziehende Araber ein Glied solcher Mumien aus dem Sande hervorragen sieht, dann murmelt er ein kurzes Gebet und eilt voll Schauer vor solchem Ende weiter.

Solche Strapazen, wie die eben geschilderten, vermag nur das Kameel zu ertragen und ohne dieses Thier blieben uns die Schätze manches Landes verschlossen.

Das Kameel ist feig, vertheidigt sich nur gegen kleine Thiere, erschrickt beim Geheul der Hyäne, läuft beim Brüllen des Löwen davon, beißt aber nach seinem Herrn und ist in hohem Grade tückisch. Es verzehrt dürre Disteln, verdorrtes Gras und Durrahstroh; bei anstrengenden Märschen bekommt es auch Durrahkörner. Sein Gebiß ist gut, denn es kann selbst die 3 bis 4 Zoll langen Mimosenstacheln zerkauen. In der Jugend hat es $\frac{7.7}{6.6}$ und im Alter auffallender Weise $\frac{6.6}{5.5}$ Backenzähne. Die oberen Schneidezähne sind seitwärts stehend und gleich den Eckzähnen gekrümmt; die Ohren sind kurz; es besitzt Thränengruben. Der Leib ist hinten schmal, die Beine sind hoch und stark, mit kleinen Klauen, aber breiten Zehen, die so gestellt sind, daß die Fußsohle fast kreisförmig ist, und das tiefere Einsinken in den losen Sand verhindert. Es hat einen langen Schwanz, der an den Seiten und am Ende lang behaart ist. Auch hat es nicht, wie die übrigen Wiederkäuer, vier, sondern nur drei Magen-Abtheilungen, denn der Psalter fehlt, der Pansen und die Haube sind großzellig und sondern eine wässerige Flüssigkeit ab.

Nochmals heben wir hervor, daß das Kameel sehr lange Durst ertragen kann; denn es durstet vier bis fünf Tage lang, oder, wenn es viel Grünes findet, sogar acht bis zehn Tage; danach trinkt es aber mehrere Eimer voll auf einmal. Eine Fabel ist es jedoch, daß man, wenn das Wasser in der Wüste mangelt, das Kameel schlachte, um sein Wasser zu trinken, denn der Speisebrei, der darin schwimmt, macht es ekelhaft und ungenießbar.

Nach 12 Monaten wirft das Kameel nur 1 Junges, dieses saugt 1 Jahr lang, ist nach 6 bis 7 Jahren ausgewachsen und lebt 40 bis 50 Jahre. Das Fleisch der Jungen ist so schmackhaft wie Kalbfleisch und es wird von den Arabern gern gegessen. Sie bewahren es in Gefäßen auf und bedecken es mit Fett. Die alten Kameele melkt man, trinkt die Milch frisch, oder bereitet daraus Butter und Käse. Aus den Haaren werden verschiedene Stoffe und Filze gefertigt, und um recht viel zu gewinnen, scheert man die Kameele im Sommer. Der Mist wird an der Sonne getrocknet und in den holzarmen Gegenden als Feuerung benutzt.

In dem Großherzogthum Toscana unterhält man länger denn 2 Jahrhunderte hindurch Kameele, welche sich fortpflanzen. Sie sind zwar nach und nach etwas kleiner geworden, leisten jedoch auf den dortigen Gütern nicht unwesentliche Dienste, werden aber auch ebenfalls zum Lasttragen und zum Reiten abgerichtet.

Der Büffel.

Der Büffel, ein Verwandter des im ersten Cursus besprochenen Rindes, ist in seiner ganzen Erscheinung ihm sehr ähnlich, ist aber größer als dasselbe, hat einen dickeren und kürzeren Kopf und eine gewölbte Stirn. Die Hörner, ein wichtiges Merkmal, sind etwas zusammengedrückt, sehr lang, oft über 3 Fuß, mondförmig und etwas nach hinten gebogen. Zwischen ihnen befindet sich ein Schopf. Die Wamme ist sehr klein. Die Behaarung, 3½ Zoll lang, ist dünn und meist von bräunlich schwarzer Farbe.

Er wird über 8 Fuß lang und 10 Centner schwer, wovon die

Haut allein einen Centner wiegt. Die Beine, zwar höher als beim Rinde, sind im Verhältniß zu diesem Thiere kurz und dick; dasselbe gilt auch vom Schwanz, der nur dünn behaart ist und gleichfalls einen Büschel trägt.

Die Tragezeit währt 12 Monate; er bringt nur 1 Junges zur Welt.

Seine Nahrung besteht aus dem schlechtesten Futter; gezähmt, erhält er Stroh von Hirse, Welschkorn, Bohnen und Erbsen mit etwas Heu und von Zeit zu Zeit mit Salz vermischt.

Der Büffel ist viel unlenksamer als das Rind; er gehorcht viel schwerer und hat ungestümere und heftigere Launen. Er läßt sich sehr schlecht striegeln und ist deshalb nächst dem Schweine das schmutzigste Hausthier. Seinen Kopf trägt er immer nach dem Boden gesenkt; sein Blick ist wild und düster; sein Gesicht ist schwarz, wie das Haar und die Haut. Sein Gebrüll, viel tiefer als das des Ochsen, ist fürchterlich; kurz die ganze Erscheinung des Thieres ist furchterregend. In seiner ursprünglichen Heimath scheint er zahmer und gelehriger zu sein, was allmälig nach dem gemäßigterem Himmel sich abstuft. In Aegypten ist er zahmer als in Italien, und in Indien ist er es wieder mehr als in Aegypten. Auch ist der italienische behaarter, als der aegyptische und dieser wieder mehr als der indische.

Die Heimath des Büffels ist Ostindien und Afrika. Es giebt namentlich in Indien eine große Menge; sie halten sich gern in Gegenden auf, die von Flüssen bewässert werden und an deren Ufer sich bedeutende Wiesenstrecken ausbreiten. Die wilden Büffel wandern heerdenweise umher und verursachen in den angebauten Ländern großen Schaden. Den Menschen greifen sie nicht an, nur dann, wenn sie durch Wunden gereizt sind, stürzen sie sich auf ihn los. Sie sind sodann sehr gefährlich; mit den Hörnern stoßen sie ihren Feind zu Boden und zerstampfen ihn mit ihren Füßen.

Den Anblick des Feuers fürchten sie jedoch sehr; auch die rothe Farbe können sie durchaus nicht leiden, sie werden beim Anblick rothfarbiger Kleider wüthend, stürzen sich auf den los, der sie trägt und kann er ihrer Wuth nicht eilig entfliehen, so ist er sicher verloren. Es wagen daher, nach Angabe mehrerer Naturforscher, die Leute dort nicht, wo die Büffel vorkommen, sich in Roth zu kleiden.

Wie alle anderen großen Thiere heißerer Gegenden, so liebt es auch der Büffel, sich längere Zeit im Wasser stehend aufzuhalten, oder sich öfters im Schlamm zu wälzen, selbst wenn er beladen ist; er gedeiht daher nur in sumpfigen Niederungen. Er lauft sehr schnell, schwimmt auch sehr gut und setzt keck über die reißendsten Flüsse.

Der Büffel kommt sowohl wild als gezähmt vor; namentlich ist er in Griechenland sehr gemein, und in Italien, wo er die Stelle des Rindes vertritt, ganz Hausthier geworden. Nach beiden Ländern kam er durch die Völkerwanderung. Unter dem Longobardenkönige Agilulf (591 bis 615) sollen sie aus Ungarn nach Italien gekommen sein. Sie fanden hier ein gedeihliches Klima und das Land war ganz ihrer Natur angemessen, denn in den Sumpf- und Strandgegenden, namentlich in den pontinischen Sümpfen haben sie sich sehr gut erhalten. Außer in den beiden genannten Ländern werden sie jetzt noch in Ungarn und in der Türkei als Hausthiere gehalten. Im 12. Jahrhundert suchte man sie auch in Frankreich einzuführen, was aber wieder aufgegeben wurde, da sie sich dort nicht hielten.

Sie werden zum Tragen, zum Ziehen vor dem Pfluge und dem Wagen, in vielen Ländern Indiens auch zum Reiten benutzt. Zwei Büffel ziehen eben so viel wie sechs Ochsen oder vier Pferde. — Man leitet sie mittelst eines Ringes, der ihnen durch die Nase gezogen wird. — Ihr fernerer Nutzen besteht darin, daß man von ihnen Butter und Käse gewinnt, die sehr geschätzt werden; das Fleisch ist aber sehr grob, von starkem Geruche und für die meisten Völker ungenießbar; nur die Zunge ist sehr schmackhaft und bildet einen Handelsartikel. Die dicke Haut wird zu Sohlen, Degengurten, Patrontaschen, Reitjacken, Weinschläuchen verarbeitet und ehemals wurden auch die Harnische aus ihr verfertigt. Aus den großen Hörnern verfertigt man eine Menge Drechslerarbeiten.

Der Büffel ist in mehreren Ländern ein Gegenstand der Jagd. Die Neger in Guinea und die Indier in Malabar, wo die wilden Büffel in großer Menge vorhanden sind, jagen sie. Da die offene Jagd auf sie sehr gefährlich ist, so klettern die Jäger auf Bäume oder verbergen sich im Dickicht des Waldes, welche die Büffel wegen ihrer Größe, und in denen sie sich auch mit ihren Hörnern verwickeln, nur mit Mühe und sehr langsam durchdringen können. Von diesem Versteck aus tödten sie das Thier. Diesen Völkern schmeckt das Fleisch des Büffels gut und auch aus der Haut und den Hörnern ziehen sie einen bedeutenden Gewinn.

In Ostindien giebt es eine größere wilde Abart, welche Arni heißt. Dieser ist nicht viel größer als der gemeine Büffel; seine

Hörner sind aber 4 bis 5 Fuß lang; dabei ist er ungemein stark, kühn und wild, wird aber dennoch gezähmt und als gewöhnliches Hausvieh gehalten.

Bei der Entdeckung Amerika's fand man dort gleichfalls den Büffel vor. Man machte aber bald die Bemerkung, daß, wie die Civilisation gegen Westen vorrückte, mit den Indianern sich auch der Büffel verlor. Die Annäherung der Weißen war für beide ein Signal zum Rückzug. Einst waren die Ebenen von Illinois und der noch östlicher gelegenen Staaten mit Büffeln bedeckt, und die Indianer hausten dort in großen Schaaren. Jetzt sind sie beide fort über das große Wasser, den Missisippi; auch dorthin scheint ihnen ein panischer Schrecken gefolgt zu sein, denn sie sind schon wieder weiter fortgewandert an die Rochy Mountains, und jetzt sollen sie sogar Arkansas verlassen haben.

Die Verheerung der Weißen unter den Büffeln war aber auch ungeheuer; 10- bis 12000 Büffelzungen wurden oft in einem einzigen Boote zu Markte gebracht. Dies mag der Grund sein, warum der Büffel aus den unermeßlichen Ebenen verschwand, die er Jahrhunderte hindurch bewohnt hatte. — Den nomadischen Indianern ist die Büffeljagd noch jetzt ihre liebste Beschäftigung, die sie stets zu Pferde ausführen.

Der Büffel gehört zur Verwandtschaft des zahmen Rindes. Ganz nahe stehend sind ihm noch:

1. der Yack, oder Grunzochs, (Bos grunniens), welcher in Tibet vorkommt und dort wie das Rind gezähmt wird. Sein Schweif ist dem Pferdeschweif ähnlich, sein übriges Haar ist lang und dicht.

2. der Auerochs (Bos urus). Seine Stirn ist gewölbt und breiter als lang. Die Hörner sind lang und breit auseinanderstehend. Die Wamme fehlt ihm. Sein Haar ist dünn und gekräuselt, im Winter dunkel-, im Sommer hellbraun. Er ist das grösseste Landthier Europa's, denn seine Länge beträgt 10, und seine Höhe an der Schulter 7 Fuß. Früher lebte er auch in Deutschland und Frankreich, jetzt kommt er noch im Kaukasus vor und im Walde von Bialowicz in Lithauen, wo er sorgsam gehegt wird, denn sonst wäre er auch dort schon längst verschwunden.

3. der Bison, oder Buckelochs (Bos americanus) hat einen Fetthöcker und eine lange, tief herabhängende Mähne. Er lebt zu Tausenden in den Steppen Nordamerika's. In Kentuky sind Versuche gemacht worden, Nachkommen von ihm und unserer Kuh zu erhalten. Dies gelang um so leichter, da man, wie uns Humboldt

erzählt, schon früher die eingefangenen Bisonkälber zähmte. Die neue Race hat zwar die Mähnenwolle behalten, aber der Fetthöcker ist allmälig verschwunden.

4. der Bisamochs (Bos moschatus), im äußersten Nordamerika, hat einen sehr kurzen Schwanz, der unter dem langen Haarwuchs, mit welchem das Thier bedeckt, versteckt ist. Unter den langen Haaren hat er noch ein feines Wollhaar. Sein Fleisch riecht stark nach Moschus.

Das Lama und der Pako.

Beide Thiere sind die einzigen Hausthiere der alten Amerikaner. Die Namen: Lama und Pako führen sie im Zustande der Hausgenossenschaft. Das wilde Lama heißt Huanakus oder Guanako und der wilde Pako Vikunna oder Vigogne.

Diese Thiere finden sich in der alten Welt nicht, sondern gehören einzig und allein der neuen an. Selbst dort lieben sie gewisse Landstrecken vorzugsweise. Wild leben sie nur auf der höchsten Gebirgskette der Anden, von Caracas bis gegen die Magellansstraße, vorzüglich in Peru und Chili; sie breiten sich weder westlich noch östlich gegen Paraguay aus. Sie scheinen, da sie die höchsten Gegenden der Erdkugel bewohnen, zum Leben, Athmen und Gedeihen eine leichtere Luft als die unserer höchsten Gebirge zu bedürfen.

Peru ist, nach Gregor von Bolivar, das rechte Vaterland des Lama. Man hat es zwar nach anderen Landschaften, wie nach Neuspanien gebracht, aber es wird dort mehr der Seltenheit als des Nutzens wegen gehalten, während es im ganzen Umfange Peru's, von Potosi bis Caracas und in Chili sehr zahlreich ist, und dort die Stelle unseres Pferdes vertritt. — Die Lama's machen allein den ganzen Reichthum der dort wohnenden Indianer aus, und sie tragen viel zum Wohlstande der eingewanderten Europäer bei. Das Fleisch dieser Thiere ist schmackhaft und wird viel gegessen. Am besten ist das der Jungen; das der alten zahmen hat ebenfalls noch einen ganz angenehmen Geschmack, aber das der alten wilden ist meistens trocken und hart.

Ihr Haar ist eine feine, zum Gebrauche vortreffliche Wolle. Auf dem Rücken, dem Kreuz und dem Schwanze sind sie mit sehr kurzen, an den Seiten aber und unter dem Bauche mit sehr langen Woll-Haaren bedeckt.

Die Färbung ist durch die Zähmung verschieden geworden, ähnlich wie bei den Schafen; es giebt nämlich weiße, schwarze und gemischt-farbige.

Das Lama erreicht etwa eine Höhe von 4 Fuß und eine Länge von 5 bis 6 Fuß; der gerade aufgerichtete, dünne Hals allein hat beinahe eine Länge von 3 Fuß. Sein Kopf ist sehr gut gebaut, seine Augen groß, die Schnauze ist etwas vorgestreckt, die Lippen sind dick, und zwar ist die obere gespalten und die untere etwas hängend. Die Schneide- und Eckzähne fehlen im Oberkiefer; Backenzähne hat es in der Jugend $\frac{6.6}{5.5}$, wovon der vorderste aber schon sehr früh ausfällt. Seine Ohren sind lang, es trägt sie nach vorn hin, richtet sie in die Höhe und bewegt sie mit Leichtigkeit. Das Kreuz ist höher als die Schultern. Der Schwanz ist sehr kurz, hat fast nur 4 Zoll Länge, ist dicht behaart, gerade, dünn und etwas aufgerichtet. Seine Beine sind sehr schlank, an den Knieen mit Schwielen; die Füße sind gespalten und mit Hufen versehen. Ihre Haut ist ziemlich fest; die Indianer verfertigen ihre Fußbekleidung und die eingewanderten Spanier ihr Pferdegeschirr daraus.

Ihre Fortpflanzung ist nicht sehr stark, denn sie bringen gewöhnlich nur ein Junges, selten zwei zur Welt. Die Mutter hat, wie der Elephant, nur 2 Zitzen. Das Junge ist unmittelbar nach der Geburt so kräftig, daß es der Mutter sogleich folgen kann. Sein Wachsthum beendigt es ziemlich schnell, weshalb sein Alter auch nicht sehr bedeutend ist, denn es erstreckt sich selten über 15 Jahre hinaus.

Diese so nützlichen, und in dem Lande, das sie bewohnen, in der That nöthigen Thiere, verursachen ihren Besitzern gar keine Kosten, wie es bei allen anderen Hausthieren der Fall ist. Sie gebrauchen weder Korn, noch Hafer, noch Heu zur Nahrung. Das frische Gras, das sie unterwegs finden, genügt ihnen, wovon sie übrigens nur geringe Mengen zu sich nehmen. Sie fressen nie des Nachts, der Zeit zum Wiederkäuen, selbst wenn sie den ganzen Tag über gefastet hätten. Sie trinken fast nie, da ihnen für gewöhnlich ihr Speichel, der bei diesen Thieren reichlicher als bei sonst einem anderen sich entwickelt, genügt. Eine auffallende Stellung nehmen sie ein beim Schlafe und beim Wiederkäuen; sie lassen sich nieder auf die Brust und halten die Füße unter den Bauch gebogen.

Ihr ganzes Leben hindurch dienen sie dazu, die Waaren des Landes fortzuschaffen. Sie sind kräftig genug, eine Last von 150

Pfund zu tragen, und die stärksten tragen sogar 250 Pfund. Die dicke Wolle, womit sie bedeckt sind, macht es überflüssig sie zu satteln, und man legt ihnen meistens nur einen Strick über den Rücken, an dem zwei Körbe befestigt sind, die zu beiden Seiten herunterhängen. Sie machen in den Gebirgspartien, die für alle anderen Thiere unwegsam sind, ziemlich lange Reisen. Freilich wandern sie nur sehr langsam, da sie durch das unaufhörliche Steigen und Klimmen sehr ermüdet werden, denn sie legen täglich nicht mehr als 4 bis 5 Stunden zurück. Sie sind überaus sanft und bedächtig und Alles, was sie thun, wägen und messen sie ab. Wenn sie anhalten wollen, beugen sie mit der größesten Vorsicht das Knie und senken langsam den Körper, damit ihre Last nicht falle und sie dadurch in Unordnung gerathe. Sobald sie das Pfeifen ihres Führers vernehmen, stehen sie mit derselben Vorsicht wieder auf und setzen ihren Weg fort.

Ihr Gang ist schwer und fest, ihr Tritt sicher. Während des Gehens bewegen sie den Hals auf und nieder und geben zuweilen pfeifende Töne von sich. Sie steigen an den jähesten Schluchten hinunter und über die steilsten Felsen hin. Die Zeit ihrer Rast dehnen sie freiwillig bis zu 24, selbst zu 30 Stunden aus, und ungern bequemen sie sich früher zum Aufbruch. — Wenn man sie übermäßig anstrengt, daß sie unter der Last niedersinken, so giebt es kein Mittel, sie wieder in die Höhe zu bringen. Schlagen nützt nichts, sie bleiben dann eigensinnig auf dem Platze liegen, wo sie niedergesunken sind, und mißhandelt man sie ferner, so gerathen sie in Verzweiflung und tödten sich selbst, indem sie mit ihrem Kopf rechts und links auf den Boden schlagen.

Sie wehren sich weder mit den Füßen noch mit den Zähnen, und haben überhaupt keine Waffe. Aber ihre Entrüstung zeigen sie und zwar dadurch, daß sie ihrem Peiniger halbverdautes Futter und Speichel ins Gesicht speien. In der Jugend sind sie leicht zu zähmen, im Alter werden sie aber nicht selten bösartig.

Des Lama's wird schon bei der Eroberung Peru's durch Pizarro, 1531, als eines Lastthieres erwähnt. Auffallend war bei der Entdeckung Amerika's der Mangel an zahmen Lastthieren, nur das schwächliche Lama war das einzige, welches dazu verwendet wurde und war ebenso vor Ankunft der Spanier das einzige Schlachtvieh. Aber auch wilde oder verwilderte Lamas trafen die Spanier, denn Xerez berichtet uns: „In der ganzen Gegend giebt es große Heerden von Schafen (Lamas), und viele derselben werden wild, weil es unmöglich ist, alle Jungen aufzuziehen.“ — Der Gebrauch des Lama's als Lastthier hat übrigens, nach Einführung der europäischen Hausthiere, sehr abgenommen und nur noch dort wird es verwendet, wo es den eingeführten Thieren unmöglich ist, ohne Gefahr die Lasten fortzuschaffen.

Der Huanakus oder das Lama im Naturzustande ist stärker, lebhafter und flüchtiger, als das zahme Hausthier. Er läuft wie ein Hirsch und erklettert wie die Gemse die steilsten Felsen. Seine Wolle ist nicht so weich und von fast heller (falber) Farbe.

Diese Thiere leben schaarenweise oft zu 2- bis 300 zusammen. Nehmen sie Jemanden wahr, so betrachten sie ihn mit Verwunderung und Neugier, ohne anfänglich Furcht zu zeigen. Nähert man sich ihnen jedoch mehr, so schnauben sie aus den Naslöchern und wiehern fast wie die Pferde, ergreifen die Flucht und stürzen mit großer Hast nach den höchsten Gipfeln der Berge. Sie befinden sich vorzugsweise auf der Nordseite der Gebirge; sehr oft und lange halten sie sich über der Schneelinie auf; über Eisfelder wandernd und mit Reif bedeckt, befinden sie sich wohler als in gemäßigteren Gebirgstheilen. Zahlreich und kräftig findet man sie in den Sierren, den höchsten Theilen der Anden, aber selten und schwächlich in den Llanos, in den unteren Theilen. — Man jagt die wilden Lama's, um ihr Vließ zu erhalten; die Jäger müssen aber große Vorsicht anwenden, damit sie nicht, ehe sie zum Schuß kommen, entfliehen, denn auf die höchsten Spitzen vermögen weder die Jäger noch die Hunde, ihnen zu folgen.

Der Pako, der auch Alpako heißt, ist etwas kleiner und zum Lasttragen weniger geeignet als das Lama, aber nützlicher durch die Haut und die Wolle. Die lange und feine Wolle ist so theuer und kostbar wie Seide. Ihre Farbe ist oft ganz schwarz und zuweilen braun mit Falb untermischt. Die Farbe der zahmen Thiere ist gewöhnlich der Färbung dürrer Rosenblätter ähnlich und diese Färbung ist so dauernd, daß die verfertigten Stoffe sie beibehalten. Man verarbeitet sie namentlich zu sehr schönen Handschuhen und Strümpfen, so wie zu Decken und Teppichen, zu Kleiderzeugen &c. von sehr hohem Werthe.

Durch Kreuzung des wilden Thieres mit dem zahmen hat man eine neue Abart gewonnen, deren Wollreichthum den des zahmen sechsmal übertrifft und viel feiner und länger ist (12—13 Zoll lang). Kopf und Hals allein geben so viel als ein Schaf. Dieser überraschende Erfolg hat den Gedanken hervorgerufen, diese Thiere nach Europa zu verpflanzen, doch die einzelnen Versuche in England,

Spanien und Frankreich haben nicht die günstigsten Erfolge gehabt und erst die Versuche der letzten Jahre scheinen mehr versprechen zu wollen.

Ihr Aufenthalt ist ebenfalls auf den höchsten Gebirgspartheien der Anden und es scheint, da ihre Wolle noch viel dichter und länger als die der Lama's ist, daß sie noch weniger die Kälte scheuen. Sie halten sich am liebsten im Schnee, auf dem Eise und überhaupt in den kältesten, d. h. höchsten Theilen des großen Gebirges auf. Ihr Verbreitungsbezirk ist derselbe, welchen das Lama hat, und besonders finden sie sich in den Magellansländern in großer Menge.

In ihrer Gestalt gleichen sie so sehr den Lama's, daß man sie für eine Abart von denselben hält. Sie sind etwas kleiner, ihre Beine kürzer und ihre Schnauze voller.

Sie leben ebenfalls heerdenweise, sind aber furchtsamer, denn sie entfliehen sofort bei Annäherung eines Menschen, wobei sie ihre Jungen vor sich hertreiben. Die alten Könige Peru's hatten die Jagd auf sie streng verboten, weil sie sich nur langsam vermehren. Ihre Zahl hat sich auch bedeutend vermindert. Man jagt sie auch nur, um ihr Vließ und den Bezoar *) zu gewinnen, denn ihr Fleisch ist nicht so schmackhaft als das der Lama's. Die Art, wie man sie fängt, beweist ihre übermäßige Furchtsamkeit, die an Dummheit gränzt. Mehrere Menschen versammeln sich, um sie, während sie fliehen, in tiefe Schluchten zu treiben, wo man 3 bis 4 Fuß hohe Seile ausgespannt hat, an denen einige farbige Zeugstücke aufgehängt sind. Kommen die fliehenden Thiere hier an, so werden sie von den im Winde hin und her flatternden Lappen so sehr in Furcht gesetzt, daß sie stehen bleiben. Der furchtsame Haufe mehrt sich und es ist dann ein Leichtes, eine große Menge davon zu tödten. Befinden sich aber unter der fliehenden Schaar einige Huanakus, dann ist die Jagd ohne allen Erfolg, denn diese, weniger furchtsam, überspringen die Seile und die Alpako's folgen ermuthigt ihrem Beispiele.

Die zahmen Alpako's werden, wie die Lama's, zum Lasttragen gebraucht. Die ihnen aufgelegten Lasten müssen aber geringer sein, als beim Lama, da sie, wie bereits bekannt, kleiner und schwächer sind. Sie zeigen sich dabei häufiger hartnäckig und eigensinnig, als das Lama. Wenn sie sich mit ihrer Last niederlegen, sind sie noch viel schwerer aufzubringen, und sie lassen sich eher todt schlagen, als

*) Eine verhärtige Flüssigkeit, die sich in der Afterdrüse absondert und die in den Apotheken als Heilmittel gehalten wird.

nur irgend welche Miene zum Aufstehen zu machen, während sich doch das Lama zureden läßt, was freilich manchmal an zwei bis drei Stunden dauern muß.

Diese Thiere haben dieselbe Verwandtschaft, welche die Ziege, das Schaf, das Rind und das Kameel haben, denn sie gehören gleichfalls zu den **Wiederkäuern.**

Das Rennthier.

Wir werden durch diesen Namen sogleich an den kalten Norden mit seinen langen Nächten und seinen prächtigen Nordlichtern, mit seinen unabsehbaren Schnee- und Eisfeldern erinnert. — Das Renn (Cervus tarandus) ist ein bewegliches und flüchtiges Thier, gleich unserem Edelhirsch. Seine Gestalt hält die Mitte zwischen diesem und dem Damhirsch. Bei den Hirschen war aber nur das Männchen geziert mit dem prächtigen Geweihe, bei dem Renn dagegen trägt auch das Weibchen diese Zierde. Unmittelbar über der Rose tritt schon eine Verzweigung ein, nämlich hier trennen sich die Augensprossen, welche ebenfalls wie der递 Haupttheil, der nach hinten sich neigt, in schaufelförmige Zweige endet. Die Zahl der Enden beläuft sich auf 30 bis 40. Die Männchen verlieren das Geweih jährlich im Herbste oder December, die Weibchen im April oder Mai nach dem Aufthauen des Schnee's. Die Zahnbildung ist ganz wie bei den Hirschen; es hat nämlich $\frac{0}{8}$ Schneidezähne. $\frac{1.1}{1.1}$ Eckzähne und $\frac{6.6}{6.6}$ Backenzähne. Seine Haare fallen nicht aus, wie bei anderen Thieren, sondern, da sie sehr brüchig sind, brechen sie nahe über der Haut ab; damit wechselt auch die Farbe, denn die Haare sind im Sommer kurz und braun, im Winter aber lang und blaß. Der Rücken ist nur mit einem dunkleren Streifen versehen. Es hat einen kräftigen Leib mit schlanken, sehnigen Gliedern, einen gestreckten Hals und einen feingebauten Kopf mit den großen, klugen, scharfsichtigen Augen.

Die Tragezeit dauert 40 Wochen und im Juni werfen sie meist nur 1 Junges, welches etwa nach 2 Jahren ausgewachsen ist.

Das Rennthier ist außerordentlich genügsam und fühlt sich auf den frostreichen Höhen des Nordens so wohl, wie das Kameel in seiner glühenden Sandwüste. Unscheinbare Flechten, welche auf dem Boden wachsen und vom Schnee fußhoch bedeckt sind, genügen ihm; ja es gedeiht nur durch sie allein, wie es auf grünen Weiden niemals der Fall sein würde. Die Flechten machen überhaupt den größesten Theil des nordischen Pflanzenwuchses aus, und vor Allem ist es die auch in unseren Nadelwäldern vorkommende Rennthierflechte (Cladonia rangiferina), welche die weiten Steppen der nordischen Hochebenen bedeckt, und die von den Bewohnern Lapplands Wiste genannt wird. Sie ist die vorzüglichste Nahrung des Renns. Wenn jedoch der Winter mit seinen Schneestürmen über die Ebenen des Gebirges hereinbricht, die reichen Flechtenfelder mit tiefen Schneemassen verhüllt, und der Huf des Renns nicht mehr ausreicht, die eisigen Massen hinwegzuscharren, dann schaut das Renn in die Höhe nach den traurig herabhängenden Birkenzweigen oder den Aesten der Tanne. Aber auch dort ist es wieder eine Flechte, welche es anzieht, die Wickelflechte (Usnea plicata). Sie heißt bei den Bewohnern Lapplands Lapp, woher sich der Name des Landes schreibt. Wenn auch das Rennthier im Sommer wilde Ampferarten, Hahnenfuß und andere Alpenkräuter, oder aus Irrthum den berauschenden Fliegenpilz, ja sogar die seltsame nordische Wandermaus, den Lemming, lebhaft verfolgt und verzehrt, so sind doch die zarten Flechten das einzige Futter, welches dem Renn das höchste Wohlsein verleiht.

Wo eisige Stürme, Schnee, balsamische Birken, harzduftende Nadelbäume, üppige Flechten sich finden, soweit wies auch die Natur dem Renn seine Heimath an. Von den südlichsten Gebirgsebenen Norwegens wandert es bis zu dem nördlichsten Theile, über Lappland, Sibirien und die Polargegenden Nordamerika's.

Im 18. Jahrhundert in Island eingeführt, hat es auch dort unter ähnlichen Bedingungen, neben dem feuerspeienden Hekla und dem dampfquellenden Geyser, auf jenen Fluren eine Heimath gefunden, wo ihm die isländische Flechte (Cetraria islandica) Nahrung gewährt. Der Reichthum dieser Länder an Rennthierheerden ist sehr bedeutend, denn nach einer Angabe vom Jahre 1835 waren in Norwegen allein 82,230 Thiere.

Kein Schnee, kein Eis hält den flüchtigen Lauf des Rennthiers auf, und naht der lange nordische Tag, wo die Sonne nie untergeht, dann wird es ihm zu warm und es bricht von der Ebene auf, wo es den Winter verbrachte, und sucht des Gebirges frische, kühle, stärkende Alpenluft. Doch ist es die Wärme nicht allein, welche das Rennthier in die Gebirge treibt. Grimmige Feinde sind es, denen es zu entfliehen sucht, Feinde aus der Insectenwelt, blutgierige Fliegen. Man kennt sie als die sogenannten Dasselfliegen. Der Lappe unterscheidet drei Arten dieser Feinde, wovon die eine Art ihre

Eier dem Rennthier auf den Rücken, die andere besonders in die Nasenlöcher legt.

Wohl kennt das Renn seine Feinde, wenn sie summend über ihm schwirren. Aengstlich weicht es ihnen darum aus; bald pfeilschnell geradeaus jagend, bald links, bald rechts eilend. Doch die Dassel schwebt ihm nach, bis es ihr gelang, ihr Ei in das weiche Fleisch des Renns zu legen. Schrecklich sind die Folgen dieser einfachen Verwundung. Das Insect schlüpft als Larve aus dem Ei und dadurch bildet sich die bei den Lappen bekannte Beulenkrankheit aus, indem sich die Wunde entzündet, da die Larve zugleich von dem Fleische lebt, bis sie sich zur Dassel ausgebildet hat. Das Renn wird furchtbar dadurch gefoltert. Welche Schmerzen es auszustehen hat, bezeugt das durchlöcherte Fell eines solchen in diesem Zustande geschlachteten Thieres. Sein Fell ist höchstens zum Nachtlager, nicht zur Kleidung brauchbar.

Sehr gefährlich für das Bestehen des Rennthiers ist auch ein plötzlich nach dem Thauwetter eintretender Frost; dann reicht die Kraft des Hufes nicht aus, die starre Eisdecke zu durchbrechen und Tausende von Rennthieren fallen dem Hungertode zum Opfer. — Auch der Wolf ist ihm ein sehr gefährlicher Feind. Alle drei Feinde bestimmen dieses Thier zum Wandern. Sie schaaren sich zu langen, großen Heerden in einer Anzahl von 200 bis 300 zusammen, um so fester an einander hängend, je länger sie schon zusammen lebten. Die Weibchen und Jungen bilden den Vortrab, die Männchen machen den Beschluß, um gegen den stets nachziehenden Wolf, wohl auch gegen Füchse und Bären die Vertheidigung zu führen, die ersteren mit dem Hufe, die letzteren mit dem Geweihe zu Boden schlagend. Eine solche Heerde ist jedoch beim Wandern selten die einzige: Andere folgen in gleicher Anzahl, wie ein Heer, das sich über verschiedene Straßen ausbreitet, um sich erhalten zu können. Darum bilden die wandernden Rennthierzüge, z. B. in Nordsibirien eine Breite von oft 7 bis 14 Stunden. Stets denselben Weg ziehend, den sie jährlich zweimal, im Frühling und Herbst, hin und zurück machen, bahnen sie grabenähnliche Pfade. Kein Wasser hält sie zurück; sie durchschwimmen dasselbe, doch nicht ohne große Vorsicht und Ueberlegung. Die Stärksten und Gewandtesten der Heerde werden vorausgesendet und nur langsam schreitet der Anführer einer jeden Heerde vorwärts. Erst einige folgen ihm, mit hoch erhobenen Köpfen, auf den Fersen. Wenn sie an das Ufer eines Flusses kommen, prüfen sie erst vorsichtig das Erdreich und die Schnelle des Stromes. Ist der Anführer in's Wasser gestiegen, dann folgt, dicht gedrängt, die ganze Heerde. In wenigen Minuten schwimmt sie, wie ein beweglicher Wald, auf der Oberfläche des Wassers, die Geweihe weit zurückgeworfen. Dicht an einander gedrängt, macht das Geklapper der Geweihe ein großes Geräusch. Staunend übersieht der Reisende das Gewühl der Tausende, welche, wie z. B. am Aniuj in Nordsibirien, in tiefem Schweigen stolz über den Fluß schwimmen, doch nur, um plötzlich den schauerlichen Todesruf der Jukahiren, Jakuten, Tungusen und Lamuten, ihrer Würgengel, zu vernehmen. Auf leichten Kähnen haben sich die Jäger der schwimmenden Heerde unbemerkt genähert. Viele fallen unter den Streichen des Menschen, werden von dem Strome fortgetragen, um an einer dem Gewühle ferner liegenden Stelle von den anderen dort aufgestellten aufgefangen zu werden.

Die Liebe und Anhänglichkeit unter sich, und wenn es gezähmt ist, an den Menschen ist ein hervorstechender Zug desselben. Es liebt seine Heimath, schmiegt sich gern an die gemeinsame Heerde an und die Mutter hängt mit großer Liebe an ihr Junges. Sie weiß es liebkosend unter Hunderten herauszufinden und, wenn sie es verloren hat, so klagt sie es den Bergen in kläglichen Tönen, sucht es auf dem Schnee des Gebirges, auf der Flechtenweide der Hochebene, und selbst die Hütte des Lappen hält sie nicht zurück, es darin zu suchen. Ebenso schmiegt sich das Rennthier an den Menschen an, und bald sind beide liebe treue Freunde.

Das Renn kommt also wild und zahm vor; zahm jedoch nur in der alten Welt, und hier ist es den Bewohnern Alles, ohne dasselbe würden die Fluren von Lappland und Nordsibirien, und ebenso die Polarländer Nordamerika's unbewohnt sein, wenn es auch in der neuen Welt nur gejagt wird.

Dem Lappländer ist das Rennthier sein Roß und seine Milchkuh. Auf ihm oder mit ihm auf dem leichten Schlitten eilt er wie auf Fittigen des Windes durch seine Besitzungen von der moosbekleideten Ebene bis zur schneebedeckten Alp, zu Freunden und Bekannten. — Wie ein Strom kommt die Heerde von der Höhe herab in's Thal zum Melken. Das laute Rufen der Hirten mischt sich mit dem Geklaffe der Hunde unter das eigenthümliche Grunzen und jenes bekannte Knicken, welches das Renn mit seinen Fußgelenken hervorbringt. Dieses Knicken oder Knistern rührt von einem länglichen Knochen unter dem Hufe her, und dient dem Rennthiere dazu, sich gegenseitig auf den öden Schneetriften bemerkbar zu machen, um sich nicht von einander zu verlieren. Die Rennthierheerden der reicheren Lappländer zählen oft von 1000 bis 4000 Stück, welche dicht zusammengedrängt mit ihrem Geweihe einem wandelnden Walde nicht unähnlich sind. Sie werden in ein lockeres Gehege getrieben. In der Mitte desselben befinden sich Gerüste von Stangen, an welche man jede Kuh zum Melken anbindet. Aber das Rennthier sträubt sich gewaltig dagegen, hält die Milch zurück, und nur den kräftigen Faustschlägen der Melker und Melkerinnen gelingt es, das widerspenstige Thier dahin zu bringen, daß es die Milch von sich giebt. Unterdeß spielen die Uebrigen in munteren Sprüngen ihr lustiges, vertrauliches Spiel, legen die Geweihe an einander, oder werfen sie majestätisch über den Nacken, bis auch sie die Schlinge trifft, welche der lappische Bube mit bewundernswerthem Geschick ihnen über die Geweihe mitten in die Heerde wirft, um sie zum Melken heranzuziehen. Ebenso überraschend überzählt er mit sicherem Blicke die ganze Heerde, kennt jedes Stück genau und weiß sogleich, ob er eins und welches von der Heerde verlor.

Mit dem Rennthier wandert der Lappe hin und her, im Frühjahr nach den Gebirgen, wohin sich das Thier, um der Dasselfliege zu entrinnen, flüchtet, im Winter zurück nach den Ebenen. Daher ist seine Wohnung auch nur leicht gebaut, weil er sie doch bald wieder abbrechen muß. Er befestigt eine Anzahl Stangen, meist 16 bis 20, kreisförmig in der Erde, bindet sie oben zusammen, läßt einige Stangen für den Rauchfang oben frei, schließt den Eingang mit einem dreieckigen Stücke Tuch, umhüllt das Ganze mit Segeltuch oder Filz in ziemlich weitem Umkreise des Zeltes, um unter der Decke auch die Vorräthe des Winters gegen das Unwetter zu schirmen, hängt in der Mitte des Zeltes einen Kessel über das Feuer und seine Winterheimath, seine „Gamme" ist fertig. Sämmtliche Familienglieder haben die Pflicht, die Rennthiere zu überwachen, denn Einer vermag es nicht allein. Alle Stunden lösen sie sich ab. Der Wachthabende kriecht mit dem treuen, innig geliebten, kleinen, schmutzigbraunen, zottigen Hunde mit aufrechtstehenden Ohren über die Schlafenden hinweg zur Hütte hinaus, um den Andern abzulösen, der dafür seine Schlafstelle einnimmt.

Neben dem großen Nutzen, den der Lappe dadurch hat, daß er das Renn als Pferd und Kuh gebrauchen kann, gewährt es ihm aber auch fast Alles, was er sonst noch nöthig hat. Es giebt ihm sein Fell zur Kleidung, sein Blut zum Würzen der Milch, sein Fleisch zum Rösten, sein Fett zur kräftigen Brühe, selbst sein Geweih und seine Sehnen. Wenn das Geweih noch weich ist, schneidet es der

Lappe öfters ab, um es noch als besonderen Leckerbissen zu genießen. Später, wenn es hart ist, schnitzt er allerhand niedliche Sachen, Kästchen u. dergl. daraus. Selbst die Hufe gebraucht er noch als Trinkgeschirr.

Da der Magen des Rennthieres aus mehreren Abtheilungen besteht, und es auch seine Nahrung wiederkäuet, so gehört es ebenfalls zu der Abtheilung der **Wiederkäuer.**

www.ingramcontent.com/pod-product-compliance
Lightning Source LLC
LaVergne TN
LVHW042234300926
849161LV00003B/348